CALCULUS

제2판

대학 수학

벡터해석과 다변수 함수의 미분과 적분

민경진 지음

KM 경문사

PREFACE

머리말

뉴턴 이후의 과학, 아인슈타인 이후의 과학, 현대의 과학에 이르기까지 많은 현상의 해석에 미분과 적분이라는 수학 이론이 매우 중요한 자리를 차지하고 있음은 부정할 수 없는 사실일 것이다. 특히 언제나 두려움의 대상이었던 무한이라는 엄청난 문제의 해결에 미분과 적분은 말할 것 없이 중요한 도구가 되었다. 교과서에서 우리는 정적인 수학을 배워왔다. 그러나 우리가 사는 현재에는 움직임도 있고 방향도 있다.

이 책은 대학의 이공계 학생을 대상으로 2차원, 3차원을 설명할 수 있는 수학 도구를 여러 개 소개하고 있다. 평면벡터와 공간벡터를 펼쳐 보았으며, 공간 좌표계를 소개하고 있다. 극 좌표계와 구면 좌표계, 원주 좌표계를 통해 매우 복잡한 상황을 단순화시켜 보기도 한다. 무한히 더한 결과는 어떠한가에 대해 알아보고, 다변수함수의 미분법과 적분법을 포함하고 있다. 특히 공학에서 제시하는 이론을 응용할 수 있는 능력을 달성하기 위하여 꼭 필요한 부분을 엄선하여 제공하고 있으며, 수학적 엄밀한 증명은 싣지 않았지만 많은 예제를 통하여 그 내용을 충분히 이해할 수 있도록 구성되었다.

대학 수학 1(일변수 함수의 미분과 적분 및 활용)을 학습하지 않은 경우에도 내용을 이해할 수 있도록 주석을 달거나 해설을 담고 있으며, 많은 양의 예제와 연습문제를 충실히 해결하다 보면 부족한 부분이 채워지리라 생각한다. 특히, 연습문제에 대한 완전한 풀이를 제공하여 학습 내용을 보다 편하게 이해하도록 하였다.

대학 수학을 익히는 과정이라 편한 마음으로 접하기는 어려울 수 있으나 수학 및 자연과학 그리고 공학, 사회과학을 공부하는 많은 분에게 미분과 적분에 대한 지식을 잘 전달할 수 있도록 구성하였으며, 여러 분야에 도움을 줄 수 있는 좋은 책을 만들려고 최선의 노력과 심혈을 기울였다. 많은 수정과정을 부족한 부분을 채우려고 힘썼으나 여전히 많은 지도 편달이 필요하다고 생각된다. 모쪼록 이 책이 여러분들에게 도움이 되길 바란다.

마지막으로 이 책의 완성을 위해 애써주신 도서출판 경문사 가족 여러분께 감사의 말씀을 전하고 싶다.

2022년 7월

저자 씀

CONTENTS

차례

CHAPTER 1

매개변수 함수와 극좌표

1. 매개변수 곡선과 미분법 | 2. 극방정식과 미분법

SECTION

1 매개변수 곡선과 미분법

1.1 매개변수함수와 곡선

x와 y가 $x=f(t)$, $y=g(t)$와 같이 제3의 변수 t에 대한 함수로 표현되면 t를 매개변수(parameter)라고 하고 $x=f(t)$, $y=g(t)$를 매개변수가 t인 매개변수함수 또는 매개변수방정식이라 부른다. 일반적으로 좌표평면에서 움직이는 점의 x좌표와 y좌표가 시간 t에 따라 정의되는 경우 이 점의 시간 t에서의 위치는 $(f(t), g(t))$로 나타낼 수 있으며, 함수 $y=f(x)$의 경우 함수의 그래프의 점은 $x=t$로 두면 $(t, f(t))$로 나타낼 수 있다.

매개변수함수를 사용하는 이유는 평면의 한 곡선 C가 다음 그림과 같은 경우 곡선 C를 어떤 함수 $y=f(x)$의 그래프로 해석할 수 없지만 C의 x좌표와 y좌표는 정의역 I에서 t에 대한 함수 $x=f(t)$, $y=g(t)$로 각각 표현할 수 있기 때문이다. 이 경우 (x, y)인 $(f(t), g(t))$를 $(x(t), y(t))$로 나타내기도 한다.

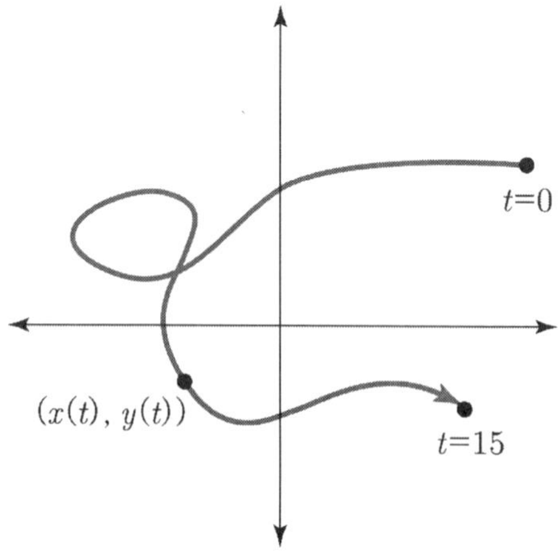

일반적으로 매개변수함수 $x=f(t)$, $y=g(t)$ $(a \le t \le b)$로 주어지는 곡선에서 $t=a$일 때의 점 $(f(a),\ g(a))$를 곡선의 시작점, $t=b$일 때의 점 $(f(b),\ g(b))$를 곡선의 끝점이라 한다.

예제 1.1 $-1 \le t \le 1$일 때, 매개변수함수 $x=t+1$, $y=t-1$로 정의되는 곡선의 개형을 그리시오.

풀이

매개변수 t를 소거하면 $t=x-1$이고 $t=y+1$이므로 $x-1=y+1$, 즉 $y=x-2$이다. $-1 \le t \le 1$이므로 $-1 \le x-1 \le 1$, 즉 $0 \le x \le 2$이므로 곡선은 $y=x-2$의 그래프에서 시작점과 끝점이 각각 $(0,\ -2)$, $(2,\ 0)$인 선분이다.

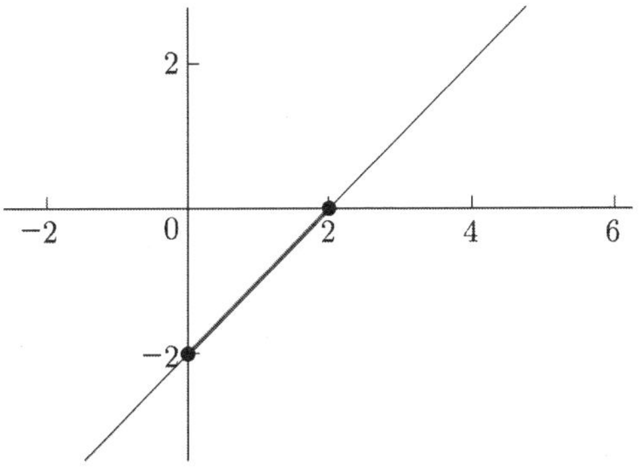

■

예제 1.2 $t \ge 0$일 때, $x=\sqrt{t+1}$, $y=t$로 주어지는 곡선의 개형을 그리시오.

풀이

매개변수 t를 소거하면 $x=\sqrt{y+1}$, 즉 $y+1=x^2$이므로 $y=x^2-1$이다. $t \ge 0$이므로 곡선은 $(1,\ 0)$에서 시작하는 포물선 $y=x^2-1$의 일부이다.

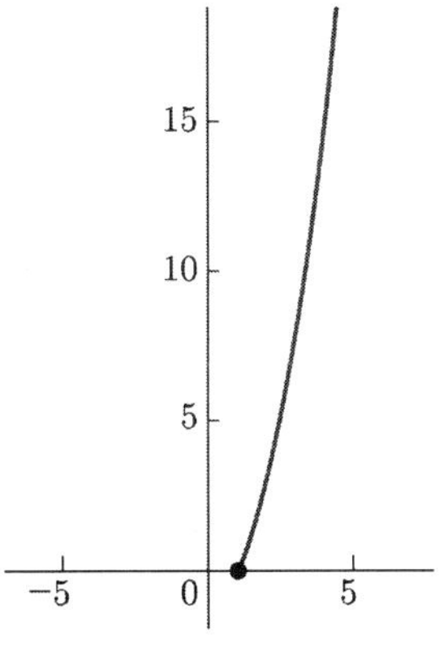

■

정의 1.3 매개변수방정식

어떤 곡선 C 위의 시각 t에서의 점이 (x, y)이고 함수

$$x = f(t), \quad y = g(t)$$

로 주어진다고 하자. 그러면 위의 방정식을 **매개변수방정식**(parametric equation), t를 **매개변수**, C를 **매개변수곡선**이라 한다.

예제 1.4 매개변수방정식 $x = t^2 - 2t$, $y = t + 1$로 정의된 곡선을 그리라.

풀이

먼저 몇 개의 t의 값에 따른 x, y의 값을 구하여 표를 만든다(표 1.1). 그러면 t의 값에 대응하는 점 $(x, y) = (f(t), g(t))$는 그리고자 하는 곡선 위의 점이다. 예를 들어 $t = 0$에 대응하는 점 $(x, y) = (f(0), g(0)) = (0, 1)$은 곡선 위의 점이다. 이제 (표 1.1)로부터 각 t에 대응하는 점 (x, y)를 평면 위에 나타내고 그 점들을 부드럽게 연결하면 매개방정식으로 정의된 곡선을 얻을 수 있다(그림 1.1). 입자의 위치는 t가 증가할 때, 화살표 방향의 곡선을 따라서 움직이는 매개변수방정식에 의해서 주어진다. 곡선 위에 표시되는 연속적인 점들은 일정한 시각의 간격에 의해서 나타나지만 그 거리가 항상 같지는 않다. 그 이유는 시간이 지남에 따라 입자의 속도가 늦어지다가 빨라지기 때문이다. (그림 1.1)로부터 입자가 그리는 곡선은 포물선의 모양임을 알 수 있다. 이 사실은 매개변수 t를 소거하여 x, y 사이의 방정식을 얻음으로써 확인된다.

〈표 1.1〉

t	x	y
-2	8	-1
-1	3	0
0	0	1
1	-1	2
2	0	3
3	3	4
4	8	5

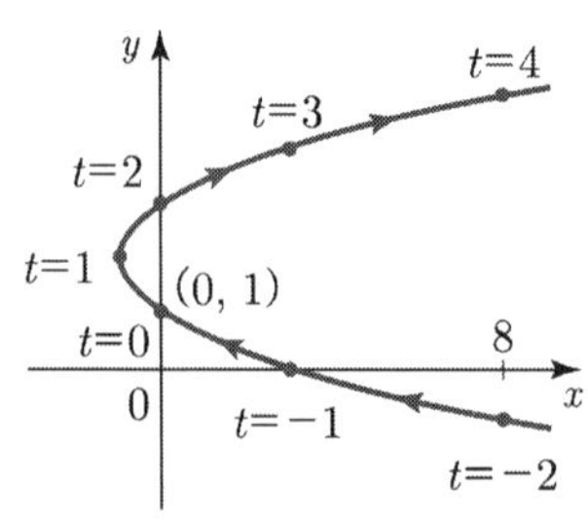

〈그림 1.1〉

$y = t + 1$에서 $t = y - 1$을 얻고 이것을 $x = t^2 - 2t$에 대입하면

$$x = t^2 - 2t = (y-1)^2 - 2(y-1) = y^2 - 4y + 3$$

이다. 따라서 매개변수방정식 $x = t^2 - 2t$, $y = t + 1$로 정의된 곡선은 포물선이다. ■

예제 1.4에서 매개변수 t에 대한 제한은 없으므로 t는 임의의 실수로 가정할 수 있다. 그러나 가끔 t를 어떤 유한구간으로 제한할 수 있다. 예를 들어, (그림 1.2)의 매개변수곡선

$$x = t^2 - 2t,\ y = t + 1,\ 0 \le t \le 4$$

는 **예제 1.4**의 포물선의 일부분으로 점 $(0, 1)$에서 시작하여 점 $(8, 5)$에서 끝난다. 여기서 화살표는 t가 0에서 4까지 증가할 때의 방향을 나타낸다.

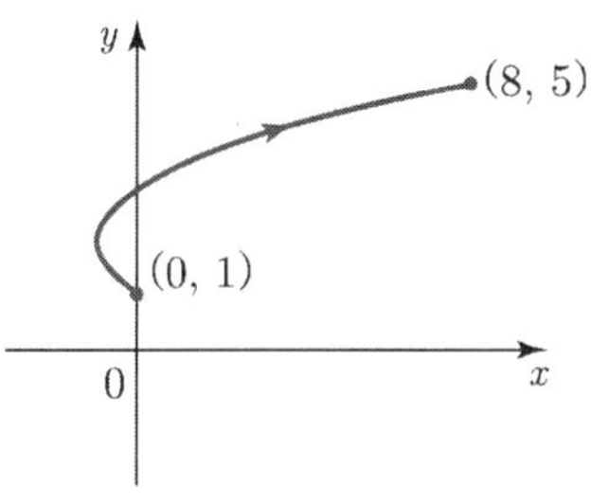

〈그림 1.2〉

일반적으로 매개변수방정식

$$x = f(t),\ y = g(t),\ a \le t \le b$$

의 곡선은 **시작점** $(f(a), g(a))$와 **끝점** $(f(b), g(b))$를 갖는다.

예제 1.5 **매개변수방정식 $x = \cos t$, $y = \sin t$, $0 \le t \le 2\pi$를 생각하자. 매개변수 t를 소거하여 매개변수곡선의 모양을 말하라.**

풀이

$x^2 + y^2 = \cos^2 t + \sin^2 t = 1$이므로 이 매개변수곡선 위의 점 (x, y)는 단위원 $x^2 + y^2 = 1$ 위를 움직인다(그림 1.3). ■

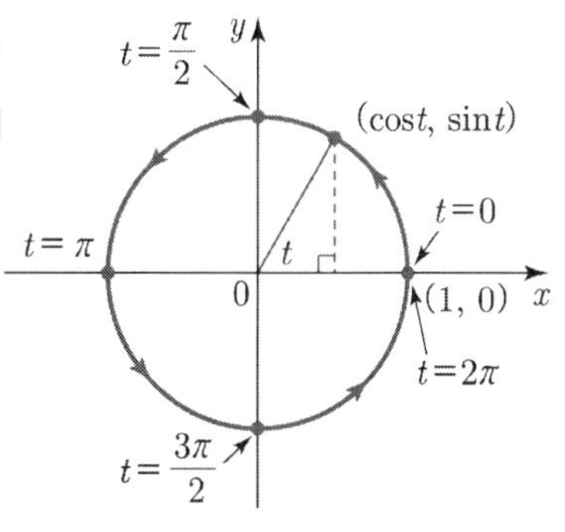

〈그림 1.3〉

예제 1.5에서 매개변수 t는 (그림 1.3)에서 보이는 각(라디안)으로 생각할 수 있다. t가 0에서 2π까지 증가할 때, 점 $(x, y) = (\cos t, \sin t)$는 점 $(1, 0)$에서 시작하여 시계반대방향으로 단위원을 따라서 한 바퀴 움직인다.

예제 1.6 매개변수방정식 $x = \sin 2t,\ y = \cos 2t,\ 0 \le t \le 2\pi$가 나타내는 곡선은 무엇인가 설명하여라.

풀이

$$x^2 + y^2 = \sin^2 2t + \cos^2 2t = 1$$

이므로 매개변수방정식이 나타내는 곡선은 단위원 $x^2 + y^2 = 1$이다(그림 1.4). 그러나 t가 0에서 2π까지 증가할 때, 점 $(x, y) = (\sin 2t, \cos 2t)$는 점 $(0, 1)$에서 출발하여 시계방향으로 단위원을 따라서 두 바퀴 움직인다.

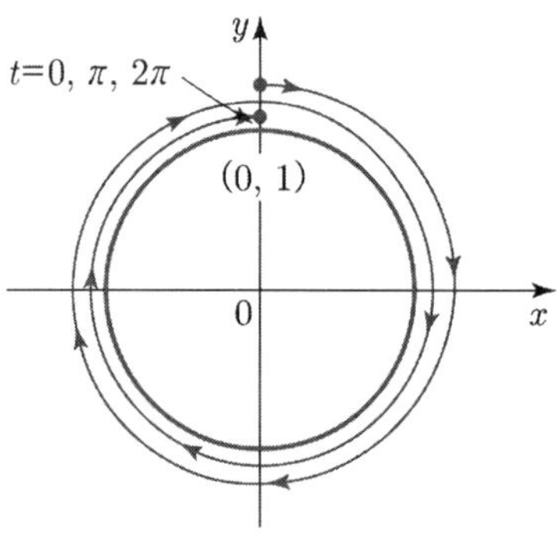

〈그림 1.4〉 ■

[주의] 1.7 **예제 1.5**와 **예제 1.6**은 평면 위의 단위원 $x^2 + y^2 = 1$을 나타내는 다른 매개변수방정식을 보여주고 있다. 그러므로 점들의 집합인 곡선과 특별한 방법으로 점들이 경로를 따라 움직이는 매개변수곡선은 구별해야 한다.

예제 1.8 매개변수방정식 $x = \sin t,\ y = \sin^2 t$의 곡선을 그리라.

풀이

t를 소거하면 $y = \sin^2 t = x^2$이므로 점 (x, y)는 포물선 $y = x^2$ 위를 움직인다. 그런데 $-1 \le \sin t \le 1$이므로 $-1 \le x \le 1$이다. 그러므로 매개변수방정식은 포물선 $y = x^2$에서 해당하는 부분만 나타낸다. $\sin t$는 주기함수이므로 점 $(x, y) = (\sin t, \sin^2 t)$는 점 $(-1, 1)$에서부터 $(1, 1)$까지 포물선을 따라서 무한하게 움직인다(그림 1.5).

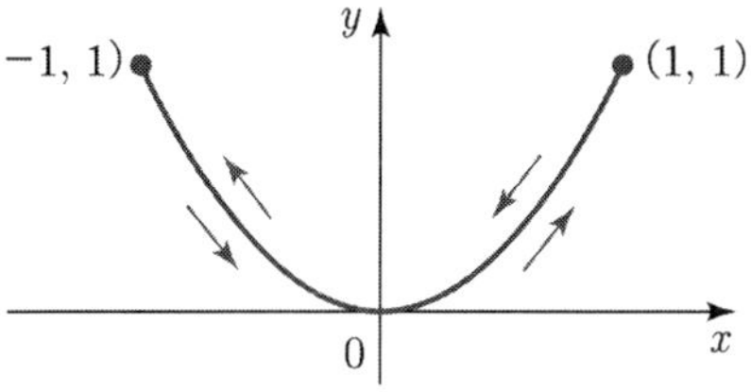

〈그림 1.5〉 ■

지금까지 매개방정식으로부터 매개변수곡선을 찾아보았다. 역으로 어떤 곡선의 방정식으로부터 그 곡선의 매개방정식을 얻을 수 있다.

예제 1.9 중심이 (h, k) 이고 반지름이 r 인 원의 매개변수방정식을 구하라.

풀이

중심이 (h, k) 이고 반지름이 r 인 원의 방정식은

$$(x-h)^2+(y-k)^2=r^2$$

이다. 이것은 반지름 r 인 원의 방정식

$$x^2+y^2=r^2$$

을 x축, y축 방향으로 각각 h, k만큼 평행이동하여 얻는다.
이제 $x=r\cos t$, $y=r\sin t$라 하면

$$x^2+y^2=(r\cos t)^2+(r\sin t)^2=r^2(\cos^2 t+\sin^2 t)=r^2$$

이다. 따라서 $x=r\cos t$, $y=r\sin t$은 $x^2+y^2=r^2$의 매개방정식이다. 그러므로 구하려는 매개방정식은 다음과 같다.

$$x=h+r\cos t,\ y=k+r\sin t,\ 0\le t\le 2\pi$$ ■

1.2 매개변수함수의 미분법

매개변수곡선으로 주어진 경우에 대하여 도함수를 구해보고, 이를 이용하여 접선의 방정식, 도형의 넓이, 곡선의 길이, 곡면의 겉넓이를 구하는 문제를 해결해 보자.

곡선의 접선

$x=f(t)$, $y=g(t)$가 t에 대해 미분 가능하고, $f'(t)\neq 0$일 때 주어진 곡선 위의 점 $(f(t), g(t))$에서 매개변수를 소거하지 않고 도함수 $\frac{dy}{dx}$를 구해보는 방법을 살펴보자.

정리 1.10

$x=f(t)$, $y=g(t)$가 t에 대해 미분 가능하고, $\frac{dx}{dt}\neq 0$이면 다음이 성립한다.

$$\frac{dy}{dx}=\frac{\frac{dy}{dt}}{\frac{dx}{dt}}=\frac{g'(t)}{f'(t)}$$

이 식은 t를 제거하지 않고 주어진 곡선에 대한 접선의 기울기 $\frac{dy}{dx}$를 구할 수 있음을 보여준다. 특히, $\frac{dx}{dt}\neq 0$이고 $\frac{dy}{dt}=0$이면 곡선이 수평인 접선을 갖고, $\frac{dy}{dt}\neq 0$이고 $\frac{dx}{dt}=0$이면 곡선은 수직인 점선을 갖는다는 것을 의미한다.

예제 1.11 $x=2t+1,\ y=t-1$일 때, $\frac{dy}{dx}$를 구하라.

풀이

$$\frac{dy}{dx}=\frac{\frac{dy}{dt}}{\frac{dx}{dt}}=\frac{1}{2}$$

■

예제 1.12 $t\geq 0$일 때, $x=\sqrt{t+1}$, $y=t$로 주어지는 곡선의 점 $(x_{0,}\ y_0)$에서 접선의 기울기를 구하고 $t=3$일 때의 점에서 접선의 기울기를 구하라.

풀이

$$\frac{dy}{dx}=\frac{\frac{dy}{dt}}{\frac{dx}{dt}}=\frac{1}{\frac{1}{2\sqrt{t+1}}}=2\sqrt{t+1}=2x$$

이므로 점 (x_0, y_0)에서의 접선의 기울기는 $2x_0$이다. 또한 $t=3$일 때의 점 $(2, 3)$에서 미분계수는 $2\sqrt{3+1}=4$이고 이는 $2x_0$에 $x_0=2$를 대입한 값과 같다. ■

매개변수함수로 표현되는 곡선의 접선 중에서 x축에 수평한 접선과 x축에 수직인 접선을 갖는 점의 조건은 $\dfrac{dy}{dx}=\dfrac{\frac{dy}{dt}}{\frac{dx}{dt}}$로부터 알 수 있다. x축에 수평한 접선은 접선의 기울기가 0이 되어야 하며 미분계수가 정의되지 않는 점에서의 접선은 x축에 수직이다. 따라서 다음을 얻는다.

정리 1.13 수평접선과 수직접선

$x=f(t)$, $y=g(t)$가 t에 대해 미분 가능할 때

(1) $\dfrac{dy}{dt}=0$이고 $\dfrac{dx}{dt}\neq 0$을 만족하는 t_0에 대해 점 $(f(t_0), g(t_0))$에서 접선은 x축에 수평하다.

(2) $\dfrac{dx}{dt}=0$이고 $\dfrac{dy}{dt}\neq 0$을 만족하는 t_0에 대해 점 $(f(t_0), g(t_0))$에서 접선은 x축에 수직이다.

(3) $\dfrac{dx}{dt}=0$이고 $\dfrac{dy}{dt}=0$을 만족하는 t_0에 대해 점 $(f(t_0), g(t_0))$에서 접선은 t_0에서 $\dfrac{dy}{dx}=\dfrac{\frac{dy}{dt}}{\frac{dx}{dt}}$의 극한값에 의해 결정된다.

예제 1.14 매개변수함수 $x=6t-t^2$, $y=-12t+t^3$으로 표현되는 곡선에 대해 다음 물음에 답하라.

(1) $(x(t), y(t))$에서 접선의 기울기를 구하라.

(2) 곡선의 점 중 수평접선을 갖는 점을 구하라.

(3) 곡선의 점 중 수직접선을 갖는 점을 구하라.

풀이

(1) $\dfrac{dy}{dx}=\dfrac{\dfrac{dy}{dt}}{\dfrac{dx}{dt}}=\dfrac{-12+3t^2}{6-2t}=\dfrac{3(t-2)(t+2)}{-2(t-3)}$이다.

(2) 수평접선을 갖는 점에서는 $\dfrac{dy}{dt}=0$이므로 $t=-2$와 $t=2$이다. $t=\pm2$이면 $\dfrac{dx}{dt}\neq0$이므로 $t=\pm2$일 때의 점 $(-16,\ 16)$과 $(8,\ -16)$에서 수평접선을 갖는다.

(3) 수직접선을 갖는 점에서는 $\dfrac{dx}{dt}=-2(t-3)=0$, 즉 $t=3$인 점이다.

$t=3$이면 $\dfrac{dy}{dx}=3(t-2)(t+2)\neq0$이므로 $(9,\ -9)$에서 수직접선을 갖는다.

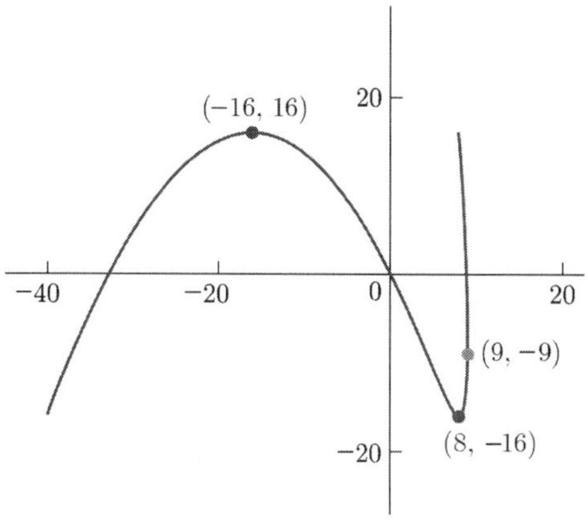

■

예제 1.15 매개변수함수 $x=\cos\theta$, $y=\sin\theta$, $0\le\theta\le2\pi$로 표현되는 곡선에 대해 다음 물음에 답하라.

(1) 곡선의 점 (x, y)에서 접선의 기울기를 구하라.

(2) 곡선의 점 중 수평접선을 갖는 점을 구하라.

(3) 곡선의 점 중 수직접선을 갖는 점을 구하라.

풀이

(1) $\dfrac{dy}{dx}=\dfrac{\dfrac{dy}{d\theta}}{\dfrac{dx}{d\theta}}=\dfrac{\cos\theta}{-\sin\theta}=-\dfrac{x}{y}$이다.

(2) 수평접선을 갖는 점에서는 $\dfrac{dy}{dt}=0$, 즉 $\cos\theta=0$으로 $\theta=\dfrac{\pi}{2}$ 또는 $\theta=\dfrac{3\pi}{2}$이다. 이 θ의 값에 대해 $\dfrac{dx}{d\theta}=-\sin\theta\neq0$이므로 $\theta=\dfrac{\pi}{2}$인 점 $\left(\cos\dfrac{\pi}{2},\ \sin\dfrac{\pi}{2}\right)=(0,\ 1)$과 $\theta=\dfrac{3\pi}{2}$인

점 $\left(\cos\frac{3\pi}{2},\ \sin\frac{3\pi}{2}\right)=(0,\ -1)$에서 수평접선을 갖는다.

(3) 수직접선을 갖는 점에서는 $\frac{dx}{d\theta}=0$, 즉 $-\sin\theta=0$이므로 $\theta=0$ 또는 $\theta=\pi$이다. 이 θ의 값에 대해 $\frac{dy}{dx}=\cos\theta\neq 0$이므로 $\theta=0$인 점 $(\cos 0,\ \sin 0)=(1,\ 0)$과 $\theta=\pi$인 점 $(\cos\pi,\ \sin\pi)=(-1,\ 0)$에서 수직접선을 갖는다.

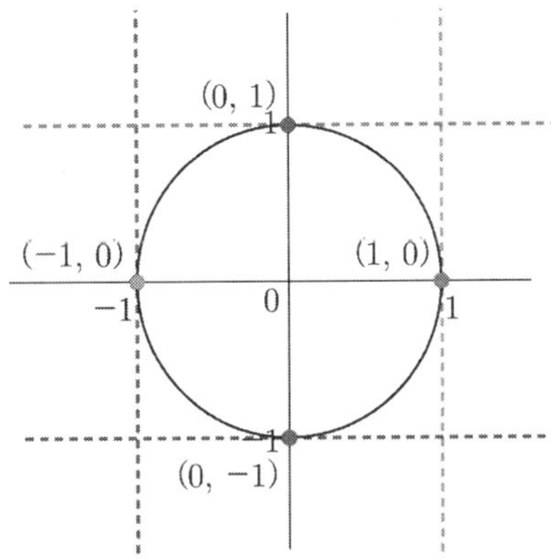

■

예제 1.16 매개변수 방정식 $x=t^3$, $y=t^2$으로 정의된 곡선에서 $t=-1$일 때 접선의 방정식을 구하라.

풀이

$\frac{dy}{dx}=\frac{2t}{3t^2}=\frac{2}{3t}$이고 $t=-1$일 때 접선의 기울기는 $-\frac{2}{3}$이다. 또 $t=-1$일 때 점 $(-1,1)$에서 접선의 방정식은 $y-1=-\frac{2}{3}(x+1)$이 되어 구하는 접선의 방정식은 $y=-\frac{2}{3}x+\frac{1}{3}$이다.

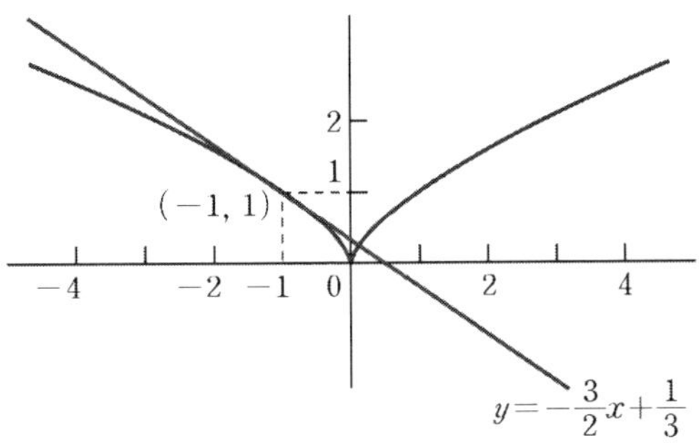

■

예제 1.17 사이클로이드(cycloid) 곡선의 매개변수 방정식을 구하고, $\theta = \frac{\pi}{3}$인 점에서 접선을 구하라.

풀이

사이클로이드 곡선은 직선을 따라 반지름이 r인 원을 굴릴 때, 원둘레에 있는 점 P의 자취를 그린 곡선이다. 원의 회전각 θ를 매개변수로 택하고, 원이 θ라디안만큼 회전했다고 하자. 원과 직선은 접해 있기 때문에 그림과 같이 원점에서 굴러간 거리는 $r\theta$이고, 원의 중심은 $(r\theta, r)$이다. 점 P의 좌표를 (x, y)라 두면

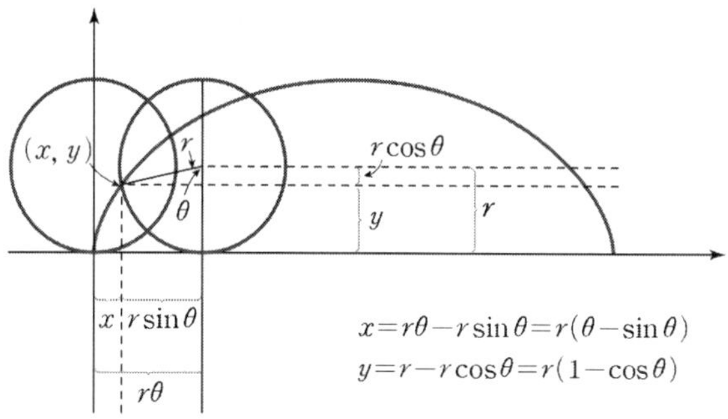

$x = r\theta - r\sin\theta$이고 $y = r - r\cos\theta$가 되어 사이클로이드의 매개변수 방정식은 $x = r(\theta - \sin\theta)$, $y = r(1 - \cos\theta)$이다. 이때 접선의 기울기는

$$\frac{dy}{dx} = \frac{r\sin\theta}{r(1-\cos\theta)} = \frac{\sin\theta}{1-\cos\theta}$$

여기서 $\theta = \frac{\pi}{3}$일 때 다음을 얻는다.

$$x = r\left(\frac{\pi}{3} - \sin\frac{\pi}{3}\right) = r\left(\frac{\pi}{3} - \frac{\sqrt{3}}{2}\right),\quad y = r\left(1 - \cos\frac{\pi}{3}\right) = r\left(1 - \frac{1}{2}\right) = \frac{r}{2}\text{이고}$$

$$\left.\frac{dy}{dx}\right|_{\frac{\pi}{3}} = \frac{\sin\frac{\pi}{3}}{1-\cos\frac{\pi}{3}} = \frac{\frac{\sqrt{3}}{2}}{1-\frac{1}{2}} = \sqrt{3}$$

이 되어 구하는 접선의 방정식은

$$y - \frac{r}{2} = \sqrt{3}\left(x - \frac{r\pi}{3} + \frac{r\sqrt{3}}{2}\right)$$

이다. ■

매개변수 곡선의 이계도함수의 경우는 다음과 같이 구할 수 있다.

정리 1.18 매개변수 곡선의 이계도함수

$$\frac{d^2y}{dx^2}=\frac{d}{dx}\left(\frac{dy}{dx}\right)=\frac{\frac{d}{dt}\left(\frac{dy}{dx}\right)}{\frac{dx}{dt}}$$

이때, 여기서 $\frac{d^2y}{dx^2} \neq \frac{\frac{d^2y}{dt^2}}{\frac{d^2x}{dt^2}}$임에 주의해야 한다.

예제 1.19 곡선 C가 매개변수 방정식 $x=t^3,\ y=3t^4$으로 나타날 때, 도함수 $\frac{dy}{dx}$과 이계도함수 $\frac{d^2y}{dx^2}$을 구하라.

풀이

$\frac{dy}{dx}=\frac{12t^3}{3t^2}=4t$이지만 $\frac{d^2y}{dx^2}=4$가 아니다. 정확한 이계도함수는

$$\frac{d^2y}{dx^2}=\frac{\frac{d}{dt}\left(\frac{dy}{dx}\right)}{\frac{dx}{dt}}=\frac{\frac{d}{dt}(4t)}{3t^2}=\frac{4}{3t^2}$$

이다. ■

1.3 곡선 아래의 넓이

$h(x)\geq 0$일 때 a부터 b까지 곡선 $y=h(x)$ 아래의 넓이는 $A=\int_a^b h(x)dx$로 구할 수 있다는 것을 알고 있다. 이 곡선의 매개변수 방정식이 $x=f(t),\ y=g(t)$ 이고 매개변수 t가 α부터 β까지 증가할 때 곡선이 한 번만 그려진다면, 곡선 아래의 넓이를 구하는 공식을 다음과 같이 나타낼 수 있다.

정리 1.20 매개변수 곡선 아래의 넓이

$y=g(t)$이고 $x=f(t)$의 양변을 미분하면 $dx=f'(t)dt$가 되어

$$A=\int_a^b y\ dx=\int_\alpha^\beta g(t)f'(t)dt$$

이다.

예제 1.21 매개변수 방정식 $x=a\cos t,\ y=b\sin t$와 x축으로 둘러싸인 부분의 넓이를 구하라. (단, $a>b$이고 $0\le t\le\pi$)

풀이

$0\le t\le\pi$에서 주어진 곡선은 타원의 윗부분이다.

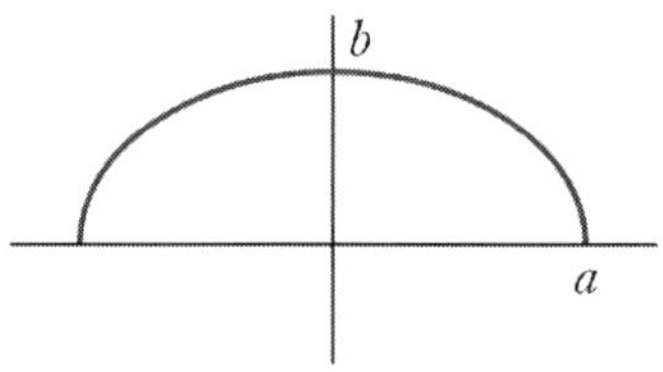

따라서 구하는 넓이는 $\int_{-a}^{a} ydx=\int_\pi^0 b\sin t(-a\sin t)dt=ab\int_0^\pi \sin^2 tdt$가 되어

$ab\int_0^\pi \frac{1-\cos 2t}{2}dt=\frac{ab}{2}\left[t-\frac{1}{2}\sin 2t\right]_0^\pi=\frac{ab\pi}{2}$이다.[1] ■

예제 1.22 $0\le\theta\le 2\pi$에서 사이클로이드의 아랫부분의 넓이를 구하라.

풀이

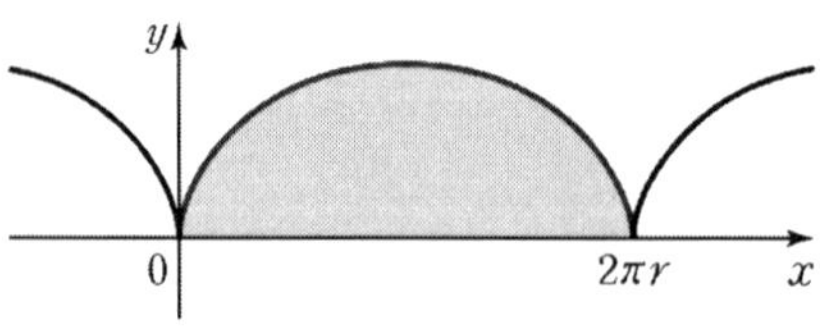

사이클로이드의 매개변수 방정식은 $x=r(\theta-\sin\theta),\ y=r(1-\cos\theta)$이므로 $0\le\theta\le 2\pi$에서

---

1) 타원 $\frac{x^2}{a^2}+\frac{y^2}{b^2}=1$의 넓이는 $ab\pi$이다.

사이클로이드의 아랫부분의 넓이는

$$\begin{aligned} A &= \int_0^{2\pi r} y dx = \int_0^{2\pi} r(1-\cos\theta) r(1-\cos\theta) d\theta \\ &= r^2 \int_0^{2\pi} (1-\cos\theta)^2 d\theta = r^2 \int_0^{2\pi} (1 - 2\cos\theta + \cos^2\theta) d\theta \\ &= r^2 \int_0^{2\pi} \left(1 - 2\cos\theta + \frac{1}{2}(1+\cos 2\theta)\right) d\theta \\ &= r^2 \left[\frac{3}{2}\theta - 2\sin\theta + \frac{1}{4}\sin 2\theta \right]_0^{2\pi} \\ &= r^2 \left(\frac{3}{2} \cdot 2\pi \right) = 3\pi r^2 \end{aligned}$$

이다. ■

1.4 곡선의 길이

$h(x) \geq 0$일 때 a부터 b까지 $y = h(x)$ 으로 주어진 곡선의 길이는 $L = \int_a^b \sqrt{1 + \left(\frac{dy}{dx}\right)^2} dx$ 로 구할 수 있다는 것을 알고 있다. 이 곡선의 매개변수 방정식이 $x = f(t)$, $y = g(t)$이고 매개변수 t가 α부터 β까지 증가하고 $f(\alpha) = a$, $f(\beta) = b$일 때 곡선이 한 번만 그려진다면, 곡선의 길이를 구하는 공식을 다음과 같이 나타낼 수 있다.

정리 1.23 매개변수 곡선의 길이

$y = g(t)$이고 $x = f(t)$의 양변을 미분하면 $dx = f'(t)dt$가 되어

$$\begin{aligned} L &= \int_a^b \sqrt{1 + \left(\frac{dy}{dx}\right)^2} dx = \int_\alpha^\beta \sqrt{1 + \left(\frac{dy/dt}{dx/dt}\right)^2} \frac{dx}{dt} \cdot dt \\ &= \int_\alpha^\beta \sqrt{\left(\frac{dx}{dt}\right)^2 + \left(\frac{dy}{dt}\right)^2} dt = \int_\alpha^\beta \sqrt{[f'(t)]^2 + [g'(t)]^2} dt \end{aligned}$$

이다.

예제 **1.24** 반지름이 3인 단위원을 나타내는 매개변수 방정식에서 원의 둘레의 길이를 구하라.

풀이

반지름이 3인 단위원을 나타내는 매개변수 방정식은 $x = 3\cos t$, $y = 3\sin t$이고 $0 \le t \le 2\pi$이므로 구하는 원 둘레의 길이는

$$\int_0^{2\pi} \sqrt{(-3\sin t)^2 + (3\cos t)^2}\, dt = \int_0^{2\pi} \sqrt{9\sin^2 t + 9\cos^2 t}\, dt = 6\pi$$ [2]

이다. ■

예제 **1.25** 사이클로이드의 한 아치(arch)의 길이를 구하라.

풀이

사이클로이드의 한 아치는 매개변수의 구간 $0 \le \theta \le 2\pi$일 때 나타난다. 따라서 다음이 성립한다.

$$\begin{aligned}
\int_0^{2\pi} \sqrt{\left(\frac{dx}{d\theta}\right)^2 + \left(\frac{dy}{d\theta}\right)^2}\, d\theta &= \int_0^{2\pi} \sqrt{r^2(1-\cos\theta)^2 + r^2\sin^2\theta}\, d\theta \\
&= \int_0^{2\pi} \sqrt{r^2(1-2\cos\theta+\cos^2\theta) + r^2\sin^2\theta}\, d\theta \\
&= \int_0^{2\pi} \sqrt{r^2(1-2\cos\theta+\cos^2\theta+\sin^2\theta)}\, d\theta \\
&= r\int_0^{2\pi} \sqrt{2(1-\cos\theta}\, d\theta
\end{aligned}$$

여기서 $\sin^2\left(\frac{\theta}{2}\right) = \frac{1-\cos\theta}{2}$이므로 이 적분은

$$r\int_0^{2\pi} \sqrt{4\sin^2\left(\frac{\theta}{2}\right)}\, d\theta = 2r\int_0^{2\pi} 2\sin\left(\frac{\theta}{2}\right) d\theta = 2r\left[-2\cos\left(\frac{\theta}{2}\right)\right]_0^{2\pi} = 8r$$

이다. 즉 사이클로이드의 한 아치의 길이는 그 사이클로이드를 만드는 원의 반지름의 8배이다. ■

---

2) 반지름이 3인 단위원을 나타내는 매개변수 방정식을 $x = 3\cos 2t$, $y = 3\sin 2t$, $0 \le t \le 2\pi$로 두고 계산하면

$$\int_0^{2\pi} \sqrt{(-6\sin 2t)^2 + (6\cos 2t)^2}\, dt = \int_0^{2\pi} \sqrt{36\sin^2 2t + 36\cos^2 2t}\, dt = 12\pi$$

가 되는데 이것은 t에 대해 점 $(\cos 2t,\ \sin 2t)$가 원을 두 번 그리기 때문이다. 일반적으로 매개변수로 표현된 곡선의 길이를 구할 때는, t가 α에서 β로 증가할 때 한 번만 그려져야 한다는 사실에 주의해야 한다.

SECTION

1 연습문제

➡ 연습문제 해답 402쪽

01. 다음 매개변수함수로 정의되는 곡선의 개형을 그리시오.

(1) $x = t^2 - 2t,\ y = t - 1$ (2) $x = 2\cos\theta,\ y = 2\sin\theta,\ 0 \le \theta \le \pi$

(3) $x = \cos t,\ y = \cos^2 t\,(0 \le t \le 2\pi)$ (4) $x = e^t\ \ y = t$

02. 다음 매개변수함수로 정의되는 곡선의 개형을 그리시오.

(1) $x = 1 + t,\ y = \sqrt{t} - 1$ (2) $x = \ln t,\ y = \sqrt{t},\ t \ge 1$

(3) $x = 1 - \sin\theta,\ y = 1 + \cos\theta$ (4) $x = 2\cos\theta,\ y = 3\sin\theta,\ 0 \le \theta \le 2\pi$

03. 다음 매개변수함수에 대해 $\dfrac{dy}{dx}$를 구하라.

(1) $x = t^2 + t,\ y = 2t - 1$ (2) $x = 3\cos t,\ y = 2\sin t$

(3) $x = 2t + \ln t,\ y = (\ln t)^2$ (4) $x = \dfrac{1}{2}e^{-t} + \dfrac{1}{2}e^{t},\ y = e^{-5t} + 4e^{-3t} + 2$

04. $x = f(t),\ y = g(t)$가 t에 대해 미분 가능하고 $f'(t) \ne 0$이면 $\dfrac{d^2y}{dx^2} = \dfrac{\dfrac{d}{dt}\left(\dfrac{dy}{dx}\right)}{\dfrac{dx}{dt}}$임을 보이라.

05. 다음 매개변수함수에 대해 $\dfrac{d^2y}{dx^2}$을 구하라.

(1) $x = 2\cos t,\ y = 3\sin^2 t + 1$ (2) $x = 3\cos(2t),\ y = 2\sin(2t)$

(3) $x = \sqrt{t^2 + 2t},\ y = \dfrac{1}{t+1}$ (4) $x = 3te^t,\ y = \ln(1 + 2e^{2t})$

06. $x=f(t)$, $y=g(t)$로 주어지는 곡선의 점 (x, y)에서 접선의 기울기를 구하고 주어진 t에서 접선을 구하라.

(1) $f(t)=\sqrt{t}$, $g(t)=1+2t$, $t=4$ (2) $f(t)=\cos^3 t$, $g(t)=\sin^3 t$, $t=\dfrac{\pi}{4}$

07. 매개변수함수 $x=t^3-3t$, $y=3t^2$으로 표현되는 곡선에 대해 다음 물음에 답하라.

(1) $(x(t), y(t))$에서 접선 기울기를 구하라.

(2) 곡선의 점 중 수평접선을 갖는 점을 구하라.

(3) 곡선의 점 중 수직접선을 갖는 점을 구하라.

08. 매개변수함수 $x=\dfrac{t^4}{4}-t^2$, $y=10\sin\left(\dfrac{1}{2}t\right)-1$ $(0\le t\le 2\pi)$로 표현되는 곡선에 대해 다음 물음에 답하라.

(1) $(x(t), y(t))$에서 접선의 기울기를 구하라.

(2) 곡선의 점 중 수평접선을 갖는 점을 구하라.

(3) 곡선의 점 중 수직접선을 갖는 점을 구하라.

09. 매개변수방정식이 $x=t^3+1$, $y=t^2-t$로 주어진 매개 곡선에 대하여 $t=1$일 때 접선의 방정식을 구하라.

10. 매개변수의 범위가 $0\le t\le 1$일 때 다음 곡선의 길이를 구하라.

(1) 매개변수 방정식이 $x=4t^2+1$, $y=5+\dfrac{8}{3}t^3$인 곡선

(2) 매개변수 방정식이 $x=t\sin t$, $y=t\cos t$인 곡선

11. 매개변수 방정식 $x=a\cos\theta$, $y=b\sin\theta$로 그려지는 타원 전체의 길이는

$$L=4a\int_0^{\pi/2}\sqrt{1-e^2\sin^2\theta}\,d\theta$$

임을 보이라.

(단, $a>b>0$이고 e는 타원의 이심률을 나타낸다. 즉, $c=\sqrt{a^2-b^2}$일 때 $e=\dfrac{c}{a}$이다.)

SECTION 2 극방정식과 미분법

2.1 극좌표

극좌표를 사용한 점의 위치

지금까지 평면에 있는 점의 위치를 정하기 위하여 언제나 직교좌표계를 사용하였다. 이제 **극좌표계**라 부르는 다른 좌표계를 설명하려고 한다. 앞으로 다룰 많은 예에서 극좌표는 직교좌표를 능가하는 어떤 이점을 제공함을 알 수 있다.

직교좌표계에서 평면에 있는 점이 수의 순서쌍 (x, y)로 표시되고 x와 y는 각각 y축과 x축으로부터 부호가 있는 거리와 같음을 기억할 것이다. 극좌표계에서는 **극**(pole)이라 부르는 점과 극에서 정점을 갖는 **극축**(polar axis)이라 부르는 반직선을 선택한다. 직교좌표계와 극좌표계를 비교하여 직교좌표의 원점과 극좌표의 극을 일치시키고, 직교좌표의 양의 x축과 극좌표의 극축을 일치시키자(그림 2.1).

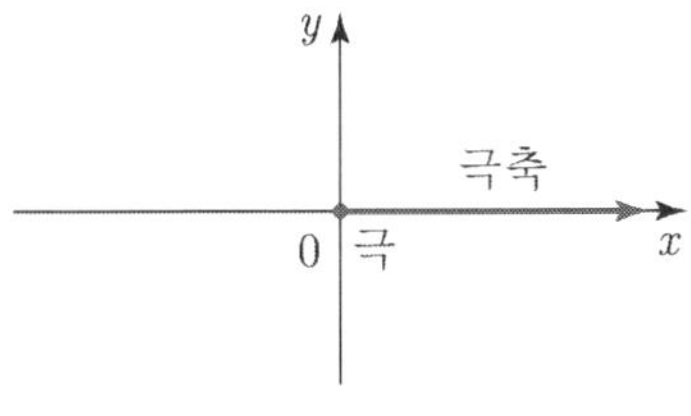

〈그림 2.1〉

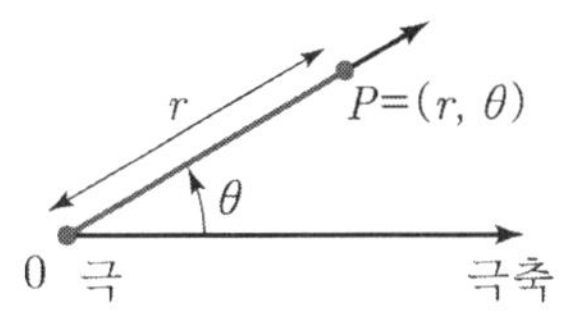

〈그림 2.2〉

극좌표계에서 점 P는 수의 순서쌍 (r, θ)로 나타낸다. $r > 0$이면 r은 극으로부터 점 P까지의 거리이고, θ는 극축과 점 P를 지나는 극으로부터의 반직선이 만드는(60분법 또는 호도법으로 측정된) 각이다. 이 순서쌍 (r, θ)를 점 P의 **극좌표**(polar coordinate)라 한다(그림 2.2).

예를 들어 점 P의 극좌표가 $\left(2, \frac{\pi}{4}\right)$라 가정하자. P의 위치를 정하기 위하여 먼저 $\frac{\pi}{4}$라디안의

각을 그린다. 이때 정점은 극에 그리고 처음변은 극축을 따라서 놓는다. 다음에 점 P에 도달하기 위하여 이 각의 끝변을 따라서 2단위의 거리를 이동한다(그림 2.3).

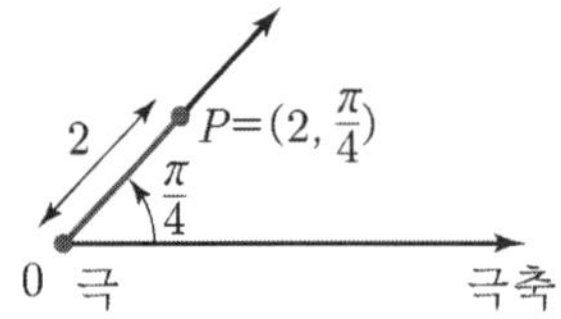

〈그림 2.3〉

시계반대방향으로 측정된 각은 양이고, 시계방향으로 측정된 각은 음임을 상기하라. 이 관습은 극좌표와 관련하여 몇 가지 흥미 있는 결과를 갖는다. 이 결과가 무엇인지 알아보자.

예제 2.1 (그림 2.4(a))에서 보듯이, 극좌표 $\left(2, \frac{\pi}{4}\right)$를 갖는 점 P를 다시 생각하자. $\frac{\pi}{4}$, $\frac{9\pi}{4}$, $-\frac{7\pi}{4}$는 모두 같은 끝변을 갖기 때문에, (그림 2.4)의 (b)와 (c)에서 보듯이, 극좌표 $\left(2, \frac{9\pi}{4}\right)$ 또는 $\left(2, -\frac{7\pi}{4}\right)$를 사용하여 역시 점 P의 위치를 정할 수 있다.

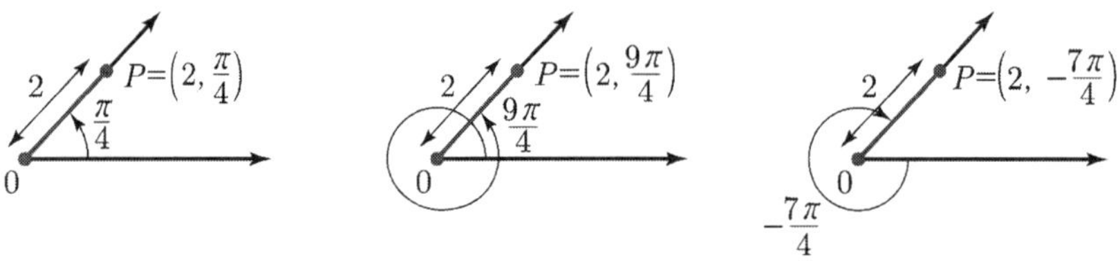

〈그림 2.4〉 ■

극좌표 (r, θ)를 사용할 때, 처음성분 r이 음이 되도록 할 수 있다. 이 경우 θ의 끝변 위에 있는 점 대신 θ의 끝변의 **반대 방향**으로 확대한 반직선 위에 극으로부터 거리 $|r|$인 지점에 있다(그림 2.5).

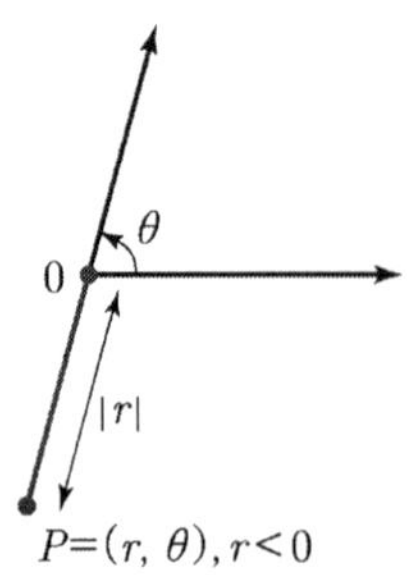

〈그림 2.5〉

예제 2.2 (그림 2.6(a))에서 보듯이, 극좌표 $\left(2,\ \frac{\pi}{4}\right)$를 갖는 점 P를 다시 생각하자.

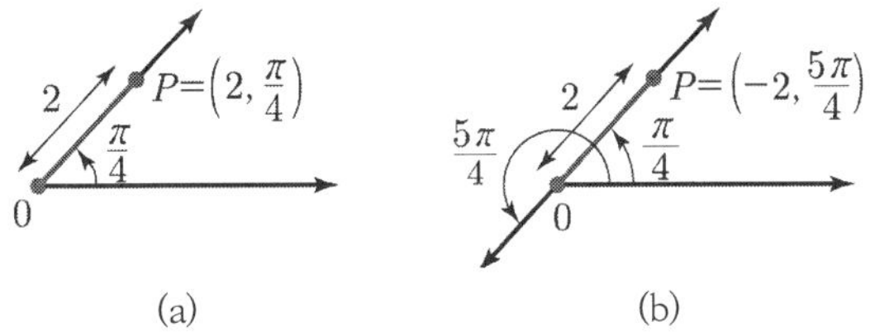

〈그림 2.6〉

(그림 2.6(b))에서 표시된 것처럼 같은 점 P가 극좌표 $\left(-2,\ \frac{5\pi}{4}\right)$에 대응될 수 있다. 점 $\left(-2,\ \frac{5\pi}{4}\right)$의 위치를 정하기 위하여 $\frac{5\pi}{4}$의 반대 방향에 있는 반직선을 사용하고, 점 P를 구하기 위하여 이 반직선을 따라서 2단위만큼 이동한다. ■

이 예제들은 직교좌표와 극좌표 사이의 중요한 차이를 보여준다. 직교좌표계에서 각 점은 꼭 하나의 직교좌표를 갖지만, 극좌표계에서 한 점은 무한히 많은 극좌표를 갖는다.

예제 2.3 극좌표 $\left(3,\ \frac{\pi}{6}\right)$를 갖는 점 P의 위치를 정하고 다음 각각의 조건을 만족하는 다른 극좌표 (r, θ)를 구하라.

(1) $r > 0,\ \ 2\pi \le \theta < 4\pi$ (2) $r < 0,\ \ 0 \le \theta < 2\pi$ (3) $r > 0,\ \ -2\pi \le \theta < 0$

풀이 점 $\left(3,\ \frac{\pi}{6}\right)$는 (그림 2.7)에서 그 위치가 정해진다.

(1) 1회전(2π 라디안)에 각 $\frac{\pi}{6}$를 더하면 $P=\left(3,\ \frac{\pi}{6}+2\pi\right)=\left(3,\ \frac{13\pi}{6}\right)$(그림 2.8(a)).

(2) $\frac{1}{2}$회전(π 라디안)에 각 $\frac{\pi}{6}$를 더하고 3 대신에 -3으로 바꾸면, $P=\left(-3,\ \frac{\pi}{6}+\pi\right)=\left(-3,\ \frac{7\pi}{6}\right)$ (그림 2.8(b)).

(3) 2π에서 각 $\frac{\pi}{6}$를 빼면 $P=\left(3,\ \frac{\pi}{6}-2\pi\right)=\left(3,\ -\frac{11\pi}{6}\right)$(그림 2.8(c)).

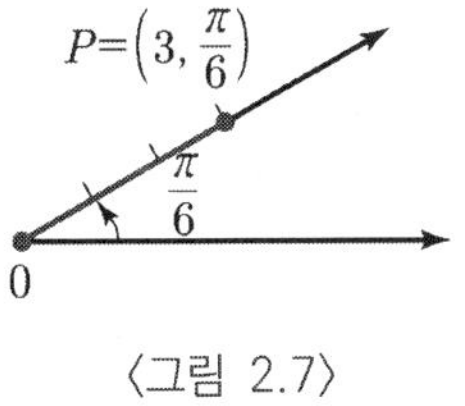

〈그림 2.7〉

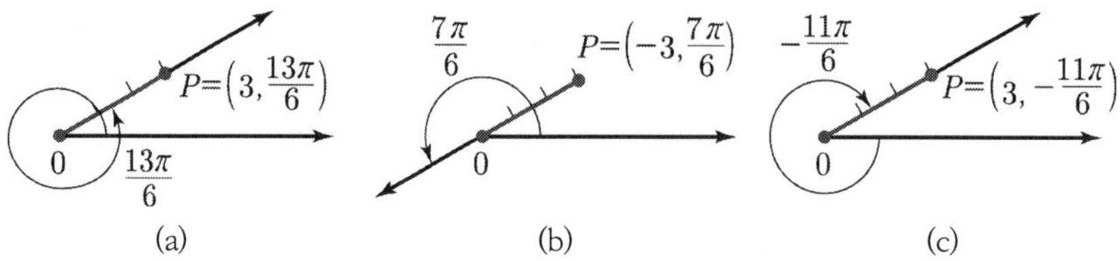

〈그림 2.8〉

■

[주의] 2.4 극좌표 표시

극좌표 (r, θ)를 갖는 점은 다음 중 어느 것으로도 표시될 수 있다.

$$(r, \theta + 2k\pi) \text{ 또는 } (-r, \theta + \pi + 2k\pi),\ k\text{는 임의의 정수}$$

특히 극의 극좌표는 $(0, \theta)$, 여기서 θ는 임의의 각이다.

극좌표를 직교좌표로 변환하기

직교좌표계에서의 좌표 또는 방정식을 극 꼴로 바꾸고 역도 마찬가지로 할 수 있다는 것은 때때로 편리하고 참으로 필요하다. 이렇게 하기 위하여 직교좌표에서 원점은 극좌표에서 극이고 직교좌표에서 양의 x축은 극좌표에서 극축임을 상기하라.

정리 2.5 극좌표를 직교좌표로 바꾸기

P는 극좌표 (r, θ)를 갖는 점이라 하자. 그러면 P의 직교좌표는 다음과 같이 주어진다.

$$x = r\cos\theta\ ,\ y = r\sin\theta \tag{2.1}$$

증명

P는 극좌표 (r, θ)를 갖는다고 가정하자. P의 직교좌표 (x, y)를 찾는다(그림 2.9).

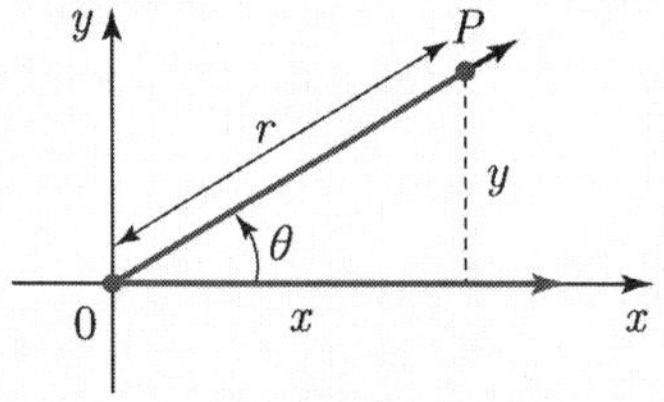

〈그림 2.9〉

$r = 0$이면, θ에 관계없이 점 P는 직교좌표가 $(0, 0)$인 극이다. 그러므로 공식 (2.1)은

$r=0$에 대하여 성립한다.

$r>0$이면, 점 P는 θ의 끝변 위에 있고 $r=d(O, P)=\sqrt{x^2+y^2}$이다. 따라서

$$\cos\theta=\frac{x}{r}, \quad \sin\theta=\frac{y}{r}$$

이므로

$$x=r\cos\theta, \quad y=r\sin\theta$$

이다.

$r<0$이면, 점 $P=(r, \theta)$는 $(-r, \pi+\theta)$로 표시할 수 있다. 여기서 $-r>0$이므로

$$\cos(\pi+\theta)=-\cos\theta=\frac{x}{-r}, \ \sin(\pi+\theta)=-\sin\theta=\frac{y}{-r}$$

이다. 그러므로 $x=r\cos\theta$, $y=r\sin\theta$이다.

예제 2.6 다음 극좌표를 갖는 점의 직교좌표를 구하라.

(1) $\left(6, \frac{\pi}{6}\right)$ (2) $\left(-4, -\frac{\pi}{4}\right)$

풀이

식 (2.1)을 사용한다. 즉, $x=r\cos\theta$이고 $y=r\sin\theta$이다.

(1) (그림 2.10(a))는 위치가 점 $\left(6, \frac{\pi}{6}\right)$를 보여준다. $r=6$이고 $\theta=\frac{\pi}{6}$이므로

$$x=r\cos\theta=6\cos\frac{\pi}{6}=6\cdot\frac{\sqrt{3}}{2}=3\sqrt{3}$$

$$y=r\sin\theta=6\sin\frac{\pi}{6}=6\cdot\frac{1}{2}=3$$

이다. 따라서 점 $\left(6, \frac{\pi}{6}\right)$의 직교좌표는 $(3\sqrt{3}, 3)$이다.

(2) (그림 2.10(b))는 점 $\left(-4, -\frac{\pi}{4}\right)$를 보여준다. $r=-4$이고 $\theta=-\frac{\pi}{4}$이므로

$$x=r\cos\theta=-4\cos\left(-\frac{\pi}{4}\right)=-4\cdot\frac{\sqrt{2}}{2}=-2\sqrt{2}$$

$$y=r\sin\theta=-4\sin\left(-\frac{\pi}{4}\right)=-4\cdot\left(-\frac{\sqrt{2}}{2}\right)=2\sqrt{2}$$

이다. 따라서 점 $\left(-4,\ -\frac{\pi}{4}\right)$의 직교좌표는 $(-2\sqrt{2},\ 2\sqrt{2})$이다.

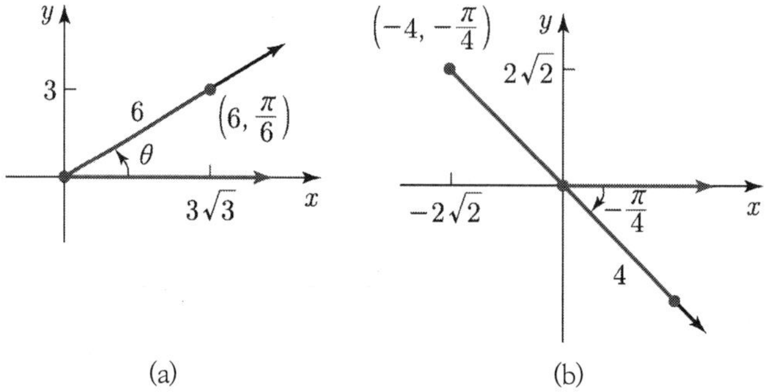

〈그림 2.10〉 ■

직교좌표를 극좌표로 변환하기

예제 2.7 직교좌표가 다음과 같은 점의 극좌표를 구하라.

(1) $(2,\ -2)$　　　　　　　　(2) $(-1,\ -\sqrt{3})$

풀이

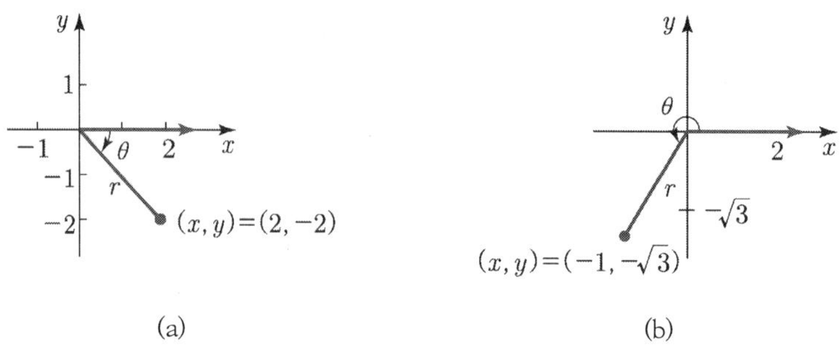

〈그림 2.11〉

(1) (그림 2.11(a))를 보라. r은 원점에서 점 $(2,\ -2)$까지의 거리라 하자. 그러면

$$r = \sqrt{x^2+y^2} = \sqrt{(2)^2+(-2)^2} = \sqrt{8} = 2\sqrt{2}$$

이다. $\tan\theta = \frac{y}{x}$이므로 $\theta = \tan^{-1}\left(\frac{y}{x}\right),\ -\frac{\pi}{2} < \theta < \frac{\pi}{2}$이다. 점 $(2,\ -2)$는 제4사분면에 있으므로 $-\frac{\pi}{2} < \theta < 0$이다. 따라서

$$\theta = \tan^{-1}\frac{y}{x} = \tan^{-1}\left(\frac{-2}{2}\right) = \tan^{-1}(-1) = -\frac{\pi}{4}$$

이므로 $(2, -2)$에 대한 극좌표 중의 하나는 $\left(2\sqrt{2}, -\frac{\pi}{4}\right)$이다. 다른 가능한 표시는 $\left(2\sqrt{2}, \frac{7\pi}{4}\right)$와 $\left(-2\sqrt{2}, \frac{\pi}{4}\right)$가 있다.

(2) (그림 2.11(b))를 보라. r은 원점에서 $(-1, -\sqrt{3})$까지의 거리라 하자. 그러면

$$r = \sqrt{(-1)^2 + (-\sqrt{3})^2} = \sqrt{4} = 2$$

이다. $\tan\theta = \frac{y}{x}$이므로 $\theta = \tan^{-1}\left(\frac{y}{x}\right)$, $-\frac{\pi}{2} < \theta < \frac{\pi}{2}$이다. 점 $(-1, -\sqrt{3})$은 제3사분면에 있고 $\frac{y}{x} = \frac{-\sqrt{3}}{-1} = \sqrt{3}$이므로, 역탄젠트 함수는 제1사분면에 각을 줄 것이다. 따라서 제3사분면에 있는 각을 얻기 위하여 π를 더한다. 즉

$$\theta = \pi + \tan^{-1}\left(\frac{-\sqrt{3}}{-1}\right) = \pi + \tan^{-1}\sqrt{3} = \pi + \frac{\pi}{3} = \frac{4\pi}{3}$$

이다. 따라서 $(-1, -\sqrt{3})$에 대한 극좌표들 중의 하나는 $\left(2, \frac{4\pi}{3}\right)$이다. 다른 가능한 표시는 $\left(-2, \frac{\pi}{3}\right)$와 $\left(2, -\frac{2\pi}{3}\right)$가 있다. ■

정리 2.8 직교좌표를 극좌표로 바꾸기

$$r^2 = x^2 + y^2, \quad \tan\theta = \frac{y}{x} \ (x \neq 0) \tag{2.2}$$

공식 (2.2)를 효과적으로 사용하기 위하여 다음의 단계를 따른다.

[주의] 2.9 직교좌표에서 극좌표로의 변환을 위한 단계

단계 1: **예제 2.7**에서 했던 것처럼 먼저 점 (x, y)를 정한다.

단계 2: r을 구하기 위하여 원점에서 (x, y)까지의 거리를 계산한다.

단계 3: θ를 구하기 위하여 먼저 그 점이 있는 사분면을 결정한다.

$$\text{제1사분면: } \theta = \tan^{-1}\frac{y}{x}, \qquad \text{제2사분면: } \theta = \pi + \tan^{-1}\frac{y}{x},$$

$$\text{제3사분면: } \theta = \pi + \tan^{-1}\frac{y}{x}, \quad \text{제4사분면: } \theta = \tan^{-1}\frac{y}{x}$$

공식 (2.1)과 (2.2)는 방정식을 변환하는 데 사용될 수도 있다.

예제 2.10 방정식 $r = 4\sin\theta$를 극좌표에서 직교좌표로 변환하고 그래프를 확인하라.

풀이

방정식의 양변에 r을 곱하면 공식 (2.1)과 (2.2)를 적용시키는 것이 더 쉬울 것이다.

$r = 4\sin\theta$

$r^2 = 4r\sin\theta$ 　　양변에 r을 곱한다.

$x^2 + y^2 = 4y$ 　　$r^2 = x^2 + y^2$; $y = r\sin\theta$

이것은 원의 방정식이다. 방정식의 표준형을 얻기 위하여 완전제곱을 한다.

$x^2 + (y^2 - 4y) = 0$ 　　일반형

$x^2 + (y^2 - 4y + 4) = 4$ 　　y에 대하여 완전제곱한다.

$x^2 + (y - 2)^2 = 4$ 　　표준형

따라서 이 원의 중심은 $(0, 2)$이고 반지름은 2이다. ■

예제 2.11 방정식 $4xy = 9$를 직교좌표에서 극좌표로 변환하라.

풀이

공식 (2.1)을 사용한다.

$4xy = 9$

$4(r\cos\theta)(r\sin\theta) = 9$ 　　$x = r\cos\theta,\ y = r\sin\theta$

$4r^2\cos\theta\sin\theta = 9$

$2r^2(2\sin\theta\cos\theta) = 9$

$2r^2\sin(2\theta) = 9$ 　　배각공식 ■

2.2 극방정식과 그래프

(그림 2.12(a))에서 보듯이 직교눈금은 직교좌표에 의하여 주어진 점의 위치를 정하는 데 사용될 수 있다. 마찬가지로 (그림 2.12(b))에서 보듯이 극좌표에 의하여 주어진 점의 위치를 정하기 위하여 (중심들이 극에 있는) 동심원(concentric circle)과 (정점들이 극에 있는) 반직선으로 이루어지는 눈금을 사용할 수 있다. 이와 같은 **극눈금**(polar grid)을 사용하여 **극방정식**의 그래프를 그릴 것이다.

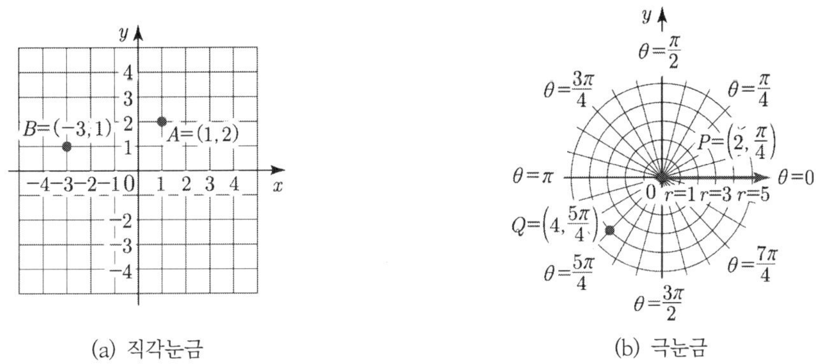

〈그림 2.12〉

정의 **2.12 극방정식**

변수들이 극좌표인 방정식을 극방정식(polar equation)이라 한다. 극방정식의 그래프는 방정식을 만족하는 모든 극좌표의 점들로 이루어진다.

극방정식의 그래프

극방정식의 그래프를 그리기 위하여 사용할 수 있는 방법은 방정식을 직교좌표로 바꾸는 것이다. 다음의 논의에서 (x, y)는 점 P의 직교좌표를 나타내고, (r, θ)는 점 P의 극좌표를 나타낸다.

예제 2.13 다음 극방정식을 확인하고 그래프를 그리라.

$$r = 3$$

풀이

극방정식을 직교방정식으로 바꾼다.

$$r = 3$$

$$r^2 = 9 \qquad \text{양변을 제곱한다.}$$

$$x^2 + y^2 = 9 \qquad r^2 = x^2 + y^2$$

따라서 $r = 3$의 그래프는 극에 중심을 갖고 반지름 3인 원이다(그림 2.13).

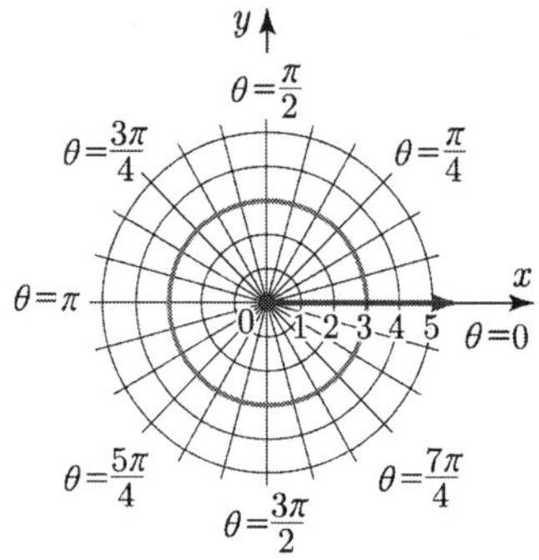

〈그림 2.13〉 ■

예제 2.14 극방정식 $\theta = \frac{\pi}{4}$를 확인하고 그래프를 그리라.

풀이

극방정식을 직교방정식으로 바꾼다.

$$\theta = \frac{\pi}{4}$$

$$\tan\theta = \tan\frac{\pi}{4} = 1$$

$$\frac{y}{x} = 1$$

$$y = x$$

따라서 $\theta = \frac{\pi}{4}$의 그래프는 극축과 $\frac{\pi}{4}$의 각을 만드는 극을 지나는 직선이다(그림 2.14).

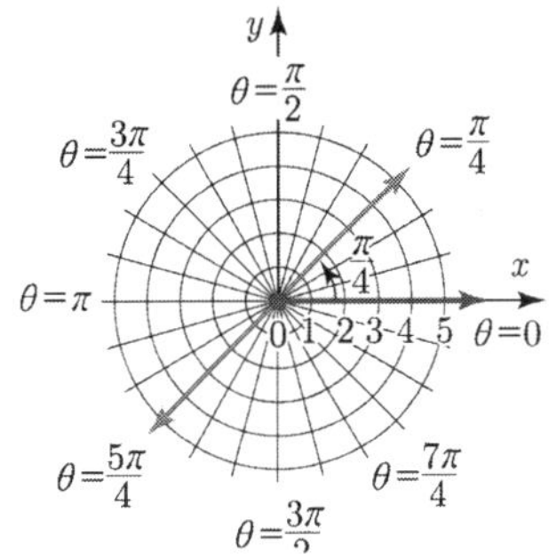

〈그림 2.14〉 ■

예제 2.15 다음 극방정식을 확인하고 그래프를 그리라.

$$r \sin\theta = 2$$

풀이

방정식을 확인하기 위해 주어진 방정식을 직교방정식으로 바꾼다. $y = r\sin\theta$이므로 $y = 2$이다. 따라서 $r\sin\theta = 2$의 그래프는 극 위로 2단위에 있는 가로 직선이다(그림 2.15).

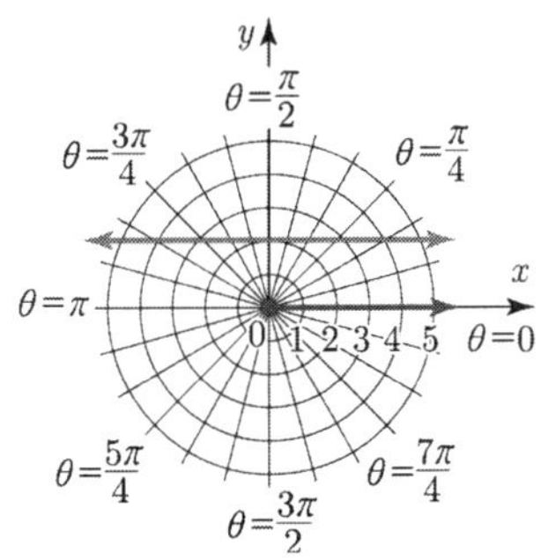

〈그림 2.15〉 ■

예제 2.16 다음 극방정식을 확인하고 그래프를 그리라.

$$r \cos\theta = -3$$

풀이

극방정식을 직교방정식으로 바꾼다. $x = r\cos\theta$이므로 $x = -3$이다. 따라서 $r\cos\theta = -3$의 그래프는 극의 왼쪽으로 3단위 세로 직선이다. (그림 2.16)은 이 방정식의 그래프를 보여준다.

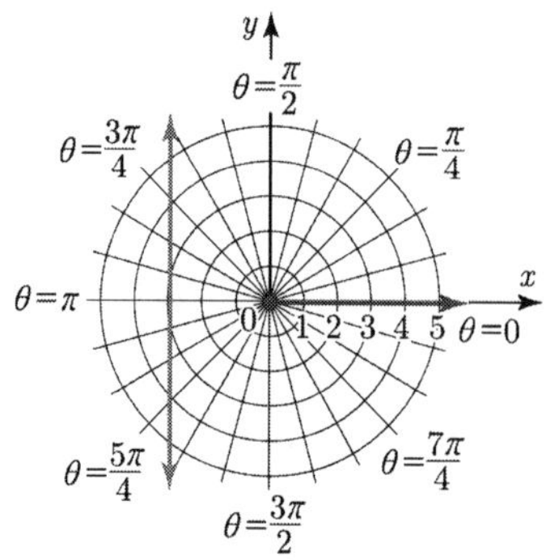

〈그림 2.16〉 ■

예제 2.15와 **2.16**에 의하여 다음의 결과를 추측할 수 있다.

정리 2.17 그래프가 가로 또는 세로 직선이 되는 극방정식

a는 0 아닌 임의의 실수라 하자.

(1) 방정식 $r\sin\theta = a$의 그래프는

$a > 0$이면, 극 위로 a단위에 있는 가로 직선이고,

$a < 0$이면, 극 아래로 $|a|$단위에 있는 가로 직선이다.

(2) 방정식 $r\cos\theta = a$의 그래프는

$a > 0$이면, 극의 오른쪽으로 a단위에 있는 세로 직선이고,

$a < 0$이면, 극의 왼쪽으로 $|a|$단위에 있는 세로 직선이다.

예제 2.18 다음 극방정식을 확인하고 그래프를 그리라.

$$r = 4\sin\theta$$

풀이

주어진 방정식을 직교좌표로 변환하기 위하여 양변에 r을 곱한다. 그러면

$$r^2 = 4r\sin\theta$$

$$x^2 + y^2 = 4y \qquad r^2 = x^2 + y^2,\ y = r\sin\theta$$

$$x^2 + (y^2 - 4y) = 0$$

$$x^2 + (y^2 - 4y + 4) = 4 \qquad y\text{에 대한 완전제곱식을 만든다.}$$

$$x^2 + (y-2)^2 = 4 \qquad \text{원의 표준방정식}$$

이것은 직교좌표에서 $(0, 2)$에 중심을 갖고 반지름 2인 원의 방정식이다. (그림 2.17)은 이 극방정식의 그래프를 보여준다.

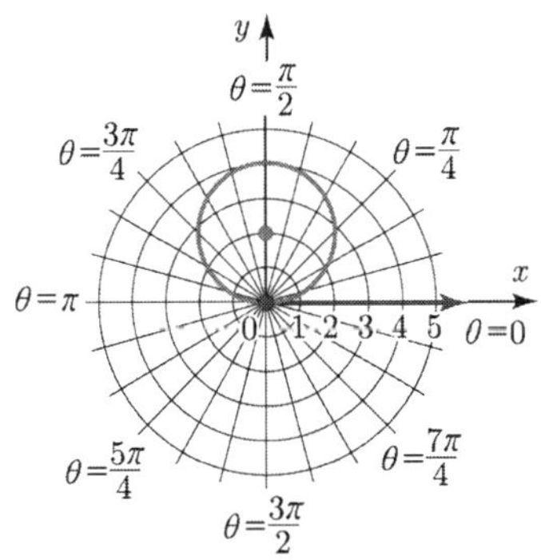

$r = 4\sin\theta$ 또는 $x^2 + (y-2)^2 = 4$

〈그림 2.17〉 ■

예제 2.19 다음 극방정식을 확인하고 그래프를 그리라.

$$r = -2\cos\theta$$

풀이

예제 2.18과 같이 진행한다.

$$r^2 = -2r\cos\theta \qquad \text{양변에 } r\text{을 곱한다.}$$

$$x^2 + y^2 = -2x \qquad r^2 = x^2 + y^2;\ x = r\cos\theta$$

$$x^2 + 2x + y^2 = 0$$

$$(x^2 + 2x + 1) + y^2 = 1 \qquad x\text{에 대한 완전제곱식을 만든다.}$$

$$(x+1)^2 + y^2 = 1 \qquad \text{원의 표준방정식}$$

이것은 직교좌표에서 $(-1, 0)$에 중심을 갖고 반지름 1인 원의 방정식이다. (그림 2.18)은 이 방정식의 그래프를 보여준다.

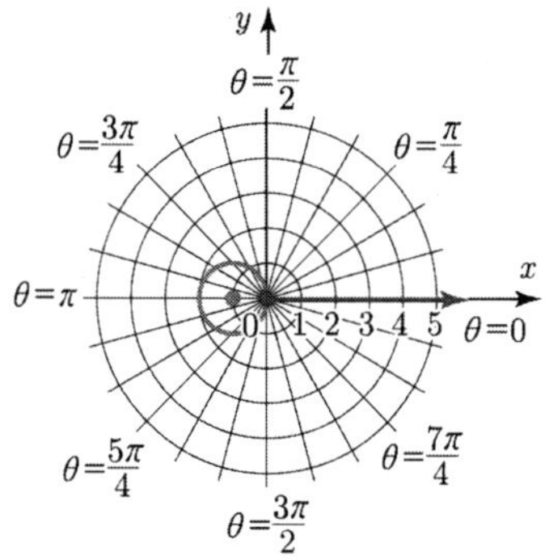

$r=-2\cos\theta$ 또는 $(x+1)^2+y^2=1$

〈그림 2.18〉 ■

예제 2.18과 **2.19**에 의하여 다음의 결과를 추측할 수 있다.

정리 2.20 그래프가 원이 되는 극방정식

a는 임의의 양의 실수라 하자. 그러면

방정식	설명
(1) $r=2a\sin\theta$	원: 반지름 a, 중심 직교좌표 $(0, a)$
(2) $r=-2a\sin\theta$	원: 반지름 a, 중심 직교좌표 $(0, -a)$
(3) $r=2a\cos\theta$	원: 반지름 a, 중심 직교좌표 $(a, 0)$
(4) $r=-2a\cos\theta$	원: 반지름 a, 중심 직교좌표 $(-a, 0)$

각 원은 극을 지난다.

극방정식의 그래프를 얻기 위하여 극방정식을 직교방정식으로 바꾸는 방법이 언제나 도움이 되는 것도 아니고 언제나 필요한 것도 아니다. 일반적으로 극방정식의 그래프 위에 있는 여러 개 점들을 열거하는 목록을 작성한다. 대칭성을 확인함으로써 그래프를 그리는 데 필요한 점들의 개수를 줄일 수 있다.

예제 2.21 극방정식 $r=1-\sin\theta$의 그래프를 그리라.

풀이

먼저 대칭성을 확인한다.

• 극축: θ 대신에 $-\theta$로 바꾼다. 그러면

$$\begin{aligned} r &= 1-\sin(-\theta) \\ &= 1+\sin\theta \end{aligned}$$

이므로 그래프는 극축에 관하여 대칭일 수도 있고 아닐 수도 있다.

• 직선 $\theta=\frac{\pi}{2}$: θ 대신에 $\pi-\theta$로 바꾼다. 그러면

$$\begin{aligned} r &= 1-\sin(\pi-\theta) \\ &= 1-(\sin\pi\cos\theta-\cos\pi\sin\theta) \\ &= 1-[0\cdot\cos\theta-(-1)\sin\theta] \\ &= 1-\sin\theta \end{aligned}$$

이므로 그래프는 직선 $\theta=\frac{\pi}{2}$에 관하여 대칭이다.

• 극: r 대신에 $-r$로 바꾼다. 그러면 $-r=1-\sin\theta$이므로

$$r=-1+\sin\theta$$

이다. 그러므로 그래프는 극에 관하여 대칭일 수도 아닐 수도 있다.

이제 각 θ에 값을 주어서 r의 대응하는 값을 계산함으로써 그래프 위의 점들을 확인한다. 직선 $\theta=\frac{\pi}{2}$에 관하여 대칭이기 때문에, (표 2.1)에 주어진 것처럼 단지 $-\frac{\pi}{2}$부터 $\frac{\pi}{2}$까지의 θ값만을 주면 된다.

표 2.1로부터 점 (r,θ)의 위치를 정하여 점 $\left(2,-\frac{\pi}{2}\right)$에서 시작하여 점 $\left(0,\frac{\pi}{2}\right)$에서 끝나는 그래프를 그린다. 완성된 그래프를 얻기 위하여 직선 $\theta=\frac{\pi}{2}$(y축)에 관하여 그래프를 대칭이 되게 그린다(그림 2.19).

〈표 2.1〉

θ	$r=1-\sin\theta$
$-\frac{\pi}{2}$	$1-(-1)=2$
$-\frac{\pi}{3}$	$1-\left(-\frac{\sqrt{3}}{2}\right)\approx 1.87$
$-\frac{\pi}{6}$	$1-\left(-\frac{1}{2}\right)=\frac{3}{2}$
0	$1-0=1$
$\frac{\pi}{6}$	$1-\frac{1}{2}=\frac{1}{2}$
$\frac{\pi}{3}$	$1-\frac{\sqrt{3}}{2}\approx 0.13$
$\frac{\pi}{2}$	$1-1=0$

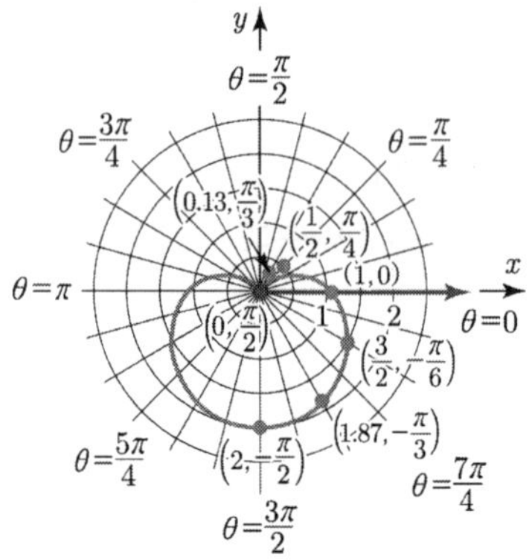

〈그림 2.19〉 ■

(그림 2.19)에 있는 곡선은 **심장형 곡선**(cardioid 또는 heart-shaped curve)의 한 예이다. 심장형 곡선은 다음 꼴의 방정식으로 주어진다.

[주의] 2.22 심장형 곡선의 극방정식

다음의 극방정식의 그래프는 심장형 곡선이다.

$$r=a(1+\cos\theta),\quad r=a(1+\sin\theta),$$
$$r=a(1-\cos\theta),\quad r=a(1-\sin\theta)$$

여기서 $a>0$이다. 심장형 곡선의 그래프는 극을 지난다.

예제 2.23 극방정식의 그래프 그리기(내부고리가 없는 달팽이꼴 곡선)

다음 극방정식의 그래프를 그리라.

$$r=3+2\cos\theta$$

풀이

먼저 대칭성을 확인한다.

• 극축: θ 대신에 $-\theta$로 바꾼다. 그러면

$$r=3+2\cos(-\theta)=3+2\cos\theta$$

이므로 그래프는 극축에 관하여 대칭이다.

• **직선** $\theta = \frac{\pi}{2}$: θ 대신에 $\pi - \theta$로 바꾼다. 그러면

$$\begin{aligned} r &= 3 + 2\cos(\pi - \theta) \\ &= 3 + 2(\cos\pi\cos\theta + \sin\pi\sin\theta) \\ &= 3 - 2\cos\theta \end{aligned}$$

이므로 그래프는 직선 $\theta = \frac{\pi}{2}$에 관하여 대칭일 수도 있고 아닐 수도 있다.

• **극**: r 대신에 $-r$로 바꾸면 판정법이 성립하지 않으므로 그래프는 극에 관하여 대칭일 수도 아닐 수도 있다.

다음에 θ에 값을 수어 대응하는 r의 값을 계산함으로써 그래프 위의 점들을 확인한다. 극축에 관하여 대칭이기 때문에, (표 2.2)에 주어진 것과 같이 0에서 π까지의 θ값만 주면 된다. 이제 (표 2.2)로부터 점 (r, θ)의 위치를 정하고 점 $(5, 0)$에서 시작하여 점 $(1, \pi)$에서 끝나는 그래프를 그린다. (그림 2.20)을 보라.

〈표 2.2〉

θ	$r = 3 + 2\cos\theta$
0	$3 + 2(1) = 5$
$\frac{\pi}{6}$	$3 + 2\left(\frac{\sqrt{3}}{2}\right) \approx 4.73$
$\frac{\pi}{3}$	$3 + 2\left(\frac{1}{2}\right) = 4$
$\frac{\pi}{2}$	$3 + 2(0) = 3$
$\frac{2\pi}{3}$	$3 + 2\left(-\frac{1}{2}\right) = 2$
$\frac{5\pi}{6}$	$3 + 2\left(-\frac{\sqrt{3}}{2}\right) \approx 1.27$
π	$3 + 2(-1) = 1$

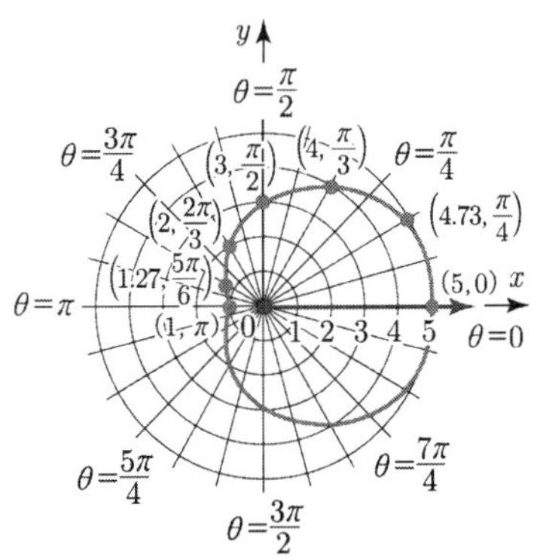

〈그림 2.20〉

■

(그림 2.20)에 있는 곡선은 **달팽이꼴 곡선**(limaçon)[3)]의 한 예이다.

[주의] 2.24 내부고리가 없는 달팽이꼴 곡선

다음의 극방정식의 그래프는 내부고리(inner loop)가 없는 달팽이꼴 곡선이다.

---

3) limaçon: **달팽이에 해당하는 프랑스 말**

$$r = a + b\cos\theta, \quad r = a + b\sin\theta,$$
$$r = a - b\cos\theta, \quad r = a - b\sin\theta$$

여기서 $a > 0$, $b > 0$이고 $a > b$이다. 내부고리가 없는 달팽이꼴 곡선의 그래프는 극을 지나지 않는다.

예제 2.25 극방정식의 그래프 그리기(내부고리가 있는 달팽이꼴 곡선)

다음 극방정식의 그래프를 그리라.

$$r = 1 + 2\cos\theta$$

풀이

먼저 대칭성을 확인하다.

- **극축**: θ 대신에 $-\theta$로 바꾸면

$$r = 1 + 2\cos(-\theta) = 1 + 2\cos\theta$$

이므로 그래프는 극축에 관하여 대칭이다.

- **직선 $\theta = \frac{\pi}{2}$**: θ 대신에 $\pi - \theta$로 바꾸면

$$\begin{aligned} r &= 1 + 2\cos(\pi - \theta) \\ &= 1 + 2(\cos\pi\cos\theta + \sin\pi\sin\theta) \\ &= 1 - 2\cos\theta \end{aligned}$$

이므로 그래프는 직선 $\theta = \frac{\pi}{2}$에 관하여 대칭일 수도 있고 아닐 수도 있다.

- **극**: r 대신에 $-r$로 바꾸면 판정법은 성립하지 않는다. 그러므로 그래프는 극에 관하여 대칭일 수도 있고 아닐 수도 있다.

다음에 각 θ에 값을 주어 대응하는 r의 값을 계산함으로써 그래프 위의 점들을 확인한다. 극축에 관하여 대칭이기 때문에, (표 2.3)에 주어진 것과 같이 0부터 π까지의 θ값만 주면 된다. (표 2.3)으로부터 (r, θ)의 위치를 정하고 $(3, 0)$에서 시작하여 $(-1, \pi)$에서 끝나는 그래프를 그린다. (그림 2.21(a))를 보라. 마지막으로 완성된 그래프를 얻기 위하여 (그림 2.21(a))에 있는 그래프를 극축(x축)에 관하여 대칭이 되게 그린다. (그림 2.21(b))를 보라.

〈표 2.3〉

θ	$r=1+2\cos\theta$
0	$1+2(1)=3$
$\frac{\pi}{6}$	$1+2\left(\frac{\sqrt{3}}{2}\right)\approx 2.73$
$\frac{\pi}{3}$	$1+2\left(\frac{1}{2}\right)=2$
$\frac{\pi}{2}$	$1+2(0)=1$
$\frac{2\pi}{3}$	$1+2\left(-\frac{1}{2}\right)=0$
$\frac{5\pi}{6}$	$1+2\left(-\frac{\sqrt{3}}{2}\right)\approx -0.73$
π	$1+2(-1)=-1$

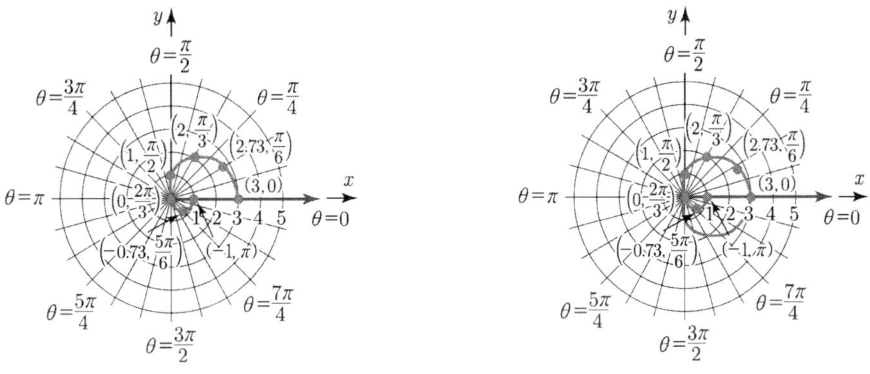

(a)　　(b) $f=1+2\cos\theta$

〈그림 2.21〉 ■

(그림 2.21(b))의 곡선은 **내부고리가 있는 달팽이꼴 곡선**의 한 예이다.

[주의] 2.26 내부고리가 있는 달팽이꼴 곡선

다음의 극방정식의 그래프는 내부고리가 있는 달팽이꼴 곡선이다.

$$r=a+b\cos\theta, \qquad r=a+b\sin\theta$$
$$r=a-b\cos\theta, \qquad r=a-b\sin\theta$$

여기서 $a>0$, $b>0$이고 $a<b$이다. 내부고리가 있는 달팽이꼴 곡선의 그래프는 극을 두 번 지난다.

예제 2.27 다음 극방정식의 그래프를 그리라.

$$r = 2\cos(2\theta)$$

풀이

먼저 대칭성을 확인한다.

- 극축: θ 대신에 $-\theta$로 바꾸면

$$r = 2\cos[2(-\theta)] = 2\cos(2\theta)$$

이므로 곡선은 극축에 관하여 대칭이다.

- 직선 $\theta = \dfrac{\pi}{2}$: θ 대신에 $\pi - \theta$로 바꾸면

$$r = 2\cos[2(\pi - \theta)] = 2\cos(2\pi - 2\theta) = 2\cos(2\theta)$$

이므로 곡선은 직선 $\theta = \dfrac{\pi}{2}$에 관하여 대칭이다.

- 극: 이 곡선은 극축과 직선 $\theta = \dfrac{\pi}{2}$에 관하여 대칭이므로 극에 관하여 대칭이 되어야만 한다.

〈표 2.4〉

θ	$r = 2\cos(2\theta)$
0	$2(1) = 2$
$\dfrac{\pi}{6}$	$2\left(\dfrac{1}{2}\right) = 1$
$\dfrac{\pi}{4}$	$2(0) = 0$
$\dfrac{\pi}{3}$	$2\left(-\dfrac{1}{2}\right) = -1$
$\dfrac{\pi}{2}$	$2(-1) = -2$

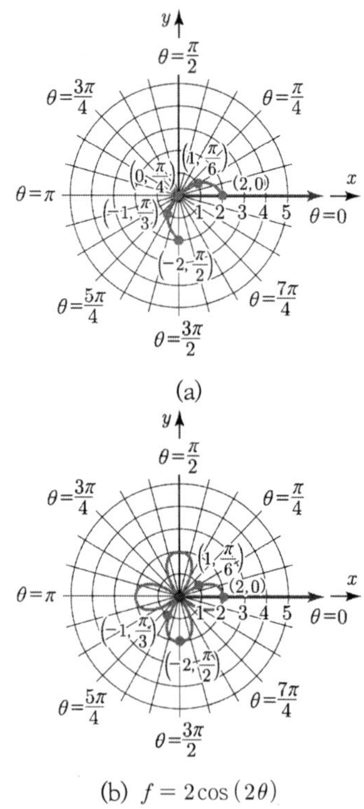

(a)

(b) $f = 2\cos(2\theta)$

〈그림 2.22〉

다음에 (표 2.4)를 만든다. 극축, 직선 $\theta=\frac{\pi}{2}$와 극에 관하여 대칭이기 때문에, 0에서 $\frac{\pi}{2}$까지의 θ값만을 생각한다. (표 2.4)에 있는 점들의 위치를 정하고 (그림 2.22(a))에서 이 점들을 연결한다. 마지막으로 대칭성 때문에 (그림 2.22(a))의 그래프를 극축(x축)과 직선 $\theta=\frac{\pi}{2}$에 대하여 대칭이 되게 그림으로써 그래프를 완성한다(그림 2.22(b)). ■

(그림 2.22(b))의 곡선을 **네 꽃잎 있는 장미곡선**(rose with four petals)이라 한다.

[주의] 2.28 장미곡선

다음의 극방정식의 그래프는 장미곡선이다.

$$r=a\cos(n\theta),\quad r=a\sin(n\theta),\quad a\neq 0$$

여기서 $n\neq 0$이 짝수이면 곡선은 $2n$개의 꽃잎을 갖고, $n\neq\pm 1$이 홀수이면 곡선은 n개의 꽃잎을 갖는다.

예제 2.29 다음 극방정식의 그래프를 그리라.

$$r^2=4\sin(2\theta)$$

풀이

그래프가 극에 관하여 대칭임이 분명하다. (표 2.5)는 $\theta=0$부터 $\theta=\frac{\pi}{2}$까지의 θ값에 대한 그래프 위의 점들을 열거한 것이다. $\frac{\pi}{2}<\theta<\pi$인 모든 θ의 값에 대하여 그래프 위에 있는 점이 없음에 주목하라. (표 2.5)로부터 $r\geq 0$인 점들의 위치를 (그림 2.23(a))에 정한다. 그래프 위의 나머지 점들은 대칭성을 사용하여 얻을 수 있다. (그림 2.23(b))는 완성된 그래프를 보여준다.

〈표 2.5〉

θ	$r^2=4\sin(2\theta)$	r
0	$4(0)=0$	0
$\frac{\pi}{6}$	$4\left(\frac{\sqrt{3}}{2}\right)=2\sqrt{3}$	± 1.9
$\frac{\pi}{4}$	$4(1)=4$	± 2
$\frac{\pi}{3}$	$4\left(\frac{\sqrt{3}}{2}\right)=2\sqrt{3}$	± 1.9
$\frac{\pi}{2}$	$4(0)=0$	0

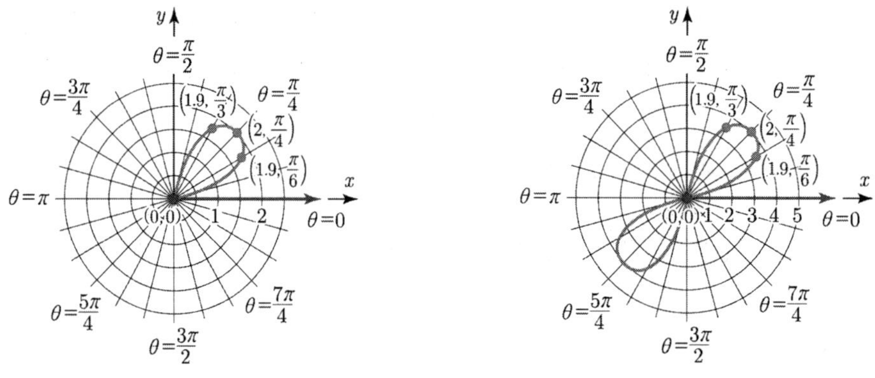

〈그림 2.23〉

(그림 2.12(b))에 있는 곡선은 **렘니스케이트**(lemniscate)의 한 예이다. ■

[주의] 2.30 다음의 극방정식의 그래프는 렘니스케이트이다.

$$r^2 = a^2\sin(2\theta), \quad r^2 = a^2\cos(2\theta) \quad (a \neq 0)$$

예제 2.31 극방정식 $r = e^{\theta/5}$의 그래프를 그리라.

풀이

극, 극축과 직선 $\theta = \frac{\pi}{2}$에 관한 대칭성에 대한 판정은 모두 성립하지 않는다. 더욱이 $r = 0$인 실수 θ는 존재하지 않는다. 따라서 그래프는 극을 지나지 않는다. 또한 다음의 사실들을 관찰할 수 있다. 모든 θ에 대하여 $r > 0$, θ가 증가할 때 r이 증가; $\theta \to -\infty$일 때 $r \to 0$이고, $\theta \to \infty$일 때 $r \to \infty$이다. 계산기의 도움으로 (표 2.6)을 얻는다. (그림 2.24)는 (표 2.6)을 사용하여 얻은 그래프이다.

〈표 2.6〉

θ	$-\frac{3\pi}{2}$	$-\pi$	$-\frac{\pi}{2}$	$-\frac{\pi}{4}$	0	$\frac{\pi}{4}$	$\frac{\pi}{2}$	π	$\frac{3\pi}{2}$	2π
$r = e^{\theta/5}$	0.39	0.53	0.73	0.85	1	1.17	1.37	1.87	2.57	3.51

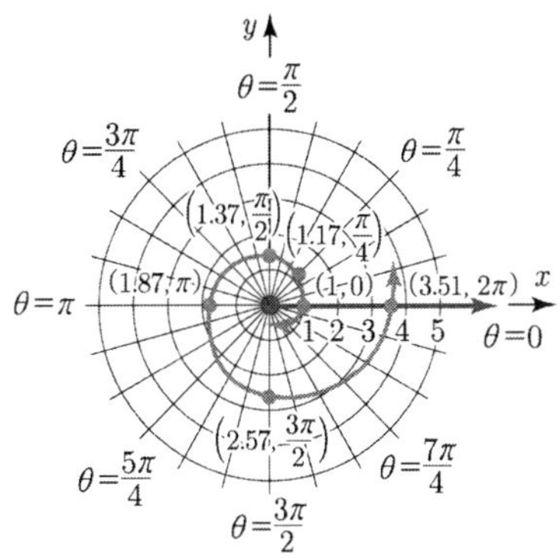

〈그림 2.24〉

■

2.3 극방정식의 미분법

극방정식으로 주어진 경우에 대하여 도함수를 구해보고, 이를 이용하여 접선의 방정식, 도형의 넓이, 곡선의 길이를 구하는 문제를 해결해 보자.

극방정식의 접선

극방정식으로 주어진 곡선 $r=f(\theta)$의 θ를 매개변수로 하는 매개변수 방정식은

$$x = r\cos\theta = f(\theta)\cos\theta, \quad y = r\sin\theta = f(\theta)\sin\theta$$

이다. 이때 매개변수 방정식의 기울기를 구하는 방법과 마찬가지로 계산하면 다음과 같다.

$$\frac{dy}{dx} = \frac{\frac{dy}{d\theta}}{\frac{dx}{d\theta}} = \frac{\frac{dr}{d\theta}\sin\theta + r\cos\theta}{\frac{dr}{d\theta}\cos\theta - r\sin\theta}$$

예제 2.32 심장형 $r=1+\sin\theta$ 에 대해 $\theta=\frac{\pi}{4}$ 일 때의 접선의 기울기를 구하라.

풀이

$r=1+\sin\theta$일 때, 도함수를 구하면

$$\frac{dy}{dx}=\frac{\frac{dr}{d\theta}\sin\theta+r\cos\theta}{\frac{dr}{d\theta}\cos\theta-r\sin\theta}=\frac{\cos\theta\sin\theta+(1+\sin\theta)\cos\theta}{\cos\theta\cos\theta-(1+\sin\theta)\sin\theta}$$

$$=\frac{\cos\theta\sin\theta+(1+\sin\theta)\cos\theta}{\cos\theta\cos\theta-(1+\sin\theta)\sin\theta}=\frac{\cos\theta(1+2\sin\theta)}{1-2\sin^2\theta-\sin\theta}=\frac{\cos\theta(1+2\sin\theta)}{(1+\sin\theta)(1-2\sin\theta)}$$

가 되어 $\theta=\frac{\pi}{4}$일 때 접선의 기울기는

$$\left.\frac{dy}{dx}\right|_{\frac{\pi}{4}}=\frac{\cos\frac{\pi}{4}\left(1+2\sin\frac{\pi}{4}\right)}{\left(1+\sin\frac{\pi}{4}\right)\left(1-2\sin\frac{\pi}{4}\right)}=\frac{\frac{\sqrt{2}}{2}\left(1+2\cdot\frac{\sqrt{2}}{2}\right)}{\left(1+\frac{\sqrt{2}}{2}\right)\left(1-2\cdot\frac{\sqrt{2}}{2}\right)}$$

$$=\frac{\frac{\sqrt{2}}{2}(1+\sqrt{2})}{\left(1+\frac{\sqrt{2}}{2}\right)(1-\sqrt{2})}=\frac{2+\sqrt{2}}{(2+\sqrt{2})(1-\sqrt{2})}=\frac{1}{1-\sqrt{2}}=-1-\sqrt{2}$$

이다.[4]

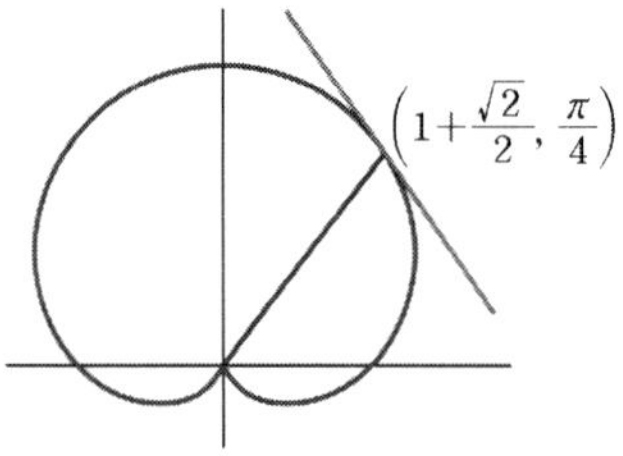

■

[참고] 이 점에서 접선의 방정식은

$$x=r\cos\theta=\left(1+\frac{\sqrt{2}}{2}\right)\cos\frac{\pi}{4}=\frac{1}{2}+\frac{\sqrt{2}}{2},$$

---

4) $x=r\cos\theta=(1+\sin\theta)\cos\theta=\cos\theta+\frac{1}{2}\sin2\theta$

$y=r\sin\theta=(1+\sin\theta)\sin\theta=\sin\theta+\sin^2\theta$

로 두고 미분하면

$$\frac{dy}{dx}=\frac{\frac{dy}{d\theta}}{\frac{dx}{d\theta}}=\frac{\cos\theta+2\sin\theta\cos\theta}{-\sin\theta+\cos2\theta}=\frac{\cos\theta+\sin2\theta}{-\sin\theta+\cos2\theta}$$

를 얻을 수 있다.

$$y = r\sin\theta = \left(1+\frac{\sqrt{2}}{2}\right)\sin\frac{\pi}{4} = \frac{1}{2}+\frac{\sqrt{2}}{2}\text{에서}$$

$$y = (-1-\sqrt{2})\left(x-\left(\frac{1}{2}+\frac{\sqrt{2}}{2}\right)\right)+\left(\frac{1}{2}+\frac{\sqrt{2}}{2}\right)$$

이다.

2.4 극방정식의 넓이와 길이

주어진 도형의 경계가 극방정식으로 주어질 때, 그 도형의 넓이를 구해보고 극방정식으로 주어진 곡선의 길이를 구해본다. 중심각이 라디안인 θ이고 반지름이 r인 부채꼴의 넓이는 중심각에 비례한다는 사실로부터 얻어진다. 즉, $A = \left(\frac{\theta}{2\pi}\right)\pi r^2 = \frac{1}{2}r^2\theta$이다.

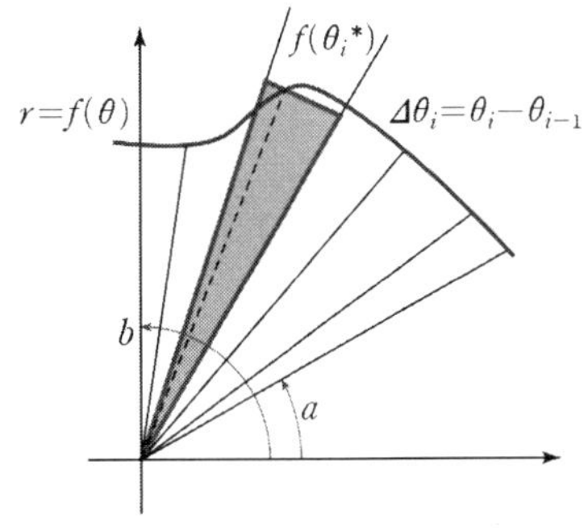

그림과 같이 극 곡선 $r=f(\theta)$와 반직선 $\theta=a$, $\theta=b$로 유계된 영역을 $\mathbb{A}$라 하자. 여기서 f는 양의 연속함수이고 $a<b-a\le 2\pi$이다. 구간 $[a,\ b]$의 끝점이 θ_0, θ_1, $\theta_2,\cdots,\theta_n$이고 각 구간의 너비를 $\Delta\theta_i=\theta_i-\theta_{i-1}$로 하는 n개의 작은 영역으로 나눈다. $\theta_i{}^*$를 i번째 구간에서 택하면 i번째 영역의 넓이 $\Delta\mathbb{A}_i$는 중심각이 θ_i이고 반지름이 $f(\theta_i{}^*)$인 부채꼴의 넓이로 근사시킬 수 있다. 따라서 $\Delta\mathbb{A}_i \approx \frac{1}{2}(f(\theta_i^*))^2\Delta\theta_i$가 된다. 이러한 부채꼴을 모두 더한 값을 $A=\sum_{i=1}^{n}\frac{1}{2}(f(\theta_i^*))^2\Delta\theta_i$라 하자. 이 식에 $n\to\infty$인 극한을 취함으로써 극 곡선으로 둘러싸인 영역의 넓이를 구할 수 있다.

$$\lim_{n\to\infty}\sum_{i=1}^{n}\frac{1}{2}(f(\theta_i^*))^2\Delta\theta_i = \int_{\alpha}^{\beta}\frac{1}{2}(f(\theta))^2 d\theta$$

정리 2.33 극 곡선으로 둘러싸인 도형의 넓이

$$\mathbb{A} = \frac{1}{2}\int_{\alpha}^{\beta}(f(\theta))^2 d\theta = \frac{1}{2}\int_{\alpha}^{\beta} r^2 d\theta$$

예제 2.34 심장형 $r = 1 + \cos\theta$의 내부 영역의 넓이를 구하라.

풀이

$$\begin{aligned}\mathbb{A} &= \frac{1}{2}\int_0^{2\pi}(1+\cos\theta)^2 d\theta = \int_0^{\pi}(1+\cos\theta)^2 d\theta \\ &= \int_0^{\pi}(1+2\cos\theta+\cos^2\theta)d\theta \\ &= \int_0^{\pi} d\theta + 2\int_0^{\pi}\cos\theta d\theta + \frac{1}{2}\int_0^{\pi}(1+\cos 2\theta)d\theta \\ &= \int_0^{\pi}\frac{3}{2}d\theta + 2\int_0^{\pi}\cos\theta d\theta + \frac{1}{2}\int_0^{\pi}\cos 2\theta d\theta \\ &= \left[\frac{3}{2}\right]_0^{\pi} + 2[\sin\theta]_0^{\pi} + \frac{1}{4}[\sin 2\theta]_0^{\pi} = \frac{3}{2}\pi\end{aligned}$$

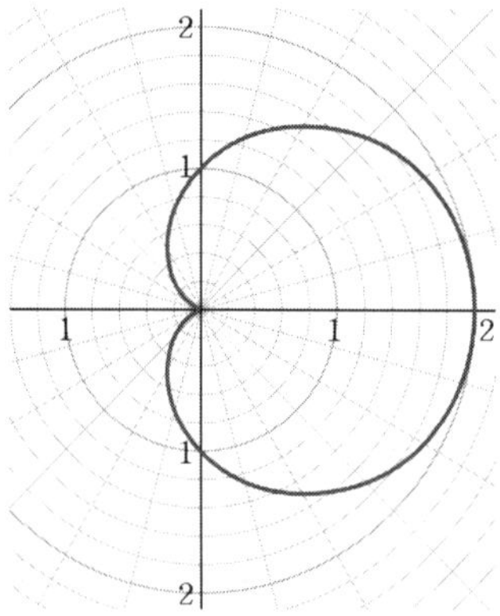

■

예제 2.35 네 잎 장미 $r=2\cos(2\theta)$의 한 잎의 넓이를 구하라.

풀이

$$\mathbb{A}=\frac{1}{2}\int_{-\pi/4}^{\pi/4}(2\cos 2\theta)^2 d\theta = 2\cdot 2\int_0^{\pi/4}\cos^2 2\theta d\theta$$
$$=4\int_0^{\pi/4}\frac{1+\cos 4\theta}{2}d\theta = 2\int_0^{\pi/4}(1+\cos 4\theta)d\theta$$
$$=2\left[\theta+\frac{1}{4}\sin 4\theta\right]_0^{\pi/4}=\frac{\pi}{2}$$

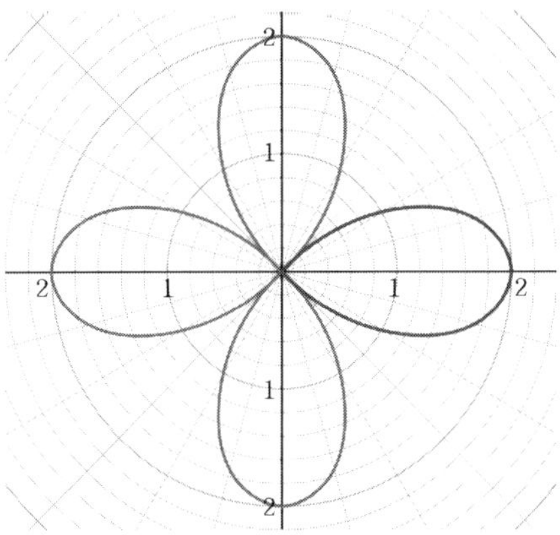

■

예제 2.36 심장형 $r=1+\sin\theta$의 바깥과 원 $r=\sqrt{3}\cos\theta$의 안쪽에 있는 영역의 넓이를 구하라.

풀이

먼저 두 곡선의 교점을 구하면

$$1+\sin\theta=\sqrt{3}\cos\theta$$
$$1+2\sin\theta+\sin^2\theta=3\cos^2\theta$$
$$1+2\sin\theta+\sin^2\theta=3(1-\sin^2\theta)$$
$$4\sin^2\theta+2\sin\theta-2=0$$
$$2\sin^2\theta+1\sin\theta-1=0$$
$$(2\sin\theta-1)(\sin\theta+1)=0$$

에서 $\theta=\frac{\pi}{6}$ 또는 $\theta=\frac{3\pi}{2}$를 얻는다.

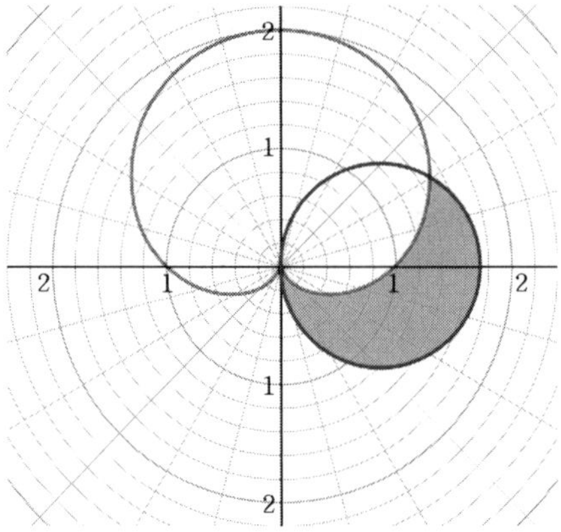

따라서 구하는 넓이는

$$\mathbb{A} = \frac{1}{2}\int_{-\frac{\pi}{2}}^{\frac{\pi}{6}} (3\cos^2\theta - (1+\sin\theta)^2)d\theta$$

$$= \frac{1}{2}\int_{-\frac{\pi}{2}}^{\frac{\pi}{6}} (3\cos^2\theta - 1 - 2\sin\theta - \sin^2\theta)d\theta$$

$$= \frac{1}{2}\int_{-\frac{\pi}{2}}^{\frac{\pi}{6}} \left(\frac{3}{2}(1+\cos 2\theta) - 1 - 2\sin\theta - \frac{1}{2}(1-\cos 2\theta)\right)d\theta$$

$$= \frac{1}{2}\int_{-\frac{\pi}{2}}^{\frac{\pi}{6}} (2\cos 2\theta - 2\sin\theta)d\theta$$

$$= \frac{1}{2}[\sin 2\theta + 2\cos\theta]_{-\pi/2}^{\frac{\pi}{6}}$$

$$= \frac{3\sqrt{3}}{4}$$

이다. ■

극방정식 $r = f(\theta)$, $a \le \theta \le b$ 로 그려진 곡선을 매개변수 방정식으로 나타내면 다음과 같다.

$$x = r\cos\theta = f(\theta)\cos\theta, \quad y = r\sin\theta = f(\theta)\sin\theta$$

이때

$$\frac{dx}{d\theta} = \frac{dr}{d\theta}\cos\theta - r\sin\theta \quad 이고 \quad \frac{dy}{d\theta} = \frac{dr}{d\theta}\sin\theta + r\cos\theta$$

이므로

$$\left(\frac{dx}{d\theta}\right)^2+\left(\frac{dy}{d\theta}\right)^2=\left(\frac{dr}{d\theta}\right)^2\cos^2\theta-2r\frac{dr}{d\theta}\cos\theta\sin\theta+r^2\sin^2\theta+\left(\frac{dr}{d\theta}\right)^2\sin^2\theta+2r\frac{dr}{d\theta}\sin\theta\cos\theta+r^2\cos^2\theta$$

$$=\left(\frac{dr}{d\theta}\right)^2+r^2$$

가 되어 곡선의 길이 아래와 같다.

정리 2.37 극방정식으로 주어진 곡선의 길이

$$L=\int_a^b\sqrt{\left(\frac{dx}{d\theta}\right)^2+\left(\frac{dy}{d\theta}\right)^2}\,d\theta=\int_a^b\sqrt{r^2+\left(\frac{dr}{d\theta}\right)^2}\,d\theta$$

예제 2.38 심장형 $r=1+\sin\theta$의 길이를 구하라.

풀이

심장형 그래프는 아래와 같다. 곡선 전체의 길이는 매개변수 구간 $0\le\theta\le2\pi$로 주어진다. 따라서

$$L=\int_0^{2\pi}\sqrt{r^2+\left(\frac{dr}{d\theta}\right)^2}\,d\theta=\int_0^{2\pi}\sqrt{(1+\sin\theta)^2+\cos^2\theta}\,d\theta=\int_0^{2\pi}\sqrt{2+2\sin\theta}\,d\theta$$

또는

$$L=2\int_{-\pi/2}^{\pi/2}\sqrt{2+2\sin\theta}\,d\theta=2\int_{-\pi/2}^{\pi/2}\frac{\sqrt{2+2\sin\theta}\cdot\sqrt{2-2\sin\theta}}{\sqrt{2-2\sin\theta}}\,d\theta=2\int_{-\pi/2}^{\pi/2}\frac{2\cos\theta}{\sqrt{2-2\sin\theta}}\,d\theta$$

에서 치환적분을 사용하면

$$L=2\left[-2\sqrt{2-2\sin\theta}\right]_{-\pi/2}^{\pi/2}=8$$

을 얻는다.

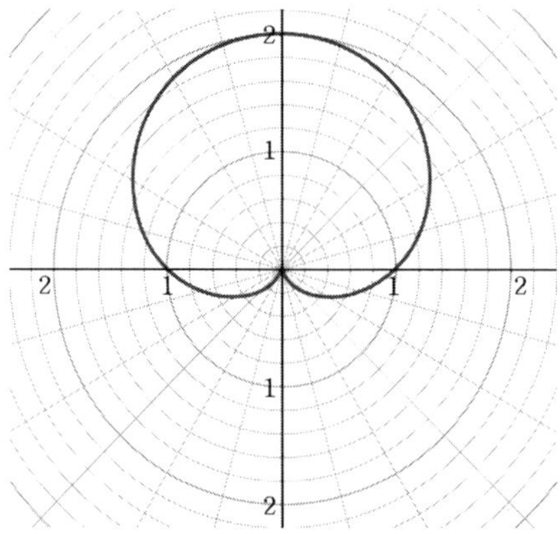

■

예제 2.39 $r = e^{\theta/2}$의 길이를 구하라. (단, $0 \le \theta \le 2\pi$이다.)

풀이

극 곡선의 그래프는 아래와 같다. 곡선 전체의 길이는 매개변수 구간 $0 \le \theta \le 2\pi$로 주어진다. 따라서

$$
\begin{aligned}
L &= \int_0^{2\pi} \sqrt{r^2 + \left(\frac{dr}{d\theta}\right)^2}\, d\theta \\
&= \int_0^{2\pi} \sqrt{(e^{\theta/2})^2 + \left(\frac{1}{2}e^{\theta/2}\right)^2}\, d\theta \\
&= \int_0^{2\pi} \sqrt{e^{\theta} + \frac{1}{4}e^{\theta}}\, d\theta = \int_0^{2\pi} \sqrt{\frac{5}{4}e^{\theta}}\, d\theta \\
&= \left[\sqrt{5e^{\theta}}\right]_0^{2\pi} = \sqrt{5}\,(e^{\pi} - 1)
\end{aligned}
$$

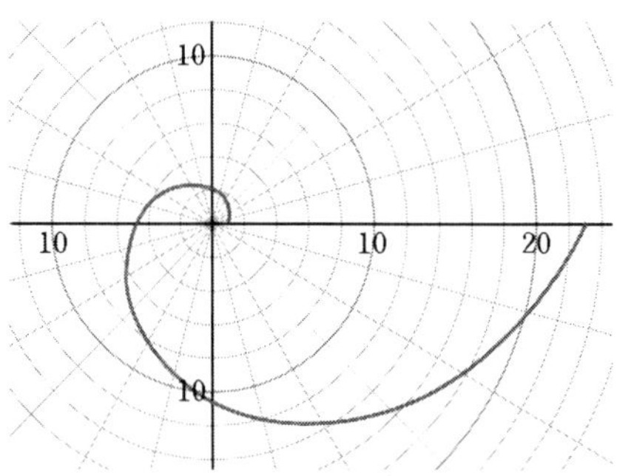

■

요약

일변수 함수와 매개변수함수, 극방정식으로 주어진 곡선에 각각에 대한 도형의 넓이, 곡선의 길이, 도함수를 정리하면 다음과 같다. 아래 표는 가장 간단한 조건만을 다루고 있으며 다양한 조건에 따라서 구한 식이라 할지라도 이와 유사한 형식으로 얻어진다.

	도형의 넓이	곡선의 길이	도함수
$y=f(x)$	$\int_a^b f(x)dx$	$\int_a^b \sqrt{1+(f'(x))^2}\,dx$	$\frac{dy}{dx}=f'(x)$
$\begin{cases} x=f(t) \\ y=g(t) \end{cases}$ $\alpha \le t \le \beta$	$\int_\alpha^\beta g(t)f'(t)dt$	$\int_\alpha^\beta \sqrt{(f'(t))^2+(g'(t))^2}\,dt$	$\frac{dy}{dx}=\frac{\frac{dy}{dt}}{\frac{dx}{dt}}=\frac{g'(t)}{f'(t)}$
$r=f(\theta)$ $\alpha \le \theta \le \beta$	$\frac{1}{2}\int_\alpha^\beta (f(\theta))^2 d\theta$	$\int_\alpha^\beta \sqrt{r^2+\left(\frac{dr}{d\theta}\right)^2}\,d\theta$	$\frac{dy}{dx}=\frac{\frac{dr}{d\theta}\sin\theta+r\cos\theta}{\frac{dr}{d\theta}\cos\theta-r\sin\theta}$

SECTION

2 연습문제

➡ 연습문제 해답 403쪽

01. 극좌표로 주어진 각 점의 위치를 평면에 나타내라.

(1) $(-2,\ 135°)$　　　(2) $(-2,\ -\pi)$

02. 다음 극좌표의 직교좌표를 구하라.

(1) $\left(-2,\ \frac{3\pi}{4}\right)$　　　(2) $\left(-1,\ -\frac{\pi}{3}\right)$

(3) $(1,\ 1)$　　　(4) $\left(3,\ \frac{\pi}{6}\right)$

03. 다음 직교좌표의 극좌표를 구하라.

(1) $(\sqrt{3},\ 1)$　　　(2) $(-1,\ 1)$

(3) $(-1,\ -\sqrt{3})$　　　(4) $(1,\ -1)$

04. 직교좌표 방정식 $x^2 = 4y$를 극좌표 $(r,\ \theta)$를 사용하여 나타내라.

05. 극방정식 $r^2 = \cos\theta$를 직교좌표로 나타내라.

06. 곡선 $r = 2\cos\theta$의 그래프를 그리고 $\theta = \frac{\pi}{3}$ 에서 접선의 기울기를 구하라.

07. $r = 4\sin3\theta$에 대하여 다음을 구하라.

(1) $\theta = \frac{\pi}{4}$ 에서 접선의 기울기

(2) 한 잎의 넓이

CHAPTER 2

무한급수

1. 수열 | 2. 급수 | 3. 멱급수 | 4. 테일러급수와 매클로린급수

SECTION

1 수열

이 장에서는 수열과 수열의 극한의 정의 및 성질에 대해서 공부한다. 특히 수열의 극한의 엄밀한 정의를 다루고, 이를 이용하여 수열 극한의 기본적인 성질을 증명한다. 그리고 앞으로 배울 급수의 수렴판정법의 기반이 되는 단조수렴정리에 대해서 학습한다.

1.1 수열

어떤 종류의 토끼는 태어난 지 두 달 후부터 매달 한 쌍의 새끼를 낳는다고 하자. 기르는 동안 죽는 토끼가 없다고 할 때, 1월 1일에 태어난 한 쌍의 토끼가 번식하여 매달 몇 쌍이 되는지 알아보자.

1월 1일에는 1쌍
2월 1일에도 1쌍
3월 1일에는 새끼를 1쌍 낳으므로 모두 2쌍
4월 1일에는 다시 새끼를 1쌍 낳으므로 모두 3쌍
5월 1일에는 어미가 새끼를 1쌍 낳고 3월 1일에 태어난 토끼도 새끼를 1쌍 낳는다.
즉, 3월 1일에 있었던 2쌍의 토끼가 각각 1쌍씩 낳는다. 따라서 모두 5쌍
6월 1일에는 4월 1일에 있었던 3쌍의 토끼가 각각 1쌍씩 낳으므로 모두 8쌍

이다. 7월 1일에는 토끼가 몇 쌍이 되겠는가? 매월 1일에 토끼가 몇 쌍이나 있는지 나열하면

$$1, 1, 2, 3, 5, 8, \cdots$$

이다. 이렇게 수를 어떤 규칙에 따라 나열한 것을 **수열**(sequence)이라 한다. 수열을 이루는 각 수를 그 수열의 항이라 하고

$$a_1, a_2, a_3, \cdots, a_n, \cdots$$

과 같이 나타낸다. 간략히

$$\langle a_n \rangle \text{ 또는 } \{a_n\}$$

과 같이 수열을 표기한다. 특히 여기서 a_n을 수열의 **일반항**이라 한다.

[참고] 수열을 자연수 n에 수 a_n을 대응시키는 함수로 이해할 수도 있다.

$$f : \mathbb{N} \rightarrow \mathbb{R},\ n \mapsto f(n)$$
$$f(1),\ f(2),\ f(3),\ \cdots,\ f(n),\ \cdots$$
$$a_1,\ a_2,\ a_3,\ \cdots,\ a_n,\ \cdots$$

예제 1.1 다음 수열의 일반항을 구하라.

$$1,\ -3,\ 5,\ -7,\ 9,\ -11,\ 13,\ \cdots$$

풀이

수열의 각 항은 부호가 교대로 바뀌고, n번째 항의 절댓값은 n번째 홀수이다. 따라서 구하는 일반항은 $a_n = (-1)^{n-1}(2n-1)$이다. 물론 $a_n = (-1)^{n+1}(2n-1)$과 같이 나타낼 수도 있다.

■

수열에서 **점화식**이란, 수열의 항 사이에 성립하는 관계식을 말한다. 예를 들어, 앞에서 등장한 토끼의 쌍수에서, n번째 달의 토끼 쌍수를 a_n이라고 하자. a_n은 지난달에 있었던 토끼 쌍수 (a_{n-1})와 새끼를 낳는 생후 2개월 이상인 토끼 쌍수(a_{n-2})를 더하면 되므로

$$a_n = a_{n-1} + a_{n-2} \text{ (단, } n > 2)$$

이 성립함을 알 수 있다. 이와 같은 식을 점화식이라고 한다.

예제 1.2 다음 점화식을 만족하는 수열의 첫 네 항을 구하라.

$$a_1 = 1,\ a_n = a_{n-1} + n \text{ (단, } n > 1)$$

풀이

$a_1 = 1,\ a_2 = a_1 + 2 = 3,\ a_3 = a_2 + 3 = 6,\ a_4 = a_3 + 4 = 10$이다. ■

1.2 수열의 극한

수열 $\langle a_n \rangle$에서 n이 한없이 커질 때 일반항 a_n이 어떻게 변하는지 알아보자. 예를 들어 수열

$$1,\ \frac{1}{2},\ \frac{1}{3},\ \frac{1}{4},\ \cdots,\ \frac{1}{n},\ \cdots$$

에서 n이 한없이 커지면 $a_n = \dfrac{1}{n}$은 0에 한없이 가까워질 것이라고 쉽게 예측할 수 있다. 또 수열

$$\frac{1}{2},\ \frac{2}{3},\ \frac{3}{4},\ \frac{4}{5},\ \cdots,\ \frac{n}{n+1},\ \cdots$$

에서 n이 한없이 커지면 $a_n = \dfrac{n}{n+1}$은 1에 한없이 가까워진다. 일반적으로 수열 $\langle a_n \rangle$에서 n이 한없이 커질 때 a_n이 어떤 일정한 값 l에 한없이 가까워지면 수열 $\langle a_n \rangle$은 l로 **수렴한다**(converge)고 하고 l을 $\langle a_n \rangle$의 **극한값**(limit)이라 하며

$$\lim_{n \to \infty} a_n = l$$

이라 나타낸다. n이 커질 때 a_n이 l에 한없이 가까워진다는 것을 보다 엄밀하게는 다음과 같이 정의한다.

> **정의 1.3 수열의 극한의 엄밀한 정의**
>
> 주어진 양수 $\varepsilon > 0$에 대하여 적당한 자연수 N이 존재해서
>
> $n > N$이면, $|a_n - l| < \varepsilon$
>
> 이 성립한다.

위의 정의는 아무리 작은 수 ε을 생각하더라도, n이 충분히 커지면 a_n과 극한 l 사이의 거리가 ε보다 작아진다는 것을 뜻한다. 위의 엄밀한 정의가 수열의 극한을 계산하는 데는 별다른 역할을 하지 않지만, 수열의 극한의 성질을 증명할 때는 유용하게 쓰인다.

모든 수열이 수렴하는 것은 아니다. 다음 세 수열을 생각해보자.

$$1^2,\ 2^2,\ 3^2,\ 4^2,\ \cdots,\ n^2,\ \cdots$$

$$-2,\ -4,\ -6,\ -8,\ \cdots,\ -2n,\ \cdots$$

$$1,\ -1,\ 1,\ -1,\ \cdots,\ (-1)^{n+1},\ \cdots$$

n이 한없이 커지면 첫 번째 수열은 $a_n = n^2$이 한없이 커지고, 두 번째 수열은 $a_n = -2n$이 음수로서 그 절댓값이 한없이 커지며 세 번째 수열은 1과 -1이 계속 반복된다. 이와 같이 수열이 일정한 값에 수렴하지 않을 때 **발산한다**(diverge)고 한다. 특히 위의 첫 번째 수열은 무한대로 발산한다고 하며

$$\lim_{n\to\infty} a_n = \infty$$

로 나타내고, 두 번째 수열은 음의 무한대로 발산한다고 하며

$$\lim_{n\to\infty} a_n = -\infty$$

로 나타낸다. 또 세 번째 수열은 진동한다고 한다. 특별히 무한대로 발산하는 경우의 엄밀한 정의를 소개하기로 한다.

정의 1.4 수열이 무한대로 발산하는 경우의 엄밀한 정의

주어진 양수 $M > 0$에 대해서, 적당한 자연수 N이 존재해서

$$n > N \text{이면, } a_n > M$$

이 성립한다.

[참고] 음의 무한대로 발산하는 경우도 비슷하게 정의할 수 있다.

위의 정의는 n이 커지면 a_n이 생각할 수 있는 어떠한 수보다도 더욱 커진다는 것을 의미한다. 이제 수열 극한의 엄밀한 정의를 이용하여, 수열의 극한의 몇 가지 기본적인 성질을 증명하고자 한다. 증명에 앞서 편의상 **유계**(bounded) 수열을 먼저 정의한다.

정의 1.5 유계 수열

주어진 수열 $\langle a_n \rangle$에 대해서

(1) 실수 M이 존재해서, $a_n < M$이 모든 자연수 n에 대해서 성립하면, a_n이 **위로 유계**라고 하고 실수 M을 **상한**(upper bound)이라고 한다.

(2) 실수 M이 존재해서, $a_n > M$이 모든 자연수 n에 대해서 성립하면, a_n을 **아래로**

유계라고 하고, 실수 M을 **하한**(lower bound)이라고 한다.

(3) 수열 $\langle a_n \rangle$이 위아래로 모두 유계이면, 유계 수열이라고 한다.

예를 들어, 수열 $a_n = (-1)^n$, $b_n = 2^n$, $c_n = -\ln n$, $d_n = (-e)^n$에 대해서 a_n은 유계 수열, b_n은 아래로 유계이지만 위로 유계는 아닌 수열, c_n은 위로 유계지만 아래로 유계는 아닌 수열이고, 마지막으로 d_n은 위아래로 모두 유계가 아닌 수열이다.

이제 수열 극한의 엄밀한 정의를 이용하여 다음 정리를 증명하자.

정리 1.6 수렴하는 수열 $\langle a_n \rangle$은 유계이다.

증명

수열 $\langle a_n \rangle$의 극한을 l이라고 하자. 수열의 극한의 정의로부터 $\varepsilon = 1$이라 했을 때, 적당한 자연수 N이 존재해서 $n > N$이면 $|a_n - l| < 1$이 성립한다. 즉 $n > N$이면 $|a_n| < |l| + 1$이 성립한다. 이제 M을 $|a_1| + 1$, $|a_2| + 1$, $\cdots$, $|a_N| + 1$, $|l| + 1$ 중 가장 큰 수라고 하자. 그러면 모든 자연수 n에 대해서 $|a_n| < M$이 성립하므로, 수열 a_n은 유계이다.

정리 1.7 **수열의 극한의 기본 성질**

두 수열 $\langle a_n \rangle$, $\langle b_n \rangle$이 수렴하고 $\lim\limits_{n\to\infty} a_n = l$, $\lim\limits_{n\to\infty} b_n = m$일 때 다음이 성립한다.

(1) $\lim\limits_{n\to\infty} ka_n = k\lim\limits_{n\to\infty} a_n = kl$

(2) $\lim\limits_{n\to\infty} (a_n + b_n) = \lim\limits_{n\to\infty} a_n + \lim\limits_{n\to\infty} b_n = l + m$

(3) $\lim\limits_{n\to\infty} (a_n - b_n) = \lim\limits_{n\to\infty} a_n - \lim\limits_{n\to\infty} b_n = l - m$

(4) $\lim\limits_{n\to\infty} a_n b_n = (\lim\limits_{n\to\infty} a_n)(\lim\limits_{n\to\infty} b_n) = lm$

(5) $\lim\limits_{n\to\infty} \dfrac{a_n}{b_n} = \dfrac{\lim\limits_{n\to\infty} a_n}{\lim\limits_{n\to\infty} b_n} = \dfrac{l}{m}$, 단 $b_n \neq 0$, $m \neq 0$

증명

(2)와 (4)만을 증명하고자 한다.

(2) 주어진 상수 ε에 대해서, 수열 $\langle a_n \rangle$, $\langle b_n \rangle$이 수렴하고 $\lim_{n\to\infty} a_n = l$, $\lim_{n\to\infty} b_n = m$이므로 정의로부터, 적당한 자연수 N_1, N_2가 존재해서

$$n > N_1 \text{이면 } |a_n - l| < \frac{\varepsilon}{2}$$

을 만족하고

$$n > N_2 \text{이면 } |b_n - m| < \frac{\varepsilon}{2}$$

을 만족한다.

이제 N을 N_1과 N_2 중 큰 자연수라고 하자. 그러면 $n > N$일 때 삼각부등식에 의해

$$\begin{aligned} |(a_n + b_n) - (l+m)| &= |(a_n - l) + (b_n - m)| \\ &\le |a_n - l| + |b_n - m| < \frac{\varepsilon}{2} + \frac{\varepsilon}{2} = \varepsilon \end{aligned}$$

이 성립한다. 따라서 극한의 정의로부터

$$\lim_{n\to\infty}(a_n + b_n) = \lim_{n\to\infty} a_n + \lim_{n\to\infty} b_n = l + m$$

을 얻는다.

(4) **정리 1.6**으로부터 두 수열 $\langle a_n \rangle$, $\langle b_n \rangle$은 유계이다. 따라서 적당한 양수 M_1, M_2가 존재하여 모든 자연수 n에 대해 $|a_n| < M_1$, $|b_n| < M_2$가 성립한다. 이제 상수 ε이 주어졌다고 하자. 극한의 정의로부터 적당한 자연수 N_1, N_2가 존재해서

$$n > N_1 \text{이면 } |a_n - l| < \frac{\varepsilon}{2M_2}$$

을 만족하고

$$n > N_2 \text{이면 } |b_n - m| < \frac{\varepsilon}{2M_1}$$

을 만족한다. 이제 N을 N_1과 N_2 중 큰 자연수라고 하자. 그러면 $n > N$일 때 삼각부등식에 의해

$$\begin{aligned}|a_nb_n - lm| &= |a_n(b_n - m) + m(a_n - l)| \\ &\le |a_n||b_n - m| + |m||a_n - l| \\ &< M_1\frac{\varepsilon}{2M_1} + M_2\frac{\varepsilon}{2M_2} \\ &= \varepsilon\end{aligned}$$

이 성립한다. 따라서 극한의 정의로부터 $\lim_{n\to\infty} a_nb_n = (\lim_{n\to\infty} a_n)(\lim_{n\to\infty} b_n) = lm$이 된다.

이제 수열의 성질을 이용해서 극한을 계산해보자.

예제 1.8 다음 극한값을 구하라.

(1) $\lim_{n\to\infty}\frac{n-10}{3n+2}$ (2) $\lim_{n\to\infty}\frac{2n^2-n+2}{n^2+1}$

(3) $\lim_{n\to\infty}\frac{n^3+n^2-1}{n^2+1}$ (4) $\lim_{n\to\infty}(\sqrt{n^2+n}-n)$

풀이

(1) 분모, 분자를 n으로 나누면

$$\lim_{n\to\infty}\frac{n-10}{3n+2} = \lim_{n\to\infty}\frac{1-\frac{10}{n}}{3+\frac{2}{n}} = \frac{\lim_{n\to\infty}1 - 10\lim_{n\to\infty}\frac{1}{n}}{\lim_{n\to\infty}3 + 2\lim_{n\to\infty}\frac{1}{n}} = \frac{1-10\cdot 0}{3+2\cdot 0} = \frac{1}{3}$$

이다.

(2) 분모, 분자를 n^2으로 나누면

$$\lim_{n\to\infty}\frac{2n^2-n+2}{n^2+1} = \lim_{n\to\infty}\frac{2-\frac{1}{n}+\frac{2}{n^2}}{1+\frac{1}{n^2}} = \frac{\lim_{n\to\infty}2 - \lim_{n\to\infty}\frac{1}{n} + 2\lim_{n\to\infty}\frac{1}{n^2}}{\lim_{n\to\infty}1 + \lim_{n\to\infty}\frac{1}{n^2}}$$

$$= \frac{2-0+2\cdot 0}{1+0} = 2$$

이다.

(3) 분모, 분자를 n^2으로 나누면

$$\lim_{n\to\infty}\frac{n^3+n^2-1}{n^2+1}=\lim_{n\to\infty}\frac{n+1-\frac{1}{n^2}}{1+\frac{1}{n^2}}=\infty$$

이다.

(4) 분모, 분자에 $\sqrt{n^2+n}+n$을 곱하면

$$\begin{aligned}\lim_{n\to\infty}(\sqrt{n^2+n}-n)&=\lim_{n\to\infty}\frac{(\sqrt{n^2+n}-n)(\sqrt{n^2+n}+n)}{\sqrt{n^2+n}+n}\\&=\lim_{n\to\infty}\frac{n}{\sqrt{n^2+n}+n}=\lim_{n\to\infty}\frac{1}{\sqrt{1+\frac{1}{n}}+1}=\frac{1}{2}\end{aligned}$$

이다. ■

앞에서 수열을 정의할 때, 수열을 자연수 집합에서 정의된 함수로 이해할 수도 있다고 하였다. 그런 의미에서 보면, 수열의 극한과 함수의 극한 사이에 관계가 있는 것은 놀라운 일이 아닐 것이다. 수열과 함수의 극한의 엄밀한 정의로부터 다음을 쉽게 알 수 있다.

정리 1.9 수열의 극한과 함수의 극한 사이의 관계

수열 $\langle a_n\rangle$에 대하여, 함수 $f(x)$가 $f(n)=a_n$을 만족하면

$$\lim_{n\to\infty}a_n=\lim_{x\to\infty}f(x)$$

가 성립한다.

수열을 함수로 바꿔서 생각한 것이 무슨 차이가 있는지 의아한 독자도 있을 것이다. 수열은 자연수에서 정의된 만큼, 앞에서 배운 미분이 정의되지 않는다. 그러나 실수에서 정의된 함수는 함수의 미적분을 이용해서 극한을 계산할 수 있다는 장점이 있다.

예제 1.10 다음 극한을 구하라.

$$\lim_{n\to\infty}\frac{\ln n}{n}$$

풀이

자연수열이 아닌 실변수 함수 $f(x)=\dfrac{\ln x}{x}$의 극한을 계산하는 편이 쉽다. 로피탈 정리에 의해서

$$\lim_{x\to\infty}\frac{\ln x}{x}=\lim_{x\to\infty}\frac{\frac{1}{x}}{1}=0$$

이다. 따라서 구하는 수열의 극한 역시 0이다. ■

진동하는 수열의 극한을 구할 때는 다음 정리가 유용하다.

정리 1.11 조임정리

수열 $\langle a_n\rangle, \langle b_n\rangle, \langle c_n\rangle$에 대해서, n이 충분히 클 때

$$a_n \le b_n \le c_n$$

이 성립한다면

$$\lim_{n\to\infty} a_n \le \lim_{n\to\infty} b_n \le \lim_{n\to\infty} c_n$$

이 성립한다.

예제 1.12 다음 극한을 구하라.

$$\lim_{n\to\infty}\frac{\sin n}{n}$$

풀이

모든 자연수 n에 대해서 $-1\le \sin n \le 1$이므로 $-\dfrac{1}{n}\le\dfrac{\sin n}{n}\le\dfrac{1}{n}$이 성립한다. 따라서 조임정리에 의해

$$\lim_{n\to\infty}\left(-\frac{1}{n}\right)\le\lim_{n\to\infty}\frac{\sin n}{n}\le\lim_{n\to\infty}\frac{1}{n}$$

이 성립한다.

$$\lim_{n\to\infty}\left(-\frac{1}{n}\right)=\lim_{n\to\infty}\frac{1}{n}=0$$

이므로, 구하는 극한은 0이다. ■

다음 정리는 조임정리의 응용이다.

정리 1.13 수열 $\langle a_n \rangle$에 대해서 $\lim_{n\to\infty} a_n = 0$이면, $\lim_{n\to\infty} |a_n| = 0$이다.

증명

모든 자연수 n에 대해서 $0 \le a_n + |a_n| \le 2a_n$이 성립한다. 따라서 조임정리에 의해서

$$0=\lim_{n\to\infty}0\le \lim_{n\to\infty}(a_n+|a_n|)\le \lim_{n\to\infty}(2a_n)=0$$

이므로 $\lim_{n\to\infty}(a_n+|a_n|)=0$이다. 따라서

$$\lim_{n\to\infty}|a_n|=\lim_{n\to\infty}((a_n+|a_n|)-a_n)=\lim_{n\to\infty}(a_n+|a_n|)-\lim_{n\to\infty}a_n=0-0=0$$

이다.

예제 1.14 다음 극한을 구하라.

$$\lim_{n\to\infty}\frac{|\sin n|}{n}$$

풀이

예제 1.12와 **정리 1.13**으로부터 극한이 0이다. (물론 조임정리를 활용해서 극한을 구할 수도 있다.) ■

무한수열이 등비수열일 때 무한등비수열이라 한다. 즉

$$a,\ ar,\ ar^2,\ \cdots,\ ar^{n-1},\ \cdots$$

을 무한등비수열이라 한다. 무한등비수열의 극한은 공비에 따라서 정해진다.

정리 1.15 무한등비수열의 극한

(1) $-1 < r < 1$일 때 $\lim_{n\to\infty} r^n = 0$

(2) $r = 1$일 때 $\lim_{n\to\infty} r^n = 1$

(3) $r > 1$일 때 $\lim_{n\to\infty} r^n = \infty$

(4) $r \le -1$일 때 $\lim_{n\to\infty} r^n$은 진동한다.

예제 1.16 다음 극한값을 구하라.

$$\lim_{n\to\infty} \frac{3^n + 2^n}{3^n - 2^n}$$

풀이

$$\lim_{n\to\infty} \frac{3^n + 2^n}{3^n - 2^n} = \lim_{n\to\infty} \frac{1 + \left(\frac{2}{3}\right)^n}{1 - \left(\frac{2}{3}\right)^n} = 1$$

이다. ■

SECTION

1 연습문제

➡ 연습문제 해답 403쪽

01. 다음 수열이 수렴하기 위한 x의 범위를 구하라.

(1) $a_n = (2x-1)^n$　　(2) $a_n = 3\left(\dfrac{2}{x-3}\right)^n$

02. 다음 수열의 극한값을 구하라.

$$\sqrt{2},\ \sqrt{2\sqrt{2}},\ \sqrt{2\sqrt{2\sqrt{2}}},\ \cdots$$

03. 다음 수열의 극한을 구하라.

(1) $\lim_{n\to\infty}\left(1+\dfrac{(-1)^n}{n}\right)$　　(2) $\lim_{n\to\infty}\dfrac{n}{\sqrt{n+1}-1}$

(3) $\lim_{n\to\infty}\dfrac{n!}{n^n}$　　(4) $\lim_{n\to\infty} n\sin\dfrac{1}{n}$

04. 수열 a_n이 $a_0 = a_1 = 1,\ a_n = a_{n-1} + a_{n-2}$ (단, $n \ge 2$)로 정의된 피보나치수열이라고 하자. 이때

$$a_0 + a_1 + \cdots + a_n = a_{n+2} - 1$$

이 성립함을 보이라.

05. 다음 극한값을 구하라.

(1) $\lim_{n\to\infty}\left(1+\dfrac{1}{n}\right)^n$　　(2) $\lim_{n\to\infty}\left(1+\dfrac{2}{n}\right)^n$

(3) $\lim_{n\to\infty}\left(1-\dfrac{1}{2n}\right)^n$　　(4) $\lim_{n\to\infty}\left(1+\dfrac{n}{n}\right)^n$

SECTION

2 급수

이 장에서는 앞에서 배운 수열의 각 항들을 더한 급수에 대해서 공부할 것이다. 특히 무한급수의 수렴성을 판정하기 위한 다양한 수렴판정법을 익힌다. 이는 다음 장에서 배울 멱급수의 정의역을 이해하기 위한 기초가 될 것이다.

2.1 무한급수

수열 $\langle a_n \rangle$의 각 항을 더한

$$a_1 + a_2 + a_3 + \cdots + a_n + \cdots$$

을 **급수**(series) 또는 **무한급수**(infinite series)라 한다. 위의 급수를 $\sum$을 이용하여

$$\sum_{n=1}^{\infty} a_n$$

으로 나타낸다. 무한급수 $\sum_{n=1}^{\infty} a_n$에서 처음 n개 항의 합

$$S_n = a_1 + a_2 + a_3 + \cdots + a_n$$

을 이 급수의 **부분합**(partial sum)이라 한다.

정의 2.1 무한급수의 수렴

무한급수 $\sum_{n=1}^{\infty} a_n$의 부분합 S_n을 항으로 하는 수열

$$S_1,\ S_2,\ S_3,\ \cdots,\ S_n,\ \cdots$$

이 S로 수렴하면 무한급수 $\sum_{n=1}^{\infty} a_n$이 S로 수렴한다(converge)고 하고

$$\sum_{n=1}^{\infty} a_n = S$$

로 나타낸다. 또 수열 $\langle S_n \rangle$이 발산할 때 $\sum_{n=1}^{\infty} a_n$도 발산한다(diverge)고 한다. 특히

$$\lim_{n\to\infty} S_n = \infty \text{ 일 때 } \sum_{n=1}^{\infty} a_n = \infty$$

$$\lim_{n\to\infty} S_n = -\infty \text{ 일 때 } \sum_{n=1}^{\infty} a_n = -\infty$$

로 나타낸다.

예제 2.2 다음 무한급수의 수렴, 발산을 조사하라.

$$\sum_{n=1}^{\infty} \frac{1}{n(n+1)}$$

풀이

부분분수로 변형하여 계산하면

$$S_n = \sum_{k=1}^{n} \frac{1}{k(k+1)} = \sum_{k=1}^{n} \left(\frac{1}{k} - \frac{1}{k+1} \right) = 1 - \frac{1}{n+1} = \frac{n}{n+1}$$

이 된다. 이때 $\lim_{n\to\infty} S_n = \lim_{n\to\infty} \frac{n}{n+1} = 1$이므로 주어진 무한급수는 1로 수렴한다. 즉

$$\frac{1}{1\cdot 2} + \frac{1}{2\cdot 3} + \frac{1}{3\cdot 4} + \cdots = 1$$

이다. ■

예제 2.3 다음 무한급수의 수렴, 발산을 조사하여라.

$$\sum_{n=1}^{\infty}(\sqrt{n+1}-\sqrt{n})$$

풀이

부분합을 구하면

$$S_n=\sum_{k=1}^{n}(\sqrt{k+1}-\sqrt{k})=\sqrt{n+1}-1$$

이므로

$$\lim_{n\to\infty}S_n=\lim_{n\to\infty}(\sqrt{n+1}-1)=\infty$$

이다. 따라서

$$\sum_{n=1}^{\infty}(\sqrt{n+1}-\sqrt{n})=\infty$$

이다. ■

첫째항이 a이고 공비가 r인 무한급수

$$\sum_{n=1}^{\infty}ar^{n-1}=a+ar+ar^2+\cdots$$

를 기하급수라 한다. 기하급수의 부분합은

$$\begin{aligned}S_n&=a+ar+ar^2+\cdots+ar^{n-1}\\&=\begin{cases}\dfrac{a(1-r^n)}{1-r}, & r\neq 1\\ na, & r=1\end{cases}\end{aligned}$$

이다.

$$\lim_{n\to\infty}r^n=\begin{cases}0, & |r|<1\\ \text{발산}, & r>1 \text{ 또는 } r\leq -1\end{cases}$$

이므로

$$\lim_{n\to\infty}S_n=\begin{cases}\dfrac{a}{1-r}, & |r|<1\\ \text{발산}, & r=1\\ \text{발산}, & r>1 \text{ 또는 } r\leq -1\end{cases}$$

이다. 이상을 정리하면 다음과 같다.

정리 2.4 기하급수의 합(geometric series)

기하급수의 합은

$$\sum_{n=1}^{\infty} ar^{n-1} = \begin{cases} \dfrac{a}{1-r}, & |r| < 1 \\ \text{발산}, & |r| \geq 1 \end{cases}$$

이다.

예제 2.5 기하급수 $\displaystyle\sum_{n=1}^{\infty} \frac{4}{5^n}$의 값을 구하라.

풀이

공비가 $\dfrac{1}{5}$이므로 주어진 기하급수는 수렴하고, 그 값은

$$\sum_{n=1}^{\infty} \frac{4}{5^n} = \frac{\frac{4}{5}}{1-\frac{1}{5}} = \frac{\frac{4}{5}}{\frac{4}{5}} = 1$$

이다. ■

예제 2.6 다음 기하급수가 수렴하도록 x값의 범위를 정하라.

$$\sum_{n=1}^{\infty} \left(\frac{4}{x-2}\right)^n$$

풀이

주어진 기하급수가 수렴하기 위해서는 공비의 절댓값이 1보다 작아야 한다. 따라서

$$\left|\frac{4}{x-2}\right| < 1$$

을 만족해야 한다. 즉 $4 < |x-2|$가 성립해야 한다. 그러므로

$x > 2$일 때, $x-2 > 4$를 만족해야 하므로 $x > 6$이어야 하고

$x < 2$인 경우는 $-x+2 > 4$를 만족해야 하므로 $x < -2$이어야 한다. 이로부터 $x > 6$ 혹은 $x < -2$를 얻는다. ■

정리 2.7 무한급수 $\sum_{n=1}^{\infty} a_n$이 수렴하면 $\lim_{n\to\infty} a_n = 0$이다.

증명

무한급수 $\sum_{n=1}^{\infty} a_n$이 S로 수렴한다고 하자. 그리고 부분합수열의 정의로부터

$$a_n = S_n - S_{n-1}$$

이 성립함을 안다. 부분합 수열 S_n의 극한이 S이므로

$$\lim_{n\to\infty} a_n = \lim_{n\to\infty}(S_n - S_{n-1}) = \lim_{n\to\infty} S_n - \lim_{n\to\infty} S_{n-1} = S - S = 0$$

이 성립한다.

주어진 명제가 참일 때, 대우명제가 항상 참이라는 사실로부터 발산판정법을 얻는다.

따름정리 2.8 발산판정법

$\lim_{n\to\infty} a_n \neq 0$이거나 $\lim_{n\to\infty} a_n$이 존재하지 않으면 무한급수 $\sum_{n=1}^{\infty} a_n$은 발산한다.

예제 2.9 다음 무한급수가 수렴하는지 판정하라.

$$\sum_{n=1}^{\infty} (-1)^n$$

풀이

극한 $\lim_{n\to\infty} (-1)^n$이 존재하지 않으므로 발산판정법에 의해 수렴하지 않는다. ■

[주의] 위 예제에서 급수의 수렴성을 판정할 때 덧셈의 순서를 바꿀 수 없음을 보여준다. 예를 들면, 다음과 같이 급수의 합을 구할 수는 없다.

$$(-1+1)+(-1+1)+\cdots = 0$$

발산판정법을 사용할 때 주의사항은 $\lim_{n\to\infty} a_n = 0$이라고 해서 무한급수 $\sum_{n=1}^{\infty} a_n$이 수렴한다는 보장은 없다는 것이다. 다음 예제는 이 사실을 보여주는 유명한 예이다.

예제 2.10 무한급수 $\sum_{n=1}^{\infty}\frac{1}{n}=\infty$ 임을 보이라.

풀이

먼저 a_4부터 a_7까지의 합을 생각해보자.

$$a_4=\frac{1}{4}>\frac{1}{8},\ a_5=\frac{1}{5}>\frac{1}{8},\ a_6=\frac{1}{6}>\frac{1}{8},\ a_7=\frac{1}{7}>\frac{1}{8}$$

이 성립함은 자명하다. 이로부터 $a_4+a_5+a_6+a_7>4\times\frac{1}{8}=\frac{1}{2}$임을 안다. 같은 방식으로 a_8부터 a_{15}까지의 8개 항을 생각해보자.

$$a_8=\frac{1}{8}>\frac{1}{16},\ \cdots,\ a_{15}=\frac{1}{15}>\frac{1}{16}$$

이 성립하므로, $a_8+a_9+\cdots+a_{15}>8\times\frac{1}{16}=\frac{1}{2}$이 성립한다. 같은 방식으로 그다음 16개 항을 더한 값 역시 $\frac{1}{2}$보다 크다는 것을 알 수 있다. 즉 a_{2^n}부터 $a_{2^{n+1}-1}$까지 더한 합은 항상 $\frac{1}{2}$보다 크다. 따라서 구하는 급수의 합은 $\frac{1}{2}$이 무한번 더해지므로, 무한대로 발산한다. ■

이 급수 $\sum_{n=1}^{\infty}\frac{1}{n}=1+\frac{1}{2}+\frac{1}{3}+\cdots$를 조화급수(harmonic series)라 한다. 이 급수는 정리 2.7의 역은 성립하지 않음을 보이는 반례이다.

앞에서 무한급수를 부분합 수열의 극한으로 정의했다. 따라서 무한급수에서도 수열의 극한의 기본 성질과 비슷한 성질이 성립함을 기대할 수 있다. 아래는 무한급수의 기본 성질을 요약한 것이다.

정리 2.11 무한급수의 기본 성질

두 무한급수 $\sum_{n=1}^{\infty}a_n$과 $\sum_{n=1}^{\infty}b_n$이 수렴하면 다음이 성립한다.

(1) $\sum_{n=1}^{\infty}(a_n+b_n)=\sum_{n=1}^{\infty}a_n+\sum_{n=1}^{\infty}b_n$

(2) $\sum_{n=1}^{\infty}(a_n-b_n)=\sum_{n=1}^{\infty}a_n-\sum_{n=1}^{\infty}b_n$

(3) $\sum_{n=1}^{\infty}ca_n=c\sum_{n=1}^{\infty}a_n$ (c는 상수)

[주의] 일반적으로 $\sum_{n=1}^{\infty} a_n b_n \neq \left(\sum_{n=1}^{\infty} a_n\right)\left(\sum_{n=1}^{\infty} b_n\right)$이다.

예제 2.12 무한급수 $\sum_{n=1}^{\infty} \frac{1+2^n}{4^n}$의 합을 구하라.

풀이

$\frac{1+2^n}{4^n} = \left(\frac{1}{4}\right)^n + \left(\frac{1}{2}\right)^n$이고 $\sum_{n=1}^{\infty}\left(\frac{1}{4}\right)^n$과 $\sum_{n=1}^{\infty}\left(\frac{1}{2}\right)^n$이 수렴하므로

$$\sum_{n=1}^{\infty} \frac{1+2^n}{4^n} = \sum_{n=1}^{\infty}\left(\left(\frac{1}{4}\right)^n + \left(\frac{1}{2}\right)^n\right) = \sum_{n=1}^{\infty}\left(\frac{1}{4}\right)^n + \sum_{n=1}^{\infty}\left(\frac{1}{2}\right)^n$$

$$= \frac{\frac{1}{4}}{1-\frac{1}{4}} + \frac{\frac{1}{2}}{1-\frac{1}{2}} = \frac{4}{3}$$

이다. ■

2.2 급수의 판정법

이번 절에서는 좀 더 다양한 종류의 무한급수에 대하여 주어진 무한급수가 수렴하는지 수렴하지 않는지를 판별하는 방법들에 대해서 알아볼 것이다.

정리 2.13 적분판정법(integral test)

함수 $f(x)$가 $x \geq 1$에서 정의된 연속함수라고 하자. 만약 $f(x)$가 감소함수이고 $f(x) > 0$이면 무한급수 $\sum_{n=1}^{\infty} a_n$이 수렴할 필요충분조건은 $\lim_{n\to\infty}\int_1^n f(x)\,dx$가 수렴하는 것이다.

적분판정법을 증명하는 데 있어서 핵심 아이디어는 급수를 넓이로 이해해서 적분값과 비교하는 것이다. 다음 그림을 이해하는 것은 적분판정법의 증명을 이해하는 데는 물론이고, 적분판정법을 이용하여 급수의 합을 추정할 때 매우 중요하다.

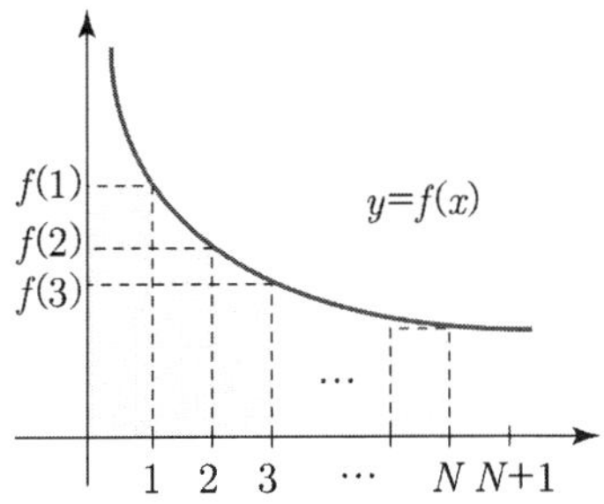

〈그림 2.1〉

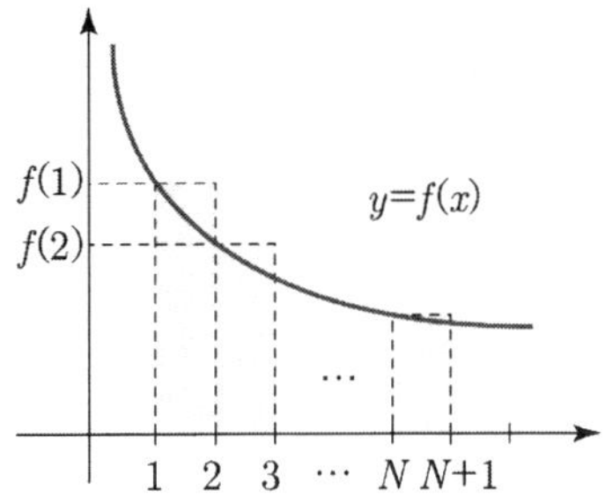

〈그림 2.2〉

증명

먼저 이상적분 $\int_1^\infty f(x)dx$가 수렴하면, 무한급수 $\sum_{n=1}^\infty a_n$이 수렴한다는 것을 보이자. 우선 $f(x)>0$이므로 $a_n = f(n) > 0$이다. 따라서 부분합 수열 S_n이 단조증가수열임은 자명하다. 단조수렴정리에 의하면, 부분합 수열 S_n이 위로 유계임을 보이면 충분하다. (그림 2.1)에서 색칠한 직사각형의 넓이의 합이 S_n과 같고, $f(x)$가 감소함수이므로 영역의 넓이를 비교하면

$$S_n \le a_1 + \int_1^n f(x)dx$$

임을 알 수 있다. 이상적분이 수렴하고 $f(x)>0$이므로, 모든 자연수 n에 대해서

$$S_n \le a_1 + \int_1^\infty f(x)dx$$

가 성립함을 알 수 있다. 즉 부분합 수열은 위로 유계이다. 따라서 무한급수가 수렴한다. 이제 이상적분 $\int_1^\infty f(x)dx$가 발산한다고 가정하자. (그림 2.2)로부터 영역의 넓이를 비교하면

$$\int_1^{n+1} f(x)dx \le S_n$$

이 성립함을 알 수 있다. 위 부등식에서 n을 무한대로 보내면, S_n이 발산함을 쉽게 확인할 수 있다.

예제 2.14 $p > 0$이라고 할 때 급수 $\sum_{n=1}^{\infty} \frac{1}{n^p}$의 수렴, 발산을 판정하라.

풀이

$f(x) = \frac{1}{x^p}$이라고 정의하면 $f(x)$는 $x \geq 1$인 범위에서 연속함수이고 감소하므로 적분판정법을 사용할 수 있다.

$$\lim_{n \to \infty} \int_1^n x^{-p}\, dx = \begin{cases} \lim\limits_{n \to \infty} \frac{1}{1-p}(n^{-p+1} - 1), & p \neq 1 \\ \lim\limits_{n \to \infty} \ln n, & p = 1 \end{cases}$$

따라서 $p \leq 1$이면 발산하고 $p > 1$이면 $\frac{1}{p-1}$로 수렴한다는 것을 알 수 있다. ■

급수 $\sum_{n=1}^{\infty} \frac{1}{n^p}$을 보통 p**-급수**(p-series)라고 부르고 특히 $p = 1$인 경우는 **조화급수**라고 부른다. 위의 예제로부터 p-급수는 $p > 1$인 경우에는 수렴하고 $0 < p \leq 1$이면 발산한다는 것을 알았다. 이 사실은 비교판정법을 이용해서 급수의 수렴과 발산을 보일 때 유용하게 사용할 수 있으므로 중요하다.

정리 2.15 p-급수의 수렴성

급수 $\sum_{n=1}^{\infty} \frac{1}{n^p}$은 $p > 1$이면 수렴하고 $0 < p \leq 1$이면 발산한다.

[주의] 적분판정법을 사용할 때, 이상적분 $\int_1^{\infty} f(x)dx$와 $\sum_{n=1}^{\infty} f(n)$의 값은 일반적으로 다르다. 예를 들어, $\sum_{n=1}^{\infty} \frac{1}{n^2} = \frac{\pi^2}{6}$이지만 $\int_1^{\infty} \frac{1}{x^2} dx = 1$이다.

다음의 정리는 비교판정법이라고 불리는 수렴판정법으로 급수의 수렴판정에서 매우 유용하게 쓰인다.

정리 2.16 비교판정법(comparison test)

모든 자연수 n에 대해서 $0 \le a_n \le b_n$이 성립한다고 하자.

(1) $\sum_{n=1}^{\infty} b_n$이 수렴하면 $\sum_{n=1}^{\infty} a_n$도 수렴한다.

(2) $\sum_{n=1}^{\infty} a_n$ 이 발산하면 $\sum_{n=1}^{\infty} b_n$도 수렴한다.

[참고] 비교판정법에서 모든 자연수 n 대신에 충분히 큰 자연수 n에 대해서만 $a_n \le b_n$이 성립해도 된다.

증명

먼저 (1)을 증명한다. $S_n = \sum_{k=1}^{n} a_k$라고 하고, $T_n = \sum_{k=1}^{n} b_n$이라고 하자. 우선 $a_n \ge 0$이므로 부분합 수열 S_n은 단조증가수열이다. 더욱이 모든 자연수 n에 대하여 $S_n \le T_n$이고, T_n 역시 단조증가수열이므로

$$S_n \le \lim_{n\to\infty} T_n = \sum_{n=1}^{\infty} b_n$$

이 성립한다. 즉 S_n은 위로 유계이다. 따라서 단조수렴정리에 의하여 S_n은 수렴한다. 즉, 무한급수 $\sum_{n=1}^{\infty} a_n$은 수렴한다.

(2) 위에서 보인 바와 같이 $S_n \le T_n$이 성립한다. S_n은 단조증가이므로 발산하는 경우는 $\lim_{n\to\infty} S_n = \infty$이다. 따라서 $\lim_{n\to\infty} T_n = \infty$이다.

비교판정법은 이미 수렴성을 알고 있는 급수와 비슷한 형태의 급수의 수렴성을 판별할 때 유용하게 쓸 수 있다. 아래 예제를 살펴보자.

예제 2.17 급수 $\sum_{n=2}^{\infty}\frac{\ln n}{n^3}$의 수렴여부를 판정하라.

풀이

$f(x)=x-\ln x$라고 하면 $f(2)=2-\ln 2>0$이고, $f'(x)=1-\frac{1}{x}>0$이 $x>2$인 범위에서 성립하므로 $x\geq 2$이면 $x>\ln x$이다. 즉, $n\geq 2$일 때 $n>\ln n$이다. 따라서 $n\geq 2$일 때

$$\frac{\ln n}{n^3}<\frac{n}{n^3}=\frac{1}{n^2}$$

이다. p-급수 판정법에서 $p=2$인 경우이므로 무한급수 $\sum_{n=2}^{\infty}\frac{1}{n^2}$은 수렴한다. 따라서 비교판정법에 의해서 주어진 급수도 수렴한다. ■

비교판정법은 많은 경우에 사용할 수 있는 유용한 판정법이지만, 때로는 부등식의 증명이 어려운 경우도 있다. 그런 경우에는 극한을 비교하는 방법을 사용할 수도 있다.

정리 2.18 극한비교판정법(limit comparison test)

모든 자연수 n에 대해서 $a_n>0,\ b_n>0$이라고 하자. 이때 $\lim_{n\to\infty}\frac{a_n}{b_n}$이 수렴하고 그 극한값이 0이 아니면 두 급수 $\sum_{n=1}^{\infty}a_n$과 $\sum_{n=1}^{\infty}b_n$은 둘 다 수렴하거나 발산한다. 즉, 둘 중의 하나가 수렴하면 다른 하나의 급수도 수렴하고, 둘 중의 하나의 급수가 발산하면 나머지 하나도 발산한다.

예제 2.19 급수 $\sum_{n=1}^{\infty}\sin\left(\frac{1}{n}\right)$의 수렴성을 판별하라.

풀이

$a_n=\sin(1/n),\ b_n=\frac{1}{n}$이라고 하자. 그러면

$$\lim_{n\to\infty}\frac{\sin\left(\frac{1}{n}\right)}{\frac{1}{n}}=\lim_{x\to 0}\frac{\sin x}{x}=1$$

이고 $\sum_{n=1}^{\infty}\frac{1}{n}$이 발산하므로 극한비교판정법에 의해서 주어진 급수도 발산한다. ■

앞에서 살펴본 급수의 수렴판정법들은 a_n이 음수가 아닐 것을 요구한다. (부분합 수열이 증가수열이 되어서 단조수렴정리를 활용할 수 있었다.) 이제 a_n이 양수가 아닌 경우에 대해서 살펴보려고 한다. 먼저 특수한 형태부터 살펴보기로 하자. 일반항이 0이 아닌 급수 $\sum_{n=1}^{\infty} a_n$이 모든 자연수 n에 대해서 a_{n+1}의 부호와 a_n의 부호가 반대이면 **교대급수**(alternating series)라고 부른다. (일반항의 부호가 교대로 나타나는 점에 주목하라.) 무한급수 $\sum_{n=1}^{\infty} a_n$이 교대급수라고 하고 $b_n = |a_n|$이라고 하자. 그러면 교대급수 $\sum_{n=1}^{\infty} a_n$은 다음의 두 가지 형태 중의 하나이다.

$$\sum_{n=1}^{\infty} (-1)^n b_n \text{ 또는 } \sum_{n=1}^{\infty} (-1)^{n-1} b_n$$

다음의 교대급수 수렴정리는 교대급수의 수렴성을 판별할 때 매우 유용하게 쓰이는 정리이다.

정리 2.20 교대급수 수렴정리

교대급수 $\sum_{n=1}^{\infty} a_n$에 대하여 $b_n = |a_n|$이라고 하자. 만약

(i) 모든 자연수 n에 대하여 $b_n \geq b_{n+1}$

(ii) $\lim_{n\to\infty} b_n = 0$

이 성립하면 교대급수 $\sum_{n=1}^{\infty} a_n$은 수렴한다.

교대급수 정리를 증명하기에 앞서서 직관적으로 교대급수정리가 성립하는 이유를 설명하고자 한다. 적분판정법에서 넓이를 이용해서 급수의 합과 적분 사이의 관계를 이해하는 것이 중요했듯이, 교대급수 정리에서는 아래 (그림 2.3)을 이해하는 것이 매우 중요하다.

설명의 편의를 위해서 $\sum_{n=1}^{\infty} (-1)^{n-1} b_n$인 형태의 교대급수라고 가정할 것이다. 그리고 언제나처럼 부분합 수열 $S_n = \sum_{k=1}^{\infty} (-1)^{k-1} b_k$을 생각할 것이다.

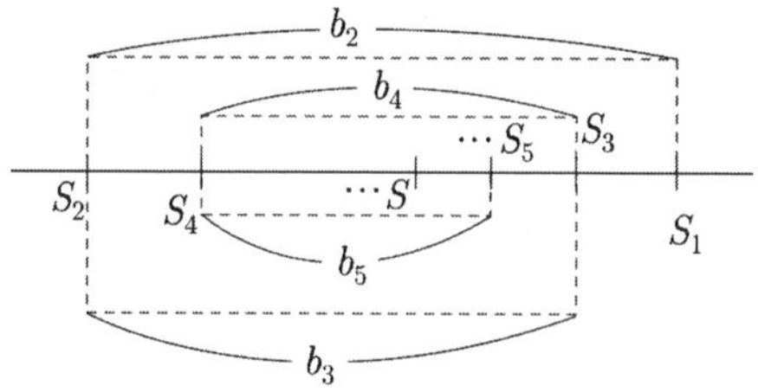

〈그림 2.3〉

그림에서 보다시피 b_n이 감소하는 수열이기 때문에 S_n들 사이의 거리는 점점 감소하게 된다. 특히 $\lim_{n\to\infty} b_n = 0$이기에 S_n이 점차 특정한 값(S)에 가까워지리라는 것을 짐작할 수 있다.

예제 2.21 다음 급수의 수렴, 발산을 판정하라.

$$1-\frac{1}{\sqrt{2}}+\frac{1}{\sqrt{3}}-\frac{1}{2}+\frac{1}{\sqrt{5}}-\frac{1}{\sqrt{6}}+\cdots$$

풀이

$\sum_{n=1}^{\infty}\frac{(-1)^n}{\sqrt{n}}$에서 $b_n = \left|\frac{(-1)^n}{\sqrt{n}}\right| = \frac{1}{\sqrt{n}}$이라 하면

(i) 모든 자연수 n에 대하여 $1 > \frac{1}{\sqrt{2}} > \frac{1}{\sqrt{3}} > \cdots > \frac{1}{\sqrt{n}} > \frac{1}{\sqrt{n+1}} > \cdots$ 이고

(ii) $\lim_{n\to\infty}\frac{1}{\sqrt{n}} = 0$

이 성립하므로 주어진 무한급수는 수렴한다. ■

예제 2.22 급수 $\sum_{n=1}^{\infty}\frac{\cos(\pi n)}{n}$이 수렴한다는 것을 보이라.

풀이

먼저 $\cos(\pi n) = (-1)^n$임에 주목하면 주어진 급수는 교대급수이다. 여기서 $b_n = \frac{1}{n}$로 놓으면, 모든 n에 대해서 $\frac{1}{n} > \frac{1}{n+1}$이므로 $b_n > b_{n+1}$이 성립하고 그 극한은 0이다. 따라서 교대급수정리에 의해서 주어진 급수는 수렴한다. ■

교대급수는 일반항의 부호가 교대로 변해야 한다는 제약 조건이 있다. 그러면 양항급수도 아니고, 교대급수도 아닌 무한급수의 수렴성은 어떻게 판별할 수 있을까? 이러한 경우를 다루는 방법을 논하기 전에 새로운 용어를 정의하도록 하겠다.

정의 2.23 절대수렴(absolute convergence)

급수 $\sum_{n=1}^{\infty} |a_n|$이 수렴하면 $\sum_{n=1}^{\infty} a_n$이 절대수렴한다고 정의한다.

다음 정리는 무한급수의 절대수렴과 수렴 사이의 관계를 알려준다.

정리 2.24 절대수렴정리

절대수렴하는 급수 $\sum_{n=1}^{\infty} a_n$은 수렴한다.

증명

가정에 의해서 $\sum_{n=1}^{\infty} |a_n|$이 수렴한다. 이제

$$0 \le a_n + |a_n| \le 2|a_n|$$

이 성립하므로 비교판정법에 의해서 무한급수 $\sum_{n=1}^{\infty} (a_n + |a_n|)$은 수렴한다. 따라서

$$\sum_{n=1}^{\infty} a_n = \sum_{n=1}^{\infty} [(a_n + |a_n|) - |a_n|] = \sum_{n=1}^{\infty} (a_n + |a_n|) - \sum_{n=1}^{\infty} |a_n|$$

이므로 수렴한다.

절대수렴정리의 역은 성립하지 않는다. 즉, 수렴하는 급수는 절대수렴하지 않을 수도 있다. 예를 들어 $\sum_{n=1}^{\infty} \frac{(-1)^n}{n}$은 교대급수 수렴정리에 의해 수렴하지만, $\sum_{n=1}^{\infty} \frac{1}{n}$은 $p=1$인 경우로 p-급수

판정에 의해서 발산한다. 즉, $\sum_{n=1}^{\infty}\frac{(-1)^n}{n}$은 수렴하지만 절대수렴하지는 않는다. 이와 같은 경우 **조건부수렴**한다고 한다.

정의 2.25 조건부수렴(conditional convergence)

무한급수 $\sum_{n=1}^{\infty}a_n$이 수렴하지만 $\sum_{n=1}^{\infty}|a_n|$은 발산하는 경우, 무한급수 $\sum_{n=1}^{\infty}a_n$이 **조건부수렴**한다고 정의한다.

예제 2.26 급수 $\sum_{n=1}^{\infty}\frac{(-1)^n}{\sqrt[3]{n}}$의 수렴성을 조사하라.

풀이

이 급수는 교대급수의 판정법에 의해

(1) $1 > \frac{1}{\sqrt[3]{2}} > \frac{1}{\sqrt[3]{3}} > \cdots$

(2) $\lim_{n\to\infty}\frac{1}{\sqrt[3]{n}}=0$

이 성립하므로 수렴한다. 그러나

$\sum_{n=1}^{\infty}\left|\frac{(-1)^n}{\sqrt[3]{n}}\right|=\sum_{n=1}^{\infty}\frac{1}{\sqrt[3]{n}}$이 되어

$p=\frac{1}{3}$인 p-급수이므로 발산한다. 따라서 주어진 급수는 조건부 수렴한다. ■

절대수렴을 판별할 때는 일반항이 양수가 되므로, 앞에서 배운 여러 판정법을 활용할 수 있다. 다음 정리는 일반항 사이의 비의 극한을 계산하여 절대수렴여부를 판별하는 방법을 제시하는 것으로 **비판정법**이라고 한다. 비판정법은 특히 다음 장에서 배우는 멱급수의 수렴성을 판별할 때 유용하게 쓰인다.

정리 2.27 **비판정법**(ratio test)

무한급수 $\sum_{n=1}^{\infty} a_n$ 에서 $\lim_{n\to\infty}\left|\frac{a_{n+1}}{a_n}\right| = r$일 때

(1) $r > 1$이면 $\sum_{n=1}^{\infty} a_n$은 발산한다.

(2) $r < 1$이면 $\sum_{n=1}^{\infty} a_n$은 수렴한다.

(3) $r = 1$이면 판단할 수 없다.

증명에 앞서서 몇 가지 언급하고자 한다. 비판정법의 증명은 본질적으로는 등비급수와 비교판정법을 이용하는 것이다. 비판정법은 $r = 1$인 경우에는 급수의 수렴과 발산에 대해서 어떠한 정보도 주지 않는다. 즉, 이러한 경우 주어진 급수는 수렴할 수도 혹은 발산할 수도 있다. 예를 들어, p-급수를 살펴보면 p값에 관계없이 비의 극한 r은 1이 되지만 p-급수는 수렴할 수도 발산할 수도 있다.

증명

먼저 $r < 1$이라고 가정하고, $\rho = 1 - r$이라고 하자. 그러면 수열 극한의 엄밀한 정의에 의해서, 적당한 자연수 N이 존재해서 $n > N$이면

$$\frac{|a_{n+1}|}{|a_n|} < r + \frac{\rho}{2} = k < 1$$

을 만족한다. 즉

$$|a_{N+m}| < k|a_{N+m-1}| < k^2|a_{N+m-2}| < \cdots < k^m|a_N|$$

이 성립한다. 따라서

$$\sum_{n=1}^{\infty}|a_n| = \sum_{n=1}^{N}|a_n| + \sum_{n=N+1}^{\infty}|a_n| < \sum_{n=1}^{N}|a_n| + |a_N|\sum_{m=1}^{\infty}k^m$$
$$= \sum_{n=1}^{N}|a_n| + \frac{|a_N|}{1-k}$$

이다. 그러므로 비교판정법에 의해서 급수 $\sum_{n=1}^{\infty} a_n$은 절대수렴한다.

$r > 1$인 경우의 증명은 비슷하므로, 생략하기로 한다.

예제 2.28 급수 $\sum_{n=1}^{\infty} \frac{2^n}{n^2}$ 의 수렴 여부를 판별하여라.

풀이

비판정법을 쓰기 위해 $a_n = \frac{2^n}{n^2}$이라고 하자.

$$\lim_{n\to\infty} \frac{a_{n+1}}{a_n} = \frac{2^{n+1} n^2}{(n+1)^2 2^n} = \lim_{n\to\infty} 2\left(1 - \frac{1}{n}\right)^2 = 2 > 1$$

이므로 비판정법에 의해서 발산한다. ■

정리 2.29 **근판정법**(root test)

$\lim_{n\to\infty} \sqrt[n]{|a_n|} = L$일 때

(1) $L < 1$이면 급수는 수렴한다.

(2) $L > 1$이면 주어진 급수는 발산한다.

(3) $L = 1$이면 판단할 수 없다.

예제 2.30 $\sum_{n=1}^{\infty} \left(\frac{3n+4}{5n+2}\right)^n$ 의 수렴, 발산을 판정하라.

풀이

$a_n = \left(\frac{3n+4}{5n+2}\right)^n$ 으로 두면 $\lim_{n\to\infty} \sqrt[n]{a_n} = \lim_{n\to\infty} \left(\frac{3n+4}{5n+2}\right) = \frac{3}{5} < 1$이므로 수렴한다. ■

예제 2.31 $\sum_{n=1}^{\infty} \frac{(n!)^n}{n^{4n}}$ 의 수렴, 발산을 판정하라.

풀이

$a_n = \frac{(n!)^n}{n^{4n}}$ 이라 하자. 이때

$$\lim_{n\to\infty} \frac{n!}{n^4} = \lim_{n\to\infty} \left(\frac{n}{n} \cdot \frac{n-1}{n} \cdot \frac{n-2}{n} \cdot \frac{n-3}{n} \cdot (n-4)!\right)$$

$$= \lim_{n\to\infty} \left(\left(1 - \frac{1}{n}\right) \cdot \left(1 - \frac{2}{n}\right) \cdot \left(1 - \frac{3}{n}\right) \cdot (n-4)!\right) = \infty$$

이므로 발산한다. ■

SECTION

2 연습문제

➡ 연습문제 해답 403쪽

01. 다음 급수의 수렴 및 발산을 판정하라.

(1) $\displaystyle\sum_{n=1}^{\infty}\frac{n+1}{n^2+2n+3}$

(2) $\displaystyle\sum_{n=1}^{\infty}(-1)^n\left(\sqrt{n^2+2n}-n\right)$

(3) $\displaystyle\sum_{n=1}^{\infty}\frac{\cos n}{n\sqrt{n}}$

(4) $\displaystyle\sum_{n=1}^{\infty}\frac{2021^n}{n!}$

(5) $\displaystyle\sum_{n=1}^{\infty}\frac{n^2}{5n^3+4}$

(6) $\displaystyle\sum_{n=0}^{\infty}\frac{n!}{2\cdot5\cdot8\cdot\cdots\cdot(3n+2)}$

(7) $\displaystyle\sum_{n=1}^{\infty}\frac{\sin n}{n\sqrt{n}+1}$

(8) $\displaystyle\sum_{n=1}^{\infty}\left(1+\frac{1}{2^2}+\frac{1}{3^2}+\cdots+\frac{1}{n^2}\right)\frac{1}{n\sqrt{n}}$

02. 급수 $\displaystyle\sum_{n=1}^{\infty}\frac{(n!)^2}{(kn)!}$ 이 수렴하기 위한 자연수 k를 모두 구하라.

03. 다음 급수의 수렴발산을 판정하라.

(1) $\displaystyle\sum\frac{n^2-1}{n^3+1}$

(2) $\displaystyle\sum\frac{n-1}{n^3+1}$

(3) $\displaystyle\sum(-1)^n\frac{n^2-1}{n^3+1}$

(4) $\displaystyle\sum(-1)^n\frac{n^2-1}{n^2+1}$

(5) $\displaystyle\sum\frac{e^n}{n^2}$

(6) $\displaystyle\sum\frac{n^{2n}}{(1+n)^{3n}}$

04. 급수 $\sum_{n=1}^{\infty} \frac{(-1)^n n}{n^2+1}$의 수렴성을 조사하라.

05. $\sum_{n=1}^{\infty} \left(\frac{1 \cdot 3 \cdot 5 \cdots (2n-1)}{2 \cdot 5 \cdot 8 \cdots (3n-1)} \right)$의 수렴, 발산을 판정하라.

06. $\sum_{n=1}^{\infty} (\sqrt[n]{2}-1)^n$의 수렴, 발산을 판정하라.

SECTION

3 멱급수

이 장에서는 무한급수로 정의된 함수인 멱급수에 대해서 학습하기로 한다. 특히 멱급수의 정의역과 미분과 적분에 대해서 공부한다. 무한등비급수와 멱급수의 미분과 적분을 활용하여, 함수를 멱급수로 표현하는 방법에 대해서도 학습할 것이다.

3.1 멱급수

주어진 실수열 $a_0, a_1, a_2, \cdots$와 실수 a에 대해서 **멱급수**(power series)는

$$a_0 + a_1(x-a) + a_2(x-a)^2 + \cdots$$

으로 정의한다. 멱급수 $\sum_{n=0}^{\infty} a_n(x-a)^n$에서 a를 멱급수의 **중심**(center)이라고 부른다. 멱급수에서 중심에 대해 특별히 언급이 없으면 $a=0$인 것으로 이해한다. 멱급수에서 x에 특정한 실수를 대입하면 무한급수가 된다. 즉, 멱급수는 x에 대한 함수로 이해할 수 있다. 앞으로 살펴보겠지만, 멱급수는 여러 가지 측면에서 다항식과 비슷하다.

정의 3.1 멱급수

실수열 $a_0, a_1, a_2, \cdots$과 실수 a가 주어졌을 때, a를 중심으로 하는 멱급수는

$$f(x) = \sum_{n=0}^{\infty} a_n(x-a)^n$$

으로 정의한다.

새로운 함수를 정의했으니, 이 함수의 정의역에 대해서 생각해보는 것이 자연스럽다. 함수에서 정의역에 대해서 언급이 없으면 x를 대입했을 때 함숫값이 대응되는 모든 실수를 정의역으로 생각해왔다. 멱급수 역시 마찬가지다. 멱급수에서 x에 특정한 실수를 대입하면 무한급수가 되므로 멱급수의 정의역은 무한급수가 수렴하는 모든 실수 x들의 모임이다. 그러면 멱급수의 수렴성에 대해서 어떤 공통적인 성질은 없을까? 이를 살펴보기 위해서 중심이 0인 경우, 멱급수의 예들을 몇 개 살펴보겠다.

멱급수 $\sum_{n=0}^{\infty} x^n$은 기하급수이므로 $|x| < 1$일 때 수렴한다. 한편 $\sum_{n=1}^{\infty} (nx)^n$과 같은 멱급수는 $x \neq 0$이면 발산판정법에 의해서 발산한다.

예제 3.2 멱급수 $\sum_{n=0}^{\infty} \frac{x^n}{n!}$가 수렴하는 x를 모두 구하라.

풀이

$a_n = \frac{x^n}{n!}$으로 정의하고 비판정법을 사용하자. 비의 극한을 계산해보면

$$\lim_{n\to\infty} \left| \frac{a_{n+1}}{a_n} \right| = \lim_{n\to\infty} \frac{|x^{n+1}|}{(n+1)!} \frac{n!}{|x^n|} = \lim_{n\to\infty} \frac{|x|}{n+1}$$

가 된다. 여기서 x는 고정된 실수이므로, x값에 관계없이 위 극한은 0이 된다. 즉, 비판정법에 의해서 주어진 멱급수는 모든 실수 x에 대해서 수렴한다. ■

이상에서 살펴본 것과 같이 멱급수의 정의역은 하나의 점일 수도, 특정한 구간일 수도, 아니면 실수 전체일 수도 있다. 실제로 멱급수의 수렴과 관련해서는 방금 살펴본 세 가지 경우가 전부이다. 다음 정리는 증명 없이 받아들이기로 하자.

정리 3.3 멱급수의 수렴정리

멱급수 $f(x) = \sum_{n=0}^{\infty} a_n (x-a)^n$에 대해서 다음 세 가지 중 하나가 성립한다.

(i) $f(x)$는 $x = a$에서만 수렴한다.

(ii) 양수 R이 존재해서 $f(x)$가 $|x-a| < R$에서 수렴한다.

(iii) $f(x)$가 모든 실수 x에 대해서 수렴한다.

위 정리에서 (ⅰ)의 경우에는 $R=0$이라고 정의하고 (ⅲ)의 경우에는 $R=\infty$로 정의한다. 이러한 R을 주어진 멱급수의 **수렴반경**(raduos of convergence)이라고 한다. 따라서 위 멱급수 수렴정리는 멱급수의 수렴반경 R은 $[0, \infty)$에 있는 어떠한 실수가 된다는 사실을 알려준다. 멱급수 $f(x)$의 수렴반경이 $R \in (0, \infty)$일 때, $x = a+R$ 또는 $x=a-R$에서 $f(x)$는 수렴할 수도 있고 발산할 수도 있다. 따라서 멱급수 $f(x) = \sum_{n=0}^{\infty} a_n (x-a)^n$의 수렴반경이 $R \in (0, \infty)$인 경우, 멱급수의 **수렴구간**(interval of convergence)은

$$(a-R, a+R),\ \ [a-R, a+R),\ \ (a-R, a+R],\ \ [a-R, a+R]$$

중 하나가 된다.

예제 3.4 멱급수 $\sum_{n=1}^{\infty} \frac{x^n}{n^2}$의 수렴반경 R을 구하고 $x = \pm R$에서 수렴 여부를 판정하라.

풀이

$a_n = \frac{x^n}{n^2}$이라고 하자.

$$\lim_{n\to\infty} \left| \frac{a_{n+1}}{a_n} \right| = \lim_{n\to\infty} \frac{|x|^{n+1} n^2}{|x|^n (n+1)^2} = |x|$$

이므로 비판정법에 의해서 $|x|<1$이면 주어진 멱급수는 수렴한다. 즉 수렴반경은 1이다. $x=1$일 때는 p-급수 판정법에 의해서 수렴하고 $x=-1$일 때는 교대급수 수렴정리에 의해서 수렴한다. ■

예제 3.5 급수 $\sum_{n=0}^{\infty} \frac{(-2)^n x^n}{\sqrt{n+1}}$의 수렴반경과 수렴구간을 구하라.

풀이

$a_n = \frac{(-2)^n x^n}{\sqrt{n+1}}$으로 두면 $n\to\infty$일 때 다음이 성립한다.

$$\left| \frac{a_{n+1}}{a_n} \right| = \left| \frac{(-2)^{n+1} x^{n+1}}{\sqrt{n+2}} \cdot \frac{\sqrt{n+1}}{(-2)^n x^n} \right| = \left| -2x \sqrt{\frac{n+1}{n+2}} \right|$$
$$= 2\sqrt{\frac{n+1}{n+2}}\,|x| \longrightarrow 2|x|$$

비판정법에 의해 주어진 급수는 $2|x|<1$이면 수렴하고 $2|x|>1$이면 발산한다. 따라서 수렴반경은 $R=\frac{1}{2}$이다. 이 급수는 구간 $\left(-\frac{1}{2}, \frac{1}{2}\right)$에서 수렴하지만, 양 끝점에서의 수렴 여부를 확인할 필요가 있다.

(1) $x=-\dfrac{1}{2}$일 때, 주어진 급수에 직접 대입하면

$$\sum_{n=0}^{\infty}\frac{(-2)^n\left(-\frac{1}{2}\right)^n}{\sqrt{n+1}}=\sum_{n=0}^{\infty}\frac{1}{\sqrt{n+1}}=1+\frac{1}{\sqrt{2}}+\frac{1}{\sqrt{3}}+\cdots$$

이므로 p-급수에 의해 발산한다.

(2) $x=\dfrac{1}{2}$일 때, 주어진 급수에 직접 대입하면

$$\sum_{n=0}^{\infty}\frac{(-2)^n\left(-\frac{1}{2}\right)^n}{\sqrt{n+1}}=\sum_{n=0}^{\infty}\frac{(-1)^n}{\sqrt{n+1}}=1-\frac{1}{\sqrt{2}}+\frac{1}{\sqrt{3}}-\cdots$$

이므로 교대급수판정법에 의해 수렴한다.

따라서 이 급수의 수렴구간은 $\left(-\dfrac{1}{2},\ \dfrac{1}{2}\right]$이다. ■

3.2 함수의 멱급수 표현

지금까지 멱급수의 수렴반경과 수렴구간을 구하는 방법에 대해서 알아보았다. 이미 설명한 바와 같이 멱급수를 x에 관한 함수(정의역은 수렴구간)라고 이해할 수 있다. 알고 있는 함수 중에 멱급수와 같은 함수는 없을까? 사실은 앞에서 살펴보았던 기하급수를 생각해보면

$$\frac{1}{1-x}=\sum_{n=0}^{\infty}x^n\ ,\ |x|<1 \tag{3.1}$$

이 성립한다. 즉 유리함수 $\dfrac{1}{1-x}$는 $|x|<1$인 범위에서 멱급수 $\sum_{n=0}^{\infty}x^n$과 같다. 이를 이용하여 몇몇 함수들을 멱급수로 표현해보자.

예제 3.6 함수 $\dfrac{1}{2+x}$을 $x=1$을 중심으로 하는 멱급수로 나타내라.

풀이

식 (3.1)을 이용하기 위해서

$$\frac{1}{2+x}=\frac{1}{3+(x-1)}=\frac{1}{3}\cdot\frac{1}{1+(x-1)/3}$$

로 나타내자. 식 (3.1)의 x에 $-\dfrac{x-1}{3}$을 대입하면

$$\frac{1}{3}\cdot\frac{1}{1+(x-1)/3}=\frac{1}{3}\sum_{n=0}^{\infty}\left(-\frac{x-1}{3}\right)^n=\sum_{n=0}^{\infty}\frac{(-1)^n}{3^{n+1}}(x-1)^n$$

을 얻는다. 식 (3.1)이 $|x|<1$인 범위에서 성립하기 때문에 $\left|-\dfrac{x-1}{3}\right|<1$인 범위, 즉 $|x-1|<3$인 범위에서 위 등호가 성립한다. ■

예제 3.7 함수 $\dfrac{x}{1+x^2}$를 멱급수로 나타내라.

풀이

식 (3.1)에서 x에 $-x^2$을 대입하면

$$\frac{1}{1+x^2}=\sum_{n=0}^{\infty}(-x^2)^n=\sum_{n=0}^{\infty}(-1)^n x^{2n}$$

이 $|-x^2|<1$에서 성립함을 알 수 있다. 따라서

$$\frac{x}{1+x^2}=\sum_{n=0}^{\infty}(-1)^n x^{2n+1}$$

이 $|x|<1$에서 성립한다. ■

앞에서 설명했듯이, 멱급수는 무한차수 다항식으로 생각할 수 있다. 다음 정리는 멱급수의 미분과 적분을 다항식의 미분과 적분과 같은 방식으로 할 수 있다는 것을 보여준다.

정리 3.8 멱급수의 미분과 적분

멱급수 $f(x)=\sum_{n=0}^{\infty}a_n(x-a)^n$의 수렴반경을 R이라고 하자. 그러면

(1) $f'(x)=\sum_{n=1}^{\infty}na_n(x-a)^{n-1}$이고 $f'(x)$의 수렴반경도 역시 R이다.

(2) $\int f(x)\,dx=C+\sum_{n=0}^{\infty}\dfrac{a_n(x-a)^{n+1}}{n+1}$이고 $\int f(x)\,dx$의 수렴반경도 역시 R이다.

위 정리는 멱급수를 미분, 적분할 때 급수의 일반항을 각 항별로 미분, 적분하면 된다는 것을 알려준다. 즉

$$\frac{d}{dx}\left(\sum_{n=0}^{\infty} a_n (x-a)^n\right) = \sum_{n=0}^{\infty} \frac{d}{dx}\left(a_n (x-a)^n\right)$$

이고

$$\int\left(\sum_{n=0}^{\infty} a_n (x-a)^n\right)dx = \sum_{n=0}^{\infty} \int a_n (x-a)^n dx$$

이다. 또한 미분과 적분을 하여도 수렴반경은 변하지 않는 다는 사실을 알려준다.

[참고1] 멱급수를 미분해도 멱급수이기 때문에, 멱급수는 무한번 미분 가능하다는 것을 알 수 있다.

[참고2] 미분과 적분을 하는 경우, 멱급수의 수렴반경은 변하지 않지만 수렴구간은 변할 수도 있다.

예제 3.9 무한급수 $\sum_{n=1}^{\infty} \frac{n}{2^n}$의 값을 구하라.

풀이

$f(x) = \sum_{n=0}^{\infty} x^n = \frac{1}{1-x}$이라고 하면

$$\frac{d}{dx} f(x) = \sum_{n=0}^{\infty} \frac{d}{dx} x^n = \sum_{n=1}^{\infty} n x^{n-1}$$

이 $|x| < 1$에서 성립한다. 한편 $f'(x) = \frac{1}{(1-x)^2}$이므로 $f'(x) = \frac{1}{(1-x)^2} = \sum_{n=1}^{\infty} n x^{n-1}$이 $|x| < 1$에서 성립함을 알 수 있다. 여기에 $x = \frac{1}{2}$을 대입하고 양변에 $\frac{1}{2}$을 곱하면 $2 = \sum_{n=1}^{\infty} \frac{n}{2^n}$임을 알 수 있다. ■

멱급수의 미분과 적분을 활용하면 보다 많은 함수의 멱급수 표현을 찾을 수 있다.

예제 3.10 $f(x) = \tan^{-1}x$의 멱급수 표현을 찾아라.

풀이

$f'(x) = \dfrac{1}{1+x^2}$이고, $f'(x)$의 멱급수 표현은 식 (3.1)의 x에 $-x^2$을 대입하여

$$f'(x) = \sum_{n=0}^{\infty}(-1)^n x^{2n} \ (\text{단, } |x| < 1)$$

을 얻는다. 이를 적분하면

$$\tan^{-1}x = C + \sum_{n=0}^{\infty}\frac{(-1)^n}{2n+1}x^{2n+1} \ (\text{단, } |x| < 1)$$

을 얻는다. 양변이 항등식이어야 하므로 $x = 0$을 대입하면

$$0 = \tan^{-1}0 = C + 0$$

이 되어 $C = 0$이다. 즉, $|x| < 1$인 범위에서

$$\tan^{-1}x = \sum_{n=0}^{\infty}\frac{(-1)^n}{2n+1}x^{2n+1} = x - \frac{x^3}{3} + \frac{x^5}{5} - \frac{x^7}{7} + \cdots$$

이 성립한다. ■

[참고] 사실 위 등식은 $x = 1$일 때도 성립한다. 즉

$$\frac{\pi}{4} = 1 - \frac{1}{3} + \frac{1}{5} - \frac{1}{7} + \cdots$$

이 성립한다. 그러나 위 급수는 π의 근삿값을 구하는 효율적인 방법은 아니다. 교대급수 오차정리에 의하면 100번째 항까지 더해도, π와의 오차의 한계는 $4\dfrac{1}{199} \fallingdotseq 0.0201$이다. (즉 소수점 아래 둘째 자리도 정확하다는 보장이 없다.) 사실 $4\displaystyle\sum_{n=0}^{99}\frac{(-1)^n}{2n+1} \fallingdotseq 3.1316$으로 π와는 차이가 있다.

예제 3.11 $f(x) = \ln(1+x)$의 멱급수 표현을 찾아라.

풀이

$f'(x) = \dfrac{1}{1+x} = \displaystyle\sum_{n=0}^{\infty}(-1)^n x^n$ (단, $|x| < 1$)이 성립하므로, 양변을 적분하여

$$\ln(1+x) = C + \sum_{n=0}^{\infty} \frac{(-1)^n}{n+1} x^{n+1}$$

이 성립한다. 양변에 $x=0$을 대입해보면 $C=0$임을 확인할 수 있다. 따라서

$$\ln(1+x) = \sum_{n=0}^{\infty} \frac{(-1)^n}{n+1} x^{n+1} = x - \frac{x^2}{2} + \frac{x^3}{3} - \frac{x^4}{4} + \cdots$$

이다. ■

[참고] 위 등식은 $x=1$일 때도 성립한다. 즉

$$\ln 2 = 1 - \frac{1}{2} + \frac{1}{3} - \frac{1}{4} + \cdots$$

이 성립한다. 교대급수의 판정에서 $1 - \frac{1}{2} + \frac{1}{3} - \frac{1}{4} + \cdots$ 이 수렴하는 것을 보였고, 그 값이 $\ln 2$임을 알 수 있다.

SECTION

3 연습문제

➡ 연습문제 해답 404쪽

01. 멱급수의 미분을 이용하여 $\sum_{n=1}^{\infty} n^2 \left(\frac{1}{2}\right)^n$ 의 값을 구하라.

02. $\tan^{-1}\frac{1}{2}$ 의 값을 오차가 0.01보다 작도록 유리수로 나타내라.

03. 함수 $\frac{1}{x(x+1)}$ 을 $x=1$ 을 중심으로 한 멱급수로 표현하라.

04. 수열 A_n이 $A_n = \frac{\frac{1}{2}\left(\frac{1}{2}+1\right)\left(\frac{1}{2}+2\right)\cdots\left(\frac{1}{2}+n-1\right)}{n!}$ 로 정의되었다(단, $A_0=1$).

이때 멱급수 $\sum_{n=0}^{\infty}(42n+5)A_n^3 x^{6n}$ 의 수렴반경을 구하라.

[참고] 위에서 $x=\frac{1}{2}$ 을 대입하면 $\frac{16}{\pi}$ 이 됨이 알려져 있다. $\frac{1}{\pi}$ 과 관련이 있는 등식(위 등식을 포함하여)이 궁금하다면, N. D. Baruah, B. C. Berndt and H. H. Chan의 논문 Ramanujan's series for $1/\pi$: A survey, Math. Student (Special Centenary Volume 2007), 1-24; Amer. Math. Monthly 116 (2009), pp. 567-587을 참고하라.

05. 다음 함수 $A(x)$의 수렴구간을 구하라.

$$A(x) = 1 + \frac{x^3}{2\times 3} + \frac{x^6}{2\times 3\times 5\times 6} + \frac{x^9}{2\times 3\times 5\times 6\times 8\times 9} + \cdots$$

06. 멱급수 $\sum_{n=0}^{\infty}\frac{(-3)^n x^n}{\sqrt{n+1}}$의 수렴반경과 수렴구간을 구하라.

07. 멱급수 $\sum_{k=2}^{\infty}\frac{x^k}{\ln k}$의 수렴구간과 수렴반경을 구하라.

08. 멱급수를 이용하여 급수 $\sum_{n=1}^{\infty}\frac{1}{n2^n}$의 값을 구하라.

09. 멱급수 $Li_2(x)=\sum_{n=1}^{\infty}\frac{x^n}{n^2}$에 대해서, $Li_2(x)$, $\frac{d}{dx}Li_2(x)$, $\frac{d^2}{dx^2}Li_2(x)$의 수렴구간을 구하라.

10. 멱급수 $f(x)=\sum_{n=0}^{\infty}a_n x^n$이 $\frac{d}{dx}f(x)=f(x)$를 만족하고 $f(0)=1$일 때, a_n을 구하라.

SECTION

4 테일러급수와 매클로린급수

앞 절에서 멱급수를 배우고, 몇몇 함수들의 멱급수 표현에 대해서 공부하였다. 함수 $\tan^{-1}x$ 대신 멱급수 $\sum_{n=0}^{\infty}\frac{(-1)^n}{2n+1}x^{2n+1}$을 사용할 이유가 있을까? 예를 들어 $\tan^{-1}\left(\frac{1}{2}\right)$의 값이 필요하다고 하자. 그러면 멱급수 표현으로부터 $\sum_{n=0}^{\infty}\frac{(-1)^n}{2n+1}\left(\frac{1}{2}\right)^{2n+1}$가 구하는 값임을 알고, 교대급수 오차정리를 활용하면, 원하는 만큼 정확한 근삿값을 계산할 수 있다. 적분을 공부할 당시에 e^{-x^2}과 같은 초월함수들은 원시함수로 자주 사용하는 함수들(다항함수, 지수-로그 함수, 삼각함수 등)을 이용해서 표현할 수 없었다. 이러한 함수들의 미적분을 다루는 좋은 방법은 없을까?

처음 원주율을 배울 때는 대부분 3.14라는 근삿값으로부터 시작한다. 원주율 π는 무리수이기에 유리수로 나타낼 수는 없다. 그러나 더 많은 소수점 아래 자릿수를 사용함으로써(예를 들어 3.141592) 더 정확한 근삿값을 찾을 수 있다. 사실 대부분의 경우 소수점 아래 6 ~ 7자리면 필요한 정확도를 기대할 수 있다.

비슷한 방법으로 초월함수를 다항함수로 근사할 수는 없을까? 사실 앞에서 배운 선형근사는 함수를 $x=a$ 근처에서 일차식 $f'(a)(x-a)+f(a)$로 근사하는 것으로 이해할 수 있다. 더 많은 소수점 아래 자릿수를 이용해서 무리수를 근사했던 것처럼, 다항식의 차수를 늘리면 함수의 더 좋은 근사함수가 되지 않을까? 무한히 많은 자릿수를 사용할 수 있다면, 즉 무한차수 다항식을 사용할 수 있다면 근사함수가 아니라 정확히 같은 함수가 되지 않을까?

앞에서 살펴본 $\tan^{-1}x$는 이러한 것이 가능할지도 모른다는 암시를 준다. 이번 장에서는 어떤 함수를 $\tan^{-1}x$와 같이 멱급수로 표현할 수 있는지, 그리고 멱급수가 실제로 함숫값과 어떤 관련이 있는지 공부하는 것이 목표이다.

4.1 테일러급수와 매클로린급수

지난 절에서 우리는 멱급수를 x에 관한 함수(정의역은 수렴구간)로 이해할 수 있다는 사실을 배우고 몇몇 함수를 멱급수로 표현하는 방법을 배웠다. 이번 절에서는 보다 다양한 함수를 멱급수로 표현하는 방법에 대해서 공부하자.

이를 위하여 주어진 함수 $f(x)$가 $x=a$를 중심으로 멱급수 표현이 가능하다고 하자. 즉

$$f(x) = \sum_{n=0}^{\infty} a_n (x-a)^n \tag{4.1}$$

을 만족하는 실수열 a_n이 존재한다고 하자. 앞에서 배웠듯이 멱급수는 무한번 미분 가능하기 때문에, $f(x)$ 역시 $x=a$에서 무한번 미분 가능해야만 한다. 식 (4.1)에서 $x=a$를 양변에 대입하여, $a_0 = f(a)$가 됨을 안다. 이제 식 (4.1)의 양변을 미분하면

$$f'(x) = a_1 + 2a_2(x-a) + 3a_3(x-a)^2 + \cdots + na_n(x-a)^{n-1} + \cdots$$

이 되므로 양변에 $x=a$를 대입하면 $a_1 = f'(a)$임을 알 수 있다. 다시 $f'(x)$의 양변을 미분하면

$$f^{(2)}(x) = 2\times 1a_2 + 3\times 2a_3(x-a) + \cdots + n(n-1)a_n(x-a)^{n-2} + \cdots$$

가 되고 양변에 $x=a$를 대입하면 $a_2 = \dfrac{f^{(2)}(a)}{2!}$가 된다는 것을 알 수 있다. 한 번만 더 미분해보자.

$$f^{(3)}(x) = 3\times 2\times 1a_3 + \cdots + n(n-1)(n-2)a_n(x-a)^{n-3} + \cdots$$

가 되고, $a_3 = \dfrac{f^{(3)}(a)}{3!}$가 됨을 확인할 수 있다. 이와 같은 과정을 반복하면

$$a_n = \frac{f^{(n)}(a)}{n!}$$

가 됨을 확인할 수 있다. 지금까지 살펴본 바를 요약하면, 만약 $f(x)$가 $x=a$를 중심으로 하는 멱급수와 같다면 그 멱급수 표현은

$$\sum_{n=0}^{\infty} \frac{f^{(n)}(a)}{n!}(x-a)^n$$

이라는 것이다. 이를 함수 $f(x)$의 **테일러급수**(Taylor series)라고 한다.

만약 $f(x)$가 $x=0$을 중심으로 하는 멱급수와 같을 때 그 표현은

$$\sum_{n=0}^{\infty} \frac{f^{(n)}(0)}{n!} x^n$$

으로 하고 이를 함수 $f(x)$의 **매클로린급수**(Maclaurin series)라고 한다.

[주의] 함수 $f(x)$와 $f(x)$의 테일러급수가 일치한다는 보장은 없다. 테일러급수란 만약 $f(x)$가 멱급수와 일치한다면, 그 멱급수는 테일러급수일 수밖에 없다는 것이다. 예를 들어

$$f(x) = \begin{cases} e^{-1/x^2}, & x \neq 0 \\ 0, & x = 0 \end{cases}$$

과 같이 정의된 함수는 $f^{(n)}(0) = 0$이 되고 그 매클로린급수는 0이 된다. 함수가 언제 테일러급수와 일치하게 되는지, 즉 함수가 언제 멱급수 표현이 가능한지는 곧 배우게 될 것이다.

예제 4.1 $f(x) = e^x$의 매클로린급수를 구하라.

풀이

$f^{(n)}(x) = e^x$이므로 $f^{(n)}(0) = 1$이다. 따라서 구하는 매클로린급수는 $\sum_{n=0}^{\infty} \frac{x^n}{n!}$이다. 참고로 이 멱급수의 수렴반경은 ∞이다. ■

예제 4.2 $f(x) = \sin x$의 매클로린급수를 구하라.

풀이

먼저 $f(x)$를 미분해보자.

$$f'(x) = \cos x,\ f''(x) = -\sin x$$

$$f^{(3)}(x) = -\cos x,\ f^{(4)}(x) = \sin x$$

가 된다. 즉 4번 미분할 때마다 주어진 함수는 다시 $\sin x$가 된다. 따라서

$$f^{(4k)}(0) = \sin 0 = 0,\ f^{(4k+1)}(0) = \cos 0 = 1,$$

$$f^{(4k+2)}(0) = -\sin 0 = 0,\ f^{(4k+3)}(0) = -\cos 0 = -1$$

임을 알 수 있다. 즉 $f^{(2n)}(0) = 0$이고, $f^{(2n+1)}(0)$은 n이 짝수이면 1이고 n이 홀수이면 -1이므로

$$f^{(2n+1)}(0) = (-1)^n$$

이 된다. 따라서 구하는 매클로린급수는

$$\sum_{n=0}^{\infty} \frac{(-1)^n}{(2n+1)!} x^{2n+1}$$

이다. ■

함수 $f(x)$가 멱급수 표현이 가능하다면 그 멱급수 표현은 매클로린급수와 같음을 배웠다. 이제부터는 그러면 어떠한 함수가 멱급수 표현이 가능한지 알아볼 것이다.

다음의 테일러 부등식은 함수의 n계도함수 값이 너무 크지 않으면 함수를 멱급수로 쓸 수 있다는 것을 보여준다.

정리 4.3 테일러 부등식

함수 $f(x)$가 $x=a$에서 $n+1$번 미분 가능하다고 하자. 만약 $|x-a| \le d$인 범위에서 $|f^{(n+1)}(x)| \le M$이라면

$$\left| f(x) - \sum_{k=0}^{n} \frac{f^{(k)}(a)}{k!}(x-a)^k \right| \le \frac{M}{(n+1)!}|x-a|^{n+1} \le \frac{M}{(n+1)!} d^{n+1}$$

이 성립한다.

먼저 테일러 부등식이 왜 함수의 멱급수 표현 가능성에 대해서 이야기해주는지 살펴보도록 하자. $x=a$에서 무한번 미분 가능한 함수 $f(x)$가 주어졌다고 하자. 그리고 이 함수의 테일러급수를

$$T(x) = \sum_{n=0}^{\infty} \frac{f^{(n)}(a)}{n!}(x-a)^n$$

이라고 하고, 이 테일러급수의 부분합을

$$T_n(x) = \sum_{k=0}^{n} \frac{f^{(k)}(a)}{k!}(x-a)^k$$

이라고 하자. 여기서 $T_n(x)$를 n차 **테일러 다항식**이라고 한다. 테일러 부등식은 $|x-a| \le d$인 범위에서 $|f^{(n+1)}(x)| \le M_n$이라면

$$|f(x) - T_n(x)| \le \frac{M_n}{(n+1)!} d^{n+1}$$

이 성립한다는 것을 알려준다. (n에 따라서 M값이 달라질 수도 있음에 주의하라.) 따라서 만약

$$\lim_{n\to\infty} \frac{M_n}{(n+1)!} d^{n+1} = 0 \tag{4.2}$$

이면 $\lim_{n\to\infty} | f(x) - T_n(x) | = 0$이 성립하고, 이는 곧

$$f(x) = \lim_{n\to\infty} T_n(x) = T(x)$$

가 성립한다는 것이다. 즉, $f(x)$와 $f(x)$의 테일러급수가 일치한다는 것을 알려준다. 식 (4.2)의 극한을 계산할 때, 임의의 실수 d에 대해서

$$\lim_{n\to\infty} \frac{d^n}{n!} = 0$$

이라는 사실을 유용하게 쓸 수 있다. 이로부터 모든 자연수 n에 대해서 $|f^{(n)}(x)| \le M$이 $|x-a| \le d$인 범위에서 성립한다면

$$\lim_{n\to\infty} \frac{M}{(n+1)!} d^{n+1} = 0$$

이므로 $f(x)$와 $f(x)$의 $x=a$에서의 테일러급수가 같아진다는 것을 알 수 있다.

앞에서 살펴본 $f(x) = e^x, g(x) = \sin x$의 경우 $|x| \le d$에서

$$|f^{(n)}(x)| \le e^d, \ |g^{(n)}(x)| \le 1$$

이 성립한다. 따라서 테일러 부등식에 의하여 $|x| \le d$인 범위에서 $f(x)$, $g(x)$와 그 매클로린급수는 일치하게 된다. 즉

$$f(x) = e^x = \sum_{n=0}^{\infty} \frac{x^n}{n!}$$

$$g(x) = \sin x = \sum_{n=0}^{\infty} \frac{(-1)^n}{(2n+1)!} x^{2n+1}$$

이 성립한다. 여기서 양수 d는 임의로 선택할 수 있으므로 위 등식은 모든 실수 x에 대해서 성립한다.

예제 4.4 $f(x) = \cos x$의 매클로린급수를 구하라.

풀이

$\sin x$의 매클로린급수를 구할 때처럼 직접 계산할 수도 있다. 그러나 이미 $\sin x$의 매클로린급수를

알고 있고, $\dfrac{d}{dx}\sin x = \cos x$이므로

$$\begin{aligned}\cos x &= \frac{d}{dx}\sin x \\ &= \frac{d}{dx}\left(\sum_{n=0}^{\infty}\frac{(-1)^n}{(2n+1)!}x^{2n+1}\right) \\ &= \sum_{n=0}^{\infty}\frac{(-1)^n}{(2n)!}x^{2n}\end{aligned}$$

과 같이 구하는 것이 편하다. 위의 풀이는 $\cos x$와 그 매클로린급수가 모든 실수에서 같음을 동시에 보여준다. ■

이제부터는 테일러급수와 매클로린급수를 계산하는 다양한 방법에 대해서 생각해보자.

예제 4.5 $f(x) = \cosh x = \dfrac{e^x + e^{-x}}{2}$의 매클로린급수를 구하라.

풀이

$f'(x) = \sinh x, f^{(2)}(x) = \cosh x$임을 이용하여 매클로린급수를 구할 수 있지만, 여기서는 다른 방법을 생각해보자. 이미

$$e^x = \sum_{n=0}^{\infty}\frac{x^n}{n!}$$

이 모든 실수 x에 대해서 성립함을 알고 있다. 따라서 여기에 x 대신 $-x$를 대입한

$$e^{-x} = \sum_{n=0}^{\infty}\frac{(-1)^n}{n!}x^n$$

역시 모든 실수 x에 대해서 성립한다. 따라서 구하는 매클로린급수는

$$\begin{aligned}\cosh x &= \frac{1}{2}\left(\sum_{n=0}^{\infty}\frac{x^n}{n!} + \sum_{n=0}^{\infty}\frac{(-1)^n}{n!}x^n\right) \\ &= \frac{1}{2}\sum_{n=0}^{\infty}\frac{1+(-1)^n}{n!}x^n \\ &= \sum_{n=0}^{\infty}\frac{1}{(2n)!}x^{2n}\end{aligned}$$

을 얻는다. 여기서 마지막 등식은

$$1+(-1)^n=\begin{cases}2, & n\text{이 짝수}\\ 0, & n\text{이 홀수}\end{cases}$$

임을 이용하였다. 직접 미분했을 때와 비교하여 이런 방식의 풀이의 장점은 $\cosh x$와 그 매클로린급수가 실수 전체에서 같다는 것을 따로 증명하지 않아도 된다는 점이다. ■

예제 4.6 $\frac{1}{1+x}$과 $\frac{1}{1-x}$의 매클로린급수를 구하라.

풀이

예제 3.11에서 $\ln(1+x)=x-\frac{x^2}{2}+\frac{x^3}{3}-\frac{x^4}{4}+\cdots$ 임을 알고 있다. 이 식의 양변을 미분하면

$$\frac{1}{1+x}=1-x+x^2-x^3+\cdots,\quad |x|<1 \qquad ①$$

을 얻는다. 식 ①의 x에 $-x$를 대입하면

$$\frac{1}{1-x}=1+x+x^2+x^3+\cdots,\quad |x|<1 \qquad ②$$

이다.[5] ■

예제 4.7 $x=\frac{\pi}{4}$에서 $f(x)=\sin x$의 테일러급수를 구하라.

풀이

$f(x)$를 직접 미분해서 구할 수도 있지만, 여기서는 다른 방법을 사용해보자. 먼저

$$f(x)=\sin x=\sin\left(\frac{\pi}{4}+\left(x-\frac{\pi}{4}\right)\right)$$

가 성립한다. 여기서 삼각함수의 덧셈 공식을 이용하면

$$\sin\left(\frac{\pi}{4}+\left(x-\frac{\pi}{4}\right)\right)=\sin\frac{\pi}{4}\cos\left(x-\frac{\pi}{4}\right)+\cos\frac{\pi}{4}\sin\left(x-\frac{\pi}{4}\right)$$

가 되고, $\sin x$와 $\cos x$의 매클로린급수 표현에 x 대신 $x-\frac{\pi}{4}$를 대입하면

$$\sin x=\frac{\sqrt{2}}{2}\sum_{n=0}^{\infty}\frac{(-1)^n}{(2n)!}\left(x-\frac{\pi}{4}\right)^{2n}+\frac{\sqrt{2}}{2}\sum_{n=0}^{\infty}\frac{(-1)^n}{(2n+1)!}\left(x-\frac{\pi}{4}\right)^{2n+1}$$

---

5) 위의 예제의 식 ②는 이미 기하급수에서 다루었다. 즉

$$\sum_{n=0}^{\infty}r^n=1+r+r^2+r^3+\cdots=\frac{1}{1+r}$$

임을 알고 있다.

을 얻는다. ■

앞에서 멱급수의 덧셈을 활용하여 매클로린급수를 계산하는 예를 살펴보았다. 사실은 멱급수를 다항식과 마찬가지로 곱하거나, 나누어도 좋다.

예제 4.8 $f(x) = xe^{-x^2}\sin x$의 매클로린급수를 x^6항까지 구하라.

풀이

직접 미분해서 구하려면 $f(x)$를 6번 미분해야 한다. 그러나 $f(x)$는 세 함수가 곱해져 있기에, 미분을 (손으로) 여러 번 하는 것에는 무리가 있다. e^x, $\sin x$의 매클로린급수를 알고 있으므로 이를 활용하여

$$f(x) = x(1 + (-x^2) + \frac{(-x^2)^2}{2!} + \frac{(-x^2)^3}{3!} + \cdots)(x - \frac{x^3}{3!} + \frac{x^5}{5!} - \cdots)$$

를 얻는다. 이를 전개하면

$$f(x) = x^2 - \frac{7x^4}{6} + \frac{27x^6}{40} + \cdots$$

가 된다. ■

예제 4.9 $f(x) = \tan x$의 매클로린급수를 x^5항까지 구하라.

풀이

먼저 $\tan x = \dfrac{\sin x}{\cos x}$이고, $\sin x$와 $\cos x$의 매클로린급수를 알고 있으므로 두 식을 나누어서 $\tan x$의 매클로린급수를 구할 수 있다. 멱급수를 나눌 때에는 다항식을 나누는 것과 같이 각 항을 소거하는 방법으로 나누면 된다. 다만 멱급수의 경우에는 최고차항이 없기 때문에, 상수항부터 차수가 증가하는 순서로 멱급수를 표현하는 것이 나눌 때에 편하다.

$$
\begin{array}{r|l}
 & x+\frac{1}{3}x^3+\frac{2}{15}x^5+\ \cdots \\
\hline
1-\frac{x^2}{2}+\frac{x^4}{24}-\ \cdots & x-\frac{x^3}{6}\quad+\frac{x^5}{120}-\ \cdots \\
 & x-\frac{x^3}{2}\quad+\frac{x^5}{24}\ \cdots \\
\hline
 & \qquad \frac{1}{3}x^3-\frac{x^5}{30}\ \cdots \\
 & \qquad \frac{1}{3}x^3-\frac{x^5}{6}\ \cdots \\
\hline
 & \qquad\qquad \frac{2}{15}x^5\ \cdots \\
 & \qquad\qquad \frac{2}{15}x^5\ \cdots \\
\hline
 & \qquad\qquad \vdots
\end{array}
$$

이로부터

$$\tan x = x+\frac{x^3}{3}+\frac{2}{15}x^5+\cdots$$

임을 알 수 있다. ■

이제 이항급수에 대해서 살펴보고자 한다. 대부분의 독자들은 이항정리에 대하여 알고 있을 것이다. 즉 자연수 n에 대해서 $(1+x)^n = \sum_{k=0}^{n}\binom{n}{k}x^k$ 이 성립한다.

여기서 $\binom{n}{k}$는 $\binom{n}{k} = \frac{n(n-1)\cdots(n-k+1)}{k(k-1)\cdots 1}$ (단, $k=0$이면 1로 정의)로 정의된 이항계수이다. 이항급수 정리는 이항정리가 n이 자연수가 아닌 경우에도 비슷한 방식으로 성립한다는 것을 알려준다.

정리 4.10 이항급수 정리

임의의 실수 α에 대해서, $|x|<1$인 범위에서

$$(1+x)^\alpha = \sum_{k=0}^{\infty}\binom{\alpha}{k}x^k$$

이 성립한다. 단, 여기서

$$\binom{\alpha}{k} = \frac{\alpha(\alpha-1)\cdots(\alpha-k+1)}{k(k-1)\cdots 1}$$

로 정의한다.

[참고] α가 자연수인 경우는 이항급수 정리와 이항정리가 일치하게 된다.

증명

$f(x) = \sum_{k=0}^{\infty} \binom{\alpha}{k} x^k$의 수렴반경이 1임은 비판정을 이용하면 쉽게 보일 수 있으므로 생략한다. 이제 양변을 미분하면

$$f'(x) = \sum_{k=1}^{\infty} k\binom{\alpha}{k} x^{k-1}$$

을 얻는다. 위 식에 $(1+x)$를 양변에 곱하면

$$\begin{aligned}(1+x)f'(x) &= \sum_{k=1}^{\infty} k\binom{\alpha}{k} x^{k-1} + \sum_{k=1}^{\infty} k\binom{\alpha}{k} x^k \\ &= \alpha + \sum_{k=1}^{\infty} (k+1)\binom{\alpha}{k+1} x^k + \sum_{k=1}^{\infty} k\binom{\alpha}{k} x^k \\ &= \alpha + \sum_{k=1}^{\infty} \left(\frac{\alpha(\alpha-1)\cdots(\alpha-k)}{k!} \right. \\ &\qquad \left. + \frac{\alpha(\alpha-1)\cdots(\alpha-k+1)}{(k-1)!} \right) x^k \\ &= \alpha + \alpha \sum_{k=1}^{\infty} \frac{\alpha(\alpha-1)\cdots(\alpha-k+1)}{k!} x^k = \alpha f(x)\end{aligned}$$

이다. $g(x) = (1+x)^{-\alpha} f(x)$라고 하면 $g(0) = f(0) = 1$이고

$$g'(x) = \frac{-\alpha}{(1+x)^{\alpha+1}} f(x) + \frac{f'(x)}{(1+x)^{\alpha}} = 0$$

이 성립하므로 $g(x) = 1$이다. 즉

$$f(x) = (1+x)^{\alpha}$$

이다.

예제 4.11 $\sin^{-1}x$의 매클로린급수를 구하라.

풀이

$$\sin^{-1}x = \int \frac{1}{\sqrt{1-x^2}}dx$$

임을 알고 있다. 이항급수를 이용하면

$$\frac{1}{\sqrt{1-x^2}} = \sum_{n=0}^{\infty}\binom{-\frac{1}{2}}{n}(-x^2)^n = \sum_{n=0}^{\infty}\frac{1\cdot 3 \ \cdots \ \cdot(2n-1)}{2^n n!}x^{2n}$$

가 되고 양변을 적분하면

$$\sin^{-1}x = \sum_{n=0}^{\infty}\frac{(2n)!}{4^n (n!)^2 (2n+1)}x^{2n+1} + C$$

이고, $\sin^{-1}0 = 0$이므로 $C = 0$이다. 따라서 $\sin^{-1}x = \sum_{n=0}^{\infty}\frac{(2n)!}{4^n (n!)^2 (2n+1)}x^{2n+1}$이다. ■

앞에서 초월함수의 적분이 어렵기 때문에 초월함수의 적분을 다루는 좋은 방법이 필요하다고 설명하였다. 다음 예제는 초월함수의 정적분을 멱급수를 활용하여 계산하는 예를 보여준다.

예제 4.12 정적분 $\int_0^1 e^{-x^2}dx$의 값을 구하고, 오차가 $\frac{1}{1000}$ 미만이 되도록 근삿값을 구하라.

풀이

먼저 모든 실수 x에 대해서 $e^x = \sum_{n=0}^{\infty}\frac{x^n}{n!}$이므로 x 대신에 $-x^2$을 대입하면 e^{-x^2}의 매클로린급수를 얻을 수 있다. 이로부터

$$\int_0^1 e^{-x^2}dx = \int_0^1\left(\sum_{n=0}^{\infty}\frac{(-1)^n}{n!}x^{2n}\right)dx$$

를 얻는다. 멱급수의 적분으로부터

$$\int_0^1\left(\sum_{n=0}^{\infty}\frac{(-1)^n}{n!}x^{2n}\right)dx = \left[\sum_{n=0}^{\infty}\frac{(-1)^n}{n!(2n+1)}x^{2n+1}\right]_0^1 = \sum_{n=0}^{\infty}\frac{(-1)^n}{n!(2n+1)}$$

이다. 이제 근삿값을 구하기 위해 교대급수 오차정리를 사용하면

$$\frac{1}{n!(2n+1)} < \frac{1}{1000}$$

인 n을 찾아야 하고, $n \ge 5$이면 위 부등식을 만족한다. 따라서 구하는 근삿값은

$$\sum_{n=0}^{4} \frac{(-1)^n}{n!(2n+1)} = \frac{5651}{7560}$$

이 된다. ■

4.2 테일러 다항식의 응용

앞 절에서 배운 테일러 부등식을 상기해보자. 만약 $|x-a| \le d$인 범위에서 $|f^{(n+1)}(x)| \le M_n$이라면

$$|f(x) - T_n(x)| \le \frac{M_n}{(n+1)!} d^{n+1}$$

이 성립한다. 여기서 $(n+1)!$은 n이 커지면 굉장히 빨리 증가하고, $d < 1$이라면 d^{n+1} 역시 빨리 감소하므로 M_n이 작은 경우에는 $f(x)$와 n차 테일러 다항식 $T_n(x)$ 사이의 차이가 작을 것이라고 예상할 수 있다. 예를 들어서 $f(x) = \sin x$라고 하고 $a = 0$, $d = \pi$라고 하자. 그러면 n에 관계없이 $M_n = 1$로 잡을 수 있으므로 $T_n(x)$와 $\sin x$ 사이의 차이는 $\frac{\pi^{n+1}}{(n+1)!}$보다 작을 것이라고 알 수 있다. 즉 n이 커지면 테일러 다항식이 $f(x)$의 좋은 근삿값이 된다. 이를 아래 그림에서 확인할 수 있다.

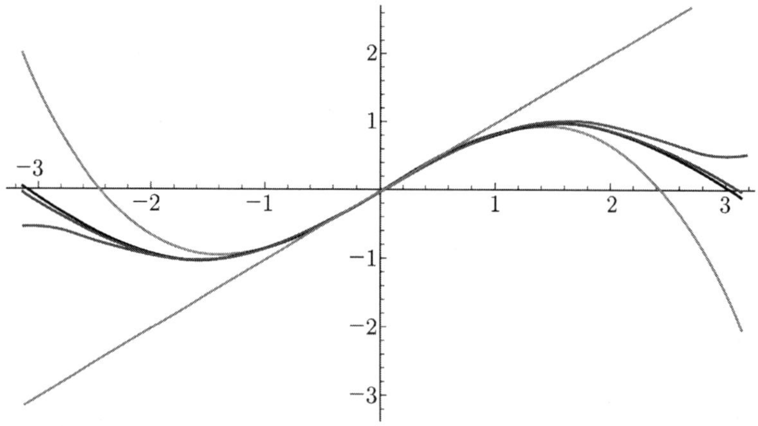

〈그림 4.1〉

여기서 $f(x)$와 n차 테일러 다항식 $T_n(x)$의 차이를 n차 **나머지 항**이라고 부르고 $R_n(x) = f(x) - T_n(x)$로 정의한다. 이를 이용하면 테일러 부등식은 $|x-a| \le d$인 범위에서 $|f^{(n+1)}(x)|$

$\le M_n$이라면

$$|R_n(x)| \le \frac{M_n}{(n+1)!}d^{n+1}$$

이 성립하는 것으로 이해할 수 있다.

예제 4.13 $|x| \le 1$인 범위에서 $f(x) = e^x$과 3차 테일러 다항식 $T_3(x)$ 사이의 오차의 한계를 구하라.

풀이

먼저 $f^{(4)}(x) = e^x$이므로 $|x| \le 1$인 범위에서 최댓값은 e가 된다. 따라서 $T_3(x) = 1 + x + \frac{x^2}{2} + \frac{x^3}{6}$과 $f(x) = e^x$ 사이의 오차는 $R_3(x)$이고, 그 한계는 테일러 부등식에 의해서

$$|R_3(x)| = |f(x) - T_3(x)| \le \frac{e}{(3+1)!}1^4 = \frac{e}{24}$$

가 된다. ■

예제 4.14 함수 $f(x) = \frac{1}{\sqrt{1-x}}$을 $|x| \le 0.1$인 범위에서 2차 테일러 다항식을 구하고 2차 나머지항의 오차의 한계를 구하라.

풀이

이항급수에서 $\alpha = -\frac{1}{2}$로 놓으면

$$(1-x)^{-\frac{1}{2}} = \sum_{n=0}^{\infty} \binom{-\frac{1}{2}}{n} (-x)^n$$

$$= 1 + \frac{1}{2}x + \frac{\frac{1}{2} \cdot \frac{3}{2}}{2}x^2 + \cdots$$

임을 알 수 있다. 따라서 구하는 2차 테일러 다항식은

$$T_2(x) = 1 + \frac{1}{2}x + \frac{3}{8}x^2$$

이다. 이제 오차의 한계를 구하기 위해서는

$$f^{(3)}(x) = \frac{15}{8(1-x)^{7/2}}$$

의 최댓값을 $|x| \le 0.1$인 범위에서 구해야 한다. 최댓값은 $x = 0.1$인 경우이고, 그 값은 약

2.71이다. 따라서 테일러 부등식에 의해서 구하는 오차의 한계는

$$|R_2(x)| \le \frac{2.71}{3!}(0.1)^3 \fallingdotseq 0.00045$$

가 된다. ■

다음 극한은 로피탈 정리를 이용하여 구할 수도 있지만, 테일러 부등식을 활용한 풀이 역시 생각해볼 수 있다.

예제 4.15 $\lim_{x\to 0}\frac{\sin x - x + \frac{x^3}{6}}{x^5}$을 구하라.

풀이

먼저 $f(x) = \sin x = T_5(x) + R_5(x)$라고 하자. 그러면

$$T_5(x) = x - \frac{x^3}{3!} + \frac{x^5}{5!}$$

이고

$$|R_5(x)| \le \frac{1}{6!}|x|^6 = \frac{x^6}{6!}$$

이 성립한다. (사실은 $\sin x$의 매클로린급수에서 x^6항이 0이므로 $|R_5(x)| = |R_6(x)| \le \frac{1}{7!}|x|^7$이 성립한다.) 이로부터

$$-\frac{|x|}{6!} \le \frac{R_5(x)}{x^5} \le \frac{|x|}{6!}$$

가 성립하므로 $\lim_{x\to 0}\frac{R_5(x)}{x^5} = 0$이다. 따라서

$$\lim_{x\to 0}\frac{T_5(x) + R_5(x) - \left(x - \frac{x^3}{6}\right)}{x^5} = \lim_{x\to 0}\frac{\frac{x^5}{5!} + R_5(x)}{x^5} = \frac{1}{120}$$

임을 안다. ■

마지막으로 테일러 다항식을 이용한 근사는 물리학이나 공학에서 자주 쓰이는 방법이다. 예를 들어, 단진자운동의 주기를 나타내는 공식

$$T = 2\pi\sqrt{\frac{l}{g}}$$

은 θ가 작은 경우 $\sin\theta \approx \theta$라는 사실을 이용해서 유도된 공식이다. (따라서 진폭이 큰 경우에는 위 주기 공식은 실제와 차이가 있다.) 다음 예제는 뉴턴의 고전 역학과 아인슈타인의 상대성 원리에서 기술하는 운동에너지가 물체의 속도가 (빛에 속도에 비하여) 느린 경우에는 일치한다는 것을 보여준다.

예제 4.16 아인슈타인의 특수상대성 이론에서 속도 v로 움직이는 물체의 질량은

$$m = \frac{m_0}{\sqrt{1-v^2/c^2}}$$

이다. 여기서 m_0는 물체의 정지 상태 질량이고, c는 빛의 속도이다. 아인슈타인에 의하면 물체의 운동에너지는 자신의 총에너지와 정지상태의 에너지의 차이로

$$K = mc^2 - m_0c^2$$

으로 주어진다. 뉴턴의 고전역학에서는 운동에너지를 $K = \frac{1}{2}m_0v^2$으로 계산한다. 만약 $|v| \le 100$이고 $m_0 \le 100$이라면, 뉴턴 역학의 운동에너지와 아인슈타인 이론의 운동에너지의 차이의 한계를 테일러 부등식을 이용하여 구하라.

풀이

$f(x) = m_0c^2((1+x)^{-1/2} - 1)$로 놓으면 구하는 오차의 한계는 $x = -v^2/c^2$일 때, $|R_1(x)|$의 오차의 한계와 같다. 테일러 부등식에 의하여

$$|R_1(x)| \le \frac{M}{2!}x^2 \ (\text{단, } M = \max_{|x| \le v^2/c^2} |f''(x)|)$$

가 성립한다. $f''(x) = \frac{1}{4}m_0c^2(1+x)^{-5/2}$이므로

$$M \le \frac{1}{4}m_0c^2(1-v^2/c^2)^{-5/2} \le 25c^2(1-100^2/c^2)^{-5/2}$$

가 성립한다. 따라서

$$|R_1(x)| \le 25\frac{c^2}{(1-100^2/c^2)^{5/2}}\frac{100^4}{c^4} = \frac{2^8 \cdot 25^5}{c^2(1-(100/c)^2)^{5/2}}$$

이다. c가 매우 크기 때문에 위 값이 매우 작다는 것을 알 수 있다. ■

SECTION

4 연습문제

➡ 연습문제 해답 404쪽

01. $\dfrac{1}{\sqrt[3]{e}}$의 값을 오차가 0.01 이내가 되도록 구하라. (단, 답은 유리수로 나타내라.)

02. $f(x)=e^{-x^2}\tan^{-1}x$일 때, $f^{(7)}(0)$의 값을 구하라.

03. 다음 함수 $f(x)$의 $x=2$를 중심으로 하는 테일러급수를 구하라.

$$f(x)=\frac{1}{\sqrt{4+x}}$$

04. 실수 전체에서 정의된 0계 베셀 함수 $J_0(x)=\sum_{n=0}^{\infty}\dfrac{(-1)^n x^{2n}}{2^{2n}(n!)^2}$에 대해서 $\int_0^1 J_0(x)dx$의 값을 오차가 0.0001보다 작은 기약분수로 구하라.

05. $f(x)=\sin x$와 $p(x)=x-\dfrac{x^3}{6}$의 차이가 $|x|<a$에서 0.01 미만일 때, a의 최댓값을 구하라.

06. 적분 $\int_0^1 \dfrac{\sin x}{x}dx$의 값을 무한급수 $\sum_{n=0}^{\infty}a_n$의 형태로 나타내라.

07. 함수 $\tan^{-1}x$의 매클로린급수를 이용하여 $\int_0^{\frac{1}{2}} x^2\tan^{-1}(x^4)dx$의 근삿값을 3항까지의 합으로 구하려고 한다. 이때 오차의 한계는 얼마인가?

08. 급수 $\sum_{n=1}^{\infty}\frac{(-1)^n\pi^{2n}}{6^{2n}(2n)!}$의 합을 구하라.

09. 다음 급수의 합을 구하라.

$$\frac{1}{1\cdot 1}-\frac{1}{3\cdot 3}+\frac{1}{5\cdot 3^2}-\frac{1}{7\cdot 3^3}+\cdots$$

CHAPTER 3

벡터와 공간기하

1. 평면벡터 | 2. 공간벡터 | 3. 직선과 평면의 방정식

SECTION

1 평면벡터

1.1 평면벡터의 계산

("운반한다"를 의미하는 라틴어 verher에서 유래된) **벡터**(vector)는 간단하게 설명하면, 크기와 방향을 동시에 갖는 양이다. 화살표를 사용함으로써 벡터를 나타내는 것이 관습적이다. 화살표의 길이는 그 벡터의 크기를 나타낸다.

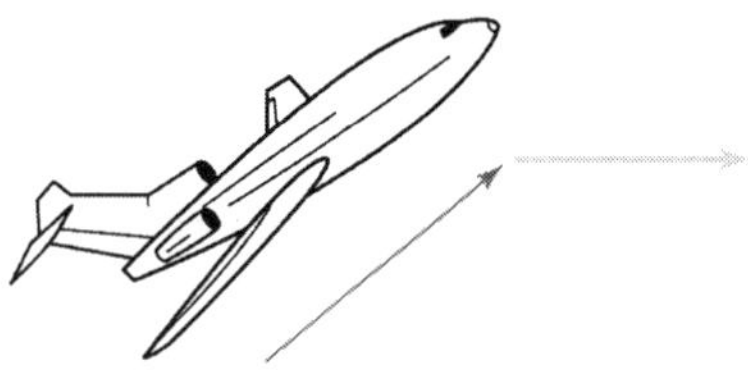

〈그림 1.1〉

물리학에서는 많은 양을 벡터로 표시한다. 예를 들어 항공기의 속도는 움직이는 방향을 가리키는 화살표로 표시될 수 있고, 화살표의 길이는 속력을 나타낸다. 항공기가 속력을 높이면 화살표를 길게 하고, 항공기가 방향을 바꾸면 새로운 방향으로 화살표를 도입한다(그림 1.1). 이 표시에 근거하여 벡터와 방향선분이 다소 관계된다는 것은 놀라운 일이 아니다.

기하벡터

P와 Q가 xy평면에 있는 서로 다른 두 점이면, P와 Q를 포함하는 꼭 하나의 직선이 있다(그림 1.2(a)). P와 Q를 잇는 직선의 부분 위의 점들 z의 집합을 P와Q의 선분이라 하고 기호 $\overline{PQ}$로 쓴다(그림 1.2(b)). 점들이 P에서 Q까지 나아가도록 점들에 순서를 주게 되면, P에서 Q까지 **방향선분** 또는 **기하벡터**를 갖고 기호 $\overrightarrow{PQ}$로 쓴다. 방향선분 $\overrightarrow{PQ}$에서 (그림 1.2(c))와 같이 P를 **처음점**, Q를 **끝점**이라 한다.

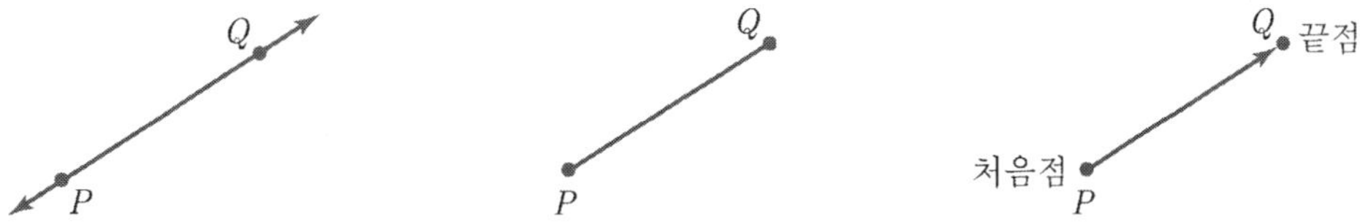

(a) P와 Q를 포함하는 직선 (b) 선분 $\overline{PQ}$ (c) 방향선분 $\overrightarrow{PQ}$

〈그림 1.2〉

방향선분 $\overrightarrow{PQ}$의 크기는 점 P에서 점 Q까지의 거리, 즉 선분 $\overline{PQ}$의 길이이다. $\overrightarrow{PQ}$의 방향은 P에서 Q 쪽이다. 벡터 v가 방향선분 $\overrightarrow{PQ}$와 같은 크기와 방향을 갖는다면

$$\mathrm{v} = \overrightarrow{PQ}$$

로 쓴다. 크기가 0인 벡터 v를 **영벡터**(zero vector)라 하고 기호 $\mathbf{0}$으로 쓴다. 영벡터는 방향이 없다. 두 벡터 v와 w가 **같다**[6]는 뜻은 같은 크기와 방향을 갖는다는 의미이다. 이때 기호

$$\mathrm{v} = \mathrm{w}$$

로 쓴다. 예를 들어 (그림 1.3)에 보이는 벡터들은 같은 크기와 방향을 갖는다. 그러므로 비록 벡터들의 처음점과 끝점이 다를지라도 모두 같다. 결과적으로 두 화살표(벡터)가 같은 방향과 같은 크기(길이)를 가지면 같다는 것을 기억하면서, 벡터를 간단히 화살표로 생각하는 것이 유용함을 알게 된다.

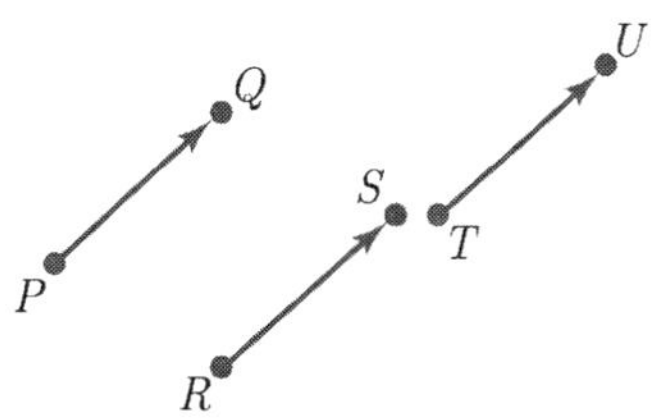

〈그림 1.3〉

벡터의 합과 차

두 벡터의 합 $\mathrm{v}+\mathrm{w}$는 다음과 같이 정의된다. (그림 1.4)에서 보듯이 v의 끝점이 w의 처음점과 일치하도록 벡터 v와 w의 위치를 정한다. 그러면 벡터 $\mathrm{v}+\mathrm{w}$는 처음점이 v의 처음점과 일치하고 끝점은 w의 끝점과 일치하는 유일한 벡터이다.

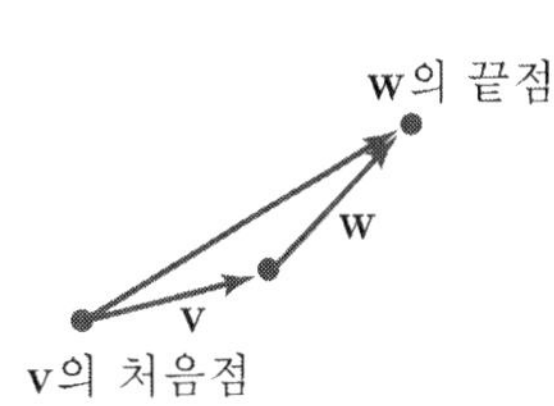

〈그림 1.4〉

6) 또는 동치(equivalent)라 부르기도 한다.

벡터의 합은 아래의 성질을 갖는다.

정리 1.1 벡터의 합의 성질

$\mathbf{u}, \mathbf{v}, \mathbf{w}$가 임의의 벡터라 하자. 그러면 다음이 성립한다.

(1) (교환법칙) $\mathbf{v}+\mathbf{w}=\mathbf{w}+\mathbf{v}$

(2) (결합법칙) $\mathbf{u}+(\mathbf{v}+\mathbf{w})=(\mathbf{u}+\mathbf{v})+\mathbf{w}$

(3) (영벡터의 성질) $\mathbf{v}+\mathbf{0}=\mathbf{0}+\mathbf{v}=\mathbf{v}$

위의 결과 (1)과 (2)가 성립함을 (그림 1.5)와 (그림 1.6)에서 확인하라.

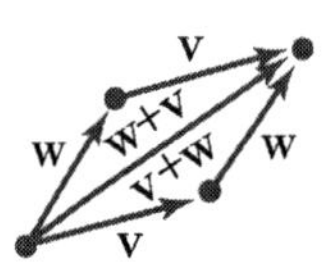

〈그림 1.5〉

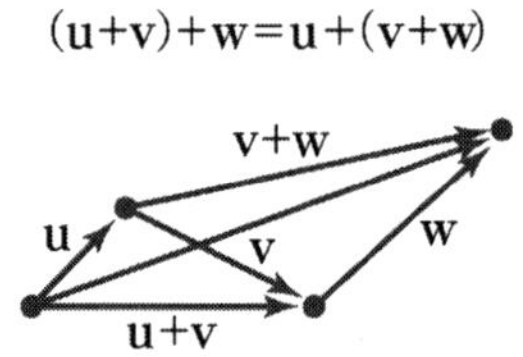

〈그림 1.6〉

$\mathbf{v}$가 임의의 벡터이면 $-\mathbf{v}$는 (그림 1.7)과 같이, $\mathbf{v}$와 같은 크기를 갖고 방향은 $\mathbf{v}$와 반대인 벡터이다. 이때 $-\mathbf{v}$를 $\mathbf{v}$의 **음벡터**라 한다. 더욱이 아래 성질을 갖는다.

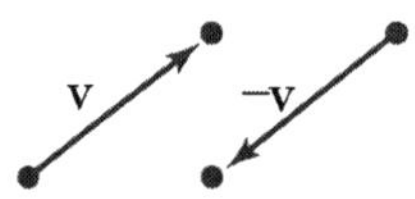

〈그림 1.7〉

정리 1.2 음벡터의 성질

임의의 벡터 $\mathbf{v}$에 대하여

$$\mathbf{v}+(-\mathbf{v})=\mathbf{0}$$

이다.

정리 1.2로부터 두 벡터 $\mathbf{v}$와 $\mathbf{w}$의 차를 정의할 수 있다.

정의 1.3 두 벡터의 차

임의의 두 벡터 v와 w의 차(difference)는

$$\mathbf{v} - \mathbf{w} = \mathbf{v} + (-\mathbf{w})$$

로 정의한다.

(그림 1.8)은 벡터 v, w, v+w, v−w 사이의 관계를 설명해준다.

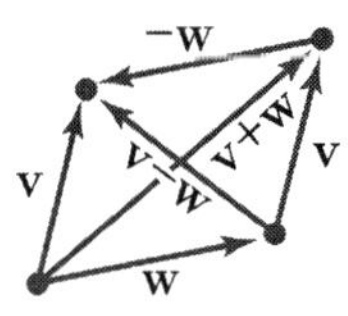

〈그림 1.8〉

벡터의 스칼라곱

벡터를 취급할 때 실수를 **스칼라**(scalar)라 부른다. 스칼라는 크기만을 갖는 양이다. 물리학에서 스칼라의 예는 온도, 속력, 시간이다. 이제 벡터에 스칼라를 곱하는 방법을 정의한다.

정의 1.4 벡터의 스칼라곱(scalar multiplications)

α는 스칼라이고 v는 임의의 벡터라 하자. 스칼라곱 $\alpha\mathbf{v}$는 다음과 같이 정의한다.

(i) $\alpha > 0$이면, $\alpha\mathbf{v}$는 크기가 v의 α배이고 방향이 v와 같은 벡터이다.

(ii) $\alpha < 0$이면, $\alpha\mathbf{v}$는 크기가 v의 $|\alpha|$배이고 방향이 v의 방향과 반대인 벡터이다.

(iii) $\alpha = 0$ 또는 $\mathbf{v} = \mathbf{0}$이면, $\alpha\mathbf{v} = \mathbf{0}$이다.

(그림 1.9)를 보라.

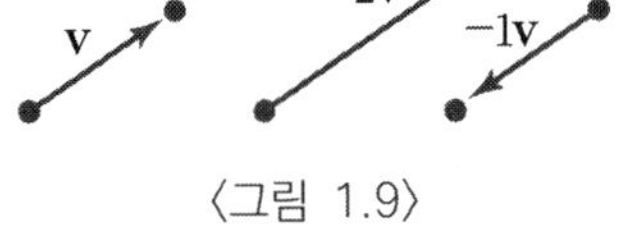

〈그림 1.9〉

예를 들어 a가 질량 m을 갖는 물체의 가속도이고 F는 이 물체에 가해지는 힘이라 하면, 뉴턴의 제2운동법칙에 의하여 $\mathrm{F} = m\mathrm{a}$이다. 여기서 $m\mathrm{a}$는 스칼라 m과 벡터 a의 곱이다.

정리 1.5 벡터의 스칼라곱의 성질

α와 β는 임의의 스칼라이고 v와 w는 임의의 벡터라 하면 다음이 성립한다.

(1) $0\mathrm{v} = 0, \quad 1\mathrm{v} = \mathrm{v}, \quad -1\mathrm{v} = -\mathrm{v}$

(2) $(\alpha+\beta)\mathrm{v} = \alpha\mathrm{v}+\beta\mathrm{v}, \quad a(\mathrm{v}+\mathrm{w}) = \alpha\mathrm{v}+\alpha\mathrm{w}$

(3) $\alpha(\beta\mathrm{v}) = (\alpha\beta)\mathrm{v}$

예제 1.6 (그림 1.10)의 벡터를 사용하여, 다음 각 벡터의 그래프를 그리라.

(1) $\mathrm{v}-\mathrm{w}$ (2) $2\mathrm{v}+3\mathrm{w}$ (3) $2\mathrm{v}-\mathrm{w}+\mathrm{u}$

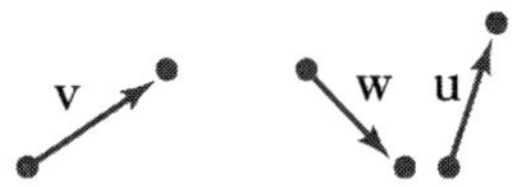

〈그림 1.10〉

풀이

(그림 1.11)은 각각의 그래프를 나타낸다.

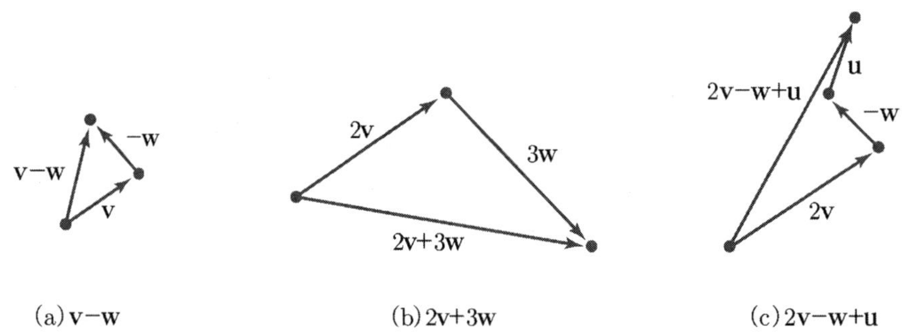

〈그림 1.11〉 ■

벡터의 크기(norm)

v가 벡터이면, v의 크기를 나타내기 위하여 기호 $\|\mathrm{v}\|$를 사용한다. $\|\mathrm{v}\|$는 방향선분의 길이와 같으므로 다음의 성질을 갖는다.

정리 1.7 $\| \mathrm{v} \|$ 의 성질

v는 벡터이고 α는 스칼라라 하면 다음이 성립한다.

(1) $\| \mathrm{v} \| \geq 0$ (2) $\| \mathrm{v} \| = 0 \Leftrightarrow \mathrm{v} = \mathbf{0}$

(3) $\| -\mathrm{v} \| = \| \mathrm{v} \|$ (4) $\| \alpha \mathrm{v} \| = |\alpha| \, \| \mathrm{v} \|$

성질 (1)은 거리는 음 아닌 수라는 사실의 결과이다. 방향선분 $\overrightarrow{PQ}$의 길이는 P와 Q가 같은 점이 아니면 양이고, 같은 점이면 0이기 때문에 성질 (2)는 성립한다. 선분 $\overline{PQ}$의 길이는 선분 $\overline{QP}$의 길이와 같으므로 성질 (3)이 성립한다. 성질 (4)는 스칼라곱의 정의의 직접적인 결과이다.

정의 1.8 단위벡터

$\| \mathrm{u} \| = 1$인 벡터 u를 **단위벡터**(unit vector)라 한다.

벡터의 크기와 방향을 계산하기 위하여 벡터를 나타내는 대수적 방법이 필요하다.

대수벡터

대수벡터(algebraic vector) v는

$$\mathrm{v} = (a, b)$$

로 표시된다. 여기서 a와 b는 실수(scalar)이고 벡터 v의 성분(component)이라 한다.

평면에서 대수벡터를 나타내기 위하여 직교좌표를 사용한다. $\mathrm{v} = (a, b)$가 처음점이 원점인 대수벡터이면, v를 **위치벡터**라 한다. (그림 1.12)를 보라. 위치벡터 $\mathrm{v} = (a, b)$의 끝점은 $P = (a, b)$임에 주목하라.

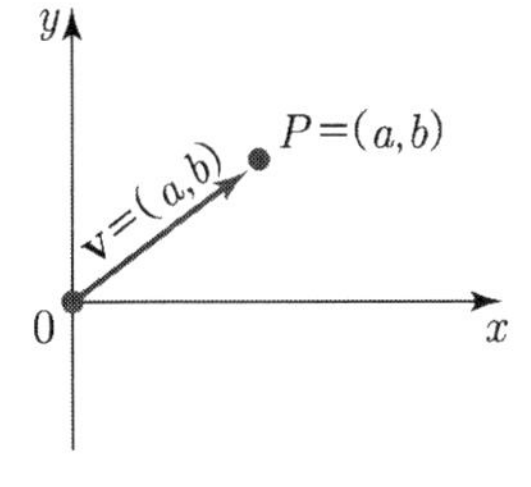

〈그림 1.12〉

다음의 결과는 처음점이 원점이 아닌 임의의 벡터는 유일한 위치벡터와 같다는 것을 말해준다.

정리 1.9 위치벡터의 성질

v는 처음점 $P_1 = (x_1, y_1)$[7]과 끝점 $P_2 = (x_2, y_2)$를 갖는 벡터라 하자. $\mathrm{v} = \overrightarrow{P_1P_2}$이면 v는 다음과 같은 위치벡터이다.

$$\mathrm{v} = (x_2 - x_1,\ y_2 - y_1) \tag{1.1}$$

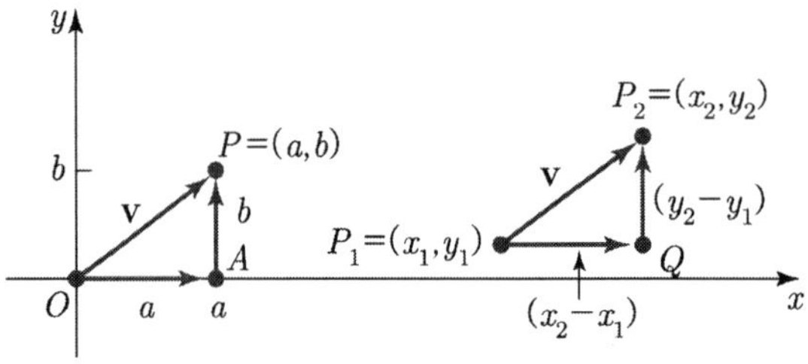

〈그림 1.13〉

이것이 성립하는 이유를 알기 위하여 (그림 1.13)을 보라. 삼각형 OPA와 삼각형 P_1P_2Q는 합동이다(선분들은 같은 크기를 갖는다. 따라서 $d(O, P) = d(P_1, P_2)$이다. 또한 선분들은 같은 방향을 갖는다. 그러므로 $\angle POA = \angle P_2P_1Q$이다. 이 삼각형은 직각삼각형이다. 따라서 두 삼각형은 합동이다). 따라서 대응하는 변들은 같다. 그러므로 $x_2 - x_1 = a$이고 $y_2 - y_1 = b$이다. 따라서 v는

$$\mathrm{v} = (a,\ b) = (x_2 - x_1,\ y_2 - y_1)$$

로 나타낼 수 있다.

이 결과 때문에 임의의 대수벡터 대신에 유일한 위치벡터로 바꿀 수 있고 역도 마찬가지이다. 이와 같은 유연성은 벡터를 널리 사용하는 중요한 이유 중의 하나이다.

예제 1.10 $P_1 = (-1, 2)$**이고** $P_2 = (4, 6)$**일 때, 벡터** $\mathrm{v} = \overrightarrow{P_1P_2}$**의 위치벡터를 구하라.**

풀이

7) 원점일 필요는 없음

방정식 (1.1)에 의하여, v와 같은 위치벡터는

$$v = (4-(-1), 6-2) = (5, 4)$$

이다(그림 1.14).

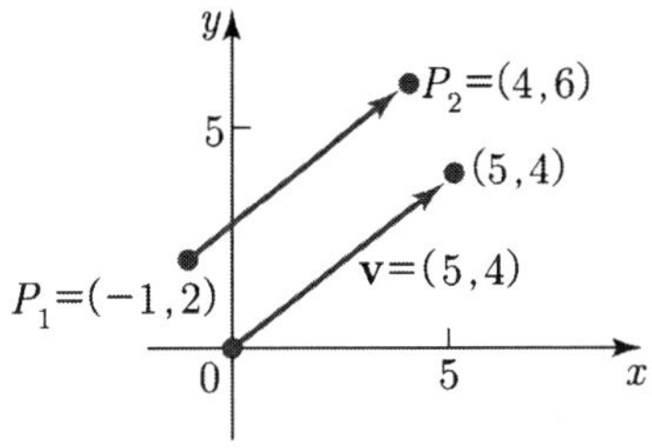

〈그림 1.14〉 ■

두 위치벡터 v와 w가 같다는 것은 다음과 같이 말할 수 있다.

정리 1.11 두 벡터의 같음

두 벡터 v와 w가 같다 ⇔ 그들의 대응하는 성분들이 같다.
즉, $v=(a_1, b_1)$, $w=(a_2, b_2)$라 하면 $v = w \Leftrightarrow a_1 = a_2$이고 $b_1 = b_2$이다.

이제 물리학에서 공통으로 사용하는 벡터의 표시를 제시한다. i는 방향이 양의 x축에 따르는 단위벡터를 표시하고, j는 방향이 양의 y축에 따르는 단위벡터를 표시한다고 하자. 그러면 (그림 1.15)에 보듯이 $i=(1, 0)$이고 $j=(0, 1)$이다. 단위벡터 i와 j를 사용하여 임의의 벡터 $v = (a, b)$를 다음과 같이 쓸 수 있다.

$$v = (a, b) = a(1, 0) + b(0, 1) = a\mathrm{i} + b\mathrm{j}$$

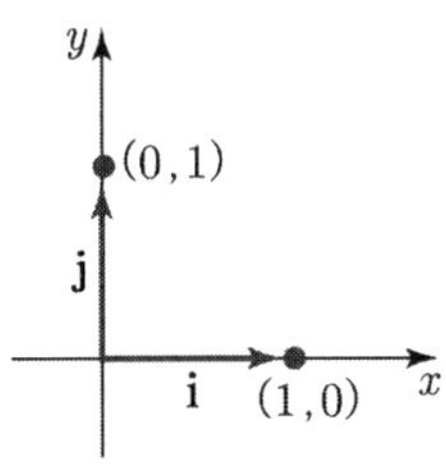

〈그림 1.15〉

a와 b를 각각 v의 **가로 성분**과 **세로 성분**이라 한다. 이러한 표현을 벡터 v를 i와 j의 일차결합(linear combination)으로 나타냈다고 한다.
이제 벡터의 성분에 의하여 덧셈, 뺄셈, 스칼라곱, 크기를 정의한다.

정의 1.12 평면에서 벡터의 성질에 의한 합, 차, 스칼라곱, 크기의 정의

$\mathrm{v} = a_1\mathrm{i} + \mathrm{b}_1\mathrm{j} = (a_1, b_1)$와 $\mathrm{w} = a_2\mathrm{i} + \mathrm{b}_2\mathrm{j} = (a_2, b_2)$는 두 벡터이고, α는 스칼라라 하면 다음과 같이 정의한다.

$$\mathrm{v} + \mathrm{w} = (a_1 + a_2)\mathrm{i} + (b_1 + b_2)\mathrm{j} = (a_1 + a_2,\ b_1 + b_2) \tag{1.2}$$

$$\mathrm{v} - \mathrm{w} = (a_1 - a_2)\mathrm{i} + (b_1 - b_2)\mathrm{j} = (a_1 - a_2,\ b_1 - b_2) \tag{1.3}$$

$$\alpha\mathrm{v} = (\alpha a_1)\mathrm{i} + (\alpha b_1)\mathrm{j} = (\alpha a_1,\ \alpha b_1) \tag{1.4}$$

$$\| \mathrm{v} \| = \sqrt{a_1^2 + b_1^2} \tag{1.5}$$

정의 1.12는 앞의 기하학적 정의와 모순되지 않는다. (그림 1.16)을 보라.

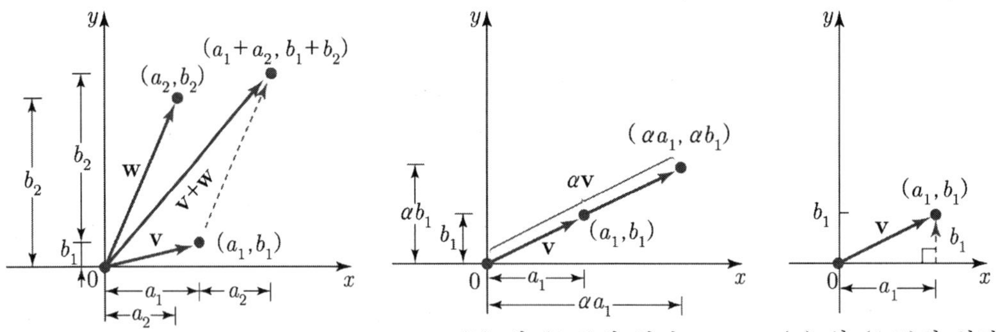

(a) 식 (1.2)의 설명 (b) 식 (1.4)의 설명 (c) 식 (1.5)의 설명

〈그림 1.16〉

예제 1.13 $\mathrm{v} = 2\mathrm{i} + 3\mathrm{j} = (2, 3)$이고 $\mathrm{w} = 3\mathrm{i} - 4\mathrm{j} = (3, -4)$일 때 다음을 구하라.

(1) $\mathrm{v} + \mathrm{w}$ (2) $\mathrm{v} - \mathrm{w}$

풀이

(1) $\mathrm{v} + \mathrm{w} = (2\mathrm{i} + 3\mathrm{j}) + (3\mathrm{i} - 4\mathrm{j}) = (2+3)\mathrm{i} + (3-4)\mathrm{j} = 5\mathrm{i} - \mathrm{j}$

또는

$\mathrm{v} + \mathrm{w} = (2, 3) + (3, -4) = (2+3, 3+(-4)) = (5, -1)$

(2) $\mathrm{v} - \mathrm{w} = (2\mathrm{i} + 3\mathrm{j}) - (3\mathrm{i} - 4\mathrm{j}) = (2-3)\mathrm{i} + [(3-(-4)]\mathrm{j} = -\mathrm{i} + 7\mathrm{j}$

또는

$\mathrm{v} - \mathrm{w} = (2, 3) - (3, -4) = (2-3, 3-(-4)) = (-1, 7)$ ■

예제 1.14 $\mathrm{v} = 2\mathrm{i}+3\mathrm{j} = (2, 3)$이고 $\mathrm{w} = 3\mathrm{i}-4\mathrm{j} = (3, -4)$일 때, 다음을 구하라.

(1) $3\mathrm{v}$ (2) $2\mathrm{v}-3\mathrm{w}$ (3) $\|\mathrm{v}\|$

풀이

(1) $3\mathrm{v} = 3(2\mathrm{i}+3\mathrm{j}) = 6\mathrm{i}+9\mathrm{j}$

또는

$3\mathrm{v} = 3(2, 3) = (6, 9)$

(2) $2\mathrm{v}-3\mathrm{w} = 2(2\mathrm{i}+3\mathrm{j})-3(3\mathrm{i}-4\mathrm{j}) = 4\mathrm{i}+6\mathrm{j}-9\mathrm{i}+12\mathrm{j} = -5\mathrm{i}+18\mathrm{j}$

또는

$$\begin{aligned}2\mathrm{v}-3\mathrm{w} &= 2(2, 3)-3(3, -4) = (4, 6)-(9, -12)\\ &= (4-9, 6-(-12)) = (-5, 18)\end{aligned}$$

(3) $\|\mathrm{v}\| = \|2\mathrm{i}+3\mathrm{j}\| = \sqrt{2^2+3^2} = \sqrt{13}$ ■

이 절의 나머지에서 벡터 v를 $a\mathrm{i}+b\mathrm{j}$꼴로 나타낼 것이다. 단위벡터 u는 $\|\mathrm{u}\| = 1$인 벡터라는 것을 상기하라. 많은 응용에서 주어진 벡터 v와 같은 방향을 갖는 단위벡터 u를 구할 수 있다는 것은 유용하다.

정리 1.15 벡터 v 방향의 단위벡터

임의의 0 아닌 벡터 v에 대하여 벡터

$$\mathrm{u} = \frac{\mathrm{v}}{\|\mathrm{v}\|}$$

는 v와 같은 방향을 갖는 단위벡터이다.

증명

$\mathrm{v} = a\mathrm{i}+b\mathrm{j}$라 하자. 그러면 $\|\mathrm{v}\| = \sqrt{a^2+b^2}$이고

$$\mathrm{u} = \frac{\mathrm{v}}{\|\mathrm{v}\|} = \frac{a\mathrm{i}+b\mathrm{j}}{\sqrt{a^2+b^2}} = \frac{a}{\sqrt{a^2+b^2}}\mathrm{i}+\frac{b}{\sqrt{a^2+b^2}}\mathrm{j}$$

이다. 이때 $\|\mathrm{v}\| > 0$이므로 벡터 u는 v와 같은 방향이다. 더욱이

$$\| u \| = \sqrt{\frac{a^2}{a^2+b^2} + \frac{b^2}{a^2+b^2}} = \sqrt{\frac{a^2+b^2}{a^2+b^2}} = 1$$

이므로 u는 v 방향의 단위벡터이다.

이 정리의 결과로써 u가 벡터 v와 같은 방향의 단위벡터이면, v는 다음과 같음을 쉽게 알 수 있다.

따름정리 1.16 방향이 같은 단위벡터에 의한 표시

$$\mathrm{v} = \| \mathrm{v} \| \mathrm{u} \tag{1.6}$$

예제 1.17 $\mathrm{v} = 4\mathrm{i} - 3\mathrm{j}$와 같은 방향의 단위벡터를 구하라.

풀이

먼저 $\| \mathrm{v} \|$를 구하면

$$\| \mathrm{v} \| = \| 4\mathrm{i} - 3\mathrm{j} \| = \sqrt{16+9} = 5$$

이다. 이제 v에 스칼라 $\frac{1}{\| \mathrm{v} \|} = \frac{1}{5}$을 곱한다. 그러면 v와 같은 방향의 단위벡터는

$$\frac{\mathrm{v}}{\| \mathrm{v} \|} = \frac{4\mathrm{i} - 3\mathrm{j}}{5} = \frac{4}{5}\mathrm{j} - \frac{3}{5}\mathrm{j}$$

이다. 실제로 $\left(\frac{4}{5}\right)^2 + \left(\frac{-3}{5}\right)^2 = \frac{16}{25} + \frac{9}{25} = \frac{25}{25} = 1$이기 때문에 $\frac{\mathrm{v}}{\| \mathrm{v} \|}$는 단위벡터이다. ■

크기와 방향으로 벡터를 쓰기

벡터가 어떤 물체의 속력과 방향을 나타내면, 이 벡터를 **속도벡터**라 한다. 벡터가 어떤 물체에 작용하는 힘의 방향과 양을 나타내면, 이 벡터를 **힘 벡터**라 한다. 많은 응용에서 벡터는 성분보다는 오히려 크기와 방향으로 기술된다. 예를 들어 수평선과 30°의 각을 이루고 시간당 25㎞의 처음 속력으로 던진 공은 속도벡터이다.

영 아닌 벡터 v의 크기 $\|\mathrm{v}\|$와 v와 i 사이의 각 $\alpha (0° \le \alpha < 360°)$가 주어진다고 가정한다. v를 $\|\mathrm{v}\|$와 α에 의하여 나타내기 위하여 먼저 v와 같은 방향을 갖는 단위벡터 u를 구하면

$$u = \frac{v}{\| v \|} \text{ 또는 } v = \| v \| u \tag{1.7}$$

이다(그림 1.17). u의 끝점의 좌표는 $(\cos\alpha, \sin\alpha)$이므로 공식 (1.7)에 의하여 $u = \cos\alpha i + \sin\alpha j$이다. 따라서 다음의 결과를 얻는다.

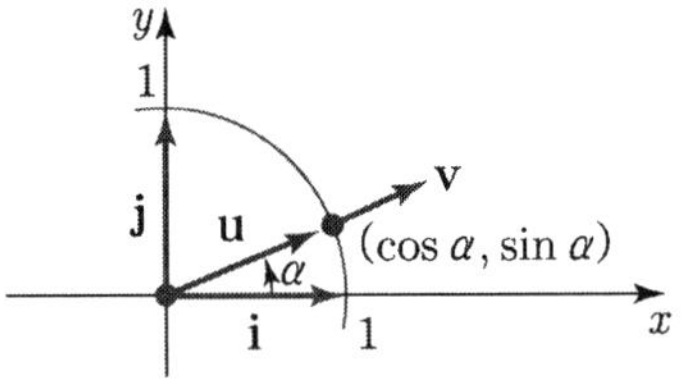

〈그림 1.17〉

정리 1.18 벡터의 크기와 방향에 의한 표시

v는 영 아닌 임의의 벡터이고 $\alpha\,(0° \le \alpha < 360°)$는 v와 i 사이의 각이라 하면

$$v = \| v \| (\cos\alpha i + \sin\alpha j) \tag{1.8}$$

이다.

예제 1.19 양의 x축과 30°의 각을 이루는 방향으로 시간당 25km의 처음속력으로 공을 던진다. 이 속도벡터 v를 i와 j에 의하여 나타내라. 가로방향의 처음속력은 얼마인가? 세로방향의 처음속력은 얼마인가?

풀이

v의 크기는 $\| v \| = 25\text{km/h}$이고, v의 방향과 i(양의 x축 방향) 사이의 각 α는 $\alpha = 30°$이다. 방정식 (1.8)에 의하여

$$v = \| v \| (\cos\alpha i + \sin\alpha j) = 25(\cos 30° i + \sin 30° j)$$

$$= 25\left(\frac{\sqrt{3}}{2} i + \frac{1}{2} j\right) = \frac{25\sqrt{3}}{2} i + \frac{25}{2} j$$

가로방향으로 이 공의 처음속력은 v의 가로 성분인 $\frac{25\sqrt{3}}{2} \approx 21.65\text{km/h}$이다. 세로방향으로 이 공의 처음속력은 v의 세로 성분인 $\frac{25}{2} = 12.5\text{km/h}$이다. ■

응용 – 정지한 평형

힘은 벡터로 표시될 수 있기 때문에 두 힘은 벡터가 "더해지는" 방법으로 "결합한다". $\mathbf{F}_1$과 $\mathbf{F}_2$가 어떤 물체에 동시에 작용하는 벡터이면, 벡터합 $\mathbf{F}_1+\mathbf{F}_2$는 **합성힘**이다. 합성힘은 두 힘 $\mathbf{F}_1$과 $\mathbf{F}_2$가 이 물체에 작용할 때 얻어지는 힘과 같은 효과를 만든다(그림 1.18). 이 개념의 응용이 **정지한 평형**이다. 어떤 물체가 정지한 평형 상태에 있다는 뜻은 (1) 물체가 정지하여 있고 (2) 물체에 작용한 모든 힘들의 합은 영, 즉 합성힘이 0임을 의미한다.

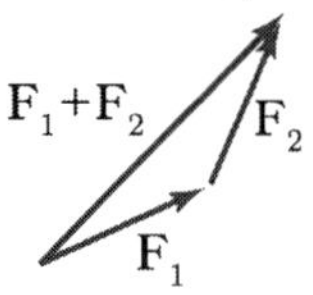

〈그림 1.18〉

예제 1.20 **무게가 1,200파운드인 공급품 상자가 (그림 1.19)와 같이 천장에 붙은 두 케이블에 매달려 있다. 이 두 케이블에 미치는 장력(tension)은 얼마인가? (파운드(1b)는 약 453.59그램(g)이다.)**

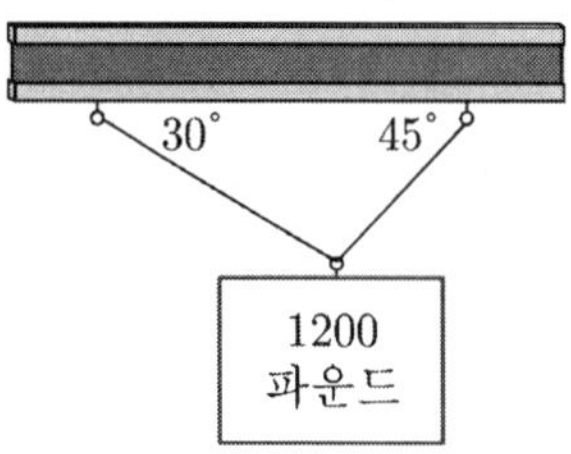

〈그림 1.19〉

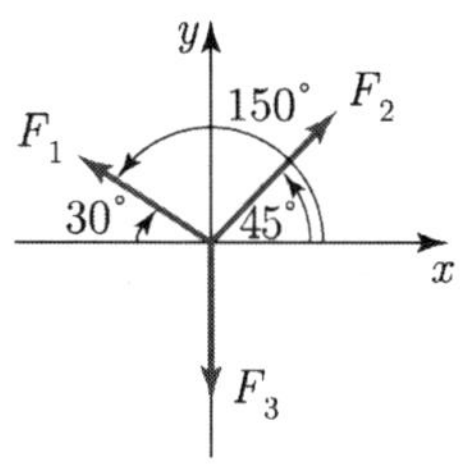

〈그림 1.20〉

풀이

(그림 1.20)에서 보듯이, 두 케이블에 미치는 장력은 두 힘 벡터 $\mathbf{F}_1$과 $\mathbf{F}_2$의 크기 $\|\mathbf{F}_1\|$과 $\|\mathbf{F}_2\|$이다. 힘 벡터 $\mathbf{F}_3$의 크기는 상자의 무게인 1,200파운드이다. 이제 각 힘 벡터를 단위벡터 $\mathbf{i}$와 $\mathbf{j}$로 나타낸다. $\mathbf{F}_1$과 $\mathbf{F}_2$에 대하여 방정식 (1.8)을 사용한다. α는 벡터와 양의 x축 사이의 각임을 기억하라. 그러면

$$\mathbf{F}_1=\|\mathbf{F}_1\|(\cos 150^\circ\,\mathbf{i}+\sin 150^\circ\,\mathbf{j})=\|\mathbf{F}_1\|\left(-\frac{\sqrt{3}}{2}\mathbf{i}+\frac{1}{2}\mathbf{j}\right)$$
$$=-\frac{\sqrt{3}}{2}\|\mathbf{F}_1\|\mathbf{i}+\frac{1}{2}\|\mathbf{F}_1\|\mathbf{j}$$

$$\mathbf{F}_2 = \|\mathbf{F}_2\|(\cos 45^\circ \mathbf{i} + \sin 45^\circ \mathbf{j}) = \|\mathbf{F}_2\|\left(\frac{\sqrt{2}}{2}\mathbf{i} + \frac{\sqrt{2}}{2}\mathbf{j}\right)$$

$$= \frac{\sqrt{2}}{2}\|\mathbf{F}_2\|\mathbf{i} + \frac{\sqrt{2}}{2}\|\mathbf{F}_2\|\mathbf{j}$$

$$\mathbf{F}_3 = -1200\mathbf{j}$$

이다. 정지한 평형에 대하여, 힘 벡터들의 합은 영이어야만 한다. 즉

$$\mathbf{F}_1 + \mathbf{F}_2 + \mathbf{F}_3 = -\frac{\sqrt{3}}{2}\|\mathbf{F}_1\|\mathbf{i} + \frac{1}{2}\|\mathbf{F}_1\|\mathbf{j} + \frac{\sqrt{2}}{2}\|\mathbf{F}_2\|\mathbf{i} + \frac{\sqrt{2}}{2}\|\mathbf{F}\|\mathbf{j} - 1200\mathbf{j}$$
$$= \mathbf{0}$$

이다. $\mathbf{i}$성분과 $\mathbf{j}$성분은 각각 0이므로

$$-\frac{\sqrt{3}}{2}\|\mathbf{F}_1\| + \frac{\sqrt{2}}{2}\|\mathbf{F}_2\| = 0 \tag{1.9}$$

$$\frac{1}{2}\|\mathbf{F}_1\| + \frac{\sqrt{2}}{2}\|\mathbf{F}_2\| - 1200 = 0 \tag{1.10}$$

이다. 방정식 (1.9)를 $\|\mathbf{F}_2\|$에 대하여 풀면

$$\|\mathbf{F}_2\| = \frac{\sqrt{3}}{\sqrt{2}}\|\mathbf{F}_1\| \tag{1.11}$$

이고 방정식 (1.10)에 대입하여 $\|\mathbf{F}_1\|$에 대하여 풀면

$$\frac{1}{2}\|\mathbf{F}_1\| + \frac{\sqrt{2}}{2}\left(\frac{\sqrt{3}}{\sqrt{2}}\|\mathbf{F}_1\|\right) - 1200 = 0$$

$$\frac{1}{2}\|\mathbf{F}_1\| + \frac{\sqrt{3}}{2}\|\mathbf{F}_1\| - 1200 = 0$$

$$\frac{1+\sqrt{3}}{2}\|\mathbf{F}_1\| = 1200$$

$$\|\mathbf{F}_1\| = \frac{2400}{1+\sqrt{3}} \approx 878.5\text{파운드}$$

이다. 이 값을 방정식 (1.11)에 대입하면

$$\|\mathbf{F}_2\| = \frac{\sqrt{3}}{\sqrt{2}}\|\mathbf{F}_1\| = \frac{\sqrt{3}}{\sqrt{2}}\frac{2400}{1+\sqrt{3}} \approx 1075.7\text{파운드}$$

이다. 따라서 왼쪽 케이블은 대략 878.5파운드의 장력을 갖고 오른쪽 케이블은 대략 1075.9파운드의 장력을 갖는다. ■

1.2 평면벡터의 내적

두 벡터의 곱에 대한 정의는 다소 뜻밖이다. 그러나 이와 같은 곱은 기하학과 물리학의 많은 응용에서 의미를 갖는다.

정의 1.21 두 벡터의 내적(inner product, dot product)

$\mathbf{v} = a_1\mathbf{i} + b_1\mathbf{j}$와 $\mathbf{w} = a_2\mathbf{i} + b_2\mathbf{j}$는 두 벡터라 하자. 그러면 내적 $\mathbf{v}\cdot\mathbf{w}$는

$$\mathbf{v}\cdot\mathbf{w} = a_1a_2 + b_1b_2 \tag{1.12}$$

로 정의한다.

예제 1.22 $\mathbf{v} = 2\mathbf{i} - 3\mathbf{j}$이고 $\mathbf{w} = 5\mathbf{i} + 3\mathbf{j}$일 때 다음 각각을 구하라.

(1) $\mathbf{v}\cdot\mathbf{w}$ (2) $\mathbf{w}\cdot\mathbf{v}$ (3) $\mathbf{v}\cdot\mathbf{v}$

(4) $\mathbf{w}\cdot\mathbf{w}$ (5) $\|\mathbf{v}\|$ (6) $\|\mathbf{w}\|$

풀이

(1) $\mathbf{v}\cdot\mathbf{w} = 2(5) + (-3)3 = 1$

(2) $\mathbf{w}\cdot\mathbf{v} = 5(2) + 3(-3) = 1$

(3) $\mathbf{v}\cdot\mathbf{v} = 2(2) + (-3)(-3) = 13$

(4) $\mathbf{w}\cdot\mathbf{w} = 5(5) + 3(3) = 34$

(5) $\|\mathbf{v}\| = \sqrt{2^2 + (-3)^2} = \sqrt{13}$

(6) $\|\mathbf{w}\| = \sqrt{5^2 + 3^3} = \sqrt{34}$ ■

정리 1.23 내적의 성질

$\mathbf{u}$, $\mathbf{v}$, $\mathbf{w}$가 임의의 벡터이면 다음이 성립한다.

교환법칙: $\mathbf{u}\cdot\mathbf{v} = \mathbf{v}\cdot\mathbf{u}$ (1.13)

분배법칙: $\mathbf{u}\cdot(\mathbf{v}+\mathbf{w}) = \mathbf{u}\cdot\mathbf{v} + \mathbf{u}\cdot\mathbf{w}$ (1.14)

벡터의 크기: $\mathbf{v}\cdot\mathbf{v} = \|\mathbf{v}\|^2$ (1.15)

영벡터의 성질: $\mathbf{0}\cdot\mathbf{v} = 0$ (1.16)

증명

여기서 성질 (1.13)과 (1.15)를 증명하고 성질 (1.14)와 (1.16)의 증명은 생략한다.

성질 (1.13)을 증명하기 위하여 $\mathbf{u} = a_1\mathbf{i} + b_1\mathbf{j}$이고 $\mathbf{v} = a_2\mathbf{i} + b_2\mathbf{j}$라 하면

$$\mathbf{u} \cdot \mathbf{v} = a_1a_2 + b_1b_2 = a_2a_1 + b_2b_1 = \mathbf{v} \cdot \mathbf{u}$$

이다. 성질 (1.15)를 증명하기 위하여 $\mathbf{v} = a\mathbf{i} + b\mathbf{j}$라 하면

$$\mathbf{v} \cdot \mathbf{v} = a^2 + b^2 = \|\mathbf{v}\|^2$$

이다.

내적은 두 벡터 사이의 각을 계산할 때 사용된다.

벡터 사이의 각

u와 v는 같은 처음점을 갖는 두 벡터라 하자. 그러면 벡터 u, v, u－v는 삼각형을 이룬다. 이 삼각형의 꼭짓점 A에서 각 θ는 두 벡터 u와 v 사이의 각이다(그림 1.21). 각 θ를 계산하기 위한 공식을 구하자.

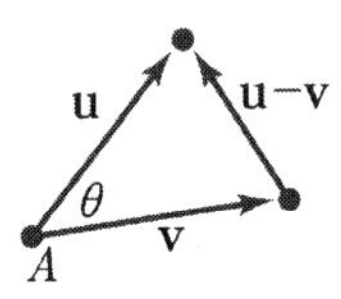

〈그림 1.21〉

이 삼각형의 변들은 길이 $\|\mathbf{v}\|$, $\|\mathbf{u}\|$, $\|\mathbf{u}-\mathbf{v}\|$를 갖고 θ는 길이가 $\|\mathbf{v}\|$와 $\|\mathbf{u}\|$인 변 사이의 사잇각이다. 코사인법칙은 사잇각의 코사인을 구하는 데 사용될 수 있다.

$$\|\mathbf{u}-\mathbf{v}\|^2 = \|\mathbf{u}\|^2 + \|\mathbf{v}\|^2 - 2\|\mathbf{u}\|\,\|\mathbf{v}\|\cos\theta \tag{1.17}$$

성질 (1.14)에 의하여

$$\begin{aligned}(\mathbf{u}-\mathbf{v}) \cdot (\mathbf{u}-\mathbf{v}) &= \mathbf{u} \cdot (\mathbf{u}-\mathbf{v}) - \mathbf{v} \cdot (\mathbf{u}-\mathbf{v}) \\ &= \mathbf{u} \cdot \mathbf{u} - \mathbf{u} \cdot \mathbf{v} - \mathbf{v} \cdot \mathbf{u} + \mathbf{v} \cdot \mathbf{v} \\ &= \mathbf{u} \cdot \mathbf{u} + \mathbf{v} \cdot \mathbf{v} - 2\mathbf{u} \cdot \mathbf{v} \end{aligned} \tag{1.18}$$

이므로 방정식 (1.17)과 (1.18)에 의하여

$$\mathbf{u} \cdot \mathbf{u} + \mathbf{v} \cdot \mathbf{v} - 2\mathbf{u} \cdot \mathbf{v} = \mathbf{u} \cdot \mathbf{u} + \mathbf{v} \cdot \mathbf{v} - 2\|\mathbf{u}\|\,\|\mathbf{v}\|\cos\theta$$

$$\mathbf{u} \cdot \mathbf{v} = \|\mathbf{u}\|\,\|\mathbf{v}\|\cos\theta$$

이다. 다음의 결과를 증명한 셈이다.

정리 1.24 두 벡터 사이의 각

u와 v는 영 아닌 두 벡터이고 θ는 $0 \le \theta < \pi$인 u와 v 사이의 각이면 다음이 성립한다.

$$\cos\theta = \frac{\mathbf{u} \cdot \mathbf{v}}{\| \mathbf{u} \| \, \| \mathbf{v} \|} \tag{1.19}$$

예제 1.25 $\mathbf{u} = 4\mathbf{i} - 3\mathbf{j}$와 $\mathbf{v} = 2\mathbf{i} + 5\mathbf{j}$ 사이의 각 θ를 구하라.

풀이

$\mathbf{u} \cdot \mathbf{v}$, $\| \mathbf{v} \|$를 계산하면

$$\mathbf{u} \cdot \mathbf{v} = 4(2) + (-3)(5) = -7$$
$$\| \mathbf{u} \| = \sqrt{4^2 + (-3)^2} = 5$$
$$\| \mathbf{v} \| = \sqrt{2^2 + 5^2} = \sqrt{29}$$

이므로 공식 (1.19)에 의하여

$$\cos\theta = \frac{\mathbf{u} \cdot \mathbf{v}}{\| \mathbf{u} \| \, \| \mathbf{v} \|} = \frac{-7}{5\sqrt{29}} \approx -0.26$$

이다. 따라서 $\theta \approx 105°$이다(그림 1.22).

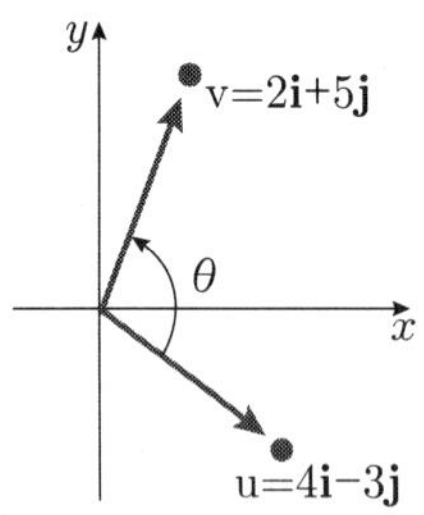

〈그림 1.22〉 ■

예제 1.26 항공기의 실제 속력과 방향을 구하기

보잉 737 항공기는 정남쪽 방향으로 상수 대기속력 500mi/h을 유지한다. 제트기류의 속도는 동북방향으로 80mi/h이다. 이 항공기의 실제 속력과 방향을 구하라.

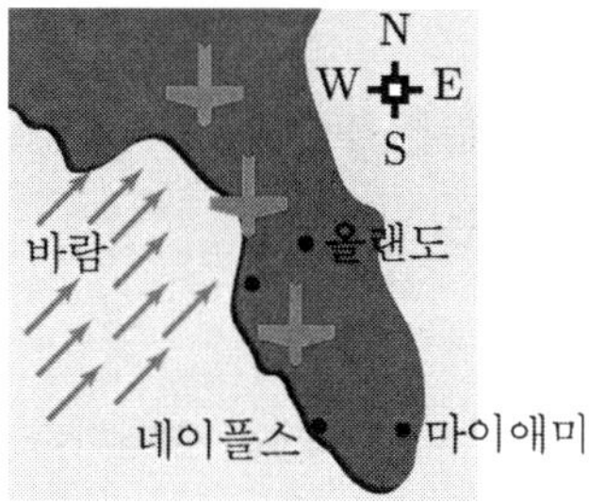

〈그림 1.23〉

풀이

북쪽(N)이 양의 y축을 따라서 있는 좌표계를 설정한다(그림 1.23).

$$\mathrm{v}_a = \text{항공기의 속도} = -500\mathrm{j}$$
$$\mathrm{v}_w = \text{제트기류의 속도}$$
$$\mathrm{v}_g = \text{항공기의 실제 속도}$$

라 하자. 제트기류의 속도 v_w는 크기 80과 북동방향을 갖는다. 따라서 v_w와 양의 x축 사이의 각은 45°이므로

$$\mathrm{v}_w = 80(\cos 45°\mathrm{i} + \sin 45°\mathrm{j}) = 80\left(\frac{\sqrt{2}}{2}\mathrm{i} + \frac{\sqrt{2}}{2}\mathrm{j}\right) = 40\sqrt{2}(\mathrm{i}+\mathrm{j})$$

이다. 한편 항공기의 실제 속도는

$$\mathrm{v}_g = \mathrm{v}_a + \mathrm{v}_w = -500\mathrm{j} + 40\sqrt{2}(\mathrm{i}+\mathrm{j}) = 40\sqrt{2}\mathrm{i} + (40\sqrt{2}-500)\mathrm{j}$$

이므로 항공기의 실제 속력은

$$\|\mathrm{v}_g\| = \sqrt{(40\sqrt{2})^2 + (40\sqrt{2}-500)^2} \approx 447\mathrm{mi/h}$$

이다. 이제 θ는 v_g와 $\mathrm{v}_a = -500\mathrm{j}$ 사이의 각이라 하면

$$\cos\theta = \frac{\mathrm{v}_g \cdot \mathrm{v}_a}{\|\mathrm{v}_g\| \, \|\mathrm{v}_a\|} = \frac{(40\sqrt{2}-500)(-500)}{(447)(500)} \approx 0.9920$$
$$\theta \approx 7.3°$$

이다. 따라서 항공기의 실제 방향은 대략 남동 7.3°이다. ■

평행한 두 벡터

두 벡터 v와 w가 **평행**(parallel)하다는 뜻은 스칼라 $\alpha \neq 0$가 존재하여 $\mathbf{v} = \alpha\mathbf{w}$ 임을 의미한다. 이 경우에 v와 w 사이의 각은 0 또는 π이다.

예제 1.27 두 벡터 $\mathbf{v} = 3\mathbf{i} - \mathbf{j}$와 $\mathbf{w} = 6\mathbf{i} - 2\mathbf{j}$는 평행하다. 왜냐하면 $\mathbf{v} = \frac{1}{2}\mathbf{w}$이기 때문이다. 더욱이

$$\cos\theta = \frac{\mathbf{v} \cdot \mathbf{w}}{\|\mathbf{v}\| \, \|\mathbf{w}\|} = \frac{18+2}{\sqrt{10}\sqrt{40}} = \frac{20}{\sqrt{400}} = 1$$

이므로 v와 w 사이의 각 θ는 0이다. ■

수직인 두 벡터

영 아닌 두 벡터 v와 w가 **수직**(perpendicular)[8]이라는 뜻은 v와 w 사이의 각이 $\frac{\pi}{2}$임을 의미한다(그림 1.24).

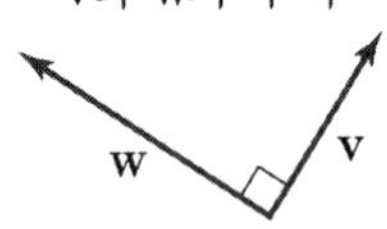

〈그림 1.24〉

v와 w가 수직이면 공식 (1.19)에 의하여

$$\mathbf{v} \cdot \mathbf{w} = \|\mathbf{v}\| \, \|\mathbf{w}\| \cos\frac{\pi}{2} = 0$$

이다. 한편 $\mathbf{v} \cdot \mathbf{w} = 0$이면 $\mathbf{v} = \mathbf{0}$ 또는 $\mathbf{w} = \mathbf{0}$ 또는 $\cos\theta = 0$이다. $\cos\theta = 0$이면 $\theta = \frac{\pi}{2}$이고 v와 w는 수직이다. v 또는 w가 영벡터이면 영벡터는 특별한 방향을 갖지 않으므로, 영벡터는 모든 벡터에 수직이라고 약속한다. 따라서 다음의 결과를 얻는다.

---

8) 직교(orthogonale)라고도 한다.

정리 1.28 두 벡터가 수직일 조건

두 벡터 $\mathbf{v}$와 $\mathbf{w}$가 수직이다 $\Leftrightarrow$ $\mathbf{v} \cdot \mathbf{w} = 0$

예제 1.29 두 벡터 $\mathbf{v} = 2\mathbf{i} - \mathbf{j}$와 $\mathbf{w} = 3\mathbf{i} + 6\mathbf{j}$는 수직이다. 왜냐하면 $\mathbf{v} \cdot \mathbf{w} = 6 - 6 = 0$이기 때문이다(그림 1.25).

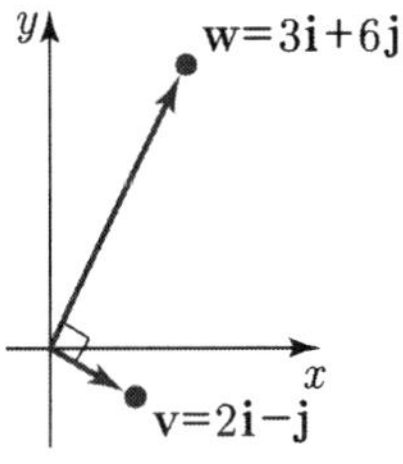

〈그림 1.25〉 ■

벡터의 사영

많은 물리학의 응용에서, 벡터의 "얼마(how much)"가 주어진 방향에서 적용되는지를 구하는 것이 필요하다. (그림 1.26)을 살펴보자. 중력에 기인하는 힘 $\mathbf{F}$는 나무토막에 대하여 (지구의 중심을 향하여) 일직선 아래로 잡아끌고 있다. 나무토막에 대한 중력의 효과를 연구하기 위하여 $\mathbf{F}$의 얼마가 실제로 경사면 아래로 나무토막을 밀어내고 있고($\mathbf{F}_1$), $\mathbf{F}$의 얼마가 경사면에 대하여 직각으로 나무토막을 경사면에 반하여 밀고 있는가($\mathbf{F}_2$)를 결정하는 것이 필요하다. $\mathbf{F}$의 분해를 앎으로써 종종 마찰이 언제 극복되고 나무토막이 언제 경사면을 미끄러져 내려오게 될까를 결정할 수 있게 된다.

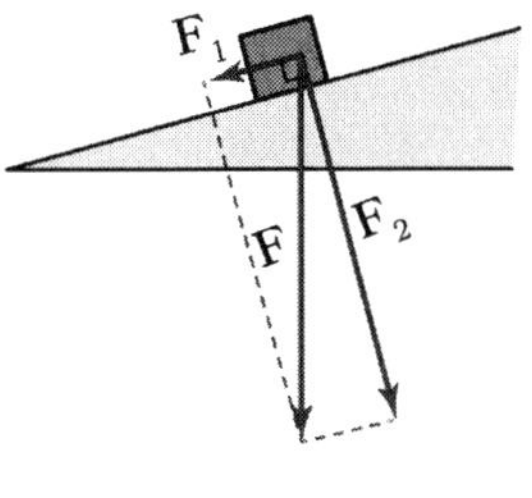

〈그림 1.26〉

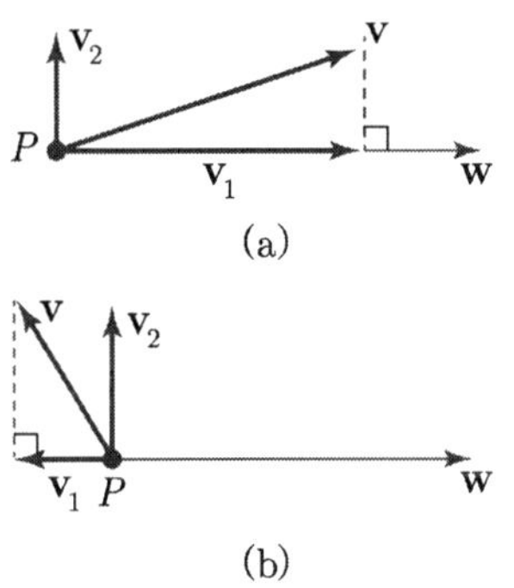

〈그림 1.27〉

$\mathbf{v}$와 $\mathbf{w}$는 같은 처음점 P를 갖고 영 아닌 벡터라 가정하자. $\mathbf{v}$를 $\mathbf{w}$에 평행한 $\mathbf{v}_1$과 $\mathbf{w}$에 수직인 $\mathbf{v}_2$로 분해를 하려고 한다(그림 1.27). 벡터 $\mathbf{v}_1$을 $\mathbf{w}$ 위로 $\mathbf{v}$의 **벡터사영**(vector projection of v onto w)이라 하고 기호 $\text{proj}_{\mathbf{w}}\mathbf{v}$로 쓴다. $\mathbf{w}$ 위로 $\mathbf{v}$의 **스칼라사영**을 기호 $\text{comp}_{\mathbf{w}}\mathbf{v}$로 쓰고 $\text{comp}_{\mathbf{w}}\mathbf{v} = \dfrac{\mathbf{v}\cdot\mathbf{w}}{\|\mathbf{w}\|}$로 정의한다.

벡터 $\mathbf{v}_1$은 다음과 같이 얻어진다. $\mathbf{v}$의 끝점에서 $\mathbf{w}$를 포함하는 직선에 수직선을 그린다. 벡터 $\mathbf{v}_1$은 P에서 이 수직선의 발(수직선과 $\mathbf{w}$를 포함하는 직선이 만나는 점)까지의 벡터이다. 벡터 $\mathbf{v}_2$는 $\mathbf{v}_2 = \mathbf{v} - \mathbf{v}_1$으로 주어진다. $\mathbf{v} = \mathbf{v}_1 + \mathbf{v}_2$, $\mathbf{v}_1$은 $\mathbf{w}$에 평행하고, $\mathbf{v}_2$는 $\mathbf{w}$에 수직임에 주목하라. 이것이 바로 $\mathbf{v}$의 분해이다.

이제 두 벡터 $\mathbf{v}$와 $\mathbf{w}$에 대한 지식에 근거하여 $\mathbf{v}_1$에 대한 공식을 찾아보자.

정리 1.30 벡터사영

$\mathbf{v}$와 $\mathbf{w}$는 영 아닌 임의의 두 벡터이고 $\mathbf{v}_1$은 $\mathbf{w}$ 위로 $\mathbf{v}$의 벡터사영이면

$$\text{proj}_{\mathbf{w}}\mathbf{v} = \mathbf{v}_1 = \frac{\mathbf{v}\cdot\mathbf{w}}{\|\mathbf{w}\|^2}\mathbf{w} = \frac{\mathbf{v}\cdot\mathbf{w}}{\mathbf{w}\cdot\mathbf{w}}\mathbf{w} \tag{1.20}$$

이다.

증명

$\mathbf{v} = \mathbf{v}_1 + \mathbf{v}_2$이므로

$$\mathbf{v}\cdot\mathbf{w} = (\mathbf{v}_1 + \mathbf{v}_2)\cdot\mathbf{w} = \mathbf{v}_1\cdot\mathbf{w} + \mathbf{v}_2\cdot\mathbf{w} \tag{1.21}$$

이다. $\mathbf{v}_2$는 $\mathbf{w}$에 수직이므로 $\mathbf{v}_2\cdot\mathbf{w} = 0$이고 $\mathbf{v}_1$는 $\mathbf{w}$에 평행하므로 어떤 스칼라 α에 대하여 $\mathbf{v}_1 = \alpha\mathbf{w}$이다. 따라서 방정식 (1.21)에 의하여

$$\mathbf{v}\cdot\mathbf{w} = \alpha\mathbf{w}\cdot\mathbf{w} = \alpha\|\mathbf{w}\|^2 \text{ 즉 } \alpha = \frac{\mathbf{v}\cdot\mathbf{w}}{\|\mathbf{w}\|^2}$$

이다. 따라서

$$\mathbf{v}_1 = \alpha\mathbf{w} = \frac{\mathbf{v}\cdot\mathbf{w}}{\|\mathbf{w}\|^2}\mathbf{w}$$

이다.

예제 1.31 $\mathbf{w} = \mathbf{i}+\mathbf{j}$ 위로 $\mathbf{v} = \mathbf{i}+3\mathbf{j}$의 사영벡터를 구하라. $\mathbf{v}$를 두 벡터 $\mathbf{v}_1$과 $\mathbf{v}_2$로 분해하라. 여기서 $\mathbf{v}_1$은 $\mathbf{w}$에 평행하고 $\mathbf{v}_2$는 $\mathbf{w}$에 수직이다.

풀이

공식 (1.20)을 사용하면

$$\mathbf{v}_1 = \frac{1+3}{(\sqrt{2})^2}\mathbf{w} = 2\mathbf{w} = 2(\mathbf{i}+\mathbf{j})$$

이다. $\mathbf{v} = \mathbf{v}_1 + \mathbf{v}_2$이므로 $\mathbf{v}_2 = \mathbf{v} - \mathbf{v}_1 = (\mathbf{i}+3\mathbf{j}) - 2(\mathbf{i}+\mathbf{j}) = -\mathbf{i}+\mathbf{j}$이다(그림 1.28). ■

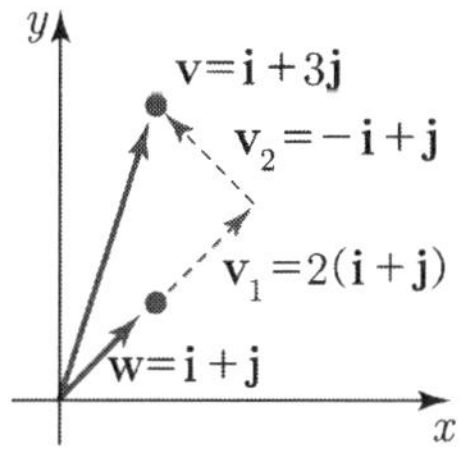

〈그림 1.28〉

상수힘이 하는 일

기초 물리학에서 점 A에서 점 B까지 어떤 물체를 움직이는 데 상수힘 $\mathbf{F}$가 하는 일(work) W는 다음과 같이 정의된다.

$$W = (\text{힘의 크기})\times(\text{거리}) = \|\mathbf{F}\| \ \|\overrightarrow{AB}\|$$

일은 보통 푸트-파운드(foot-pounds) 또는 뉴턴-미터(줄)(Newton-meters(joules))로 측정된다. 여기서 줄은 일과 에너지의 SI단위로 10^7에르그를 나타내고 기호 J로 쓴다. 이것은 제임스 프레스콧 줄(James Prescot Joule, 1818-1889)의 이름에서 따왔다. 줄은 물리학에서 유명한 법칙 중의 하나인 줄의 법칙을 만들었다.

이 정의에서 힘 $\mathbf{F}$는 운동하는 직선을 따라서 작용한다고 가정한다. 상수힘 $\mathbf{F}$가 운동하는 직선을 따르지 않지만, 대신에 (그림 1.29)와 같이 운동방향과 θ의 각을 이루면, A에서 B까지 움직이는 데 $\mathbf{F}$가 한 일 W는 다음과 같이 정의된다.

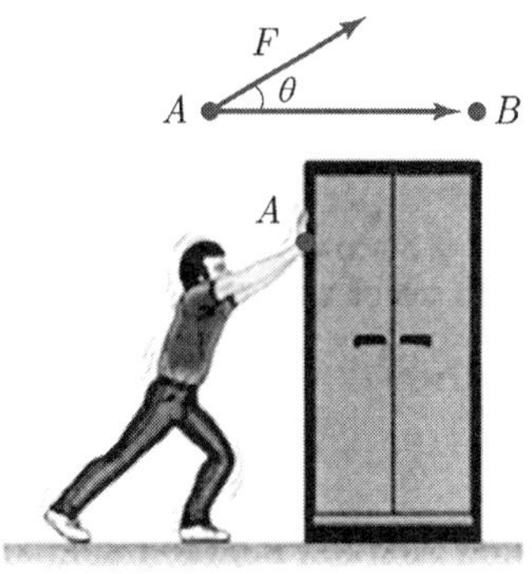

〈그림 1.29〉

$$W = \mathbf{F}\cdot\overrightarrow{AB} \tag{1.22}$$

예제 1.32 (그림 1.30(a))는 어떤 사람이 50파운드의 힘으로 짐마차를 잡아끌고 있는 것을 보여준다. 핸들이 땅과 30°의 각을 이룰 때 이 짐마차를 100피트 움직이는 데 한 일은 얼마인가?[9)]

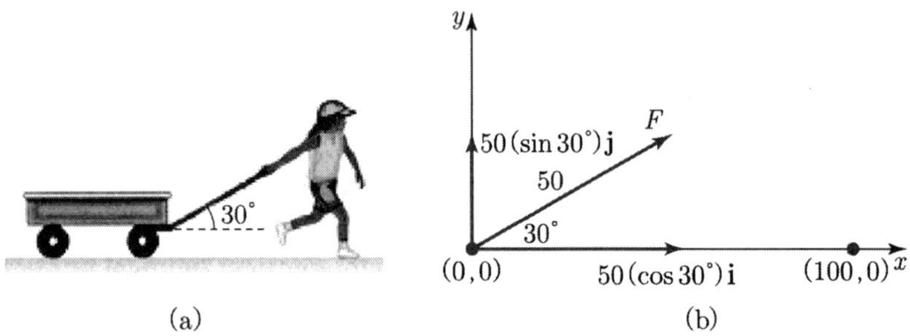

〈그림 1.30〉

풀이

짐마차가 (0, 0)에서 (100, 0)까지 움직이게 되는 방법으로 좌표계에서 벡터들의 위치를 정한다. 그러면 이 운동은 $A=(0,\ 0)$에서 $B=(100,\ 0)$까지이다. 그러므로 $\overrightarrow{AB}=100\mathrm{i}$이다. (그림 1.30(b))에서 보는 바와 같이 힘 벡터 F는

$$\mathrm{F}=50(\cos 30°\mathrm{i}+\sin 30°\mathrm{j})=50\left(\frac{\sqrt{3}}{2}\mathrm{i}+\frac{1}{2}\mathrm{j}\right)=25(\sqrt{3}\mathrm{i}+\mathrm{j})$$

이므로 공식 (1.22)에 의하여

$$W=\mathrm{F}\cdot\overrightarrow{AB}=25(\sqrt{3}\mathrm{i}+\mathrm{j})\cdot 100\mathrm{i}=2500\sqrt{3}\ \text{ft-lbs}$$

이다. ■

9) 1피트(ft)는 약 30.48센티미터(cm)이다.

SECTION

1 연습문제

➡ 연습문제 해답 404쪽

01. 다음의 평행사변형에서 같은 벡터를 모두 적어라.

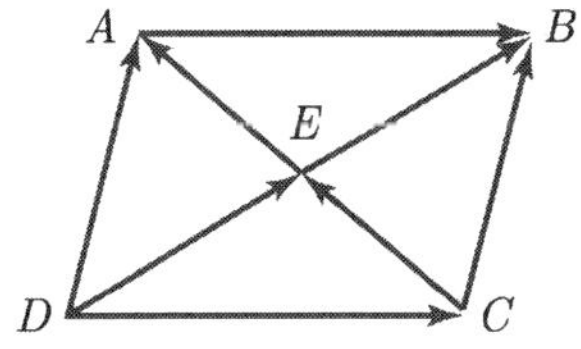

02. 벡터 v는 처음점 P와 끝점 Q를 갖는다. v를 $a\mathrm{i}+b\mathrm{j}$ 꼴로 써라.

(1) $P=(0, 0)$, $Q=(3, 4)$ (2) $P=(-2, -1)$, $Q=(6, -2)$

03. $\mathrm{v}=3\mathrm{i}-5\mathrm{j}$이고 $\mathrm{w}=-2\mathrm{i}+\mathrm{j}$일 때, $\| \mathrm{v}-\mathrm{w} \|$을 구하라.

04. 크기가 4이고 i방향의 성분이 j방향의 성분의 두 배인 벡터 v를 구하라.

05. 무게 1,000파운드가 그림과 같이 두 케이블에 매달려 있다. 두 케이블에 미치는 장력은 각각 얼마인가?

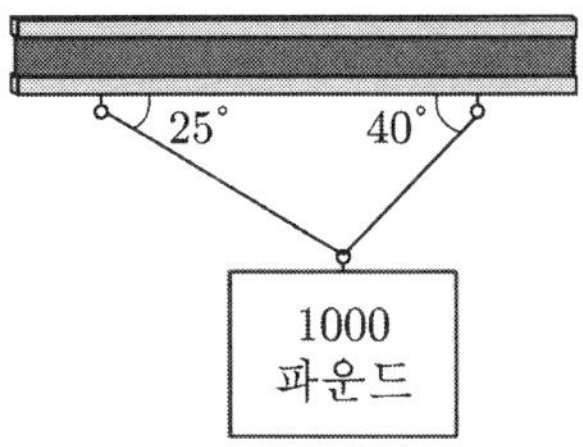

06. 두 벡터 v와 w에 대하여

(a) 내적 v · w를 구하라.

(b) v와 w 사이의 각을 구하라.

(c) 두 벡터가 평행한지 수직인지 또는 둘 다 아닌지를 말하라.

(1) $\mathbf{v} = \mathbf{i} - \mathbf{j}$, $\mathbf{w} = \mathbf{i} + \mathbf{j}$　　(2) $\mathbf{v} = 2\mathbf{i} + \mathbf{j}$, $\mathbf{w} = \mathbf{i} + 2\mathbf{j}$

07. 두 벡터 $\mathbf{v} = \mathbf{i} - a\mathbf{j}$와 $\mathbf{w} = 2\mathbf{i} + 3\mathbf{j}$가 수직이 되는 a를 구하라.

08. $\mathbf{v} = \mathbf{i} - \mathbf{j}$를 두 벡터 $\mathbf{v}_1$, $\mathbf{v}_2$로 분해하라. 여기서 $\mathbf{v}_1$은 $\mathbf{w} = \mathbf{i} + 2\mathbf{j}$에 평행하고 $\mathbf{v}_2$는 $\mathbf{w}$에 수직이다.

SECTION 2 공간벡터

2.1 좌표계

앞에서 직교좌표계 또는 데카르트 좌표계라 말하는 좌표계를 설정하는 방법을 학습하였다. 즉 평면에서 한 점의 위치를 나타내기 위하여 두 실수 a와 b의 순서쌍 $(a,\ b)$를 사용하였다. 이제 공간에서 한 점의 위치를 나타내기 위한 방법을 알아보자. 먼저 고정점 O(원점이라 부름)를 결정하고 O에서 서로 수직으로 만나는 세 방향의 직선을 x축, y축, z축이라고 이름 붙이고 좌표축이라고 한다. 평면 위에 보통 x축과 y축은 수평으로, z축은 수직으로 나타낸다. (그림 2.1)은 축의 방향을 나타낸다. z축의 방향은 (그림 2.2)에서 보여주듯이 **오른손법칙**에 의해서 결정된다. 오른손의 손가락들을 z축을 중심으로 양의 x축에서 양의 y축으로 $90°$ 시계반대방향으로 회전시킬 때 엄지손가락은 z축의 양의 방향을 가리킨다.

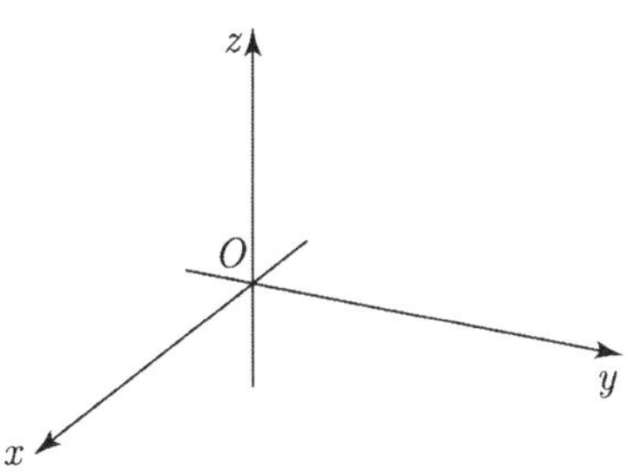

〈그림 2.1〉

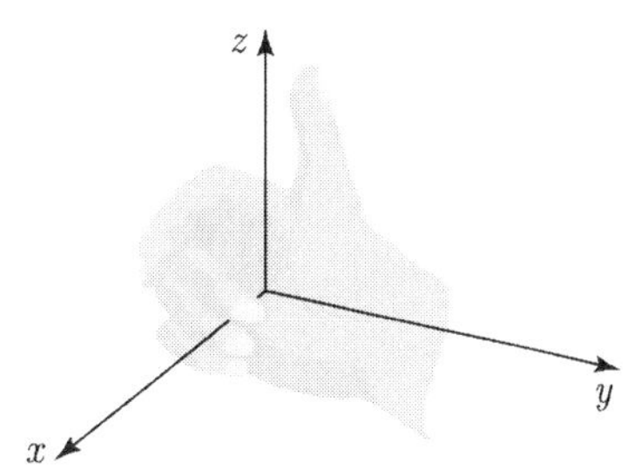

〈그림 2.2〉

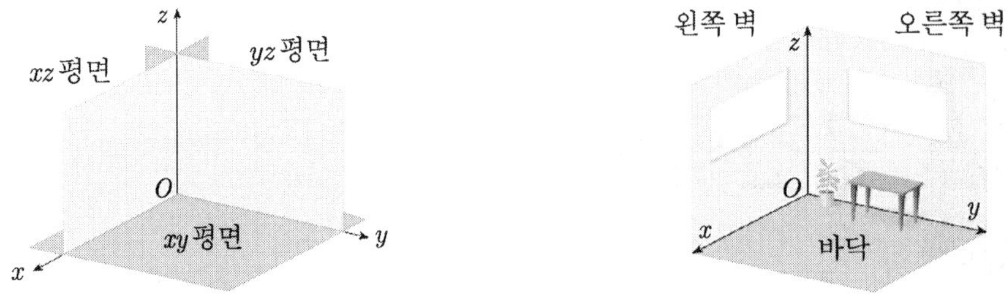

(a) 좌표평면 (b)

〈그림 2.3〉

세 축은 (그림 2.3(a))에서 보듯이 세 **좌표평면**을 결정한다. xy평면은 x축과 y축을, yz평면은 y축과 z축을, xz평면은 x축과 z축을 포함하는 평면이다. 이들 세 좌표평면은 **팔분공간**(octants)이라 부르는 8개의 부분으로 공간을 나눈다. 앞에 보이는 **제1팔분공간**은 양의 축들에 의해서 결정된다. 많은 사람들이 3차원 입체모양을 평면에 나타내는 것을 어렵게 생각하고 있는데, 다음과 같이 하면 도움이 된다(그림 2.3(b)). 어느 한 방의 아래쪽 모서리를 보고 그 모서리를 원점으로 생각한다. 왼쪽 벽이 xz평면, 오른쪽 벽이 yz평면, 바닥이 xy평면이다. x축은 바닥과 왼쪽 벽이 만나는 곳을 따라 나오고, y축은 바닥과 오른쪽 벽이 만나는 곳을 따라 나온다. z축은 두 벽이 만나는 곳을 따라 바닥에서 천장 쪽으로 올라간다. 여러분이 제1팔분공간에 있다고 하자. 다른 7개의 팔분공간에 공통의 점 O에 의해서 연결되는 7개의 다른 방들 (같은 층에 3개, 아래층에 4개)이 있음을 상상해보라. 이제 P가 공간에 있는 임의의 점이고, yz평면에서 P까지의 (방이 정해진) 거리를 a, xz평면에서 P까지의 거리를 b, xy평면에서 P까지의 거리를 c라 하자. 그러면 P를 세 실수의 순서쌍 $(a,\ b,\ c)$로 나타내고 $a,\ b,\ c$를 P의 **좌표**라 말한다. a는 x좌표, b는 y좌표, c는 z좌표이다.

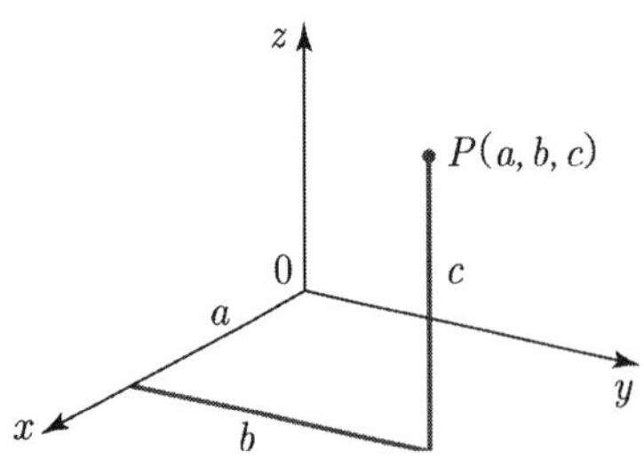

〈그림 2.4〉

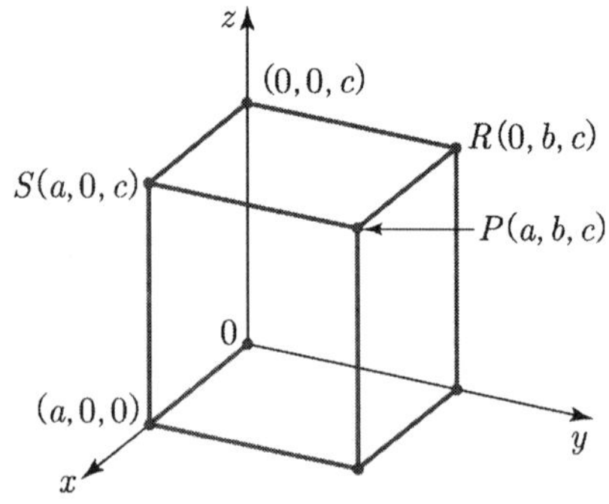

〈그림 2.5〉

그러므로 점 $(a,\ b,\ c)$의 위치를 결정하기 위하여 (그림 2.4)처럼 원점 O에서 출발하여 x축을 따라 a만큼 이동한 뒤에, y축에 평행하게 b만큼 이동하고 다음에 z축에 평행하게 c만큼 이동한다. 점 $P(a,\ b,\ c)$는 (그림 2.5)처럼 직육면체를 만든다. 점 P에서 xy평면에 수직선을 그리면 좌표가 $(a,\ b,\ 0)$인 점 Q를 얻는데, 이 점 Q를 xy평면 위의 P의 **사영**이라 말한다. 마찬가지로 $R(0,\ b,\ c)$와 $S(a,\ 0,\ c)$는 각각 yz평면과 xz평면 위의 P의 사영이다.

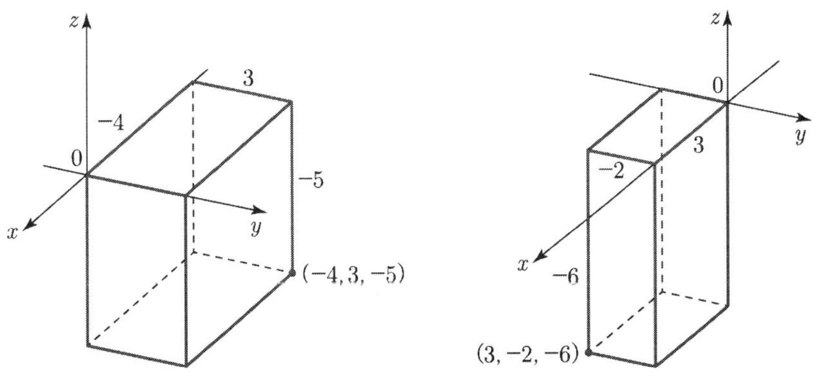

〈그림 2.6〉

예를 들어 점 $(-4,\ 3,\ -5)$와 $(3,\ -2,\ -6)$이 (그림 2.6)에 표시되어 있다. 데카르트 곱

$$R\times R\times R=\{(x,\ y,\ z)\,|\,x,\ y,\ z\in R\}$$

은 세 실수의 순서쌍 전체의 집합이고 R^3으로 나타낸다. 이것은 공간의 점들과 R^3의 순서쌍 $(a,\ b,\ c)$ 사이에 일대일 대응관계를 준 것으로 **3차원 직교좌표**라 부른다. 제1팔분공간에 있는 모든 좌표는 모두 양수로 이루어진 공간의 점의 집합임에 주목하라. 2차원 해석기하학에서 x와 y를 포함하는 방정식의 그래프는 R^2 위의 곡선이다. 3차원 해석기하학에서 $x,\ y,\ z$를 포함하는 방정식의 그래프는 R^3 위의 곡면을 나타낸다.

예제 2.1 아래 방정식은 R^3에서 어떤 곡면을 나타내는지 설명하라.

(1) $z=3$　　　　　　(2) $y=5$

풀이

(1) 방정식 $z=3$의 그래프 $G(z=3)$

$$G(z=3)=\{(x,\ y,\ z)\,|\,x,\ y\in R,\ z=3\}$$

이다. 그러면 $G(z=3)$의 그림은 (그림 2.7(a))에서 보듯이 xy평면과 평행하면서 3만큼 xy평면 위쪽에 있는 수평면이다.

(2) 방정식 $y=5$의 그래프 $G(y=5)$

$$G(y=5)=\{(x,\ y,\ z)\,|\,x,\ z\in R,\ y=5\}$$

이다. 그러면 $G(y=5)$의 그림은 (그림 2.7(b))에서 보듯이 xz평면과 평행하면서 5만큼 yz평면 오른쪽에 있는 수직면이다.

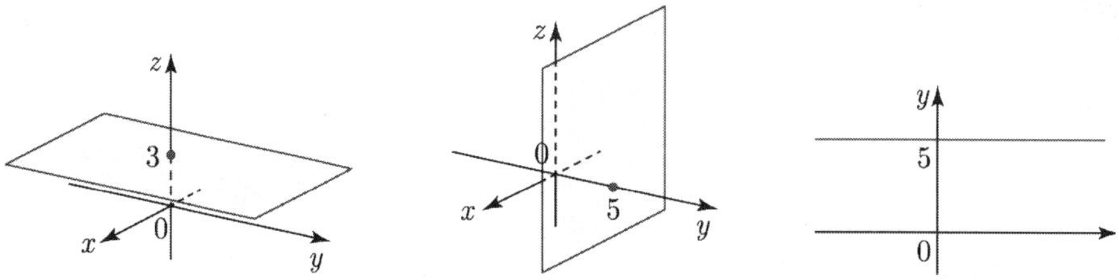

(a) R^3의 평면, $z=3$ (b) R^3의 평면, $y=5$ (c) R^2의 직선, $y=5$

〈그림 2.7〉 ■

[주의] 2.2 곡선과 곡면의 차이

하나의 방정식이 주어지면, 그 전후관계로부터 그것이 R^2 위의 곡선인지 R^3 위의 곡면인지 구별할 수 있어야 한다. **예제 2.1**에서 $y=5$는 R^3 위에서 평면을 나타내지만, R^2 위에서는 직선을 나타낸다. (그림 2.7(c))를 보라.

일반적으로 k가 상수이면 $x=k$는 yz평면에 평행한 평면, $y=k$는 xz평면에 평행한 평면, $z=k$는 xy평면에 평행한 평면이다. (그림 2.5)에서 직육면체의 면들은 세 좌표평면 $x=0$(yz평면), $y=0$(xz평면), $z=0$(xy평면)과 평면 $x=a$, $y=b$, $z=c$로 이루어져 있다.

예제 2.3 다음 각 물음에 답하라.

(1) 방정식 $x^2+y^2=1$과 $z=3$을 만족하는 점 (x, y, z)의 집합은 무엇인지 설명하라.

(2) 방정식 $x^2+y^2=1$은 R^3 위에서 어떤 곡면인지 설명하라.

풀이

(1) 방정식 $x^2+y^2=1$과 $z=3$의 각 그래프를 $G(x^2+y^2=1)$, $G(z=3)$이라 하자. 그러면

$$G(x^2+y^2=1)=\{(x, y, z)|x, y, z\in R, x^2+y^2=1\},$$
$$G(z=3)=\{(x, y, z)|x, y\in R, z=3\}$$

이다. 분명히 **예제 2.1** (1)에 의해서 $G(z=3)$의 그림은 xy평면과 평행하면서 3만큼 xy평면 위쪽에 있는 수평면이다. 한편 $G(x^2+y^2=1)$의 그림은 xy평면 위에 반지름 1인 원들이 위쪽과 아래쪽으로 연속으로 있고 중심축이 z축인 원기둥이다. 그러므로 $G(x^2+y^2=1)\cap G(z=3)$의 그림은 xy평면과 평행하면서 3만큼 xy평면 위쪽에 있는 수평원이다(그림 2.8).

(2) (그림 2.9)를 보라.

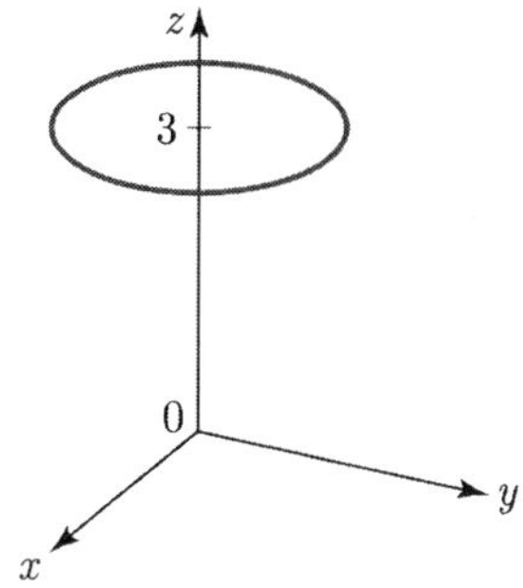

원 $x^2+y^2=1$, $z=3$

〈그림 2.8〉

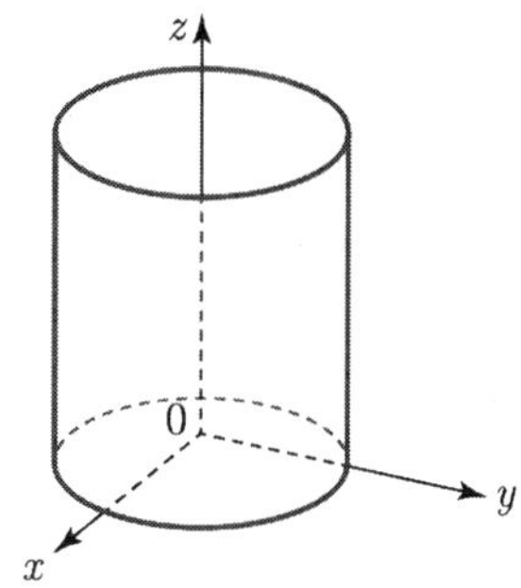

원기둥 $x^2+y^2=1$

〈그림 2.9〉 ■

평면 위에 있는 두 점 사이의 거리를 정의한 것처럼 공간에서의 거리도 쉽게 정의할 수 있다.

정의 2.4 공간에서 거리

두 점 $P_1(x_1, y_1, z_1)$과 $P_2(x_2, y_2, z_2)$ 사이의 거리 $|P_1P_2|$는

$$|P_1P_2| = \sqrt{(x_1-x_2)^2+(y_1-y_2)^2+(z_1-z_2)^2}$$

로 정의한다.

정의 2.4가 타당함을 보이기 위하여 (그림 2.10)처럼 P_1과 P_2가 대각의 위치에 있고 각 면이 좌표평면에 평행하는 직육면체를 생각하고 $A(x_2, y_1, z_1)$과 $B(x_2, y_2, z_1)$을 그림에 나타난 꼭짓점이라 하자. 그러면

$$|P_1A| = |x_2 - x_1|,\ |AB| = |y_2 - y_1|,\ |BP_2| = |z_2 - z_1|$$

이다. 삼각형 P_1BP_2와 P_1AB는 모두 직각삼각형이므로 피타고라스정리에 의해서

$$|P_1P_2|^2 = |P_1B|^2 + |BP_2|^2,\quad |P_1B|^2 = |P_1A|^2 + |AB|^2$$

이다. 따라서

$$\begin{aligned}|P_1P_2|^2 &= |P_1A|^2 + |AB|^2 + |BP_2|^2 = |x_2-x_1|^2 + |y_2-y_1|^2 + |z_2-z_1|^2 \\ &= (x_2-x_1)^2 + (y_2-y_1)^2 + (z_2-z_1)^2\end{aligned}$$

이다. 따라서 $|P_1P_2| = \sqrt{(x_1-x_2)^2+(y_1-y_2)^2+(z_1-z_2)^2}$ 이다.

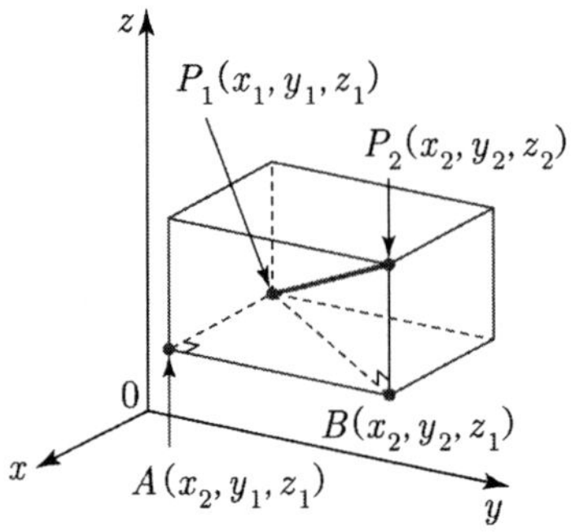

〈그림 2.10〉

예제 2.5 점 $A(2, -1, 7)$에서 점 $B(1, -3, 5)$까지 거리를 구하라.

풀이

$$|AB| = \sqrt{(1-2)^2+(-3+1)^2+(5-7)^2} = \sqrt{1+4+4} = 3$$ ■

예제 2.6 반지름이 r이고 중심이 $C(h, k, l)$인 구의 방정식을 구하라.

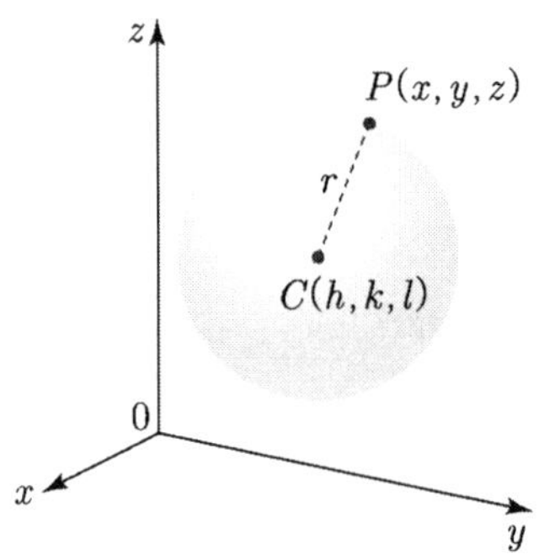

〈그림 2.11〉

풀이

구란 중심 C로부터 거리가 r인 공간 위의 점들의 집합을 말한다(그림 2.11 참조). 구 위의 임의의 점을 $P(x, y, z)$라 하자. 그러면 정의에 의해서

$$|PC|^2 = r^2 \text{ 즉 } (x-h)^2+(y-k)^2+(z-l)^2 = r^2$$

이다. ■

위의 **예제 2.6**으로부터 다음의 결과를 얻는다.

정리 2.7 구의 방정식

반지름이 r이고 중심이 $C(h, k, l)$인 구의 방정식은

$$(x-h)^2+(y-k)^2+(z-l)^2=r^2$$

이다. 특히 중심이 원점 O인 구의 방정식은 $x^2+y^2+z^2=r^2$이다.

예제 2.8 x, y, z에 관한 이차방정식

$$x^2+y^2+z^2+4x-6y+2z+6=0$$

이 구의 방정식임을 보이고 중심과 반지름을 구하라.

풀이

$$x^2+y^2+z^2+4x-6y+2z+6=0$$
$$\Leftrightarrow\ (x^2+4x+4)+(y^2-6y+9)+(z^2+2z+1)=-6+4+9+1$$
$$\Leftrightarrow\ (x+2)^2+(y-3)^2+(z+1)^2=8$$

따라서 주어진 방정식은 중심이 $(-2, 3, -1)$이고 반지름이 $\sqrt{8}=2\sqrt{2}$인 구이다. ■

예제 2.9 다음 부등식은 공간에서 어떤 영역을 나타내는지 설명하라.

$$1 \le x^2+y^2+z^2 \le 4,\ z \le 0$$

풀이

$$1 \le x^2+y^2+z^2 \le 4 \Leftrightarrow 1 \le \sqrt{x^2+y^2+z^2} \le 2$$

따라서 주어진 부등식은 원점으로부터 거리가 최소 1이고 최대 2인 점 $P(x, y, z)$들의 집합을 나타낸다. 그런데 $z \le 0$이므로 $P(x, y, z)$들은 xy평면 아래쪽(경계 포함)에 있다. 따라서 주어진 부등식은 xy평면 아래쪽(경계 포함)과 두 개의 구 $x^2+y^2+z^2=1$과 $x^2+y^2+z^2=4$ 사이(경계 포함)에 있는 영역이다(그림 2.12 참조).

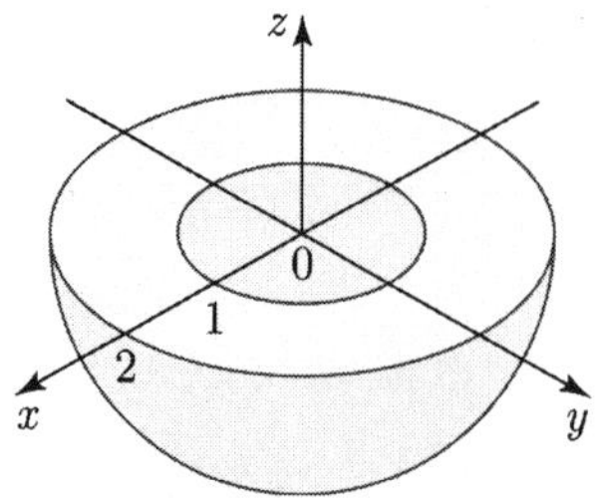

〈그림 2.12〉 ■

예제 2.10 방정식 $y=x$는 공간에서 어떤 모양의 곡면인지 설명하고 그 개형을 그리라.

풀이

방정식 $y=x$의 그래프 $G(y=x)$는

$$G(y=x)=\{(x,\ y,\ z)\,|\,x,\ y,\ z\in R,\ y=x\}=\{(x,\ x,\ z)\,|\,x,\ z\in R\}$$

이다. 이제 $z=0$이라 하자. 그러면 $\{(x, x, 0)\,|\,x\in R\}$은 xy평면인 $z=0$ 위에 있는 직선 $y=x$이다. 따라서 z는 임의의 값이므로 연속으로 무한히 많은 직선 $y=x$의 복사들은 xy평면에 수직인 평면을 이룬다($G(y=x)$는 그림 2.13 참조).

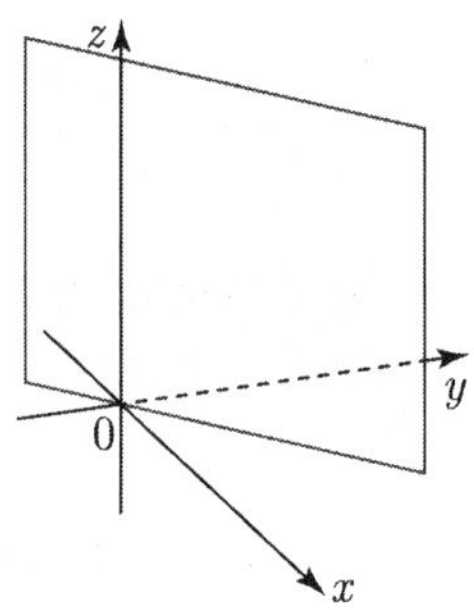

〈그림 2.13〉 ■

공간에서 벡터의 표시

공간에서 벡터를 표시하기 위하여 방향이 각각 양의 x축, 양의 y축, 양의 z축을 따라서 있는 단위벡터 i, j, k를 소개한다. 여기서 $\mathrm{i}=(1,\ 0,\ 0)$ $\mathrm{j}=(0,\ 1,\ 0)$, $\mathrm{k}=(0,\ 0,\ 1)$이다. v는 원점 O에서 처음점을 갖고 $P=(a,\ b,\ c)$에 끝점을 갖는 벡터라 하자. 그러면 v는 벡터 i, j, k에 의하여 다음과 같이 나타낼 수 있다(그림 2.14).

$$\mathrm{v}\ =a\mathrm{i}+b\mathrm{j}+c\mathrm{k}$$

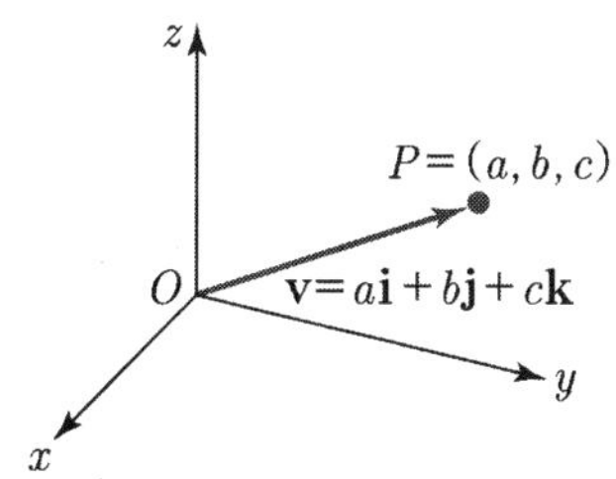

〈그림 2.14〉

스칼라 a, b, c를 각각 벡터 $\mathbf{v} = a\mathbf{i}+b\mathbf{j}+c\mathbf{k}$의 **성분**이라 한다. 여기서 a는 $\mathbf{i}$방향에 있는 성분이고, b는 $\mathbf{j}$방향에 있는 성분이며, c는 $\mathbf{k}$방향에 있는 성분이다.
처음점이 원점에 있는 벡터를 **위치벡터**라 한다. 다음의 결과는 처음점이 원점이 아닌 임의의 벡터는 꼭 하나의 위치벡터와 같다는 것을 설명해준다.

정리 2.11 위치벡터의 성질

$\mathbf{v}$는 처음점 $P_1 = (x_1, y_1, z_1)$과 끝점 $P_2 = (x_2, y_2, z_2)$를 갖는 벡터라 하자. 여기서 P_1은 원점일 필요는 없다. $\mathbf{v} = \overline{P_1P_2}$이면 $\mathbf{v}$는 다음의 위치벡터와 같다.

$$\mathbf{v} = (x_2 - x_1)\mathbf{i} + (y_2 - y_2)\mathbf{j} + (z_2 - z_1)\mathbf{k} \tag{2.1}$$

(그림 2.15)는 이 결과를 설명해준다.

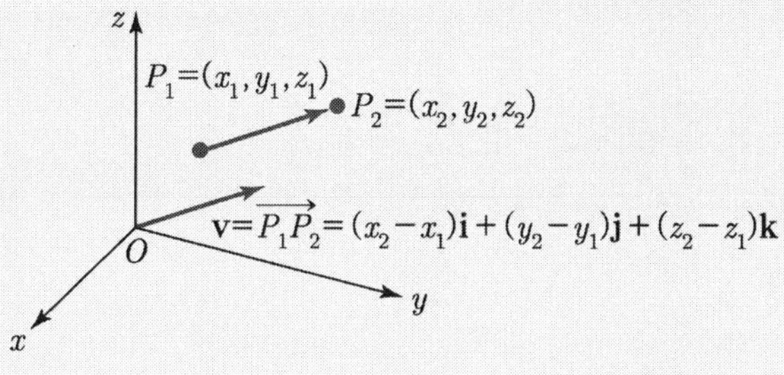

〈그림 2.15〉

예제 2.12 $P_1 = (-1, 2, 3)$이고 $P_2 = (4, 6, 2)$일 때, 벡터 $\mathbf{v} = \overrightarrow{P_1P_2}$의 위치벡터를 구하라.

풀이

방정식 (2.1)에 의하여

$$\mathbf{v} = [4-(-1)]\mathbf{i} + (6-2)\mathbf{j} + (2-3)\mathbf{k} = 5\mathbf{i} + 4\mathbf{j} - \mathbf{k}$$ ■

2.2 공간벡터의 계산

벡터의 성분으로 같음, 덧셈, 뺄셈, 스칼라곱과 크기를 정의한다.

정의 2.13 공간에서 벡터의 같음, 덧셈, 뺄셈, 스칼라곱과 크기

$\mathbf{v} = a_1\mathbf{i} + b_1\mathbf{j} + c_1\mathbf{k}$와 $\mathbf{w} = a_2\mathbf{i} + b_2\mathbf{j} + c_2\mathbf{k}$는 임의의 두 벡터이고 α는 임의의 스칼라이면 다음이 성립한다.

(i) $\mathbf{v} = \mathbf{w} \Leftrightarrow a_1 = a_2,\ b_1 = b_2,\ c_1 = c_2$

(ii) $\mathbf{v} + \mathbf{w} = (a_1 + a_2)\mathbf{i} + (b_1 + b_2)\mathbf{j} + (c_1 + c_2)\mathbf{k}$

(iii) $\mathbf{v} - \mathbf{w} = (a_1 - a_2)\mathbf{i} + (b_1 - b_2)\mathbf{j} + (c_1 - c_2)\mathbf{k}$

(iv) $\alpha\mathbf{v} = (\alpha a_1)\mathbf{i} + (\alpha b_1)\mathbf{j} + (\alpha c_1)\mathbf{k}$

(v) $\| \mathbf{v} \| = \sqrt{a_1^2 + b_1^2 + c_1^2}$

정의 2.13은 앞에서 이미 주어진 기하학의 정의와 모순되지 않는다.

예제 2.14 $\mathbf{v} = 2\mathbf{i} + 3\mathbf{j} - 2\mathbf{k}$이고 $\mathbf{w} = 3\mathbf{i} - 4\mathbf{j} + 5\mathbf{k}$일 때 다음 각각을 구하라.

(1) $\mathbf{v} + \mathbf{w}$ (2) $\mathbf{v} - \mathbf{w}$

풀이

(1)
$$\begin{aligned}\mathbf{v} + \mathbf{w} &= (2\mathbf{i} + 3\mathbf{j} - 2\mathbf{k}) + (3\mathbf{i} - 4\mathbf{j} + 5\mathbf{k}) \\ &= (2+3)\mathbf{i} + (3-4)\mathbf{j} + (-2+5)\mathbf{k} \\ &= 5\mathbf{i} - \mathbf{j} + 3\mathbf{k}\end{aligned}$$

(2)
$$\begin{aligned}\mathbf{v} - \mathbf{w} &= (2\mathbf{i} + 3\mathbf{j} - 2\mathbf{k}) - (3\mathbf{i} - 4\mathbf{j} + 5\mathbf{k}) \\ &= (2-3)\mathbf{i} + [3-(-4)]\mathbf{j} + (-2-5)\mathbf{k} \\ &= -\mathbf{i} + 7\mathbf{j} - 7\mathbf{k}\end{aligned}$$

■

예제 2.15 $\mathbf{v} = 2\mathbf{i} + 3\mathbf{j} - 2\mathbf{k}$이고 $\mathbf{w} = 3\mathbf{i} - 4\mathbf{j} + 5\mathbf{k}$일 때 다음 각각을 구하라.

(1) $3\mathbf{v}$ (2) $2\mathbf{v} - 3\mathbf{w}$ (3) $\| \mathbf{v} \|$

풀이

(1) $3\mathbf{v} = 3(2\mathbf{i}+3\mathbf{j}-2\mathbf{k}) = 6\mathbf{i}+9\mathbf{j}-6\mathbf{k}$

(2) $2\mathbf{v} - 3\mathbf{w} = 2(2\mathbf{i}+3\mathbf{j}-2\mathbf{k}) - 3(3\mathbf{i}-4\mathbf{j}+5\mathbf{k})$

$= 4\mathbf{i}+6\mathbf{j}-4\mathbf{k}-9\mathbf{i}+12\mathbf{j}-15\mathbf{k} = -5\mathbf{i}+18\mathbf{j}-19\mathbf{k}$

(3) $\| \mathbf{v} \| = \| 2\mathbf{i}+3\mathbf{j}-2\mathbf{k} \| = \sqrt{2^2+3^2+(-2)^2} = \sqrt{17}$ ■

단위벡터 u는 $\| \mathbf{u} \| = 1$인 벡터임을 상기하라. 많은 응용에서 주어진 위치벡터 v와 같은 방향을 갖는 단위벡터 u를 구할 수 있다는 것은 유용하다.

정리 2.16 벡터 v 방향의 단위벡터

v는 임의의 영 아닌 벡터이고 u는 v와 같은 방향을 갖는 단위벡터이면

$$\mathbf{u} = \frac{\mathbf{v}}{\| \mathbf{v} \|}$$

이다. 따라서 $\mathbf{v} = \| \mathbf{v} \| \mathbf{u}$이다.

벡터를 이와 같이 나타내는 방법은 많은 응용에서 유용하다.

예제 2.17 벡터 $\mathbf{v} = 2\mathbf{i}-3\mathbf{j}-6\mathbf{k}$ 방향의 단위벡터 u를 구하라.

풀이

먼저 $\| \mathbf{v} \|$를 구하면

$$\| \mathbf{v} \| = \| 2\mathbf{i}-3\mathbf{j}-6\mathbf{k} \| = \sqrt{4+9+36} = \sqrt{49} = 7$$

이므로 $\frac{1}{\| \mathbf{v} \|} = \frac{1}{7}$이다. 따라서 **정리 2.16**에 의하여

$$\mathbf{u} = \frac{\mathbf{v}}{\| \mathbf{v} \|} = \frac{2\mathbf{i}-3\mathbf{j}-6\mathbf{k}}{7} = \frac{2}{7}\mathbf{i}-\frac{3}{7}\mathbf{j}-\frac{6}{7}\mathbf{k}$$

이다. ■

공간벡터의 내적

내적의 정의는 평면에서 두 벡터의 내적에 대한 정의의 확장이다.

정의 2.18 공간에서 두 벡터의 내적

두 벡터 $\mathbf{v} = a_1\mathbf{i} + b_1\mathbf{j} + c_1\mathbf{k}$와 $\mathbf{w} = a_2\mathbf{i} + b_2\mathbf{j} + c_2\mathbf{k}$의 내적(dot product) $\mathbf{v} \cdot \mathbf{w}$는 다음과 같이 정의된다.

$$\mathbf{v} \cdot \mathbf{w} = a_1a_2 + b_1b_2 + c_1c_2 \tag{2.2}$$

예제 2.19 $\mathbf{v} = 2\mathbf{i} - 3\mathbf{j} + 6\mathbf{k}$이고 $\mathbf{w} = 5\mathbf{i} + 3\mathbf{j} - \mathbf{k}$일 때, 다음 각각을 구하라.

(1) $\mathbf{v} \cdot \mathbf{w}$ (2) $\mathbf{w} \cdot \mathbf{v}$ (3) $\mathbf{v} \cdot \mathbf{v}$

(4) $\mathbf{w} \cdot \mathbf{w}$ (5) $\|\mathbf{v}\|$ (6) $\|\mathbf{w}\|$

풀이

(1) $\mathbf{v} \cdot \mathbf{w} = 2(5) + (-3)3 + 6(-1) = -5$

(2) $\mathbf{w} \cdot \mathbf{v} = 5(2) + 3(-3) + (-1)6 = -5$

(3) $\mathbf{v} \cdot \mathbf{v} = 2(2) + (-3)(-3) + 6(6) = 49$

(4) $\mathbf{w} \cdot \mathbf{w} = 5(5) + 3(3) + (-1)(-1) = 35$

(5) $\|\mathbf{v}\| = \sqrt{2^2 + (-3)^2 + 6^2} = \sqrt{49} = 7$

(6) $\|\mathbf{w}\| = \sqrt{5^2 + 3^2 + (-1)^2} = \sqrt{35}$ ■

공간에서 내적은 평면에서 내적과 같은 성질을 갖는다.

정리 2.20 공간에서 내적의 성질

공간에서 임의의 벡터 $\mathbf{u}$, $\mathbf{v}$, $\mathbf{w}$에 대하여 다음이 성립한다.

(1) 교환법칙: $\mathbf{u} \cdot \mathbf{v} = \mathbf{v} \cdot \mathbf{u}$

(2) 분배법칙: $\mathbf{u} \cdot (\mathbf{v} + \mathbf{w}) = \mathbf{u} \cdot \mathbf{v} + \mathbf{u} \cdot \mathbf{w}$

(3) 내적의 성질: $\mathbf{v} \cdot \mathbf{v} = \|\mathbf{v}\|^2$

(4) 영벡터의 성질: $\mathbf{0} \cdot \mathbf{v} = 0$

공간에서 두 벡터 사이의 각

공간에서 두 벡터 사이의 각은 평면에서 두 벡터 사이의 각과 같은 공식을 갖는다.

정리 2.21 공간에서 두 벡터 사이의 각

u와 v는 공간에서 영 아닌 임의의 두 벡터이고 $0 \le \theta \le \pi$는 u와 v 사이의 각이면

$$\cos\theta = \frac{\mathbf{u} \cdot \mathbf{v}}{\|\mathbf{u}\| \|\mathbf{v}\|} \tag{2.3}$$

이다.

예제 2.22 두 벡터 $\mathbf{u} = 2\mathbf{i} - 3\mathbf{j} + 6\mathbf{k}$와 $\mathbf{v} = 2\mathbf{i} + 5\mathbf{j} - \mathbf{k}$ 사이의 각 θ를 구하라.

풀이

$\mathbf{u} \cdot \mathbf{v}$, $\|\mathbf{u}\|$, $\|\mathbf{v}\|$ 를 각각 계산하면

$$\mathbf{u} \cdot \mathbf{v} = 2(2) + (-3)(5) + 6(-1) = -17$$

$$\|\mathbf{u}\| = \sqrt{2^2 + (-3)^2 + 6^2} = \sqrt{49} = 7$$

$$\|\mathbf{v}\| = \sqrt{2^2 + 5^5 + (-1)^2} = \sqrt{30}$$

이므로 공식 (2.3)에 의하여

$$\cos\theta = \frac{\mathbf{u} \cdot \mathbf{v}}{\|\mathbf{u}\| \|\mathbf{v}\|} = \frac{-17}{7\sqrt{30}} \approx -0.443$$

이다. 따라서 $\theta \approx 116.3°$이다. ■

공간에서 벡터의 방향각

공간에서 영 아닌 임의의 벡터 v의 크기와 세 방향각 α, β, γ는 일일이 열거함으로써 나타낼 수 있다. 세 방향각은 각각 다음과 같이 정의된다.

α = v와 i (양의 x축) 사이의 각 $0 \le \alpha \le \pi$

β = v와 j (양의 y축) 사이의 각 $0 \le \beta \le \pi$

γ = v와 k (양의 z축) 사이의 각 $0 \le \gamma \le \pi$

(그림 2.16)을 보라.

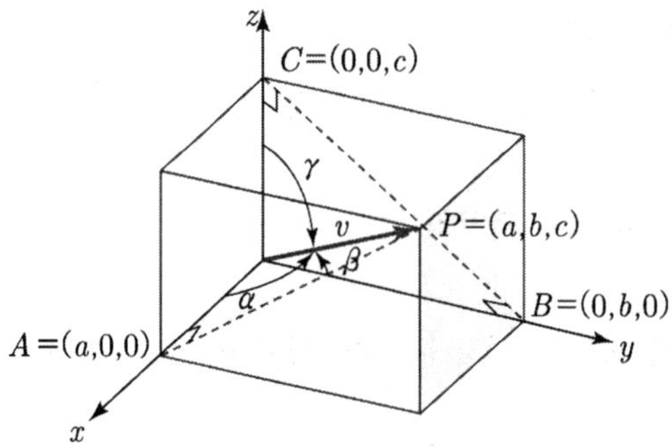

$0 \le \alpha \le \pi,\ 0 \le \beta \le \pi,\ 0 \le \gamma \le \pi$

〈그림 2.16〉

첫째 목표는 벡터의 성분에 의하여 $\alpha,\ \beta,\ \gamma$에 대한 식을 구하는 것이다. $\mathbf{v} = a\mathbf{i} + b\mathbf{j} + c\mathbf{k}$는 임의의 영 아닌 벡터이고 각 $\alpha,\ \beta,\ \gamma$는 각각 $\mathbf{v}$와 $\mathbf{i}$(양의 x축) 사이의 각, $\mathbf{v}$와 $\mathbf{j}$(양의 y축) 사이의 각, $\mathbf{v}$와 $\mathbf{k}$(양의 z축) 사이의 각이라 하자. 그러면 공식 (2.3)에 의하여

$$\cos\alpha = \frac{\mathbf{v} \cdot \mathbf{i}}{\|\mathbf{v}\| \, \|\mathbf{i}\|} = \frac{a}{\|\mathbf{v}\|}$$

이다. 비슷하게

$$\cos\beta = \frac{b}{\|\mathbf{v}\|}, \quad \cos\gamma = \frac{c}{\|\mathbf{v}\|}$$

이고 $\|\mathbf{v}\| = \sqrt{a^2 + b^2 + c^2}$ 이므로 다음의 결과를 얻는다.

정리 2.23 방향각(direction angles)

공간에서 영 아닌 임의의 벡터 $\mathbf{v} = a\mathbf{i} + b\mathbf{j} + c\mathbf{k}$의 방향각 $\alpha,\ \beta,\ \gamma$는 각각 다음과 같이 주어진다.

$$\cos\alpha = \frac{a}{\sqrt{a^2 + b^2 + c^2}} = \frac{a}{\|\mathbf{v}\|}$$
$$\cos\beta = \frac{b}{\sqrt{a^2 + b^2 + c^2}} = \frac{b}{\|\mathbf{v}\|} \qquad (2.4)$$
$$\cos\gamma = \frac{c}{\sqrt{a^2 + b^2 + c^2}} = \frac{c}{\|\mathbf{v}\|}$$

수 $\cos\alpha$, $\cos\beta$, $\cos\gamma$를 벡터 $\mathbf{v}$의 **방향코사인**(direction cosine)이라 한다. 이들은 평면에서 기울기가 하는 역할을 공간에서 한다.

예제 2.24 $\mathbf{v} = -3\mathbf{i} + 2\mathbf{j} - 6\mathbf{k}$의 방향각을 구하라.

풀이

$$\|\mathbf{v}\| = \sqrt{(-3)^2 + 2^{2+}(-6)^2} = \sqrt{49} = 7$$

이므로 **정리 2.23**에 의하여

$$\cos\alpha = \frac{-3}{7}, \quad \cos\beta = \frac{2}{7}, \quad \cos\gamma = \frac{-6}{7}$$

이다. 따라서 $\alpha \approx 115.4°$, $\beta \approx 73.4°$, $\gamma \approx 149.0°$이다. ■

다음은 방정식 (2.4)의 직접적인 결과이다.

정리 2.25 방향각의 성질

α, β, γ는 공간에서 영 아닌 벡터 $\mathbf{v}$의 방향각이라 하면

$$\cos^2\alpha + \cos^2\beta + \cos^2\gamma = 1 \tag{2.5}$$

이다.

방정식 (2.5)를 바탕으로 두 방향코사인을 알 때, 제3의 방향코사인의 절댓값이 결정된다. 두 방향코사인을 아는 것으로 벡터의 방향을 결정하기는 충분하지 않다.

예제 2.26 벡터 $\mathbf{v}$는 양의 x축과 $\alpha = \frac{\pi}{3}$의 각을, 양의 y축과 $\beta = \frac{\pi}{3}$의 각을, 양의 z축과 예각 γ를 만든다. γ를 구하라.

풀이

방정식 (2.5)에 의하여

$$\cos^2\left(\frac{\pi}{3}\right) + \cos^2\left(\frac{\pi}{3}\right) + \cos^2\gamma = 1$$

$$\left(\frac{1}{2}\right)^2 + \left(\frac{1}{2}\right)^2 + \cos^2\gamma = 1$$

$$\cos^2\gamma = \frac{1}{2}$$

그러면 $\cos\gamma = -\dfrac{\sqrt{2}}{2}$ 또는 $\cos\gamma = \dfrac{\sqrt{2}}{2}$이므로 $\gamma = \dfrac{3\pi}{4}$ 또는 $\gamma = \dfrac{\pi}{4}$이다. γ는 예각이므로 $\gamma = \dfrac{\pi}{4}$이다. ■

벡터의 방향코사인은 벡터의 방향에 대해서만 정보를 주고 벡터의 크기에 대한 정보를 주지 않는다. 예를 들어 xy평면에 평행하고 양의 x축, y축과 $\dfrac{\pi}{4}$라디안의 각을 만드는 임의의 벡터는 다음의 방향코사인을 갖는다.

$$\cos\alpha = \frac{\sqrt{2}}{2},\ \cos\beta = -\frac{\sqrt{2}}{3},\ \cos\gamma = 0$$

한편 벡터의 방향과 크기가 알려지면 이 벡터는 꼭 한 개로 결정된다.

예제 2.27 공간에서 영 아닌 임의의 벡터 v에 대하여

$$\mathbf{v} = \|\mathbf{v}\|[(\cos\alpha)\mathbf{i} + (\cos\beta)\mathbf{j} + (\cos\gamma)\mathbf{k}] \tag{2.6}$$

이 성립함을 보여라.

풀이

$\mathbf{v} = a\mathbf{i} + b\mathbf{j} + c\mathbf{k}$라 하면 방정식 (2.4)에 의하여

$$a = \|\mathbf{v}\|\cos\alpha,\quad b = \|\mathbf{v}\|\cos\beta,\quad c = \|\mathbf{v}\|\cos\gamma$$

이므로

$$\begin{aligned}\mathbf{v} = a\mathbf{i} + b\mathbf{j} + c\mathbf{k} &= \|\mathbf{v}\|(\cos\alpha)\mathbf{i} + \|\mathbf{v}\|(\cos\beta)\mathbf{j} + \|\mathbf{v}\|(\cos\gamma)\mathbf{k} \\ &= \|\mathbf{v}\|[(\cos\alpha)\mathbf{i} + (\cos\beta)\mathbf{j} + (\cos\gamma)\mathbf{k}]\end{aligned}$$

이다. ■

2.3 공간벡터의 외적

공간의 벡터에 대해서만 두 벡터의 외적이라 불리는 두 번째 곱이 정의된다. 실제로 공간에서 두 벡터의 외적은 기하학과 물리학에서 응용되는 벡터이다.

정리 2.28 외적(outer product)

공간에 있는 임의의 두 벡터 $\mathbf{v} = a_1\mathbf{i} + b_1\mathbf{j} + c_1\mathbf{k}$ 와 $\mathbf{w} = a_2\mathbf{i} + b_2\mathbf{j} + c_2\mathbf{k}$ 의 외적[10] $\mathbf{v}\times\mathbf{w}$ 는

$$\mathbf{v}\times\mathbf{w} = (b_1c_2 - b_2c_1)\mathbf{i} - (a_1c_2 - a_2c_1)\mathbf{j} + (a_1b_2 - a_2b_1)\mathbf{k} \tag{2.7}$$

로 정의되는 벡터이다.

두 벡터의 외적 $\mathbf{v}\times\mathbf{w}$ 는 벡터이므로 때때로 외적을 **벡터곱**(vector product)이라 부르기도 한다.

예제 2.29 $\mathbf{v} = 2\mathbf{i} + 3\mathbf{j} + 5\mathbf{k}$ 이고 $\mathbf{w} = \mathbf{i} + 2\mathbf{j} + 3\mathbf{k}$ 일 때, 방정식 (2.7)에 의하여

$$\begin{aligned}\mathbf{v}\times\mathbf{w} &= (3\cdot 3 - 2\cdot 5)\mathbf{i} - (2\cdot 3 - 1\cdot 5)\mathbf{j} + (2\cdot 2 - 1\cdot 3)\mathbf{k} \\ &= (9-10)\mathbf{i} - (6-5)\mathbf{j} + (4-3)\mathbf{k} \\ &= -\mathbf{i} - \mathbf{j} + \mathbf{k}\end{aligned}$$

이다. ■

식 (2.7)을 다음과 같이 행렬식으로 나타낼 수 있다.

$$\mathbf{v}\times\mathbf{w} = \begin{vmatrix} \mathbf{i} & \mathbf{j} & \mathbf{k} \\ a_1 & b_1 & c_1 \\ a_2 & b_2 & c_2 \end{vmatrix} = \begin{vmatrix} b_1 & c_1 \\ b_2 & c_2 \end{vmatrix}\mathbf{i} - \begin{vmatrix} a_1 & c_1 \\ a_2 & c_2 \end{vmatrix}\mathbf{j} + \begin{vmatrix} a_1 & b_1 \\ a_2 & b_2 \end{vmatrix}\mathbf{k} \tag{2.8}$$

예제 2.30 $\mathbf{v} = 2\mathbf{i} + 3\mathbf{j} + 5\mathbf{k}$ 이고 $\mathbf{w} = \mathbf{i} + 2\mathbf{j} + 3\mathbf{k}$ 일 때 행렬식을 이용하여 다음을 구하라.

(1) $\mathbf{v}\times\mathbf{w}$ (2) $\mathbf{w}\times\mathbf{v}$ (3) $\mathbf{v}\times\mathbf{v}$ (4) $\mathbf{w}\times\mathbf{w}$

풀이

(1) $\mathbf{v}\times\mathbf{w} = \begin{vmatrix} \mathbf{i} & \mathbf{j} & \mathbf{k} \\ 2 & 3 & 5 \\ 1 & 2 & 3 \end{vmatrix} = \begin{vmatrix} 3 & 5 \\ 2 & 3 \end{vmatrix}\mathbf{i} - \begin{vmatrix} 2 & 5 \\ 1 & 3 \end{vmatrix}\mathbf{j} + \begin{vmatrix} 2 & 3 \\ 1 & 2 \end{vmatrix}\mathbf{k} = -\mathbf{i} - \mathbf{j} + \mathbf{k}$

(2) $\mathbf{w}\times\mathbf{v} = \begin{vmatrix} \mathbf{i} & \mathbf{j} & \mathbf{k} \\ 1 & 2 & 3 \\ 2 & 3 & 5 \end{vmatrix} = \begin{vmatrix} 2 & 3 \\ 3 & 5 \end{vmatrix}\mathbf{i} - \begin{vmatrix} 1 & 3 \\ 2 & 5 \end{vmatrix}\mathbf{j} + \begin{vmatrix} 1 & 2 \\ 2 & 3 \end{vmatrix}\mathbf{k} = \mathbf{i} + \mathbf{j} - \mathbf{k}$

(3) $\mathbf{v}\times\mathbf{v} = \begin{vmatrix} \mathbf{i} & \mathbf{j} & \mathbf{k} \\ 2 & 3 & 5 \\ 2 & 3 & 5 \end{vmatrix} = \begin{vmatrix} 3 & 5 \\ 3 & 5 \end{vmatrix}\mathbf{i} - \begin{vmatrix} 2 & 5 \\ 2 & 5 \end{vmatrix}\mathbf{j} + \begin{vmatrix} 2 & 3 \\ 2 & 3 \end{vmatrix}\mathbf{k} = 0\mathbf{i} - 0\mathbf{j} + 0\mathbf{k} = 0$

10) cross product로도 쓴다.

(4) $\mathbf{w}\times\mathbf{w}=\begin{vmatrix} \mathbf{i} & \mathbf{j} & \mathbf{k} \\ 1 & 2 & 3 \\ 1 & 2 & 3 \end{vmatrix}=\begin{vmatrix} 2 & 3 \\ 2 & 3 \end{vmatrix}\mathbf{i}-\begin{vmatrix} 1 & 3 \\ 1 & 3 \end{vmatrix}\mathbf{j}+\begin{vmatrix} 1 & 2 \\ 1 & 2 \end{vmatrix}\mathbf{k}=0\mathbf{i}-0\mathbf{j}+0\mathbf{k}=\mathbf{0}$ ■

외적의 대수 성질

예제 2.30 (1)과 (2)에서 $\mathbf{v}\times\mathbf{w}$와 $\mathbf{w}\times\mathbf{v}$는 서로 음이 됨에 주목하라. **예제 2.30** (3)과 (4)로부터 벡터 자신의 외적은 영 벡터가 됨을 알 수 있다. 외적의 몇 가지 대수 성질을 소개할 것이다.

정리 2.31 외적의 대수 성질

$\mathbf{v}$와 $\mathbf{w}$는 공간에서 벡터이고 α는 스칼라이면 다음이 성립한다.

$$\mathbf{u}\times\mathbf{u}=\mathbf{0} \tag{2.9}$$

$$\mathbf{u}\times\mathbf{v}=-(\mathbf{v}\times\mathbf{u}) \tag{2.10}$$

$$\alpha(\mathbf{u}\times\mathbf{v})=(\alpha\mathbf{u})\times\mathbf{v}=\mathbf{u}\times(\alpha\mathbf{v}) \tag{2.11}$$

$$\mathbf{u}\times(\mathbf{v}+\mathbf{w})=(\mathbf{u}\times\mathbf{v})+(\mathbf{u}\times\mathbf{w}) \tag{2.12}$$

증명

여기서 성질 (2.9)와 (2.11)만 증명하고 성질 (2.10)과 (2.12)의 증명은 생략한다.

성질 (2.9)의 증명:

$$\mathbf{u}\times\mathbf{u}=\begin{vmatrix} \mathbf{i} & \mathbf{j} & \mathbf{k} \\ a_1 & b_1 & c_1 \\ a_1 & b_1 & c_1 \end{vmatrix}=\begin{vmatrix} b_1 & c_1 \\ b_1 & c_1 \end{vmatrix}\mathbf{i}-\begin{vmatrix} a_1 & c_1 \\ a_1 & c_1 \end{vmatrix}\mathbf{j}+\begin{vmatrix} a_1 & b_1 \\ a_1 & b_1 \end{vmatrix}\mathbf{k}$$
$$=0\mathbf{i}-0\mathbf{j}+0\mathbf{k}=\mathbf{0}$$

성질 (2.11)의 증명: $\mathbf{u}=a_1\mathbf{i}+b_1\mathbf{j}+c_1\mathbf{k}$ 이고 $\mathbf{v}=a_2\mathbf{i}+b_2\mathbf{j}+c_2\mathbf{k}$ 이면

$$\alpha(\mathbf{u}\times\mathbf{v})=\alpha[(b_1c_2-b_2c_1)\mathbf{i}-(a_1c_2-a_2c_1)\mathbf{j}+(a_1b_2-a_2b_1)\mathbf{k}]$$

↑ 방정식(2.7)을 이용

$$=\alpha(b_1c_2-b_2c_1)\mathbf{i}-\alpha(a_1c_2-a_2c_1)\mathbf{j}+\alpha(a_1b_2-a_2b_1)\mathbf{k} \tag{2.13}$$

이다. $\alpha\mathbf{u}=\alpha a_1\mathbf{i}+\alpha b_1\mathbf{j}+\alpha c_1\mathbf{k}$ 이므로

$$(\alpha\mathbf{u})\times\mathbf{u}=(\alpha b_1c_2-b_2\alpha c_1)\mathbf{i}-(\alpha a_1c_2-a_2\alpha c_1)\mathbf{j}+(\alpha a_1b_2-a_2\alpha b_1)\mathbf{k}$$
$$=\alpha(b_1c_2-b_2c_1)\mathbf{i}-\alpha(a_1c_2-a_2c_1)\mathbf{j}+\alpha(a_1b_2-a_2b_1)\mathbf{k} \tag{2.14}$$

이다. 따라서 방정식 (2.13)과 (2.14)에 의하여 성질 (2.11)의 첫 부분이 성립한다. 둘째 부분은 같은 방법으로 증명할 수 있다.

외적의 기하학적 성질

정리 2.32 외적의 기하학적 성질

u와 v는 공간에서 두 벡터라 하자.

$\mathbf{u}\times\mathbf{v}$는 u와 v에 동시에 수직이다. (2.15)

$\|\mathbf{u}\times\mathbf{v}\| = \|\mathbf{u}\|\ \|\mathbf{v}\|\sin\theta$, 여기서 θ는 u와 v의 사이의 각이다. (2.16)

$\|\mathbf{u}\times\mathbf{v}\|$는 $\mathbf{u}\neq 0$와 $\mathbf{v}\neq 0$를 이웃 변으로 갖는 사각형의 넓이이다. (2.17)

$\mathbf{u}\times\mathbf{v} = 0 \Leftrightarrow$ u와 v가 평행하다. (2.18)

증명

성질 (2.15)의 증명: $\mathbf{u}=a_1\mathbf{i}+b_1\mathbf{j}+c_1\mathbf{k}$이고 $\mathbf{v}=a_2\mathbf{i}+b_2\mathbf{j}+c_2\mathbf{k}$이면

$$\mathbf{u}\times\mathbf{v} = (b_1c_2-b_2c_1)\mathbf{i}+(a_1c_2-a_2c_1)\mathbf{j}+(a_1b_2-a_2b_1)\mathbf{k}$$

이므로

$$\begin{aligned}\mathbf{u}\cdot(\mathbf{u}\times\mathbf{v}) &= (a_1\mathbf{i}+b_1\mathbf{j}+c_1\mathbf{k})\cdot[(b_1c_2-b_2c_1)\mathbf{i}\\ &\quad -(a_1c_2-a_2c_1)\mathbf{j}+(a_1b_2-a_2b_1)\mathbf{k}]\\ &= a_1(b_1c_2-b_2c_1)-b_1(a_1c_2-a_2c_1)+c_1(a_1b_2-a_2b_1)=0\end{aligned}$$

이다. 그러므로 u와 $\mathbf{u}\times\mathbf{v}$는 수직이다. 비슷하게 v와 $\mathbf{u}\times\mathbf{v}$ 역시 수직임을 보일 수 있다.

성질 (2.17)의 증명: u와 v는 사각형의 이웃하는 두 변이라 가정하자(그림 2.17).

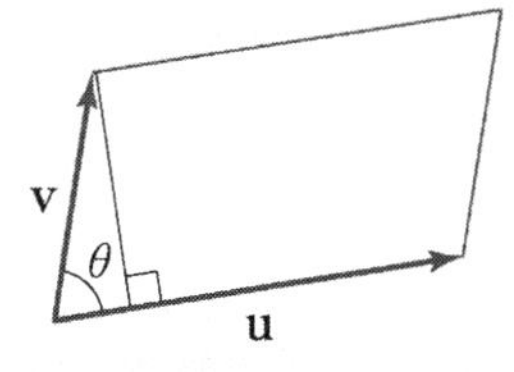

〈그림 2.17〉

그러면 두 변의 길이는 $\|\mathbf{u}\|$와 $\|\mathbf{v}\|$이다. θ가 u와 v 사이의 각이라면 이 사각형의 높이는 $\|\mathbf{v}\|\sin\theta$이다. 따라서

$$\text{사각형의 넓이}=\text{밑변}\times\text{높이}=\|\mathbf{u}\|\,[\,\|\mathbf{v}\|\sin\theta]=\|\mathbf{u}\times\mathbf{v}\|$$

↑ 성질 (2.16)

이다.

성질 (2.18)의 증명: (⇐) u와 v가 평행하다고 가정하면 스칼라 α가 존재하여 $\mathrm{u} = \alpha\mathrm{v}$이다. 따라서

$$\mathrm{u} \times \mathrm{v} = (\alpha \mathrm{v}) \times \mathrm{v} \underset{\uparrow\ \text{성질 (2.11)}}{=} \alpha(\mathrm{v} \times \mathrm{v}) \underset{\uparrow\ \text{성질 (2.9)}}{=} 0$$

이다.

(⇒) $\mathrm{u} \times \mathrm{v} = 0$이라 가정하면 성질 (2.16)에 의하여

$$\| \mathrm{u} \times \mathrm{v} \| = \| \mathrm{u} \| \ \| \mathrm{v} \| \sin\theta = 0$$

이다. $\mathrm{u} \neq 0$이고 $\mathrm{v} \neq 0$이므로 $\sin\theta = 0$이다. 따라서 $\theta = 0$ 또는 $\theta = \pi$이므로 어느 경우에나 u와 v는 평행하다.

성질 (2.16)의 증명은 생략한다.

예제 2.33 $\mathrm{u} = 3\mathrm{i} - 2\mathrm{j} + \mathrm{k}$와 $\mathrm{v} = -\mathrm{i} + 3\mathrm{j} - \mathrm{k}$에 수직인 벡터를 구하라.

풀이

성질 (2.15)에 의하여 구하는 벡터는 $\mathrm{u} \times \mathrm{v}$이다. 즉

$$\mathrm{u} \times \mathrm{v} = \begin{vmatrix} \mathrm{i} & \mathrm{j} & \mathrm{k} \\ 3 & -2 & 1 \\ -1 & 3 & -1 \end{vmatrix} = (2-3)\mathrm{i} - [-3-(-1)]\mathrm{j} + (9-2)\mathrm{k} = -\mathrm{i} + 2\mathrm{j} + 7\mathrm{k}$$

이므로 벡터 $-\mathrm{i} + 2\mathrm{j} + 7\mathrm{k}$는 u와 v에 동시에 수직이다.

확인: 내적이 0이면 두 벡터는 수직이다.

$$\mathrm{u} \cdot (\mathrm{u} \times \mathrm{v}) = (3\mathrm{i} - 2\mathrm{j} + \mathrm{k}) \cdot (-\mathrm{i} + 2\mathrm{j} + 7\mathrm{k}) = -3 - 4 + 7 = 0$$

$$\mathrm{v} \cdot (\mathrm{u} \times \mathrm{v}) = (-\mathrm{i} + 3\mathrm{j} - \mathrm{k}) \cdot (-\mathrm{i} + 2\mathrm{j} + 7\mathrm{k}) = 1 + 6 - 7 = 0$$

■

예제 2.34 꼭짓점이 $P_1 = (0, 0, 0)$, $P_2 = (3, -2, 1)$, $P_3 = (-1, 3, -1)$, $P_4 = (2, 1, 0)$인 사각형의 넓이를 구하라.

풀이

사각형의 이웃하는 두 변은

$$\mathrm{u} = \overrightarrow{P_1P_2} = 3\mathrm{i} - 2\mathrm{j} + \mathrm{k}, \quad \mathrm{v} = \overrightarrow{P_1P_3} = -\mathrm{i} + 3\mathrm{j} - \mathrm{k}$$

이다. $\mathrm{u} \times \mathrm{v} = -\mathrm{i} + 2\mathrm{j} + 7\mathrm{k}$ (예제 2.33)이므로

$$\text{사각형의 넓이} = \| \mathbf{u} \times \mathbf{v} \| = \sqrt{1+4+49} = \sqrt{54} = 3\sqrt{6}$$

이다. ■

삼중적

곱 $\mathbf{a} \cdot (\mathbf{b} \times \mathbf{c})$를 벡터 a, b, c의 **스칼라삼중적**(scalar triple products)이라 한다. 스칼라삼중적의 기하학적 의미는 벡터 a, b, c에 의해서 결정되는 평행육면체를 생각함으로써 알 수 있다(그림 2.18). 평행사변형의 밑변의 넓이는 $A = |\mathbf{b} \times \mathbf{c}|$이다. θ를 a와 $\mathbf{b} \times \mathbf{c}$ 사이의 각이라 하면 평행육면체의 높이는 $h = \|\mathbf{a}\| |\cos\theta|$이다. 그러므로 평행육면체의 부피 V는

$$V = Ah = |\mathbf{b} \times \mathbf{c}| \|\mathbf{a}\| |\cos\theta| = |\mathbf{a} \cdot (\mathbf{b} \times \mathbf{c})|$$

이다. 이것은 다음 결과의 증명이다.

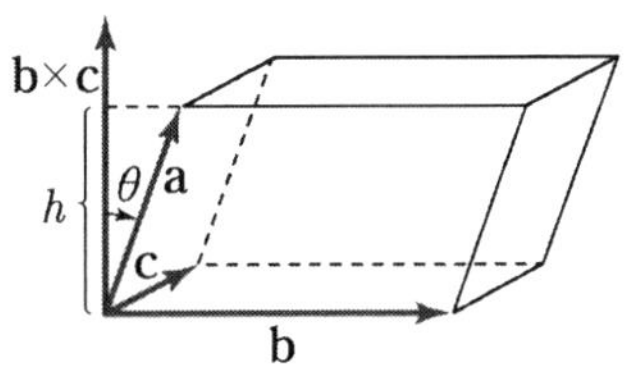

〈그림 2.18〉

정리 2.35 평행육면체의 부피

벡터 a, b, c에 의해서 결정되는 평행육면체의 부피를 V라 하면

$$V = |\mathbf{a} \cdot (\mathbf{b} \times \mathbf{c})|$$

이다. 더욱이 $\mathbf{a} = a_1\mathbf{i} + a_2\mathbf{j} + a_3\mathbf{k}$, $\mathbf{b} = b_1\mathbf{i} + b_2\mathbf{j} + b_3\mathbf{k}$, $\mathbf{c} = c_1\mathbf{i} + c_2\mathbf{j} + c_3\mathbf{k}$라 하면

$$\mathbf{a} \cdot (\mathbf{b} \times \mathbf{c}) = \begin{vmatrix} a_1 & a_2 & a_3 \\ b_1 & b_2 & b_3 \\ c_1 & c_2 & c_3 \end{vmatrix}$$

이다.

증명

첫 번째는 이미 앞에서 증명했다. 두 번째만 증명하면 된다. 스칼라삼중적의 정의와 내적의 성질을 이용하여 증명할 것이다.

$$\mathbf{a}\cdot(\mathbf{b}\times\mathbf{c})=(a_1\mathbf{i}+a_2\mathbf{j}+a_3\mathbf{k})\cdot\begin{vmatrix} \mathbf{i} & \mathbf{j} & \mathbf{k} \\ b_1 & b_2 & b_3 \\ c_1 & c_2 & c_3 \end{vmatrix}$$

$$=(a_1\mathbf{i}+a_2\mathbf{j}+a_3\mathbf{k})\cdot\left[\begin{vmatrix} b_2 & b_3 \\ c_2 & c_3 \end{vmatrix}\mathbf{i}-\begin{vmatrix} b_1 & b_3 \\ c_1 & c_3 \end{vmatrix}\mathbf{j}+\begin{vmatrix} b_1 & b_2 \\ c_1 & c_2 \end{vmatrix}\mathbf{k}\right]$$

$$=a_1\begin{vmatrix} b_2 & b_3 \\ c_2 & c_3 \end{vmatrix}-a_2\begin{vmatrix} b_1 & b_3 \\ c_1 & c_3 \end{vmatrix}+a_3\begin{vmatrix} b_1 & b_2 \\ c_1 & c_2 \end{vmatrix}$$

$$=\begin{vmatrix} a_1 & a_2 & a_3 \\ b_1 & b_2 & b_3 \\ c_1 & c_2 & c_3 \end{vmatrix}$$

세 벡터 a, b, c에 대하여, 이 벡터가 같은 평면에 있을 필요충분조건은 $\mathbf{a}\cdot(\mathbf{b}\times\mathbf{c})=0$ 이다.

예제 2.36 스칼라삼중적을 이용하여 벡터 $\mathbf{a}=(1,4,-7)$, $\mathbf{b}=(2,-1,4)$, $\mathbf{c}=(0,-9,18)$ 가 같은 평면 위에 있음을 보이라.

풀이

정리 2.35에 의해서

$$\mathbf{a}\cdot(\mathbf{b}\times\mathbf{c})=\begin{vmatrix} 1 & 4 & -7 \\ 2 & -1 & 4 \\ 0 & -9 & 18 \end{vmatrix}$$

$$=1\begin{vmatrix} -1 & 4 \\ -9 & 18 \end{vmatrix}-4\begin{vmatrix} 2 & 4 \\ 0 & 18 \end{vmatrix}-7\begin{vmatrix} 2 & -1 \\ 0 & -9 \end{vmatrix}$$

$$=1(18)-4(36)-7(-18)=0$$

이다. 그러면 벡터 a, b, c에 의해서 결정되는 평행육면체의 부피 $V=0$이다. 그러므로 벡터 a, b, c는 같은 평면 위에 있다. ■

정리 2.37 a, b, c가 세 벡터이고, k가 스칼라일 때 다음이 성립한다.

(1) $\mathbf{a}\cdot(\mathbf{b}\times\mathbf{c})=(\mathbf{a}\times\mathbf{b})\cdot\mathbf{c}$

(2) $\mathbf{a}\times(\mathbf{b}\times\mathbf{c})=(\mathbf{a}\cdot\mathbf{c})\mathbf{b}-(\mathbf{a}\cdot\mathbf{b})\mathbf{c}$

증명

$\mathbf{a}=(a_1, a_2, a_3)$, $\mathbf{b}=(b_1, b_2, b_3)$, $\mathbf{c}=(c_1, c_2, c_3)$라 하면

(1) $\mathbf{a}\cdot(\mathbf{b}\times\mathbf{c})=a_1(b_2c_3-b_3c_2)+a_2(b_3c_1-b_1c_3)+a_3(b_1c_2-b_2c_1)$

$=a_1b_2c_3-a_1b_3c_2+a_2b_3c_1-a_2b_1c_3+a_3b_1c_2-a_3b_2c_1$

$=(a_2b_3-a_3b_2)c_1+(a_3b_1-a_1b_3)c_2+(a_1b_2-a_2b_1)c_3$

$=(\mathbf{a}\times\mathbf{b})\cdot\mathbf{c}$

(2) $\mathbf{a}\times(\mathbf{b}\times\mathbf{c})=(a_2(b_1c_2-b_2c_1)-a_3(b_3c_1-b_1c_3), a_3(b_2c_3-b_3c_2)-a_1(b_1c_2-b_2c_1),$

$a_1(b_3c_1-b_1c_3)-a_2(b_2c_3-b_3c_2))$

$=(a_2b_1c_2-a_2b_2c_1-a_3b_3c_1+a_3b_1c_3,\ a_3b_2c_3-a_3b_3c_2-a_1b_1c_2+a_1b_2c_1,$

$a_1b_3c_1-a_1b_1c_3-a_2b_2c_3+a_2b_3c_2)$

$=((a_2c_2+a_3c_3)b_1-(a_2b_2+a_3b_3)c_1,\ (a_1c_1+a_3c_3)b_2-(a_1b_1+a_3b_3)c_2,$

$(a_1c_1+a_2c_2)b_3-(a_1b_1+a_2b_2)c_3)$

여기서 각 성분에 같은 수를 더하고 뺀다.

$=((a_2c_2+a_3c_3)b_1-(a_2b_2+a_3b_3)c_1+a_1b_1c_1-a_1b_1c_1,$

$(a_1c_1+a_3c_3)b_2-(a_1b_1+a_3b_3)c_2+a_2b_2c_2-a_2b_2c_2,$

$(a_1c_1+a_2c_2)b_3-(a_1b_1+a_2b_2)c_3+a_3b_3c_3-a_3b_3c_3)$

$=((a_1c_1+a_2c_2+a_3c_3)b_1-(a_1b_1+a_2b_2+a_3b_3)c_1,$

$(a_1c_1+a_2c_2+a_3c_3)b_2-(a_1b_1+a_2b_2+a_3b_3)c_2,$

$(a_1c_1+a_2c_2+a_3c_3)b_3-(a_1b_1+a_2b_2+a_3b_3)c_3)$

$=(a_1c_1+a_2c_2+a_3c_3)(b_1, b_2, b_3)-(a_1b_1+a_2b_2+a_3b_3)(c_1, c_2, c_3)$

$=(\mathbf{a}\cdot\mathbf{c})\mathbf{b}-(\mathbf{a}\cdot\mathbf{b})\mathbf{c}$

SECTION 2

연습문제

➡ 연습문제 해답 405쪽

01. 벡터 $(-4, 2, 4)$ 방향의 단위벡터를 구하라.

02. 타자가 투수의 공을 $60°$의 경사로 240km/h로 받아쳤다. 속도벡터의 수평 및 수직성분을 구하라.

03. 두 벡터 $\mathbf{i}+\mathbf{j}$와 $\mathbf{i}+\mathbf{j}+\mathbf{k}$에 모두 수직인 단위벡터를 구하라.

04. $\mathbf{a}$ 위로의 $\mathbf{b}$의 스칼라사영과 벡터사영을 구하라.

(1) $\mathbf{a}=(1, 2)$, $\mathbf{b}=(-4, 1)$ (2) $\mathbf{a}=\mathbf{i}+\mathbf{j}+\mathbf{k}$, $\mathbf{b}=\mathbf{i}-\mathbf{j}+\mathbf{k}$

05. 정육면체의 면들과 하나의 대각선 사이의 각을 구하라.

06. 벡터곱 $\mathbf{a}\times\mathbf{b}$를 구하고 $\mathbf{a}$와 $\mathbf{b}$ 모두에 수직임을 보이라.

(1) $\mathbf{a}=(-3, 2, 2)$, $\mathbf{b}=(6, 3, 1)$ (2) $\mathbf{a}=\mathbf{i}+e^{t}\mathbf{j}+e^{-t}\mathbf{k}$, $\mathbf{b}=2\mathbf{i}+e^{t}\mathbf{j}+e^{-t}\mathbf{k}$

07. 벡터곱의 성질을 이용하여 다음 각각을 구하라.

(1) $\mathbf{k}\times(\mathbf{i}-2\mathbf{j})$ (2) $(\mathbf{i}+\mathbf{j})\times(\mathbf{i}-\mathbf{j})$

08. 꼭짓점이 $K(1, 2, 3)$, $L(1, 3, 6)$, $M(3, 8, 6)$, $N(3, 7, 3)$인 평행사변형의 넓이를 구하라.

09. 공간에 세 점 $P(-1, 3, 1)$, $Q(0, 5, 2)$, $R(2, 3, -1)$이 있다.

(1) P, Q, R을 지나는 평면에 수직인 벡터를 구하라.

(2) 삼각형 PQR의 넓이를 구하라.

10. $\mathbf{v}=5\mathbf{j}$이고 $\mathbf{u}$는 원점에서 출발하는 길이가 3인 벡터라 하자. 벡터 $\mathbf{u}\times\mathbf{v}$의 길이의 최댓값과 최솟값을 구하라.

11. 공간에 있는 한 점 A에서 다른 점 B까지 물체를 움직이는 데 상수힘 $\mathbf{F}$로 한 일(work) W는 $W=\mathbf{F}\cdot\overrightarrow{AB}$로 정의된다. 어떤 물체를 $A(0, 0, 0)$에서 $B(0, 2, 0)$까지 2m를 움직이는 데 방향 $2\mathbf{i}+\mathbf{j}+2\mathbf{k}$에서 작용하는 3뉴턴의 힘이 한 일을 구하라.

12. (그림 1)처럼 렌치에 힘을 가해서 볼트를 조일 때, 염력이라 말하는 회전효과가 생긴다. 염력의 크기는 두 가지에 의존한다.

(i) 볼트의 축으로부터 힘이 작용하는 점까지의 거리, 이때 위치벡터 $\mathbf{r}$의 거리는 $\|\mathbf{r}\|$이다.

(ii) $\mathbf{r}$에 수직인 방향으로 힘 $\mathbf{F}$의 스칼라성분, 이것이 회전을 유발하는 성분이고 (그림 2)로부터 θ가 벡터 $\mathbf{r}$과 $\mathbf{F}$의 사잇각일 때 $\|\mathbf{F}\|\sin\theta$임을 알 수 있다.

그러면 염력벡터 τ의 크기 $\|\tau\|$는

$$\|\tau\| = \|\mathbf{r}\|\ \|\mathbf{F}\|\sin\theta$$

로 정의된다. 오른쪽으로 조일 때 볼트가 움직이는 방향의 단위벡터(그림 1 참고)를 $\mathbf{n}$이라 하면, 염력은 벡터

$$\tau=(\|\mathbf{r}\|\ \|\mathbf{F}\|\sin\theta)\mathbf{n}$$

으로 정의된다. 따라서 벡터곱의 정의에 의해서

$$\tau=\mathbf{r}\times\mathbf{F}$$

임을 알 수 있다. 나사가 (그림 3)에서 보듯이 0.25m 렌치에 가해진 40N의 힘에 의하여 조여지고 있다. 볼트의 중심에 대한 염력의 크기를 구하라.

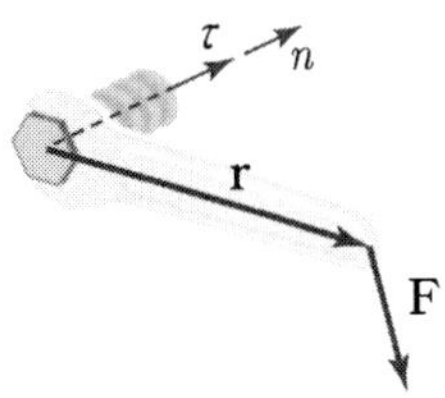

〈그림 1〉

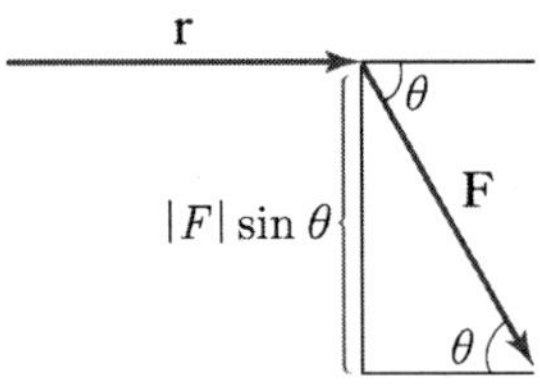

〈그림 2〉

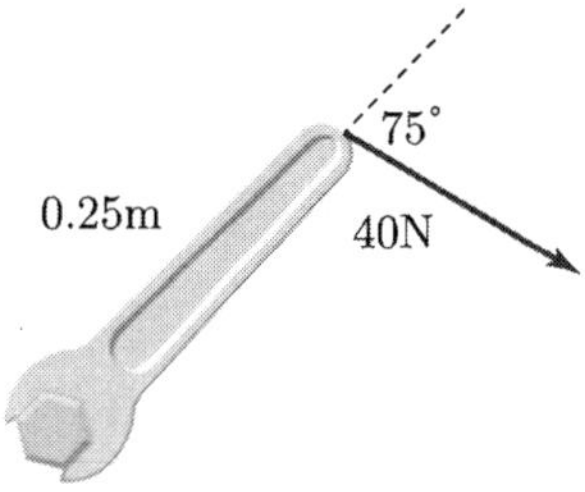

〈그림 3〉

13. 벡터 a = (1, 1, −1), b = (1, −1, 1), c = (−1, 11)이 결정하는 평행육면체의 부피를 구하라.

14. PQ, PR, PS를 인접하는 변으로 갖는 평행육면체의 부피를 구하라. 여기서 $P(3, 0, 1)$, $Q(-1, 2, 5)$, $R(5, 1, -1)$, $S(0, 4, 2)$이다.

15. 점 $A(1, 3, 2)$, $B(3, -1, 6)$, $C(5, 2, 0)$, $D(3, 6, -4)$가 같은 평면 위에 있는지 없는지를 결정하라.

SECTION

3 직선과 평면의 방정식

3.1 공간에서의 직선

공간에서 xy평면 위에 있는 직선은 그 직선 위의 한 점과 직선의 방향, 즉 기울기를 알면 방정식을 구할 수 있다. 즉 점-기울기 꼴로 나타낼 수 있다. 비슷하게 공간에 있는 직선 L은 L 위의 한 점 $P_0(x_0, y_0, z_0)$과 L의 방향을 알면 방정식이 결정된다.

이제 공간에 있는 직선 L의 방정식을 찾아보자. $P_0(x_0, y_0, z_0)$는 L 위의 한 점, v는 L과 평행한 벡터, $P(x, y, z)$는 L 위의 임의의 점이라 하자. P_0와 P의 위치벡터를 각각 $\overrightarrow{OP_0}=\mathrm{r}_0$, $\overrightarrow{OP}=\mathrm{r}$이라 하고 벡터 $\overrightarrow{P_0P}=\mathrm{a}$를 생각하자(그림 3.1). a와 v는 평행하므로, 스칼라 t가 존재하여

$$\mathrm{a}=t\mathrm{v}$$

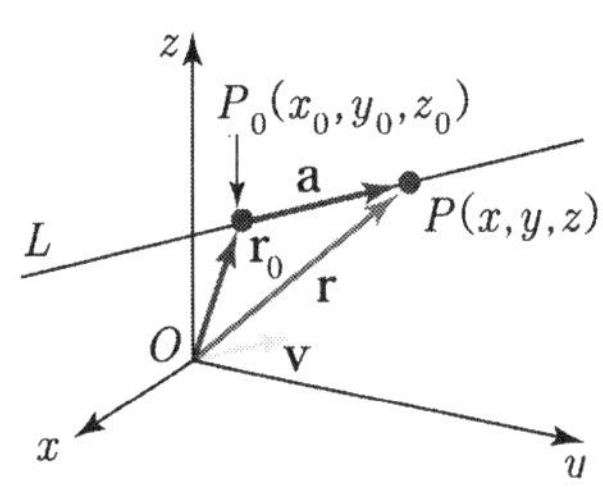

〈그림 3.1〉

이다. 벡터의 합의 정의로부터,

$$\overrightarrow{OP}=\overrightarrow{OP_0}+\overrightarrow{P_0P},\ 즉\ \mathrm{r}=\mathrm{r}_0+\mathrm{a}$$

이므로 위의 두 방정식으로부터 직선 L의 방정식은

$$\mathbf{r} = \mathbf{r}_0 + t\mathbf{v} \tag{3.1}$$

이다. 여기서 t를 매개변수라 한다. t는 L 위의 점 P의 위치를 결정해준다. 다시 말하면 t가 변할 때 L은 벡터 $\mathbf{r}$의 끝을 따라서 그려진다. (그림 3.2)와 같이 t의 양의 값은 P_0의 한쪽에 놓인 L 위의 점에 대응되고, t의 음의 값은 P_0의 반대쪽에 놓인 L 위의 점에 대응된다.

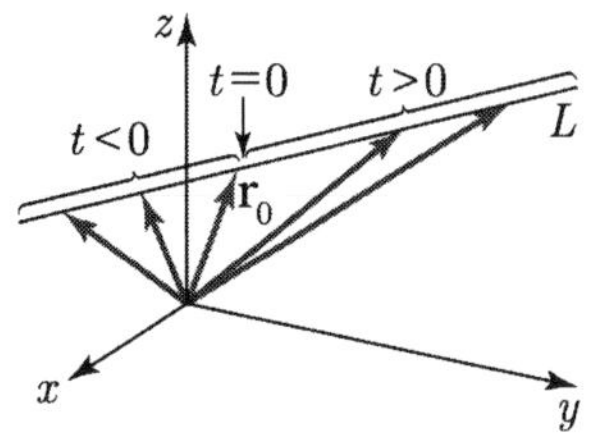

〈그림 3.2〉

한편 L의 방향을 주는 벡터 $\mathbf{v}$가 $\mathbf{v} = (a, b, c)$라 하면

$$t\mathbf{v} = (ta, tb, tc)$$

이다. 그런데 $\mathbf{r} = (x, y, z)$, $\mathbf{r}_0 = (x_0, y_0, z_0)$이므로 $t\mathbf{v} = (ta, tb, tc)$와 $\mathbf{r} = \mathbf{r}_0 + t\mathbf{v}$로부터 직선 L의 벡터방정식은

$$(x, y, z) = (x_0 + ta, y_0 + tb, z_0 + tc)$$

로 변형된다. 따라서 아래와 같은 직선 L의 다른 꼴의 방정식을 얻는다.

$$x = x_0 + at, \ y = y_0 + bt, \ z = z_0 + ct \tag{3.2}$$

방정식 (3.2)를 점 $P_0(x_0, y_0, z_0)$를 지나고 벡터 $\mathbf{v} = (a, b, c)$에 평행한 직선 L의 **매개방정식**이라 한다.

예제 3.1 **(1) 점 $(5, 1, 3)$을 지나고 벡터 $\mathbf{i} + 4\mathbf{j} - 2\mathbf{k}$에 평행한 직선의 벡터방정식과 매개방정식을 구하라.**

(2) 위 직선의 다른 두 점을 구하라.

풀이

(1) 가정에 의해서 $\mathbf{r}_0 = (5, 1, 3) = 5\mathbf{i} + \mathbf{j} + 3\mathbf{k}$, $\mathbf{v} = \mathbf{i} + 4\mathbf{j} - 2\mathbf{k}$이다. 구하는 직선 L 위의 임의의 점에 대한 위치벡터를 $\mathbf{r} = x\mathbf{i} + y\mathbf{j} + z\mathbf{k}$라 하면 (3.1)에 의해서

$$\mathbf{r} = (5\mathbf{i} + \mathbf{j} + 3\mathbf{k}) + t(\mathbf{i} + 4\mathbf{j} - 2\mathbf{k}) = (5 + t)\mathbf{i} + (1 + 4t)\mathbf{j} + (3 - 2t)\mathbf{k}$$

이다. 한편 $\mathbf{r}=x\mathbf{i}+y\mathbf{j}+z\mathbf{k}$ 이므로, $x\mathbf{i}+y\mathbf{j}+z\mathbf{k}=(5+t)\mathbf{i}+(1+4t)\mathbf{j}+(3-2t)\mathbf{k}$ 이므로

$$x=5+t,\ y=1+4t,\ z=3-2t$$

이다. 따라서 구하는 직선의

벡터방정식: $\mathbf{r}=(5+t)\mathbf{i}+(1+4t)\mathbf{j}+(3-2t)\mathbf{k}$

매개방정식: $x=5+t,\ y=1+4t,\ z=3-2t$

이다.

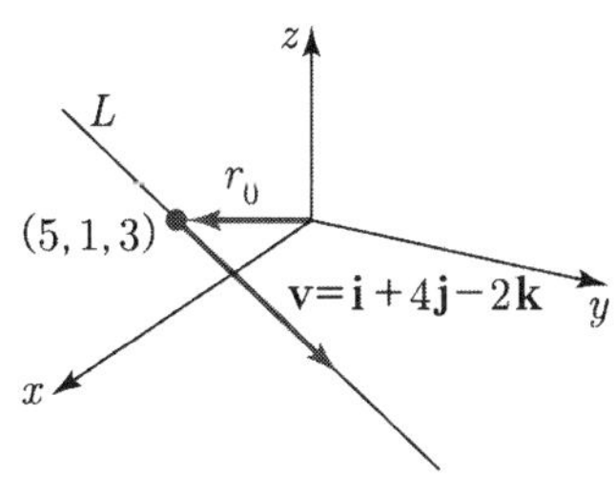

〈그림 3.3〉

(2) $t=1$이면 $x=6,\ y=5,\ z=1$이다. 따라서 $(6, 5, 1)$은 직선 위의 한 점이다.
$t=-1$이면 $x=4,\ y=-3,\ z=5$이다. 따라서 $(4, -3, 5)$는 직선 위의 한 점이다. ■

직선의 벡터방정식과 매개방정식이 꼭 하나로 결정되는 것은 아니다. 즉 직선 위의 점 또는 평행한 벡터를 바꾸면 방정식은 달라진다. 예를 들어 **예제 3.1**에서 점 $(5, 1, 3)$ 대신에 점 $(6, 5, 1)$로 택하고 평행한 벡터를 그대로 두면, 직선의 매개방정식은

$$x=6+t,\ y=5+4t,\ z=1-2t$$

이고 점 $(5, 1, 3)$은 그대로 두고 평행한 벡터를 $2\mathbf{i}+8\mathbf{j}-4\mathbf{k}$를 택하면, 직선의 매개방정식은

$$x=5+2t,\ y=1+8t,\ z=3-4t$$

이다. 일반적으로 벡터 $\mathbf{v}=(a, b, c)$가 직선 L의 방향을 나타낼 때, 수 a, b, c를 L의 **방향수**라 말한다. $\mathbf{v}$와 평행한 벡터는 어느 것이나 이용될 수 있으므로 a, b, c와 비례하는 임의의 세 수도 L의 방향수로 사용될 수 있다.

직선 L의 방정식을 나타내는 다른 방법은 방정식 (3.2)로부터 매개변수 t를 소거하는 것이다. a, b, c 중 어느 것도 0이 아니면, 방정식 (3.2)에서 t를 구하여 같게 놓으면

$$\frac{x-x_0}{a}=\frac{y-y_0}{b}=\frac{z-z_0}{c} \tag{3.3}$$

를 얻는다. 이것을 L의 **대칭방정식**이라 말한다.

방정식 (3.3)의 분모에 있는 수 a, b, c는 L의 방향수, 즉 L에 평행한 벡터의 성분임에 주목하라. a, b, c 중 어느 하나가 0인 경우에도 역시 t를 소거할 수 있다. 만약 $a = 0$이면 L의 방정식은

$$x = x_0, \quad \frac{y - y_0}{b} = \frac{z - z_0}{c}$$

로 쓸 수 있다. 이것은 L이 수직평면 $x = x_0$ 위에 있음을 의미한다.

예제 3.2 **(1) 두 점 $A(2, 4, -3)$과 $B(3, -1, 1)$을 지나는 직선의 매개방정식과 대칭방정식을 구하라.**

(2) 이 직선은 어느 점에서 xy평면과 만나는지 구하라.

풀이

(1) 벡터 $\mathrm{v} = \overrightarrow{AB}$를 생각하자. 그러면 v는 두 점을 지나는 직선에 평행한 벡터이고

$$\begin{aligned}\mathrm{v} &= \overrightarrow{OB} - \overrightarrow{OA} = (3, -1, 1) - (2, 4, -3) \\ &= (3-2, -1-4, 1-(-3)) = (1, -5, 4)\end{aligned}$$

이므로 방향수는 $a = 1$, $b = -5$, $c = 4$이다. $A(2, 4, -3)$을 지나므로

식 (3.2)에 의해서, 매개방정식: $x = 2 + t$, $y = 4 - 5t$, $z = -3 + 4t$

식 (3.3)에 의해서, 대칭방정식: $\dfrac{x-2}{1} = \dfrac{y-4}{-5} = \dfrac{z+3}{4}$

(2) 직선이 xy평면과 만나는 점을 구하기 위하여 $z = 0$이라 하자. 그러면 (1)에서 구한 대칭방식에서 $\dfrac{x-2}{1} = \dfrac{y-4}{-5} = \dfrac{3}{4}$이다. 그러면 $x = \dfrac{11}{4}$, $y = \dfrac{1}{4}$이므로 직선은 점 $\left(\dfrac{11}{4}, \dfrac{1}{4}, 0\right)$에서 xy평면과 만난다(그림 3.4).

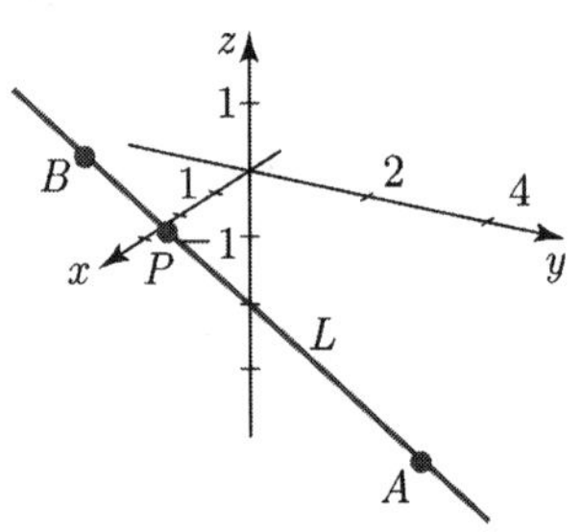

〈그림 3.4〉

■

일반적으로(**예제 3.2** 참고) 두 점 $P_0(x_0, y_0, z_0)$와 $P_1(x_1, y_1, z_1)$을 지나는 직선의 방향수는 $x_1 - x_0,\ y_1 - y_0,\ z_1 - z_0$이고 점 $P_0(x_0, y_0, z_0)$을 지나므로 직선의 대칭방정식은

$$\frac{x - x_0}{x_1 - x_0} = \frac{y - y_0}{y_1 - y_0} = \frac{z - z_0}{z_1 - z_0} \tag{3.4}$$

이다.

때때로 직선 전체가 아닌 선분만을 나타내는 방정식이 필요하다. 예를 들어 **예제 3.2**에서 선분 AB를 어떻게 나타낼 수 있을까? **예제 3.2** (1)의 매개방정식에서 $t = 0$을 대입하면 점 $(2, 4, -3)$을 얻고 $t = 1$을 대입하면 점 $(3, -1, 1)$을 얻는다. 따라서

선분 AB의 매개방정식: $x = 2 + t,\ y = 4 - 5t,\ z = -3 + 4t,\ 0 \le t \le 1$

선분 AB의 벡터방정식: $\mathrm{r}(t) = (2 + t, 4 - 5t, -3 + 4t),\ 0 \le t \le 1$

이다.

일반적으로 벡터 v의 방향으로 벡터 r_0를 지나는 벡터방정식은 (3.1)로부터 $\mathrm{r} = \mathrm{r}_0 + t\mathrm{v}$임을 알고 있다. 그런데 이 직선이 r_1도 지난다면 $\mathrm{v} = \mathrm{r}_1 - \mathrm{r}_0$로 택할 수 있으므로 벡터방정식은 다음과 같이 나타낼 수 있다.

$$\mathrm{r} = \mathrm{r}_0 + t(\mathrm{r}_1 - \mathrm{r}_0) = (1 - t)\mathrm{r}_0 + t\mathrm{r}_1 \tag{3.5}$$

더욱이 다음은 r_0에서 r_1까지의 선분을 나타내는 벡터방정식이다.

$$\mathrm{r} = \mathrm{r}_0 + t(\mathrm{r}_1 - \mathrm{r}_0) = (1 - t)\mathrm{r}_0 + t\mathrm{r}_1,\ 0 \le t \le 1 \tag{3.6}$$

예제 3.3 다음 두 직선

L_1: $x = 1 + t,\ y = -2 + 3t,\ z = 4 - t$

L_2: $x = 2s,\ y = 3 + s,\ z = -3 + 4s$

는 서로 꼬인 직선, 즉 만나지도 평행하지도 않는(그러므로 같은 평면에 있지 않은) **직선임을 보이라.**

풀이

다음 두 직선

L_1: $x = 1 + t,\ y = -2 + 3t,\ z = 4 - t$

L_2: $x = 2s,\ y = 3 + s,\ z = -3 + 4s$

L_1과 L_2에 평행한 벡터는 각각 $\mathrm{v}_1 = (1, 3, -1)$, $\mathrm{v}_2 = (2, 1, 4)$이다. 그런데 $1 : 3 : -1 \ne 2 : 1 : 4$이므로 v_1과 v_2는 평행하지 않다. 따라서 L_1과 L_2는 평행하지 않다.

이제 L_1과 L_2가 만난다고 가정하자. 그러면

$$1+t=s,\ -2+3t=3+s,\ 4-t=-3+4s$$

를 만족시키는 t와 s가 존재한다. 그러나 연립방정식을 만족하는 t와 s가 없다. 따라서 L_1과 L_2는 만나지 않는다(그림 3.5).

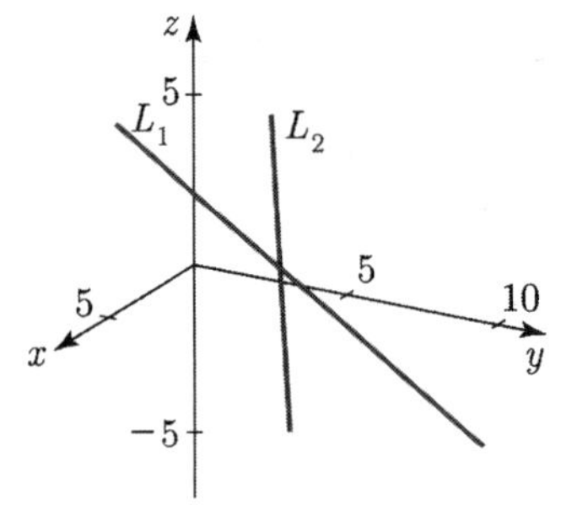

〈그림 3.5〉 ■

3.2 공간에서의 평면

공간에서 직선은 점과 방향에 의해서 결정할 수 있지만 평면은 좀 더 어렵다. 평면에 평행한 한 벡터는 평면을 나타내기 위하여 충분하지 않지만 평면에 수직인 벡터는 평면의 방향을 완전히 결정해준다. 그러므로 공간에서 평면은 평면 위의 한 점 $P_0(x_0,\ y_0,\ z_0)$와 이 평면에 수직인 벡터 n에 의해서 결정된다. 이때 벡터 n을 **법선벡터**라 말한다.
이제 평면 위의 임의의 점을 $P(x,\ y,\ z)$, r_0와 r을 P_0와 P의 위치벡터라 하자. 그러면

$$\overrightarrow{P_0P}=\mathrm{r}-\mathrm{r}_0$$

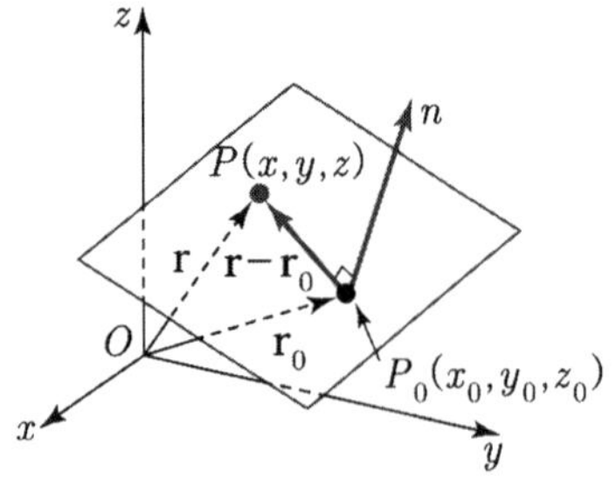

〈그림 3.6〉

이다. 그런데 벡터 n은 주어진 평면 위의 모든 벡터와 수직이므로, n은 $\mathrm{r}-\mathrm{r}_0$와 수직이다.

따라서

$$\mathrm{n} \cdot (\mathrm{r}-\mathrm{r}_0)=0 \text{ 즉 } \mathrm{n} \cdot \mathrm{r}=\mathrm{n} \cdot \mathrm{r}_0 \tag{3.7}$$

이다. 방정식 (3.7)을 **평면의 벡터방정식**이라 말한다. $\mathrm{n}=(a,\ b,\ c)$, $\mathrm{r}=(x,\ y,\ z)$, $\mathrm{r}_0=(x_0,\ y_0,\ z_0)$라 하면 (3.7)로부터

$$(a,\ b,\ c) \cdot (x-x_0,\ y-y_0,\ z-z_0)=0$$

즉

$$a(x-x_0)+b(y-y_0)+c(z-z_0)=0 \tag{3.8}$$

을 얻는다. 방정식 (3.8)을 점 $P_0(x_0,\ y_0,\ z_0)$를 지나고 법선벡터가 $\mathrm{n}=(a,\ b,\ c)$인 **평면의 스칼라방정식**이라 한다.

예제 3.4 점 $(2,\ 4,\ -1)$을 지나고 법선벡터가 $\mathrm{n}=(2,\ 3,\ 4)$인 평면의 방정식을 구하라. 좌표축과 만나는 점을 구하고 그 개형을 그리라.

풀이

방정식 (3.8)로부터 $2(x-2)+3(y-4)+4(z+1)=0$이다. 따라서 평면의 방정식은

$$2x+3y+4z=12$$

이다. 이제 각 축과 만나는 점을 구하자.

x절편: 위의 방정식에 $y=z=0$을 대입하면 $x=6$

y절편: 위의 방정식에 $x=z=0$을 대입하면 $y=4$

z절편: 위의 방정식에 $x=y=0$을 대입하면 $z=3$

위의 정보로부터 평면의 제1팔분공간 부분을 그릴 수 있다(그림 3.7).

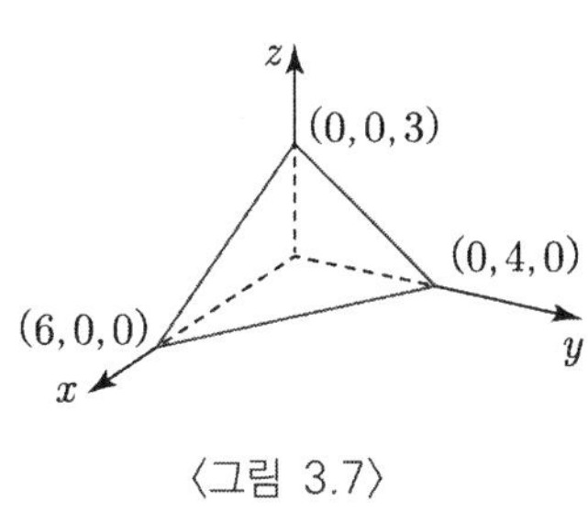

〈그림 3.7〉 ■

방정식 (3.8)에서 $d=-(ax_0+by_0+cz_0)$라 하면 방정식 (3.8)은

$$ax+by+cz+d=0 \tag{3.9}$$

으로 바꾸어 쓸 수 있다. 이 방정식을 x, y, z에 관한 선형방정식이라 말한다. 역으로 a, b, c가 모두 0이 아닐 때 방정식 (3.9)는 법선벡터가 (a, b, c)인 평면을 나타낸다.

예제 3.5 세 점 $P(1, 3, 2)$, $Q(3, -1, 6)$, $R(5, 2, 0)$을 지나는 평면의 방정식을 구하라.

풀이

$\mathbf{a}=\overrightarrow{PQ}$, $\mathbf{b}=\overrightarrow{PR}$이라 하자. 그러면 $\mathbf{a}=(2, -4, 4)$, $\mathbf{b}=(4, -1, -2)$이고 $\mathbf{a}$와 $\mathbf{b}$는 모두 구하는 평면 위에 있다. 그런데 $\mathbf{a}\times\mathbf{b}$는 $\mathbf{a}$, $\mathbf{b}$ 모두와 수직이고 특히 구하는 평면과 수직이다. 따라서 법선벡터 $\mathbf{n}$은

$$\mathbf{n}=\mathbf{a}\times\mathbf{b}=\begin{vmatrix} \mathbf{i} & \mathbf{j} & \mathbf{k} \\ 2 & -4 & 4 \\ 4 & -1 & -2 \end{vmatrix}=12\,\mathbf{i}+20\mathbf{j}+14\mathbf{k}$$

이다. 점 P는 이 평면 위에 있으므로 방정식 (3.8)에 의하여

$$12(x-1)+20(y-3)+14(z-2)=0$$

이다. 따라서 구하는 평면의 방정식은

$$6x+10y+7z=50$$

이다. ■

예제 3.6 매개방정식 $x=2+3t$, $y=-4t$, $z=5+t$로 주어진 직선이 평면 $4x+5y-2z=18$과 만나는 점을 구하라.

풀이

매개방정식의 x, y, z를 평면의 방정식에 대입하면

$$4(2+3t)+5(-4t)-2(5+t)=18$$

이므로 $t=-2$이다. 이 값을 매개방정식에 대입하여 x, y, z를 구하면

$$x=-4,\ y=8,\ z=3$$

이다. 따라서 교점은 $(-4, 8, 3)$이다. ■

두 법선벡터가 평행할 때, 두 평면은 **평행하다**. 예를 들어 평면 $x+2y-3z=4$와 $2x+4y-6z=3$을 생각하자. 그러면 법선벡터는 차례로 $\mathrm{n}_1=(1,\ 2,\ -3)$과 $\mathrm{n}_2=(2,\ 4,\ -6)$이다. 따라서 $\mathrm{n}_1=2\mathrm{n}_2$이다. 그러므로 두 평면은 평행하다.

두 평면이 평행하지 않으면 한 직선에서 만나고 두 평면 사이의 각은 예각으로 정의한다. (그림 3.8)에 있는 각 θ를 보라.

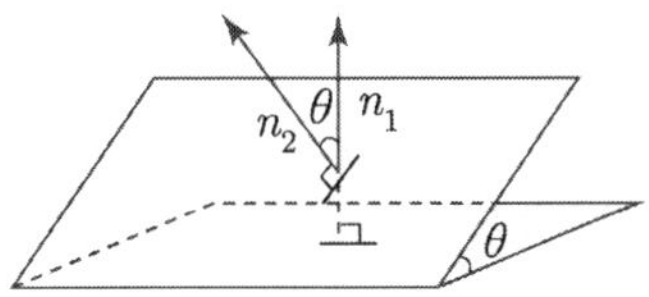

〈그림 3.8〉

예제 3.7 (1) **평면 $x+y+z=1$과 $x-2y+3z=1$ 사이의 각을 구하라.**

(2) **이들 두 평면의 교선 L의 대칭방정식을 구하라.**

풀이

(1) 두 평면의 법선벡터를 차례로 n_1, n_2라 하면

$$\mathrm{n}_1=(1,\ 1,\ 1),\ \mathrm{n}_2=(1,\ -2,\ 3)$$

이다. 이제 두 평면의 사잇각을 θ라 하면 공식 (2.3)에 의해서

$$\cos\theta=\frac{1(1)+1(-2)+1(3)}{\sqrt{1+1+1}\,\sqrt{1+4+9}}=\frac{2}{\sqrt{42}}$$

이므로

$$\theta=\cos^{-1}\left(\frac{2}{\sqrt{42}}\right)\approx 72^\circ$$

이다.

(2) 두 평면에서 $z=0$이라 하면 L이 xy평면과 만나는 점을 구할 수 있다. 두 평면의 방정식에 $z=0$을 대입하면

$$x+y=1,\ x-2y=1$$

이므로 $x=1,\ y=0$이므로 점 $(1,\ 0,\ 0)$은 L 위의 한 점이다. 그런데 L은 두 평면 위에 있으므로 두 평면의 법선벡터에 수직이다. 이제 $\mathrm{v}=\mathrm{n}_1\times\mathrm{n}_2$를 생각하자. v는 L에 평행한 벡터이다. 한편

$$\mathbf{v} = \mathbf{n}_1 \times \mathbf{n}_2 = \begin{vmatrix} \mathbf{i} & \mathbf{j} & \mathbf{k} \\ 1 & 1 & 1 \\ 1 & -2 & 3 \end{vmatrix} = 5\mathbf{i} - 2\mathbf{j} - 3\mathbf{k}$$

이므로 L의 대칭방정식은

$$\frac{x-1}{5} = \frac{y}{-2} = \frac{z}{-3}$$

이다(그림 3.9).

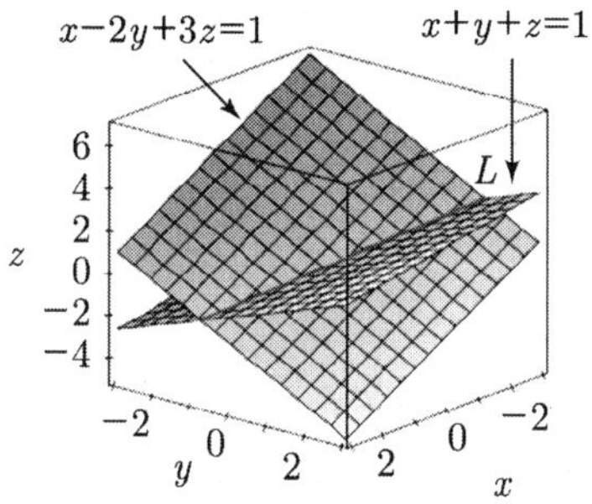

〈그림 3.9〉

■

[주의] 3.8 두 평면의 교선

x, y, z에 관한 선형방정식은 평면을 나타내고 평행하지 않은 두 평면은 한 직선에서 만나므로, 두 선형방정식은 하나의 직선을 나타낼 수 있다.

$$a_1x + b_1y + c_1z + d_1 = 0\text{과 } a_2x + b_2y + c_2z + d_2 = 0$$

을 모두 만족하는 점 (x, y, z)는 위의 두 평면 위에 있으므로, 한 쌍의 평면의 방정식은 두 평면(평행하지 않은 경우)의 교선이다. 예를 들어 **예제 3.7**에서 직선 L은 두 평면

$$x + y + z = 1\text{과 } x - 2y + 3z = 1$$

의 교선이다. 더욱이 L의 대칭방정식을 한 쌍의 선형방정식

$$\frac{x-1}{5} = \frac{y}{-2}\text{와 } \frac{y}{-2} = \frac{z}{-3}$$

로 다시 쓸 수 있다. 이것은 바로 위의 두 평면의 교선임을 의미한다(그림 3.10).

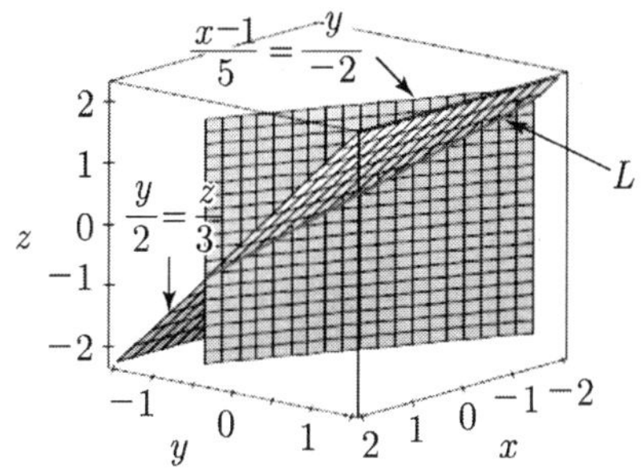

〈그림 3.10〉

일반적으로 직선의 방정식을 대칭형

$$\frac{x-x_0}{a}=\frac{y-y_0}{b}=\frac{z-z_0}{c}$$

로 나타내면, 그 직선은 두 평면

$$\frac{x-x_0}{a}=\frac{y-y_0}{b} \text{와 } \frac{y-y_0}{b}=\frac{z-z_0}{c}$$

의 교선으로 생각할 수 있다.

예제 3.9 점 $P_1(x_1, y_1, z_1)$에서 평면 $ax+by+cz+d=0$까지의 거리 D에 관한 공식을 구하라.

풀이

$P_0(x_0, y_0, z_0)$는 주어진 평면 위의 임의의 점이라 하고 $\overrightarrow{P_0P_1}=\mathrm{b}$ 라 하자. 그러면

$$\mathrm{b}=(x_1-x_0,\ y_1-y_0,\ z_1-z_0)$$

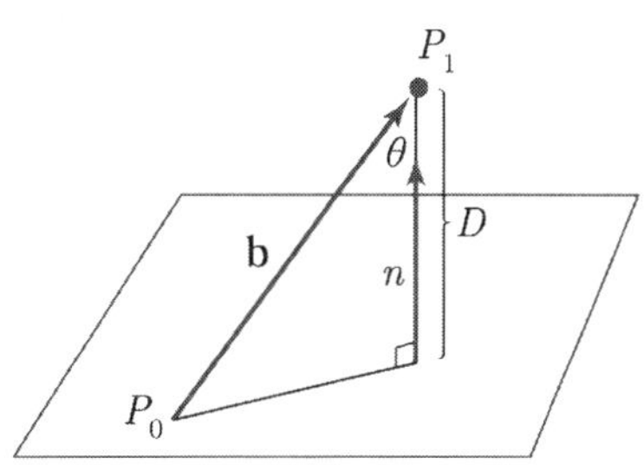

〈그림 3.11〉

이다. (그림 3.11)에서 보듯이 점 P_1에서 평면까지의 거리 D는 법선벡터 $\mathbf{n}=(a, b, c)$ 위로 $\mathbf{b}$의 스칼라사영의 절댓값임을 알 수 있다. 따라서

$$D=|\text{comp}_{\mathbf{n}}\mathbf{b}|=\frac{|\mathbf{n}\cdot\mathbf{b}|}{\|\mathbf{n}\|}$$
$$=\frac{|a(x_1-x_0)+b(y_1-y_0)+c(z_1-z_0)|}{\sqrt{a^2+b^2+c^2}}$$
$$=\frac{|(ax_1+by_1+cz_1)-(ax_0+by_0+cz_0)|}{\sqrt{a^2+b^2+c^2}}$$
$$=\frac{|ax_1+by_1+cz_1+d|}{\sqrt{a^2+b^2+c^2}}\quad (ax_0+by_0+cz_0+d=0\text{이므로})$$

이다. 따라서 다음의 공식을 얻는다.

$$D=\frac{|ax_1+by_1+cz_1+d|}{\sqrt{a^2+b^2+c^2}} \tag{3.10}$$

■

예제 3.10 평행한 두 평면 $10x+2y-2z=5$와 $5x+y-z=1$ 사이의 거리 D를 구하라.

풀이

D는 평면 $10x+2y-2z=5$ 위의 임의의 한 점에서 평면 $5x+y-z=1$까지의 거리와 같다. 이제 평면 $10x+2y-2z=5$ 위의 한 점을 구하기 위하여 $y=z=0$이라 하면 $10x=5$이다. 따라서 $x=\frac{1}{2}$이므로 $\left(\frac{1}{2}, 0, 0\right)$은 평면 $10x+2y-2z=5$ 위의 한 점이다. 따라서

$$D=(\tfrac{1}{2}, 0, 0)\text{에서 평면 } 5x+y-z=1\text{까지의 거리}$$
$$=\frac{\left|5(\frac{1}{2})+1(0)-1(0)-1\right|}{\sqrt{5^2+1^2+(-1)^2}}=\frac{\frac{3}{2}}{3\sqrt{3}}=\frac{\sqrt{3}}{6}$$

이다. ■

예제 3.11 예제 3.3에서 아래 두 직선

$$L_1: x=1+t,\ y=-2+3t,\ z=4-t$$
$$L_2: x=2s,\ y=3+s,\ z=-3+4s$$

는 서로 꼬인 직선임을 알아보았다. 두 직선 사이의 거리를 구하라.

풀이

두 평면 π_1과 π_2가 각각 서로 꼬인 직선인 L_1과 L_2를 포함한다고 하자. 그러면

$$L_1\text{과 } L_2 \text{ 사이의 거리} = \text{두 평면 } \pi_1\text{과 } \pi_2 \text{ 사이의 거리}$$

이다. 이 거리를 D라 하자. 한편 v_1과 v_2를 각각 L_1과 L_2의 방향벡터라 하면

$$\mathrm{v}_1 = (1, 3, -1), \quad \mathrm{v}_2 = (2, 1, 4)$$

이다. 이제 n은 두 평면 π_1과 π_2의 공통의 법선벡터라 하면

$$\mathrm{n} = \mathrm{v}_1 \times \mathrm{v}_2 = \begin{vmatrix} \mathrm{i} & \mathrm{j} & \mathrm{k} \\ 1 & 3 & -1 \\ 2 & 1 & 4 \end{vmatrix} = 13\mathrm{i} - 6\mathrm{j} - 5\mathrm{k}$$

이다. L_2에서 $s = 0$이라 하면 L_2 위의 점 $(0, 3, -3)$을 얻는다. 따라서 π_2의 방정식은

$$13(x-0) - 6(y-3) - 5(z+3) = 0 \text{ 즉 } 13x - 6y - 5z + 3 = 0$$

이다. 마지막으로 L_1에서 $t = 0$으로 놓으면, π_1 위의 점 $(1, -2, 4)$를 얻는다. 따라서

$$D = \frac{|13(1) - 6(-2) - 5(4) + 3|}{\sqrt{13^2 + (-6)^2 + (-5)^2}} = \frac{8}{\sqrt{230}} \approx 0.53$$

이다. ■

SECTION

3 연습문제

➡ 연습문제 해답 405쪽

01. 점 $(1, 0, -3)$을 지나고 벡터 $2\mathbf{i}-4\mathbf{j}+5\mathbf{k}$에 평행한 직선의 벡터방정식과 매개방정식을 구하라.

02. 다음 각각의 직선의 매개방정식과 대칭방정식을 구하라.

(1) 원점과 점 $(1, 2, 3)$을 지나는 직선

(2) 점 $(2, 1, 0)$을 지나고 두 벡터 $(1, 1, 0)$과 $(0, 1, 1)$에 수직인 직선

(3) 평면 $x+2y+3z=1$과 $x-y+z=1$이 만나는 직선

03. 다음 각 물음에 답하라.

(1) 평면 $x-y+3z=7$에 수직이고 점 $(2, 4, 6)$을 지나는 직선의 매개방정식을 구하라.

(2) (1)의 직선이 좌표평면과 만나는 점을 구하라.

04. 점 $(10, 3, 1)$에서 점 $(5, 6, -3)$에 이르는 선분의 매개방정식을 구하라.

05. 직선 L_1과 L_2가 평행한지 꼬여 있는지 또는 만나는지를 판별하라. 만나면 교점을 구하라.

(1) L_1: $x=-6t,\ y=1+9t,\ z=-3t$

L_2: $x=1+2s,\ y=4-3s,\ z=s$

(2) L_1: $x=1+2t,\ y=3t,\ z=2-t$

L_2: $x=-1+s,\ y=4+s,\ z=1+3s$

06. 다음의 각 조건을 만족하는 평면의 방정식을 구하라.

(1) 점 $(4, 0, -3)$을 지나고 법선벡터가 $\mathbf{j}+2\mathbf{k}$이다.

(2) 직선 $x=1+t,\ y=2-t,\ z=4-3t$를 포함하고 평면 $5x+2y+z=1$에 평행하다.

(3) 원점과 점 $(2, -4, 6)$과 $(5, 1, 3)$을 지난다.

(4) 점 $(1, -1, 1)$을 지나고 대칭방정식이 $x=2y=3z$인 직선을 포함한다.

(5) 평면 $2z=x+4y$에 수직이고 점 $(0, -2, 5)$와 $(-1, 3, 1)$을 지난다.

(6) 평면 $x-z=1$과 $y+2z=3$의 교선을 지나고 평면 $x+y-2z=1$에 수직이다.

07. 두 평면 $3x-2y+z=1$과 $2x+y-3z=3$ 다음 물음에 답하라.

(1) 두 평면의 교선의 매개방정식을 구하라.

(2) 두 평면의 사잇각을 구하라.

CHAPTER 4

벡터함수

1. 벡터함수 | 2. 벡터함수의 미분과 적분 | 3. 벡터함수의 응용

SECTION

1 벡터함수

지금까지는 함수의 정의역과 치역은 대개 실수 전체 집합이거나 실수의 부분집합이었다. 이제부터 함수의 정의역은 실수의 부분집합 또는 실수 전체이고 치역은 평면의 일부분이거나 전체 또는 공간상의 일부분이거나 전체를 가지는 함수에 대해서 생각한다.

1.1 벡터함수

우리가 일상생활을 하면서 흔히 보거나 경험하는 내용을 살펴보면 시간에 의존하여 발생하는 일들이 매우 많음을 알 수 있다. 이러한 것 중에서 대표적으로 롤러코스터[11]를 타는 놀이를

11) 위 그림은 이스라엘 Kumba의 롤러코스터이다.
출처: https://commons.wikimedia.org/wiki/File:RLZ_Superland_-_SLC_689m_Kumba_Roller_Coaster_02.JPG

생각해보도록 하자. 롤러코스터를 타고 출발점에서 시간을 0이라고 할 때 롤러코스터가 움직이는 순간부터 시간이 흐를 때 롤러코스터의 위치는 시간에 따라 변함을 알 수 있다. 이때 롤러코스터의 위치를 설명하려면 공간상의 세 점의 좌표 (x, y, z)로 표현해야 한다. 그런데 이 세 좌표 x, y, z는 모두 시간에 따라 변하는 함수임을 알 수 있다. 따라서 시간에 따라 위치(즉, 벡터)가 대응되는 함수를 생각할 수 있다.

정의 1.1 벡터함수

벡터함수 F란 정의역 I의 각 점 t에서 벡터 $\mathrm{F}(t)$를 대응시키는 함수이다.

위의 정의로부터 벡터함수 F의 정의역 I는 일반적으로 $\mathbb{R}^n\,(n \geq 1)$의 부분집합일 수 있으나, 우리는 일단 실수의 구간 또는 전체를 생각하기로 한다. 또한 벡터함수 F의 공역도 일반적으로 $\mathbb{R}^m\,(m \geq 2)$이지만 주로 $n=2,\ 3$인 경우를 생각하기로 한다.
벡터함수의 정의역이 위와 같이 명시되지 않았을 경우에는 벡터함수가 정의될 수 있는 실수의 최대집합으로 정의한다.

벡터함수 $\mathrm{F}(t)$가 정의되면 이것은 평면 또는 공간상의 벡터(또는 점)이므로 성분을 이용하여 나타낼 수 있다. 예를 들면 공역이 평면인 경우에는

$$\mathrm{F}(t) = x(t)\mathrm{i} + y(t)\mathrm{j},$$

공간인 경우에는

$$\mathrm{F}(t) = x(t)\mathrm{i} + y(t)\mathrm{j} + z(t)\mathrm{k}$$

와 같이 표현할 수 있다. 이때 $x(t),\ y(t),\ z(t)$를 F의 **성분함수**라고 부른다.

벡터함수 $\mathrm{F}(t)$는 정의역이 실수의 구간인 경우 t가 정의역 내에서 연속적으로 변하면 벡터값 $\mathrm{F}(t)$도 연속적으로 변하게 된다. 대개는 정의역을 포함하여 그래프를 그릴 수 없기 때문에 공간상에서 $\mathrm{F}(t)$의 값들의 변화만 그리는 것이 편리하다. 집합적으로 표현하면

$$\{\mathrm{F}(t) \in \mathbb{R}^3 \mid t \in Dom(\mathrm{F})\}$$

으로 나타낼 수 있으며 이것을 F의 **곡선**(curve)이라고 부른다.

예제 1.2 (1) $\mathbf{F}(t)=\cos t\mathbf{i}+\sin t\mathbf{j}$ $(0\le t\le 2\pi)$는 원점이 중심, 반지름이 1인 평면 위의 원을 나타내는 벡터함수이다.

(2) $\mathbf{F}(t)=\cos t\mathbf{i}+\sin t\mathbf{j}+t\mathbf{k}$ $(0\le t\le 2\pi)$는 원점이 중심, 반지름이 1인 원으로 회전하면서 오르는 형태의 나선형 벡터함수이다. 이러한 함수의 곡선을 **나선**(helix)이라고 부른다.

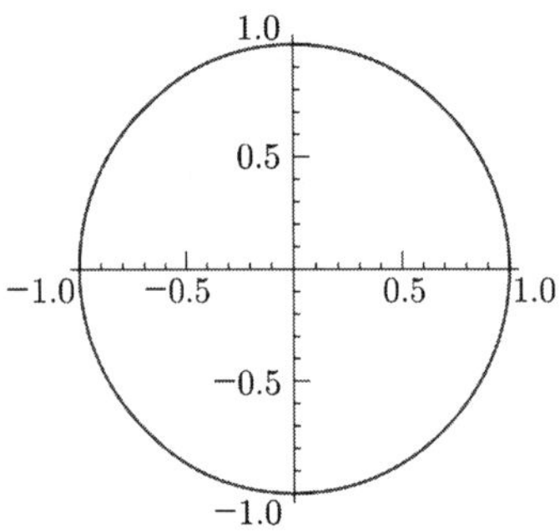

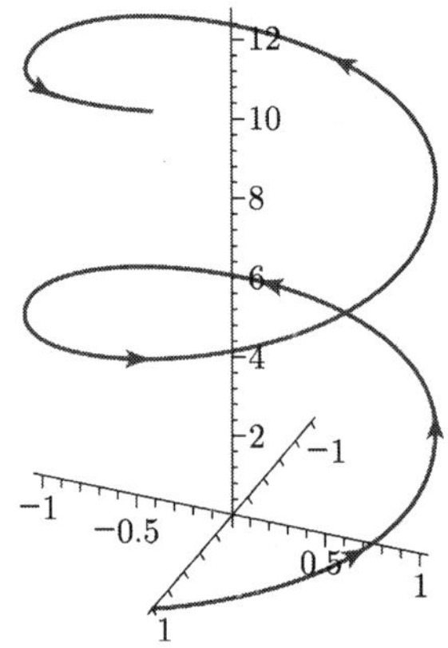

(3) $\mathbf{F}(t)=t\mathbf{i}+2t\mathbf{j}+3t\mathbf{k}$는 원점을 지나는 직선을 나타내는 벡터함수이다. 이 함수의 곡선은 원점과 점 (1, 2, 3)을 연결하는 직선이다.

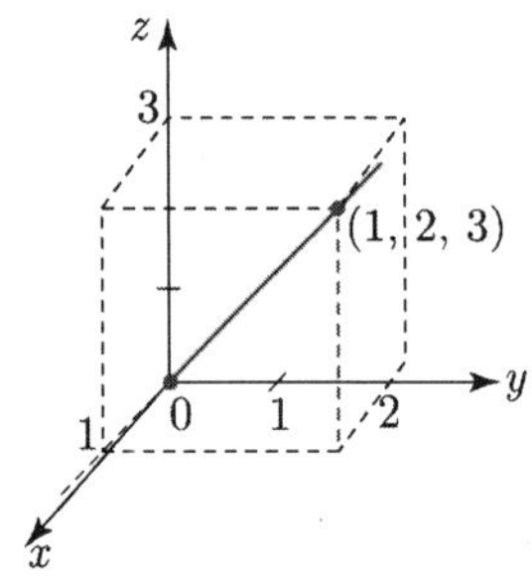

■

벡터함수 $\mathbf{F}(t)=x(t)\mathbf{i}+y(t)\mathbf{j}+z(t)\mathbf{k}$가 주어졌을 때 F의 정의역을 어떻게 구할 것인가? 각 성분함수는 정의역이 실수의 일부분 또는 전체이고 공역이 실수집합인 실함수이므로 실함수의 정의역 중 최대영역으로 정하면 된다. 따라서 성분함수들의 정의역을 각각 D_x, D_y, D_z라고 하면 벡터함수 F의 **정의역** D는

$$D=D_x\cap D_y\cap D_z$$

가 된다. 즉, 벡터함수의 정의역은 각 성분함수의 정의역의 공통부분이다.

예제 1.3 벡터함수 $\mathrm{F}(t)=\dfrac{\sin t}{t}\mathrm{i}+\dfrac{1+t^2}{1-t^2}\mathrm{j}+\tan t\,\mathbf{k}$의 정의역을 구하라.

풀이

벡터함수 F의 각 성분함수는

$$x(t)=\frac{\sin t}{t}, \quad y(t)=\frac{1+t^2}{1-t^2}, \quad z(t)=\tan t$$

이고 성분함수의 분모가 0이 되는 점을 제외하면, 각 성분함수의 정의역은 각각

$$D_x=\mathbb{R}-\{0\}, \quad D_y=\mathbb{R}-\{\pm 1\}, \quad D_z=\mathbb{R}-\left\{\left(n+\frac{1}{2}\right)\pi\,;\ n\text{은 정수}\right\}$$

이다. 따라서 벡터함수 F의 정의역 D는

$$D=D_x\cap D_y\cap D_z=\mathbb{R}-\left[\{-1,\ 0,\ 1\}\cup\left\{\left(n+\frac{1}{2}\right)\pi;\ n\text{은 정수}\right\}\right]$$

이다. ■

예제 1.4 벡터함수 $\mathrm{F}(t)=\ln t\,\mathrm{i}+\sqrt{1-t^2}\,\mathrm{j}$의 정의역을 구하라.

풀이

벡터함수 F의 각 성분함수는

$$x(t)=\ln t, \quad y(t)=\sqrt{1-t^2}$$

이다. 로그함수의 진수가 정의되려면 항상 양수이어야 하고, 근호 내의 값이 음이 아닌 수이어야 하므로 성분함수의 정의역은 각각

$$D_x=(0,\ \infty), \quad D_y=\{t\in\mathbb{R}\mid 1-t^2\geq 0\}=[-1,\ 1]$$

이다. 따라서 벡터함수 F의 정의역 D는

$$D=D_x\cap D_y=(0,\ 1]$$

이다. ■

두 벡터함수 F와 G가 각각 정의역 D_F, D_G에서 정의되었다고 하자. 이때 두 벡터함수의 합, 차, 내적, 외적은 공통집합 $D=D_F\cap D_G$에서 다음과 같이 정의한다.

정의 1.5 벡터함수의 연산

벡터함수 F와 G의 연산을 정의역의 공통집합 D에서 다음과 같이 정의한다.

(1) 합 · 차 : $(\mathrm{F}\pm\mathrm{G})(t)=\mathrm{F}(t)\pm\mathrm{G}(t)$

(2) 내적 : $(\mathrm{F}\cdot\mathrm{G})(t)=\mathrm{F}(t)\cdot\mathrm{G}(t)$

(3) 외적 : $(\mathrm{F}\times\mathrm{G})(t)=\mathrm{F}(t)\times\mathrm{G}(t)$

f가 D에서 정의된 실함수이고, g는 구간 $[a, b]$에서 $g([a, b])\subset D$인 실함수일 때

(4) 실함수곱 : $(f\mathrm{F})(t)=f(t)\mathrm{F}(t)$

(5) 합성 : $(\mathrm{F}\circ g)(t)=\mathrm{F}(g(t))$

예제 1.6 벡터함수 $\mathrm{F}(t)=t\mathrm{i}+\mathrm{j}$와 $\mathrm{G}(t)=\cos t\mathrm{i}+\sin t\mathrm{j}+t\mathrm{k}$에 대해서 벡터함수의 합, 차, 내적, 외적을 각각 구하라.

풀이

합 · 차: $(\mathrm{F}+\mathrm{G})(t)=\mathrm{F}(t)+\mathrm{G}(t)=(t+\cos t)\mathrm{i}+(1+\sin t)\mathrm{j}+t\mathrm{k}$

$(\mathrm{F}-\mathrm{G})(t)=\mathrm{F}(t)-\mathrm{G}(t)=(t-\cos t)\mathrm{i}+(1-\sin t)\mathrm{j}-t\mathrm{k}$

내적: $(\mathrm{F}\cdot\mathrm{G})(t)=\mathrm{F}(t)\cdot\mathrm{G}(t)=t\cos t+\sin t$

외적: $(\mathrm{F}\times\mathrm{G})(t)=\mathrm{F}(t)\times\mathrm{G}(t)$

$$=\begin{vmatrix} \mathrm{i} & \mathrm{j} & \mathrm{k} \\ t & 1 & 0 \\ \cos t & \sin t & t \end{vmatrix}=\begin{vmatrix} 1 & 0 \\ \sin t & t \end{vmatrix}\mathrm{i}-\begin{vmatrix} t & 0 \\ \cos t & t \end{vmatrix}\mathrm{j}+\begin{vmatrix} t & 1 \\ \cos t & \sin t \end{vmatrix}\mathrm{k}$$

$$=t\mathrm{i}-t^2\mathrm{j}+(t\sin t-\cos t)\mathrm{k}$$ ■

예제 1.7 벡터함수 $\mathrm{F}(t)=t\mathrm{i}+t^2\mathrm{j}+t^3\mathrm{k}$와 실함수 $f(t)=\sqrt{t}$, $g(t)=\dfrac{1}{t}$에 대해서 실수곱 $f\mathrm{F}$와 합성 $\mathrm{F}\circ g$를 구하라.

풀이

실함수곱 : $(f\mathrm{F})(t)=f(t)\mathrm{F}(t)=t\sqrt{t}\mathrm{i}+t^2\sqrt{t}\mathrm{j}+t^3\sqrt{t}\mathrm{k}$

합성 : $(\mathrm{F}\circ g)(t)=\mathrm{F}(g(t))=\dfrac{1}{t}\mathrm{i}+\dfrac{1}{t^2}\mathrm{j}+\dfrac{1}{t^3}\mathrm{k}$ ■

1.2 벡터함수의 극한

벡터함수의 극한에 대해서 생각해보자. 여기서 다루는 벡터함수는 정의역이 실수의 구간상의 고정된 한 점으로 다가갈 때 벡터함수의 극한을 생각하게 된다. 1.1절에서 살펴본 벡터함수의 치역은 $\mathbb{R}^n$상의 곡선의 한 점으로 곡선을 따라서 접근한다.

일반적으로 벡터가 가까이 다가간다는 의미는 고정된 한 벡터와 움직이는 벡터 사이의 거리가 0이 됨을 의미한다. 벡터함수 $\mathrm{F} = \mathrm{F}(t)$, $t \in [a, b]$와 $t_0 \in [a, b]$를 생각하자. 시간 t가 t_0로 갈 때 벡터함수 $\mathrm{F}(t)$가 상수벡터 L로 다가가면 이것을

$$t \to t_0 \text{일 때 } \mathrm{F}(t) \to \mathrm{L} \quad \text{또는} \quad \lim_{t \to t_0} \mathrm{F}(t) = \mathrm{L}$$

로 나타낸다. 이것을 보다 엄격하게 정의하기 위해서 "$t \to t_0$"를 다르게 표현해야 한다. 즉 "두 점 사이의 거리 $|t - t_0|$가 0으로 간다"로 나타내는 것과 논리적으로 같다. 그러면 벡터함수값 $\mathrm{F}(t)$가 상수벡터 L로 다가간다. 즉 "$\mathrm{F}(t) \to \mathrm{L}$"는 $\|\mathrm{F}(t) - \mathrm{L}\| \to 0$과 논리적으로 같다. 이 생각을 반영시키면 $\varepsilon - \delta$를 사용하여 극한을 보다 엄밀하게 정의할 수 있다.

정의 1.8 벡터함수의 극한

벡터함수 $\mathrm{F} = \mathrm{F}(t)$, $t \in [a, b]$와 $t_0 \in [a, b]$에 대해서, 극한

$$\lim_{t \to t_0} \mathrm{F}(t) = \mathrm{L}$$

이라는 뜻은 임의로 주어진 $\varepsilon > 0$에 대해서 $\delta > 0$가 존재하여

$$0 < |t - t_0| < \delta \text{을 만족하는 모든 } t \in [a, b] \text{에 대해서 } \|\mathrm{F}(t) - \mathrm{L}\| < \varepsilon \tag{1.1}$$

이 성립함을 의미한다.

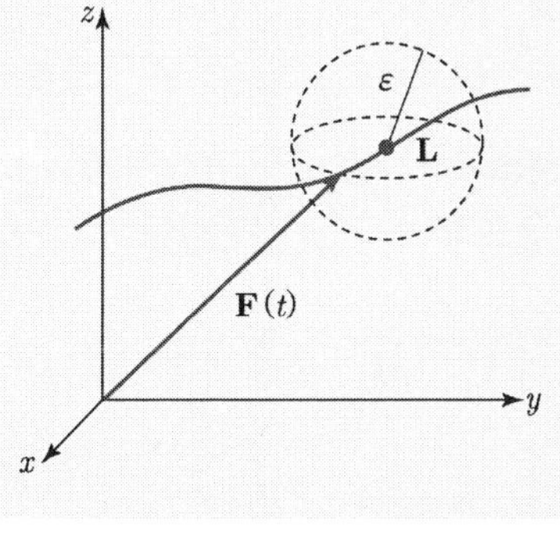

정의 1.8은 양수 ε이 먼저 임의로 주어지면 조건 (1.1)을 만족하는 ε에 의존하는 양수 δ가 존재한다는 뜻이다. 그러므로 주어진 ε에 대해서 조건 (1.1)을 만족하는 δ를 찾아야 한다.
그러나 ε-δ의 방법은 이 교재의 범위를 벗어나므로 다루지 않기로 한다.

벡터함수를 성분함수로 나타낼 때 벡터함수의 극한과 성분함수의 극한의 관계를 생각할 수 있다. 다음 정리는 증명 없이 사용하기로 한다.

정리 1.9 벡터함수의 극한과 성분함수의 극한의 관계

$\mathrm{F}(t)=x(t)\mathrm{i}+y(t)\mathrm{j}+z(t)\mathrm{k}$, $t\in[a, b]$는 벡터함수, $\mathrm{F}_0=x_0\mathrm{i}+y_0\mathrm{j}+z_0\mathrm{k}$는 상수벡터, $t_0\in[a, b]$라고 하자. 그러면 $\lim\limits_{t\to t_0}\mathrm{F}(t)=\mathrm{F}_0$이기 위한 필요충분조건은

$$\lim_{t\to t_0}x(t)=x_0,\quad \lim_{t\to t_0}y(t)=y_0,\quad \lim_{t\to t_0}z(t)=z_0 \tag{1.2}$$

이다.

예제 1.10 벡터함수 $\mathrm{F}(t)=\dfrac{t^2-1}{t-1}\mathrm{i}+\dfrac{\sin\pi t}{t-1}\mathrm{j}+\dfrac{t-1}{t^3-1}\mathrm{k}$에 대해서 극한 $\lim\limits_{t\to 1}\mathrm{F}(t)$를 구하라.

풀이

정리 1.9를 이용하자. 각 성분함수의 극한을 구하면 된다. 각 성분함수의 극한은 각각

$$\lim_{t\to 1}\frac{t^2-1}{t-1}=\lim_{t\to 1}\frac{(t+1)(t-1)}{t-1}=\lim_{t\to 1}(t+1)=2$$

$$\lim_{t\to 1}\frac{\sin\pi t}{t-1}=\lim_{t\to 1}\frac{\pi\cos\pi t}{1}=-\pi \quad \text{로피탈의 정리}$$

$$\lim_{t\to 1}\frac{t-1}{t^3-1}=\lim_{t\to 1}\frac{t-1}{(t-1)(t^2+t+1)}=\lim_{t\to 1}\frac{1}{t^2+t+1}=\frac{1}{3}$$

이므로 벡터함수의 극한은

$$\lim_{t\to 1}\mathrm{F}(t)=2\mathrm{i}-\pi\mathrm{j}+\frac{1}{3}\mathrm{k}$$

이다. ■

정리 1.9를 이용하여 벡터함수의 여러 가지 연산에 대한 극한도 실함수의 연산에 대한 극한과 같이 성립함을 알 수 있다.

정리 1.11 벡터함수의 여러 가지 연산에 대한 극한

F, G는 벡터함수이고 f, g는 실함수라고 하자. 극한 $\lim_{t\to t_0} \mathrm{F}(t)=\mathrm{L}$과 $\lim_{t\to t_0} \mathrm{G}(t)=\mathrm{M}$, $\lim_{t\to t_0} f(t)=\ell$이 모두 존재하고, $\lim_{s\to s_0} g(s)=t_0$라고 하자. 그러면 다음 성질이 성립한다.

(1) $\lim_{t\to t_0}(\mathrm{F}\pm\mathrm{G})(t)=\mathrm{L}\pm\mathrm{M}$

(2) $\lim_{t\to t_0}(f\mathrm{G})(t)=\ell\mathrm{M}$

(3) $\lim_{t\to t_0}(\mathrm{F}\cdot\mathrm{G})(t)=\mathrm{L}\cdot\mathrm{M}$

(4) $\lim_{t\to t_0}(\mathrm{F}\times\mathrm{G})(t)=\mathrm{L}\times\mathrm{M}$

(5) $\lim_{s\to s_0}(\mathrm{F}\circ g)(s)=\lim_{t\to t_0}\mathrm{F}(t)=\mathrm{L}$

증명

편의상 (2)만 증명한다. $\mathrm{G}(t)=x(t)\mathrm{i}+y(t)\mathrm{j}+z(t)\mathrm{k}$, $\mathrm{M}=x_0\mathrm{i}+y_0\mathrm{j}+z_0\mathrm{k}$라고 가정하자. **정리 1.9**에 의하여

$$\lim_{t\to t_0} x(t)=x_0,\quad \lim_{t\to t_0} y(t)=y_0,\quad \lim_{t\to t_0} z(t)=z_0$$

이다. 벡터함수의 스칼라곱의 정의로부터

$$(f\mathrm{G})(t)=f(t)\mathrm{G}(t)=f(t)x(t)\mathrm{i}+f(t)y(t)\mathrm{j}+f(t)z(t)\mathrm{k}$$

이다. 위 벡터함수의 성분함수의 극한을 실함수의 극한의 성질을 이용하여 구하면

$$\lim_{t\to t_0} f(t)x(t)=\ell x_0,\quad \lim_{t\to t_0} f(t)y(t)=\ell y_0,\quad \lim_{t\to t_0} f(t)z(t)=\ell z_0$$

이므로, **정리 1.9**에 의하여 $\lim_{t\to t_0}(f\mathrm{G})(t)=(\ell x_0)\mathrm{i}+(\ell y_0)\mathrm{j}+(\ell z_0)\mathrm{k}=\ell\mathrm{M}$이 성립한다.

나머지도 비슷한 방법으로 증명된다.

예제 **1.12** 실함수 $f(t) = \cos \pi t$, $g(t) = \sqrt{t-1}$와 벡터함수

$$F(t) = \left(t - \sin \frac{\pi t}{3}\right)\mathrm{i} + \left(1 - \cos \frac{\pi t}{3}\right)\mathrm{j} + t\mathrm{k},$$

$$G(t) = \left(\sin \frac{\pi t}{2}\right)\mathrm{i} + (\ln t)\mathrm{j} + \left(\cos \frac{\pi t}{2}\right)\mathrm{k}$$

에 대해서 다음 극한을 구하라.

(1) $\lim_{t \to 1}(F + G)(t)$ (2) $\lim_{t \to 1}(fG)(t)$

(3) $\lim_{t \to 1}(F \cdot G)(t)$ (4) $\lim_{t \to 1}(F \times G)(t)$

(5) $\lim_{s \to 2}(F \circ g)(s)$

풀이

정리 1.11을 이용하기 위해서 먼저 벡터함수와 실함수의 극한을 구하자. **정리 1.9**를 이용하여 벡터함수의 극한을 구하면

$$\lim_{t \to 1} F(t) = \lim_{t \to 1}(t - \sin \frac{\pi t}{3})\mathrm{i} + \lim_{t \to 1}(1 - \cos \frac{\pi t}{3})\mathrm{j} + \lim_{t \to 1} t\mathrm{k}$$

$$= \frac{2-\sqrt{3}}{2}\mathrm{i} + \frac{1}{2}\mathrm{j} + \mathrm{k}$$

$$\lim_{t \to 1} G(t) = \left(\lim_{t \to 1} \sin \frac{\pi t}{2}\right)\mathrm{i} + \left(\lim_{t \to 1} \ln t\right)\mathrm{j} + \left(\lim_{t \to 1} \cos \frac{\pi t}{2}\right)\mathrm{k} = \mathrm{i}$$

이고 실함수의 극한은

$$\lim_{t \to 1} f(t) = \lim_{t \to 1} \cos \pi t = -1, \quad \lim_{s \to 2} g(s) = \lim_{s \to 2} \sqrt{s-1} = 1$$

이므로, **정리 1.11**을 이용하면 다음과 같다.

(1) $\lim_{t \to 1}(F + G)(t) = \left(\frac{2-\sqrt{3}}{2}\mathrm{i} + \frac{1}{2}\mathrm{j} + \mathrm{k}\right) + \mathrm{i} = \frac{4-\sqrt{3}}{2}\mathrm{i} + \frac{1}{2}\mathrm{j} + \mathrm{k}$

(2) $\lim_{t \to 1}(fG)(t) = (-1)\mathrm{i} = -\mathrm{i}$

(3) $\lim_{t \to 1}(F \cdot G)(t) = \left(\frac{2-\sqrt{3}}{2}\mathrm{i} + \frac{1}{2}\mathrm{j} + \mathrm{k}\right) \cdot \mathrm{i} = \frac{2-\sqrt{3}}{2}$

(4) $\lim_{t \to 1}(F \times G)(t)$

$$= \begin{vmatrix} \mathrm{i} & \mathrm{j} & \mathrm{k} \\ \frac{2-\sqrt{3}}{2} & \frac{1}{2} & 1 \\ 1 & 0 & 0 \end{vmatrix} = \begin{vmatrix} \frac{1}{2} & 1 \\ 1 & 0 \end{vmatrix}\mathrm{i} - \begin{vmatrix} \frac{2-\sqrt{3}}{2} & 1 \\ 1 & 0 \end{vmatrix}\mathrm{j} + \begin{vmatrix} \frac{2-\sqrt{3}}{2} & \frac{1}{2} \\ 1 & 0 \end{vmatrix}\mathrm{k} = \mathrm{j} - \frac{1}{2}\mathrm{k}$$

(5) $\lim_{s\to 2}(\mathrm{F} \circ g)(s) = \lim_{t\to 1}\mathrm{F}(t) = \frac{2-\sqrt{3}}{2}\mathrm{i} + \frac{1}{2}\mathrm{j} + \mathrm{k}$ ■

1.3 벡터함수의 연속

실함수의 연속과 같은 방법으로 벡터함수 F의 연속성을 정의하자.

정의 1.13 벡터함수의 연속

벡터함수 F가 점 $t=t_0$에서 **연속**(continuous)이라는 것은

$$\lim_{t\to t_0}\mathrm{F}(t) = \mathrm{F}(t_0)$$

이 성립함을 의미한다. 즉 임의의 $\varepsilon > 0$에 대해서 양수 δ가 존재하여

$|t-t_0| < \delta$인 정의역의 모든 실수 t에 대해서 $\|\mathrm{F}(t)-\mathrm{F}(t_0)\| < \varepsilon$ (1.3)

이 성립한다. 벡터함수 F가 (정의역에서) 연속이라 함은 정의역의 각 점에서 연속인 것이다.

정의 1.13에서 벡터함수 F가 점 $t=t_0$에서 연속이기 위해서는 먼저 $t=t_0$에서 정의되어야 한다. 식 (1.3)이 식 (1.1)과 약간 차이가 나는 것은 이것 때문이다.

정리 1.9를 이용하면 다음 정리를 쉽게 얻을 수 있다.

정리 1.14 벡터함수의 연속과 성분함수의 연속의 관계

벡터함수 $\mathrm{F}(t) = x(t)\mathrm{i} + y(t)\mathrm{j} + z(t)\mathrm{k}$가 점 $t=t_0$에서 연속이기 위한 필요충분조건은 성분함수 $x(t)$, $y(t)$, $z(t)$가 모두 점 $t=t_0$에서 연속인 것이다.

실함수의 경우 연속함수들의 덧셈, 뺄셈, 곱셈, 분모가 0이 아닌 나눗셈은 모두 연속함수이고, 연속인 실함수의 대표적인 예는 다항함수, 사인함수, 코사인함수, 지수함수, 로그함수 등이다.

예제 1.15 벡터함수 $\mathbf{F}(t) = \cos t\mathbf{i} + \sin t\mathbf{j} + t\mathbf{k}$의 성분함수는 실수 전체에서 정의되어 있고, 실수의 각 점에서 연속이므로 $\mathbf{F}$는 실수 전체에서 연속이다. ■

예제 1.16 벡터함수 $\mathbf{F}(t) = t\mathbf{i} + \tan t\mathbf{j} + \ln t\mathbf{k}$의 연속성을 조사하기 위해서 먼저 정의역을 구하면 모든 성분함수의 공통집합은

$$\{x \in \mathbb{R} \mid x\text{는 양수}\} - \left\{\left(n + \frac{1}{2}\right)\pi \,\middle|\, n = 0,\ 1,\ 2,\ \cdots\right\}$$

이므로 $\mathbf{F}$는 $t = \left(n + \frac{1}{2}\right)\pi$, $n = 0,\ 1,\ 2,\ \cdots$에서 불연속이다. ■

➡ 연습문제 해답 405쪽

SECTION 1 연습문제

01. $\mathrm{F}(t) = t\mathrm{i} + t^2\mathrm{j} + t^3\mathrm{k}$ 의 정의역과 성분함수를 각각 말하라.

02. 다음 벡터함수의 정의역을 구하라.

(1) $\mathrm{F}(t) = \ln(t+3)\mathrm{i} + \dfrac{1}{\sqrt{16-t^2}}\mathrm{j} + 3^t\mathrm{k}$

(2) $\mathrm{F}(t) = \cos t\mathrm{i} + \ln t\mathrm{j} + \dfrac{1}{t-5}\mathrm{k}$

03. $\mathrm{F}(t) = t\mathrm{i} + t^2\mathrm{j} + t^3\mathrm{k}$, $\mathrm{G}(t) = \cos t\mathrm{i} + \sin t\mathrm{j} + \mathrm{k}$ 에서 $2\mathrm{F} - 3\mathrm{G}$ 와 $\mathrm{F} \times \mathrm{G}$ 를 각각 구하라.

04. $\mathrm{F}(t) = \cos t\mathrm{i} + \sin t\mathrm{j} + \sqrt{t+2}\,\mathrm{k}$, $g(t) = t^{\frac{1}{3}}$ 에서 $\mathrm{F} \circ g$ 를 구하라.

05. 다음 극한값을 각각 구하라.

(1) $\lim\limits_{t \to 4}(\mathrm{i} - \mathrm{j} + \mathrm{k})$

(2) $\lim\limits_{t \to \pi}(\tan t\mathrm{i} + 3t\mathrm{j} - 4\mathrm{k})$

(3) $\lim\limits_{t \to 3}\left(\dfrac{t^2-5t+6}{t-3}\mathrm{i} + \dfrac{t^2-2t-3}{t-3}\mathrm{j} + \dfrac{t^2+4t-21}{t-3}\mathrm{k}\right)$

(4) $\lim\limits_{t \to 0^+}(\cos t\mathrm{i} + \sin t\mathrm{j} + t\ln t\mathrm{k})$

(5) $\lim\limits_{t \to \infty}\left(\dfrac{1}{t}\mathrm{i} + \dfrac{t-1}{t+1}\mathrm{j} + t^2\sin\dfrac{1}{t^3}\mathrm{k}\right)$

SECTION

2 벡터함수의 미분과 적분

1절에서는 벡터함수의 정의, 벡터함수의 극한과 성분함수의 극한과의 관계를 살펴보고 벡터함수의 극한의 성질 및 연속성에 대해서 살펴보았다. 이 절에서는 벡터함수의 미분과 적분에 대해서 살펴보기로 한다.

2.1 벡터함수의 미분

벡터함수의 도함수는 벡터함수의 극한이나 연속과 마찬가지로 실함수와 같은 방식으로 정의한다. 단지 차이는 분자 부분이 벡터이고 분모는 스칼라이므로 도함수는 벡터가 되는 것이다.

정의 2.1 벡터함수의 도함수

벡터함수 F의 정의역의 점 t_0에서 도함수(derivative)는

$$\mathrm{F}'(t_0) = \lim_{t \to t_0} \frac{\mathrm{F}(t) - \mathrm{F}(t_0)}{t - t_0} \tag{2.1}$$

으로 정의한다. 만일 극한 $\mathrm{F}'(t_0)$이 존재하면, 벡터함수 F는 점 t_0에서 **미분 가능하다**(differentiable)고 한다.

벡터함수 F의 도함수 F'의 정의역은 F의 정의역에서 F'이 존재하는 점들의 집합으로 구성된다. 벡터함수 F의 도함수 F'을 라이프니츠의 기호를 사용하여 $\dfrac{d\mathrm{F}}{dt}(t)$로 나타내기도 한다.

실함수 $y=f(x)$에서 도함수가 나타내는 기하학적 의미를 상기해보면 평면에서 함수 그래프 위의 점 $(x, f(x))$에서 접선의 기울기임을 알고 있다. 도함수의 정의에서 분자 부분은 두 벡터함수의 차 $\overrightarrow{PQ} = \mathbf{F}(t) - \mathbf{F}(t_0)$이다. 그러면

$$\frac{\mathbf{F}(t) - \mathbf{F}(t_0)}{t - t_0} = \frac{1}{t - t_0}(\mathbf{F}(t) - \mathbf{F}(t_0)) \tag{2.2}$$

은 벡터임을 알 수 있다. 따라서 $t \to t_0$일 때 벡터 (2.2)는 점 P에서 곡선에 접하는 접벡터 $\mathbf{F}'(t_0)$와 같게 된다.

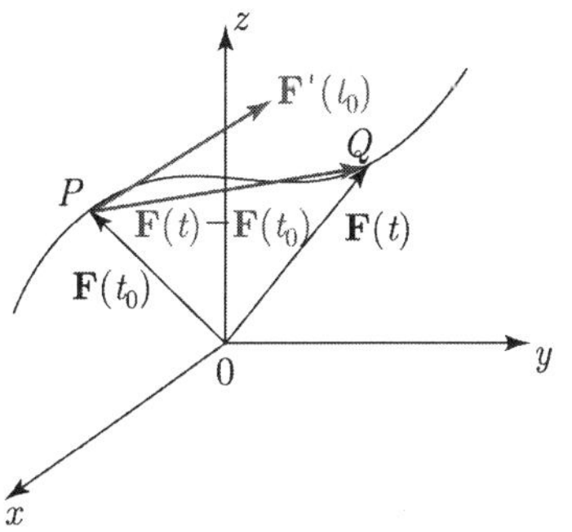

벡터함수의 도함수도 (2.2)인 형태의 새로운 벡터함수의 극한이므로 **정리 1.9**와 스칼라 함수의 미분의 정의를 사용하면 다음 정리를 얻는다.

정리 2.2 성분함수를 이용한 벡터함수의 도함수

$\mathbf{F}(t) = x(t)\mathbf{i} + y(t)\mathbf{j} + z(t)\mathbf{k}$가 점 t_0에서 미분 가능하기 위한 필요충분조건은 각 성분함수 $x(t)$, $y(t)$, $z(t)$가 점 t_0에서 미분 가능한 것이다. 이 경우

$$\mathbf{F}'(t_0) = x'(t_0)\mathbf{i} + y'(t_0)\mathbf{j} + z'(t_0)\mathbf{k} \tag{2.3}$$

이다.

예제 2.3 벡터함수 $\mathbf{F}(t) = t\mathbf{i} + t^2\mathbf{j} + t^3\mathbf{k}$에 대하여 $t=1$에서 도함수 $\mathbf{F}'(1)$을 구하라.

풀이

각 성분함수 $x(t) = t$, $y(t) = t^2$, $z(t) = t^3$은 $t=1$에서 미분 가능한 실함수이므로 **정리 2.2**에 의하여 벡터함수 $\mathbf{F}$도 $t=1$에서 미분 가능하다. 따라서 식 (2.3)에 의하여 도함수는

$$\mathrm{F}'(t) = \mathrm{i} + 2t\,\mathrm{j} + 3t^2\,\mathrm{k}$$

이고 $t = 1$을 대입하면 $\mathrm{F}'(1) = \mathrm{i} + 2\mathrm{j} + 3\mathrm{k}$를 얻는다. ■

예제 2.4 벡터함수 $\mathrm{F}(t) = \sqrt[3]{t^2}\,\mathrm{i} + |t|\mathrm{j} + t\sqrt{|t|}\,\mathrm{k}$의 미분 가능성은 **정리 2.2**에 의하여 각 성분함수 $x(t) = \sqrt[3]{t^2}$, $y(t) = |t|$, $z(t) = t\sqrt{t}$의 미분 가능성과 일치한다. 세 성분함수 중 $y(t) = |t|$만 $t = 0$에서 미분 가능하지 않으므로 벡터함수 F는 $t = 0$에서 미분 가능하지 않다.

실함수의 성질과 비슷하게 벡터함수의 미분에 관한 기본성질을 살펴보기로 한다. 벡터함수의 특성상 실함수의 곱셈공식과 비슷한 벡터함수의 스칼라곱, 내적, 외적이 있으며, 다만 몫에 관한 미분법은 없다.

정리 2.5 벡터함수의 미분의 기본 성질

F와 G는 t의 미분 가능한 벡터함수라고 하자. C는 상수벡터, c는 스칼라이고 f는 미분 가능한 실함수라고 하자. 그러면 다음이 성립한다.

(1) $\dfrac{d}{dt}\mathrm{C} = 0$ (영벡터)

(2) $\dfrac{d}{dt}[c\mathrm{F}(t)] = c\mathrm{F}'(t)$; $\dfrac{d}{dt}[f(t)\mathrm{G}(t)] = f'(t)\mathrm{G}(t) + f(t)\mathrm{G}'(t)$

(3) $\dfrac{d}{dt}[\mathrm{F}(t) \pm \mathrm{G}(t)] = \mathrm{F}'(t) \pm \mathrm{G}'(t)$ [복호동순]

(4) $\dfrac{d}{dt}[\mathrm{F}(t) \cdot \mathrm{G}(t)] = \mathrm{F}'(t) \cdot \mathrm{G}(t) + \mathrm{F}(t) \cdot \mathrm{G}'(t)$

(5) $\dfrac{d}{dt}[\mathrm{F}(t) \times \mathrm{G}(t)] = \mathrm{F}'(t) \times \mathrm{G}(t) + \mathrm{F}(t) \times \mathrm{G}'(t)$

(6) $\dfrac{d}{dt}[\mathrm{G}(f(t))] = f'(t)\mathrm{G}'(f(t))$

정리 2.5에서 실함수와 구별되는 특징은 벡터합과 스칼라곱, 내적 및 외적에 대한 성질이다. 특히 두 실함수의 곱에 관한 미분이 벡터함수의 경우에는 스칼라함수와 벡터함수의 스칼라곱, 두 벡터함수의 내적과 외적에 해당된다. 공식은 다행스럽게도 외견상 매우 유사하게 보인다. 합성공식도 실함수의 합성공식과 형태는 같지만 의미는 잘 생각해야 한다.

증명

(1)~(4)는 각 성분함수에 대한 실함수의 미분공식과 **정리 2.2**로부터 바로 증명할 수 있다.

(5) 외적은 성분함수가 복잡하여 성분함수를 미분하여 유도하는 것은 무척 번거롭다. 여기서는 미분의 정의를 사용하여 증명한다.

$$\frac{d}{dt}[\mathrm{F}(t)\times\mathrm{G}(t)]=\lim_{h\to 0}\frac{\mathrm{F}(t+h)\times\mathrm{G}(t+h)-\mathrm{F}(t)\times\mathrm{G}(t)}{h}$$

실함수의 곱의 미분공식을 증명했을 때의 방법을 여기에 적용하기로 하자. 즉, 분자에서 인수 $\mathrm{F}(t)\times\mathrm{G}(t+h)$를 더하고 빼고, $\mathrm{G}(t)$가 미분 가능하므로 연속임을 이용하자. 그러면

$$\begin{aligned}\frac{d}{dt}[\mathrm{F}(t)\times\mathrm{G}(t)]&=\lim_{h\to 0}\frac{\mathrm{F}(t+h)\times\mathrm{G}(t+h)-\mathrm{F}(t)\times\mathrm{G}(t)}{h}\\&=\lim_{h\to 0}\frac{\mathrm{F}(t+h)\times\mathrm{G}(t+h)-\mathrm{F}(t)\times\mathrm{G}(t+h)+\mathrm{F}(t)\times\mathrm{G}(t+h)-\mathrm{F}(t)\times\mathrm{G}(t)}{h}\\&=\lim_{h\to 0}\frac{[\mathrm{F}(t+h)-\mathrm{F}(t)]\times\mathrm{G}(t+h)}{h}+\lim_{h\to 0}\frac{\mathrm{F}(t)\times[\mathrm{G}(t+h)-\mathrm{G}(t)]}{h}\\&=\mathrm{F}'(t)\times\mathrm{G}(t)+\mathrm{F}(t)\times\mathrm{G}'(t)\end{aligned}$$

이다.

(6) 벡터함수 G를 $\mathrm{G}(s)=x(s)\mathrm{i}+y(s)\mathrm{j}+z(s)\mathrm{k}$라 하고 $s=f(t)$라고 하자. 그러면

$$\mathrm{G}(f(t))=x(f(t))\mathrm{i}+y(f(t))\mathrm{j}+z(f(t))\mathrm{k}$$

이 된다. **정리 2.2**와 합성함수의 미분공식을 적용하면

$$\begin{aligned}\frac{d}{dt}\mathrm{G}(f(t))&=\frac{d}{dt}x(f(t))\mathrm{i}+\frac{d}{dt}y(f(t))\mathrm{j}+\frac{d}{dt}z(f(t))\mathrm{k}\\&=x'(f(t))f'(t)\mathrm{i}+y'(f(t))f'(t)\mathrm{j}+z'(f(t))f'(t)\mathrm{k}\\&=f'(t)(x'(f(t))\mathrm{i}+y'(f(t))\mathrm{j}+z'(f(t))\mathrm{k})\\&=f'(t)\mathrm{G}'(f(t))\end{aligned}$$

이다.

예제 2.6 $\mathrm{F}(t)=\ln t\,\mathrm{i}-\mathrm{j}+\frac{1}{t}\mathrm{k}$, $\mathrm{G}(t)=\mathrm{i}-2t\mathrm{j}+t^2\mathrm{k}$, $f(t)=e^t\sin t$일 때 $\frac{d}{dt}[f(t)\mathrm{F}(t)]$와 $\frac{d}{dt}[\mathrm{F}(t)\cdot\mathrm{G}(t)]$를 구하라.

풀이

정리 2.5의 공식 (2)와 (4)를 이용하여 구하자. 이를 위해서 먼저 벡터함수와 스칼라함수를 먼저 미분하면

$$F'(t) = \frac{1}{t}\mathbf{i} - \frac{1}{t^2}\mathbf{k},\ G'(t) = -2\mathbf{j} + 2t\mathbf{k},$$

$$f'(x) = e^t \sin t + e^t \cos t = e^t(\sin t + \cos t)$$

을 얻는다. 따라서

$$\begin{aligned}\frac{d}{dt}[f(t)F(t)] &= f'(t)F(t) + f(t)F'(t)\\ &= e^t(\sin t + \cos t)\left(\ln t\,\mathbf{i} - \mathbf{j} + \frac{1}{t}\mathbf{k}\right) + e^t \sin t\left(\frac{1}{t}\mathbf{i} - \frac{1}{t^2}\mathbf{k}\right)\\ &= e^t\left(\sin t \ln t + \cos t \ln t + \frac{1}{t}\sin t\right)\mathbf{i} - e^t(\sin t + \cos t)\mathbf{j}\\ &\quad + \frac{e^t}{t}\left(\sin t + \cos t - \frac{1}{t}\sin t\right)\mathbf{k}\end{aligned}$$

$$\begin{aligned}\frac{d}{dt}[F(t)\cdot G(t)] &= F'(t)\cdot G(t) + F(t)\cdot G'(t)\\ &= \frac{1}{t} - 1 + 2 + 2 = 3 + \frac{1}{t}\end{aligned}$$

이다. ■

예제 2.7 $F(t) = (t - \sin t)\mathbf{i} + (1 - \cos t)\mathbf{j} + t\mathbf{k},\ G(t) = t\mathbf{i} + \ln t\,\mathbf{j} + e^t\mathbf{k}$일 때, $\frac{d}{dt}[F(t)\cdot G(t)]$와 $\frac{d}{dt}[F(t)\times G(t)]$를 구하라.

풀이

정리 2.5의 공식 (4)와 (5)를 이용하기 위해서 먼저 벡터함수를 각각 미분하면

$$F'(t) = (1 - \cos t)\mathbf{i} + \sin t\,\mathbf{j} + \mathbf{k},\ \ G'(t) = \mathbf{i} + \frac{1}{t}\mathbf{j} + e^t\mathbf{k}$$

를 얻는다.

$$\begin{aligned}\frac{d}{dt}[F(t)\cdot G(t)] &= F'(t)\cdot G(t) + F(t)\cdot G'(t)\\ &= ((1-\cos t)\mathbf{i} + \sin t\,\mathbf{j} + \mathbf{k})\cdot(t\mathbf{i} + \ln t\,\mathbf{j} + e^t\mathbf{k})\\ &\quad + ((t - \sin t)\mathbf{i} + (1 - \cos t)\mathbf{j} + t\mathbf{k})\cdot\left(\mathbf{i} + \frac{1}{t}\mathbf{j} + e^t\mathbf{k}\right)\end{aligned}$$

$$= t(1-\cos t) + \ln t \cdot \sin t + e^t + t - \sin t + \frac{1}{t}(1-\cos t) + te^t$$

$$= 2t + \frac{1}{t} + (\ln t - 1)\sin t - \left(t + \frac{1}{t}\right)\cos t + e^t(t+1)$$

이다. 공식 $\frac{d}{dt}[\mathbf{F}(t)\times\mathbf{G}(t)] = \mathbf{F}'(t)\times\mathbf{G}(t) + \mathbf{F}(t)\times\mathbf{G}'(t)$을 이용하기 위해서 오른쪽 항을 따로따로 계산하자.

$$\mathbf{F}'(t)\times\mathbf{G}(t) = \begin{vmatrix} \mathbf{i} & \mathbf{j} & \mathbf{k} \\ 1-\cos t & \sin t & 1 \\ t & \ln t & e^t \end{vmatrix}$$

$$= \begin{vmatrix} \sin t & 1 \\ \ln t & e^t \end{vmatrix}\mathbf{i} - \begin{vmatrix} 1-\cos t & 1 \\ t & e^t \end{vmatrix}\mathbf{j} + \begin{vmatrix} 1-\cos t & \sin t \\ t & \ln t \end{vmatrix}\mathbf{k}$$

$$= (e^t\sin t - \ln t)\mathbf{i} + [t - e^t(1-\cos t)]\mathbf{j} + [(1-\cos t)\ln t - t\sin t]\mathbf{k}$$

$$\mathbf{F}(t)\times\mathbf{G}'(t) = \begin{vmatrix} \mathbf{i} & \mathbf{j} & \mathbf{k} \\ t-\sin t & 1-\cos t & t \\ 1 & \frac{1}{t} & e^t \end{vmatrix}$$

$$= \begin{vmatrix} 1-\cos t & t \\ \frac{1}{t} & e^t \end{vmatrix}\mathbf{i} - \begin{vmatrix} t-\sin t & t \\ 1 & e^t \end{vmatrix}\mathbf{j} + \begin{vmatrix} t-\sin t & 1-\cos t \\ 1 & \frac{1}{t} \end{vmatrix}\mathbf{k}$$

$$= [e^t(1-\cos t) - 1]\mathbf{i} + [t - e^t(t-\sin t)]\mathbf{j} + \left(-\frac{1}{t}\sin t + \cos t\right)\mathbf{k}$$

따라서

$$\begin{aligned}\frac{d}{dt}[\mathbf{F}(t)\times\mathbf{G}(t)] &= \mathbf{F}'(t)\times\mathbf{G}(t) + \mathbf{F}(t)\times\mathbf{G}'(t) \\ &= [e^t(1-\cos t + \sin t) - 1 - \ln t]\mathbf{i} \\ &\quad + [2t - e^t(t+1-\cos t - \sin t)]\mathbf{j} \\ &\quad + [(1-\cos t)\ln t - (t+\frac{1}{t})\sin t + \cos t]\mathbf{k}\end{aligned}$$

이다. ■

예제 2.8 정의역의 모든 t에 대해서 벡터함수 $\mathbf{F}(t)$의 길이가 일정하면 $\mathbf{F}'(t)$와 $\mathbf{F}(t)$는 서로 수직임을 보이라.

증명

벡터함수 $\mathbf{F}(t)$의 길이가 일정하므로

$$\| \mathrm{F}(t) \| = a(\text{상수}) \quad \forall x \in D_{\mathrm{F}} \tag{2.4}$$

이다. 식 (2.4)의 양변을 제곱하면

$$a^2 = \| \mathrm{F}(t) \|^2 = \mathrm{F}(t) \cdot \mathrm{F}(t) \quad \forall x \in D_{\mathrm{F}} \tag{2.5}$$

이 된다. 식 (2.5)를 t에 관하여 미분하면

$$\begin{aligned} 0 &= \frac{d}{dt} \| \mathrm{F}(t) \|^2 \\ &= \frac{d}{dt}[\mathrm{F}(t) \cdot \mathrm{F}(t)] \\ &= \mathrm{F}'(t) \cdot \mathrm{F}(t) + \mathrm{F}(t) \cdot \mathrm{F}'(t) \\ &= 2\mathrm{F}'(t) \cdot \mathrm{F}(t) \end{aligned}$$

이다. 두 벡터 $\mathrm{F}'(t)$와 $\mathrm{F}(t)$는 0이 아닌 벡터이고 내적이 0이므로 서로 수직이다. ■

2.2 벡터함수의 적분

벡터함수 $\mathrm{F}(t) = x(t)\mathrm{i} + y(t)\mathrm{j} + z(t)\mathrm{k}$가 주어져 있을 때 **정리 2.2**는 벡터함수의 미분이

$$\mathrm{F}'(t) = x'(t)\mathrm{i} + y'(t)\mathrm{j} + z'(t)\mathrm{k} \tag{2.6}$$

임을 보여준다.

역으로 $\mathrm{F}'(t) = x'(t)\mathrm{i} + y'(t)\mathrm{j} + z'(t)\mathrm{k}$가 주어져 있을 때

$$\mathrm{F}(t) = x(t)\mathrm{i} + y(t)\mathrm{j} + z(t)\mathrm{k}$$

는 벡터함수 $\mathrm{F}'(t)$의 **역도함수**(antiderivative) 또는 **원시함수**(primitive integral)라고 생각할 수 있다. 이때 $\mathrm{F}(t)$를 적분기호를 이용하여

$$F(t) = \int F'(t)dt$$

로 나타내기로 하자. 각 성분함수는 실함수이므로 실함수의 부정적분을 이용하면

$$x(t) = \int x'(t)dt, \quad y(t) = \int y'(t)dt, \quad z(t) = \int z'(t)dt$$

으로 나타낼 수 있다. 따라서 벡터함수의 적분을 다음과 같이 정의할 수 있다.

정의 2.9 벡터함수의 적분

벡터함수 $\mathrm{F}(t)=x(t)\mathrm{i}+y(t)\mathrm{j}+z(t)\mathrm{k}$의 부정적분을

$$\int \mathrm{F}(t)dt=\left(\int x(t)dt\right)\mathrm{i}+\left(\int y(t)dt\right)\mathrm{j}+\left(\int z(t)dt\right)\mathrm{k} \tag{2.7}$$

으로 정의한다. 마찬가지로 벡터함수의 정적분도

$$\int_a^b \mathrm{F}(t)dt=\left(\int_a^b x(t)dt\right)\mathrm{i}+\left(\int_a^b y(t)dt\right)\mathrm{j}+\left(\int_a^b z(t)dt\right)\mathrm{k} \tag{2.8}$$

으로 정의한다.

예제 2.10 벡터함수 $\mathrm{F}(t)=2t\mathrm{i}+3\mathrm{j}-\dfrac{1}{t}\mathrm{k}$의 부정적분 $\int \mathrm{F}(t)dt$를 구하라.

풀이

정의 2.9를 이용하면

$$\begin{aligned}\int \mathrm{F}(t)dt&=\left(\int 2tdt\right)\mathrm{i}+\left(\int 3dt\right)\mathrm{j}-\left(\int \frac{1}{t}dt\right)\mathrm{k}\\&=(t^2+c_1)\mathrm{i}+(3t+c_2)\mathrm{j}-(\ln t+c_3)\mathrm{k}\\&=t^2\mathrm{i}+3t\mathrm{j}-\ln t\,\mathrm{k}+\mathrm{C}\end{aligned}$$

이다. 여기서 C는 상수벡터이다. ■

예제 2.11 벡터함수 $\mathrm{F}(t)=\sqrt{t}\,\mathrm{i}+e^{3t}\mathrm{j}-\dfrac{1}{(t+1)^2}\mathrm{k}$의 정적분 $\int_0^1 \mathrm{F}(t)dt$를 구하라.

풀이

정의 2.9를 이용하면

$$\begin{aligned}\int_0^1 \mathrm{F}(t)dt&=\int_0^1 \sqrt{t}\,dt\,\mathrm{i}+\int_0^1 e^{3t}dt\,\mathrm{j}-\int_0^1 \frac{1}{(t+1)^2}dt\,\mathrm{k}\\&=\left[\frac{2}{3}t\sqrt{t}\right]_0^1\mathrm{i}+\left[\frac{1}{3}e^{3t}\right]_0^1\mathrm{j}+\left[\frac{1}{t+1}\right]_0^1\mathrm{k}\\&=\frac{2}{3}\mathrm{i}+\frac{1}{3}(e^3-1)\mathrm{j}-\frac{1}{2}\mathrm{k}\end{aligned}$$

이다. ■

예제 2.12 벡터함수 $\mathbf{F}'(t) = \sin 2t\,\mathbf{i} - 2\cos t\,\mathbf{j} + \dfrac{1}{1+t^2}\mathbf{k}$가 초기조건 $\mathbf{F}(0) = 3\mathbf{i} - 2\mathbf{j} + \mathbf{k}$를 만족할 때 역도함수 $\mathbf{F}(t)$를 구하라.

풀이

예제 2.10과 같이 부정적분을 구하면 변수 부분과 상수 부분으로 나뉜다. 이 사실을 이용하기로 하자.

$$\mathbf{F}(t) = \int \mathbf{F}'(t)dt = \int \sin 2t\,dt\,\mathbf{i} - \int 2\cos t\,dt\,\mathbf{j} + \int \frac{1}{1+t^2}dt\,\mathbf{k}$$

$$= -\frac{1}{2}\cos 2t\,\mathbf{i} - 2\sin t\,\mathbf{j} + \tan^{-1}t\,\mathbf{k} + \mathbf{C}$$

이다. 위 식에 $t=0$을 대입하면 $\mathbf{F}(0) = -\dfrac{1}{2}\mathbf{i} + \mathbf{C}$를 얻는다. 여기서 $\mathbf{C} = c_1\mathbf{i} + c_2\mathbf{j} + c_3\mathbf{k}$는 상수벡터이다. 초기조건 $\mathbf{F}(0) = 3\mathbf{i} - 2\mathbf{j} + \mathbf{k}$와 비교하면

$$\mathbf{C} = 3\mathbf{i} - 2\mathbf{j} + \mathbf{k} + \frac{1}{2}\mathbf{i} = \frac{7}{2}\mathbf{i} - 2\mathbf{j} + \mathbf{k}$$

를 얻는다. 따라서 구하는 $\mathbf{F}(t)$는

$$\mathbf{F}(t) = \left(-\frac{1}{2}\cos 2t + \frac{7}{2}\right)\mathbf{i} - 2(1+\sin t)\mathbf{j} + (1+\tan^{-1}t)\mathbf{k}$$

이다. ■

SECTION

2 연습문제

➡ 연습문제 해답 406쪽

01. 다음을 구하라.

(1) 벡터함수 $\mathrm{F}(t) = t\mathrm{i} + \cos\pi t\mathrm{j} + \sin\pi t\mathrm{k}$ $(t \ge 0)$의 곡선의 모양을 그려라.

(2) $\mathrm{F}'(t)$, $\mathrm{F}''(t)$를 구하라.

02. 다음 함수의 도함수를 구하라.

(1) $\mathrm{F}(t) = \mathrm{i} + t\mathrm{j} + t^5\mathrm{k}$

(2) $\mathrm{F}(t) = \tan t\mathrm{i} + \mathrm{j} + \sec t\mathrm{k}$

(3) $\mathrm{F}(t) = \sin^{-1}4t\mathrm{i} - 3\tan^{-1}(2t-1)\mathrm{j} + 7\ln 3t^2\mathrm{k}$

(4) $\mathrm{F}\cdot\mathrm{G}$, 단 $\mathrm{F}(t) = \left(\frac{3}{t}\right)\mathrm{i} - \mathrm{j}$, $\mathrm{G}(t) = t\mathrm{i} - e^{-t}\mathrm{j}$

(5) $\mathrm{F}\times\mathrm{G}$, 단 $\mathrm{F}(t) = \left(\frac{3}{t}\right)\mathrm{i} - \mathrm{j}$, $\mathrm{G}(t) = t\mathrm{i} - e^{-t}\mathrm{j}$

(6) $\mathrm{F}\circ g$, 단 $\mathrm{F}(t) = t^3\mathrm{i} - \sqrt{3}t\mathrm{j} + \frac{1}{t^2}\mathrm{k}$, $g(t) = \cos t$

(7) $\mathrm{F}(t) = t^2\mathrm{i} + (1-t)\mathrm{j} + \sqrt{t}\mathrm{k}$

(8) $\mathrm{F}(t) = e^{t^2}\mathrm{i} - \mathrm{j} + \ln(1+3t)\mathrm{k}$

03. 적분 $\int_0^1 \mathrm{F}(t)\,dt = \int_0^1 \left(\sqrt[3]{t}\,\mathrm{i} + \frac{1}{t+1}\mathrm{j} + e^{-t}\mathrm{k}\right)dt$를 구하라.

04. $\mathrm{F}(t) = t^2\mathrm{i} + t\cos\pi t\mathrm{j} + \sin\pi t\mathrm{k}$에 대하여 $\int_0^1 \mathrm{F}(t)dt$를 구하라.

05. 다음 적분을 구하라.

(1) $\int_0^1 (16t^3\mathrm{i} - 9t^2\mathrm{j} + 25t^4\mathrm{k})\,dt$

(2) $\int_0^{\frac{\pi}{2}} (3\sin^2 t\cos t\,\mathrm{i} + 3\sin t\cos^2 t\,\mathrm{j} + 2\sin t\cos t\,\mathrm{k})\,dt$

(3) $\int (e^t\mathrm{i} + 2t\mathrm{j} + \ln t\,\mathrm{k})\,dt$

(4) $\int \left(t^2\mathrm{i} - (3t-1)\mathrm{j} - \frac{1}{t^3}\mathrm{k}\right)dt$

(5) $\int (t\cos t\,\mathrm{i} + t\sin t\,\mathrm{j} + 3t^4\mathrm{k})\,dt$

(6) $\int_0^1 (e^t\mathrm{i} + e^{-t}\mathrm{j} + 2t\mathrm{k})\,dt$

(7) $\int_0^1 (\cosh t\,\mathrm{i} + \sinh t\,\mathrm{j} + \mathrm{k})\,dt$

06. 다음에 답하여라.

(1) 함수 $\mathrm{F}(t) = \int_0^t (v\tan v^3\mathrm{i} + \cos e^v\mathrm{j} + e^{v^2}\mathrm{k})\,dv$에서 $\mathrm{F}'(t)$를 구하라.

(2) 함수 $\mathrm{G}(t) = \int_0^{t^2} (\cos v\,\mathrm{i} + e^{-v^2}\mathrm{j} + \tan v\,\mathrm{k})\,dv$에서 $\mathrm{G}'(t)$를 구하라.

(3) 함수 $\mathrm{F}(t) = \frac{4t}{1+4t^2}\mathrm{i} + \frac{1-4t^2}{1+4t^2}\mathrm{j}$에서 모든 t에 대하여 $\mathrm{F}(t)\cdot\mathrm{F}'(t) = 0$임을 보이라.

07. 함수 $\mathrm{F}(t) = \sin t\,\mathrm{i} - \cos t\,\mathrm{j}$에서 모든 t에 대하여 $\mathrm{F}(t)$와 $\mathrm{F}''(t)$가 평행함을 보이라.

08. 모든 t에 대하여 $\mathrm{F}''(t)$가 존재할 때 $\frac{d}{dt}(\mathrm{F}\times\mathrm{F}') = \mathrm{F}(t)\times\mathrm{F}''(t)$임을 보이라.

SECTION

3 벡터함수의 응용

3.1 곡선의 매개변수표현

1.1절에서 롤러코스터 위를 움직이는 시간에 따른 물체의 위치를 벡터함수로 이해하였다. 이제 롤러코스터의 선로를 생각하여 보자. 롤러코스터는 공간상에 자리잡고 있는 하나의 곡선의 형태를 가지고 있다. 이러한 롤러코스터의 선로 전체를 선분으로 이해하여 C라고 할 때 이러한 선분을 수학적으로 어떻게 표현할 것인가를 생각하기로 한다.

정의 3.1 곡선의 매개화

공간 $\mathbb{R}^n$상의 **경로**(path)는 연속벡터함수 $\mathrm{r}: [a, b] \to \mathbb{R}^n$이다. 만일 $n=2$이면 평면상의 경로라고 하고, $n=3$이면 공간상의 경로라고 부른다. 경로 r의 정의역 $[a, b]$ 내의 변수 t가 변할 때 $\mathbb{R}^n$상의 $r(t)$의 집합을 C로 나타내고, 이것을 **곡선**(curve)이라고 부른다. 즉

$$C = \{\mathrm{r}(t) \in \mathbb{R}^n \mid t \in [a, b]\}$$

으로 나타낼 수 있다. 이때 t를 곡선 C의 **매개변수**(parameter)라 부르고, $\mathrm{r}(t)$가 곡선 C를 **매개화**(parametrize)한다고 한다. 특히 $\mathrm{r}(a)$와 $\mathrm{r}(b)$를 곡선 C의 **끝점**(end point)이라 하고, $\mathrm{r}(a)$를 **시점**(initial point), $\mathrm{r}(b)$를 **종점**(terminal point)이라고 한다.

예제 3.2 (1) 평면상의 포물선 $y=x^2$을 매개화하자. $x(t)=t$라고 두면 $y(t)=t^2$이 성립한다. 따라서 곡선 $y=x^2$의 매개화 $\mathrm{r}(t)$는

$$\mathbf{r}(t)=t\mathbf{i}+t^2\mathbf{j},\quad t\in\mathbb{R}$$

이 된다.

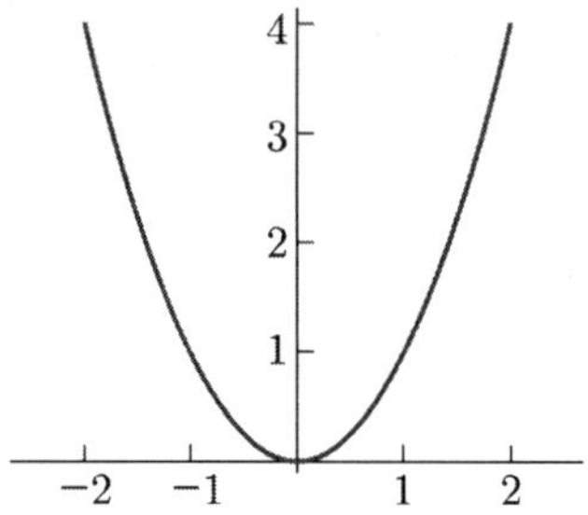

(2) 평면상의 타원 $\dfrac{x^2}{3^2}+\dfrac{y^2}{2^2}=1$을 매개화하자. 삼각함수의 관계식 $\cos^2 t+\sin^2 t=1$을 이용하기 위해서

$$x(t)=3\cos t,\ y(t)=2\sin t,\ t\in[0,\ 2\pi]$$

라고 두면 매개화는

$$\mathbf{r}(t)=(3\cos t)\mathbf{i}+(2\sin t)\mathbf{j},\ t\in[0,\ 2\pi]$$

가 된다.

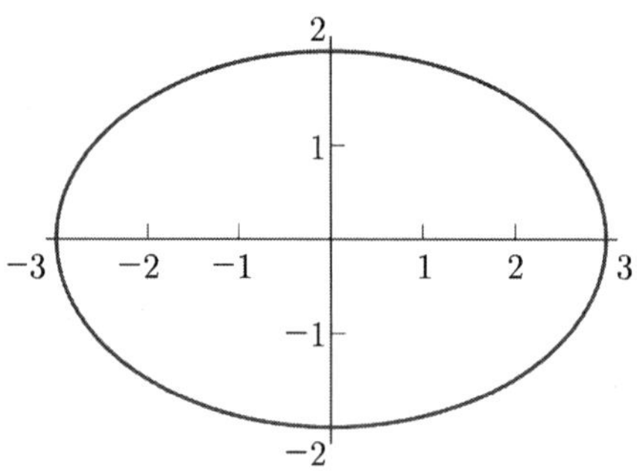

(3) 평면상의 경로 $\mathbf{r}(t)=t\mathbf{i}+|t|\mathbf{j}$와 $\mathbf{r}(t)=t\mathbf{i}+\sqrt[3]{t^2}\mathbf{j}$를 $t\in[-1,\ 1]$일 때 평면상에 그려보자. 먼저 경로 $\mathbf{r}(t)=t\mathbf{i}+|t|\mathbf{j}$의 성분함수는 각각

$$x(t)=t,\ \ y(t)=|t|,\quad t\in[-1,\ 1]$$

이므로 두 식에서 매개변수 t를 소거하고 x의 치역을 구하면

$$y=|x|,\qquad x\in[-1,\ 1]$$

을 얻는다. 비슷하게 $\mathbf{r}(t)=t\mathbf{i}+\sqrt[3]{t^2}\mathbf{j}$에 대해서도 성분함수를 구하여 매개변수를 소거하면

$$y=\sqrt[3]{x^2},\qquad x\in[-1,\ 1]$$

임을 알 수 있다. 따라서 경로에 따른 곡선은 각각 다음과 같다.

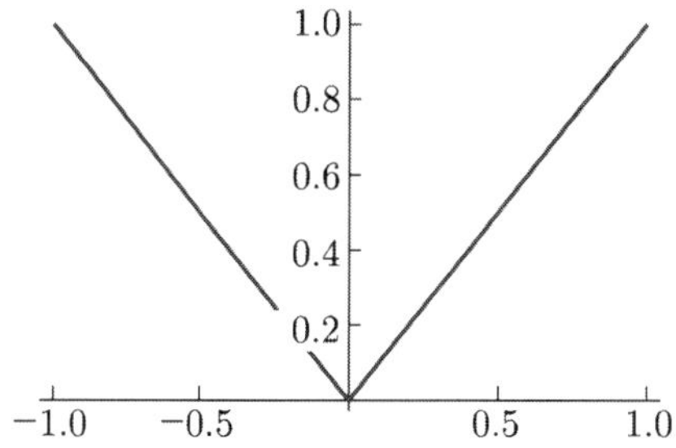

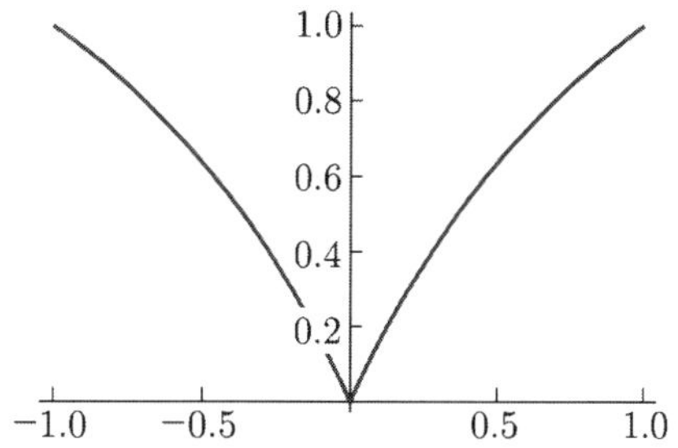

(4) $\mathrm{r}(t)=(t-\sin t)\mathrm{i}+(1-\cos t)\mathrm{j}$는 단위원이 지면을 굴러갈 때 단위원의 한 점이 그리는 곡선을 나타내는 벡터함수이다. 이러한 곡선을 **사이클로이드**(cycloid)라고 한다.

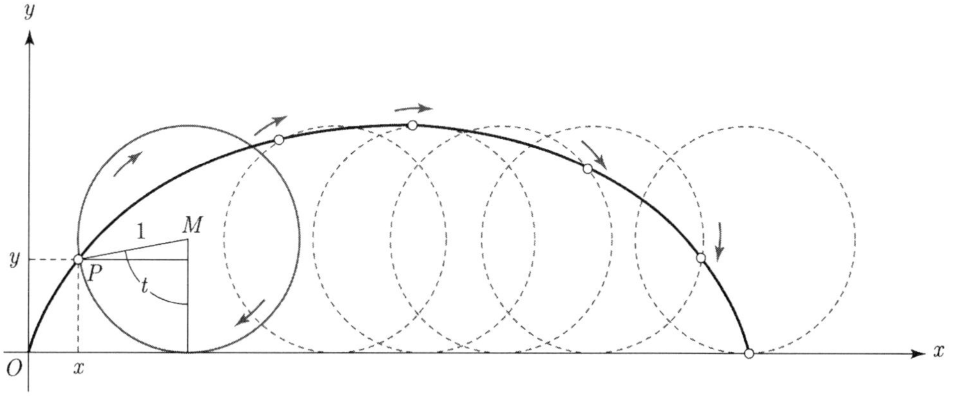

(5) $\mathrm{r}(t)=\left((a+c)\cos t-c\cos\left(\frac{a+c}{c}t\right)\right)\mathrm{i}+\left((a+c)\sin t-c\sin\left(\frac{a+c}{c}t\right)\right)\mathrm{j}$는 중심이 원점이고 반지름 a인 원둘레 바깥으로 반지름 c인 작은 원이 굴러갈 때 작은 원 위의 한 점이 그리는 곡선을 나타내는 벡터함수이다. 이러한 곡선을 **외파선**(epicycloid)이라고 부른다. 특히 $a=c$일 때 우리가 잘 아는 **심장형 곡선**(cardiod)이 된다.

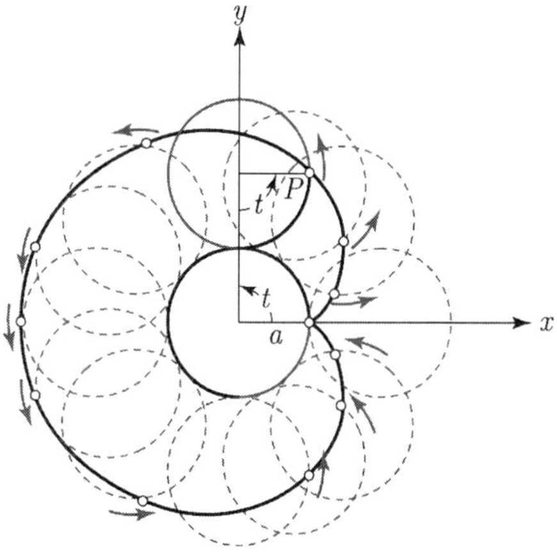

(6) $\mathbf{r}(t) = \left((a-c)\cos t + c\cos\left(\frac{a-c}{c}t\right)\right)\mathbf{i} + \left((a-c)\sin t - c\sin\left(\frac{a-c}{c}t\right)\right)\mathbf{j}$는 중심이 원점이 고 반지름 a인 큰 원 안쪽으로 원둘레를 반지름 c인 작은 원이 굴러갈 때 작은 원 위의 한 점이 그리는 곡선을 나타내는 벡터함수이다. 이러한 곡선을 **내파선**(hypocycloid)이라고 부른다.

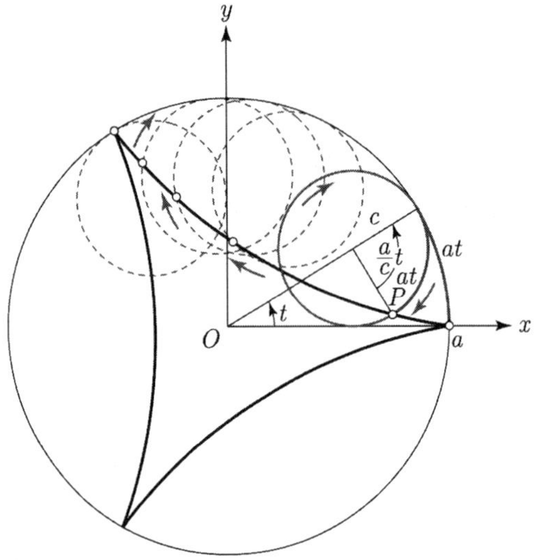

■

3.2 곡선의 길이

롤러코스터를 탄다고 할 때 출발점에서 시간이 지남에 따라 코스를 따라 이동한 다음 일정시간이 지난 후에 다시 원위치로 되돌아오게 되는 조르당 곡선 위를 움직인다. 출발 시각을 0이라 하고 돌아온 시각을 1분 후라고 할 때 움직인 거리를 어떻게 구할 것인가 하는 질문을 하게 된다. 만일 롤러코스터의 조르당 곡선의 매개방정식을 알 수 있다면 이것을 이용하여 구할 수 있음을 보인다.

일반적으로 공간상의 곡선 C의 길이를 구하기 위해서는 아래 그림과 같이 곡선을 잘게 잘라서 잘린 일부분이 거의 직선과 차이가 없도록 한다.

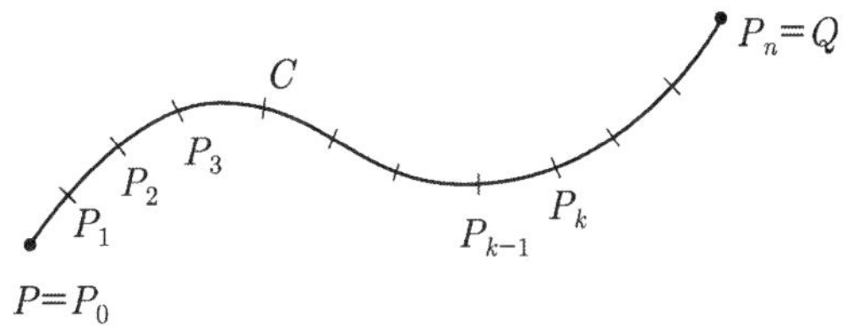

그러면 공간상의 곡선 C의 길이는 선분 $\overline{P_0P_1}$, $\cdots$, $\overline{P_{n-1}P_n}$의 길이의 합과 거의 같게 된다. 각 선분 $\overline{P_{k-1}P_k}$의 길이는 점 P_{k-1}의 좌표와 P_k의 좌표를 구하여 피타고라스의 정리를 사용하여 구하면 된다. 선분을 무한히 잘게 자르면 각 선분의 합은 구하고자 하는 곡선의 길이로 점차 수렴할 것이다.

이제 곡선 C를 매개화하여

$$\mathbf{r} : [a, b] \to \mathbb{R}^3;\ \mathbf{r} = \mathbf{r}(t) = x(t)\mathbf{i} + y(t)\mathbf{j} + z(t)\mathbf{k},\ a \le t \le b$$

라고 하자. 여기서 $P = \mathbf{r}(a)$이고 $Q = \mathbf{r}(b)$이다. 곡선을 위와 같이 자르는 것은 매개화 방정식 $\mathbf{r}$의 정의역 $[a, b]$를 자르는 것과 같다. 이때 자른 정의역을

$$a = t_0 < t_1 < t_2 < \cdots < t_n = b$$

라고 하면 $P_k = \mathbf{r}(t_k)$, $k = 0, 1, 2, \cdots, n$이 된다. 각 선분 $\overline{P_{k-1}P_k}$의 길이는

$$\begin{aligned}\overline{P_{k-1}P_k} &= \| \mathbf{r}(t_k) - \mathbf{r}(t_{k-1}) \| \\ &= \sqrt{(x(t_k) - x(t_{k-1}))^2 + (y(t_k) - y(t_{k-1}))^2 + (z(t_k) - z(t_{k-1}))^2}\end{aligned}$$

이 된다. 이제 근호 안의 식을 정리하기 위해서는 약간의 가정이 필요하다. 두 함수의 값의 차를 근사시키는 공식은 실함수의 평균값정리를 사용하면 된다. 이를 위해서 성분함수가 모두 닫힌구간 $[a, b]$에서 연속이고 열린구간 (a, b)에서 미분 가능해야 한다. 즉 매개화방정식 r이 미분 가능해야 한다. 이러한 가정하에서 적당한 점 $\xi_k \in [t_{k-1}, t_k]$이 존재하여

$$x(t_k) - x(t_{k-1}) = x'(\xi_k)(t_k - t_{k-1})$$

이 성립한다. 나머지 성분함수도 이와 비슷하다. 그런데 $x'(\xi_k) = 0$이 되는 점 ξ_k가 있으면 안 되므로 이 조건도 추가되어야 한다. 즉, 세 성분함수의 미분값이 모두 0이 되는 점이 구간 $[a, b]$ 내에 있으면 안 된다는 조건이 필요하다. 다시 말하면 곡선의 매개방정식 $\mathbf{r}$이

$$\mathbf{r}'(t) \ne \mathbf{0},\quad \forall t \in [a, b]$$

을 만족해야 한다. 이러한 두 가정하에서 선분 $\overline{P_{k-1}P_k}$의 길이는

$$\overline{P_{k-1}P_k} = \sqrt{(x'(\xi_k))^2 + (y'(\eta_k))^2 + (z'(\zeta_k))^2}\ (t_k - t_{k-1})$$

이 된다. 여기서 ξ_k, η_k, ζ_k는 구간 $[t_{k-1}, t_k]$, $k=1, 2, \cdots, n$ 내의 점이다. 따라서 곡선의 절단선분을 모두 합하고 $n\to\infty$ 하면 곡선의 절단선분들의 합은 곡선의 길이로 수렴한다. 따라서 곡선의 길이 L은

$$L=\lim_{n\to\infty}\sum_{k=1}^{n}\sqrt{(x'(\xi_k))^2+(y'(\eta_k))^2+(z'(\zeta_k))^2}\,\Delta t_k,\ \Delta t_k = t_k - t_{k-1} \tag{3.1}$$

이 된다. $n\to\infty$일 때 ξ_k, η_k, $\zeta_k\to t$이므로 (3.1)과 정적분의 정의로부터

$$\begin{aligned} L &= \int_a^b \sqrt{(x'(t))^2+(y'(t))^2+(z'(t))^2}\,dt \\ &= \int_a^b \|\mathbf{r}'(t)\|\,dt \end{aligned} \tag{3.2}$$

임을 알 수 있다.

따라서 우리는 다음의 성질을 얻을 수 있다.

정리 3.3 곡선의 길이

$$\mathbf{r}(t)=x(t)\mathbf{i}+y(t)\mathbf{j}+z(t)\mathbf{k},\ a\le t\le b$$

인 곡선의 길이는

$$L=\int_a^b \|\mathbf{r}'(t)\|\,dt$$

이다.

그러나 간단한 곡선일지라도 길이를 정확하게 구하는 것이 어려울 수 있다. 이것은 적분의 어려움에 따른 것이다. 아래 예시를 보면 길이를 구하는 것이 어렵다는 것을 알 수 있다.

예제 3.4 포물선 $y=x^2$, $0\le x\le 2$의 길이를 구하라.

풀이

먼저 포물선을 매개화하기 위해서 $x(t)=t$라고 두면 $y(t)=t^2$이므로 매개화는

$$\mathbf{r}(t)=x(t)\mathbf{i}+y(t)\mathbf{j}=t\mathbf{i}+t^2\mathbf{j},\ 0\le t\le 2$$

이다. 미분하면 $\mathbf{r}'(t)=\mathbf{i}+2t\mathbf{j}$이고 $\|\mathbf{r}'(t)\|=\sqrt{1+(2t)^2}$이다. 따라서 포물선의 길이는

$$L=\int_0^2 \| \mathrm{r}'(t) \| dt=\int_0^2 \sqrt{1+(2t)^2}\,dt \tag{3.3}$$

가 된다. 이 값을 구하기 위해서는 $2t=\tan\theta$라고 삼각치환을 하면

$$L=\frac{1}{2}\int_0^{\tan^{-1}4} |\sec\theta|\sec^2\theta\, d\theta$$

이다. $\theta=\tan^{-1}4 \fallingdotseq 1.3258 \le \pi/2$이므로 $\sec\theta \ge 0$이고 따라서

$$L=\frac{1}{2}\int_0^{\tan^{-1}4} \sec^3\theta\, d\theta$$

을 적분하면 된다. 그러나 L의 값을 정확하게 구할 수는 없다. ■

더욱이 삼차 이상 곡선 $y=x^n$ $(n \ge 3)$의 경우에는 곡선의 길이를 정확하게 구할 수 없고, 다만 수치적 근삿값만 구할 수 있다. 따라서 대개 2차 이하의 곡선이나 특별한 형태의 곡선만 손으로 계산할 수 있다.

예제 3.5 곡선 C는 $\mathrm{r}(t)=\left(\frac{1}{4}e^{4t}-t\right)\mathrm{i}+(e^{2t})\mathrm{j}$, $0 \le t \le 2$으로 매개화되었을 때 곡선의 길이를 구하라.

풀이

매개화를 미분하면

$$\mathrm{r}'(t)=(e^{4t}-1)\mathrm{i}+(2e^{2t})\mathrm{j}$$

이고 $\| \mathrm{r}'(t) \| = \sqrt{(e^{4t}-1)^2+(2e^{2t})^2}=\sqrt{e^{8t}+2e^{4t}+1}=e^{4t}+1$이므로 곡선의 길이는

$$L=\int_0^2 \| r'(t) \| dt=\int_0^2 (e^{4t}+1)dt=\left[\frac{1}{4}e^{4t}+t\right]_0^2=\frac{1}{4}(e^8+7)$$

이다. ■

3.3 곡률

접벡터, 법벡터, 종법벡터

공간상의 매끄러운 곡선 C가 놓여있다고 하자. $\mathrm{r}(t)=x(t)\mathrm{i}+y(t)\mathrm{j}+z(t)\mathrm{k}$, $t\in[a, b]$는 곡선 C의 매개화라고 하자. 곡선상의 점 $P=r(t_0)=(x(t_0),\ y(t_0),\ z(t_0))$에서 접벡터는 다음과 같이 정의할 수 있다.

정의 3.6 접벡터

매끄러운 곡선 C가

$$\mathbf{r}(t)=x(t)\mathbf{i}+y(t)\mathbf{j}+z(t)\mathbf{k}, \quad a \le t \le b$$

으로 매개화되었다고 하자. 곡선 위의 점 $P=\mathbf{r}(t_0)=x(t_0)\mathbf{i}+y(t_0)\mathbf{j}+z(t_0)\mathbf{k}$에서 **단위 접벡터**(unit tangent vector) $\mathbf{T}(t_0)$는 다음과 같이 정의한다.

$$\mathbf{T}(t_0)=\frac{\mathbf{r}'(t_0)}{\|\mathbf{r}'(t_0)\|} \tag{3.4}$$

여기서 곡선 C가 매끄러우므로 $\mathbf{r}'(t) \neq 0, \ \forall t \in [a, b]$이고, 따라서 접벡터의 분모는 0이 아니므로 잘 정의된다. 또한 접벡터를 단위벡터로 정의하였다.

예제 3.7 곡선 $\mathbf{r}(t) = t\mathbf{i}+\ln(\cos t)\mathbf{j}, \ -\pi/2 \le t \le \pi/2$의 단위접벡터 $\mathbf{T}(t)$를 구하라.

풀이

미분하면 $\mathbf{r}'(t) = \mathbf{i}-\tan t\mathbf{j}$이고 $\|\mathbf{r}'(t)\| = \sqrt{1+\tan^2 t}=\sec t$이다. 그러면 **정의 3.6**으로부터 접벡터는

$$\mathbf{T}(t) = \frac{\mathbf{r}'(t)}{\|\mathbf{r}'(t)\|}=\frac{\mathbf{i}-\tan t\mathbf{j}}{\sec t}= \cos t\mathbf{i}-\sin t\mathbf{j}$$

이다. ■

예제 3.8 곡선 $\mathbf{r}(t) = \frac{1}{2}t^2\mathbf{i}+t\mathbf{j}+\frac{1}{3}t^3\mathbf{k}$에 대하여 $t=2$에서 단위접벡터 $\mathbf{T}(2)$를 구하라.

풀이

먼저 미분하면 $\mathbf{r}'(t)=t\mathbf{i}+\mathbf{j}+t^2\mathbf{k}$이고 $\|\mathbf{r}'(t)\|=\sqrt{t^2+1+t^4}$이므로 접벡터는

$$\mathbf{T}(2)=\frac{\mathbf{r}'(2)}{\|\mathbf{r}'(2)\|}=\frac{2\mathbf{i}+\mathbf{j}+4\mathbf{k}}{\sqrt{21}}$$

이다. ■

반지름이 a인 원을 생각하자. 매개화는 $\mathbf{r}(t)=a\cos t\,\mathbf{i}+a\sin t\mathbf{j}, \ t\in[0, 2\pi]$이다. 그러면 단위 접벡터는

$$\mathbf{T}(t) = \frac{\mathbf{r}'(t)}{\|\mathbf{r}'(t)\|}=-\sin t\,\mathbf{i}+\cos t\,\mathbf{j}$$

임을 알 수 있다. 그러면

$$\mathrm{T}(t)\cdot\mathrm{r}(t)=0,\quad t\in[0,\,2\pi] \tag{3.5}$$

이므로 반지름이 a인 원의 벡터 $\mathrm{r}(t)$와 접벡터 $\mathrm{T}(t)$는 항상 수직임을 알 수 있다. 한편 $\mathrm{T}(t)$는 단위벡터이므로

$$\|\mathrm{T}(t)\|=1,\quad \forall t\in[0,\,2\pi] \tag{3.6}$$

이다. 식 (3.6)을 제곱하여 미분하면 **예제 2.8**에 의하여

$$\mathrm{T}(t)\cdot\mathrm{T}'(t)=0,\quad \forall t\in[0,\,2\pi] \tag{3.7}$$

이 성립한다. 즉 $\mathrm{T}'(t)$은 접벡터 $\mathrm{T}(t)$와 서로 수직인 벡터가 된다. 이제 $\mathrm{T}'(t)$의 방향을 알기 위해서 시 (3.5)를 미분하면

$$\mathrm{T}'(t)\cdot\mathrm{r}(t)+\mathrm{T}(t)\cdot\mathrm{r}'(t)=0$$

이다. $\mathrm{r}'(t)=\mathrm{T}(t)\|\mathrm{r}(t)\|$ 이므로 위 식에 대입하여 정리하면

$$\mathrm{T}'(t)\cdot\mathrm{r}(t)=-\|\mathrm{r}(t)\|,\quad \forall t\in[0,\,2\pi] \tag{3.8}$$

이므로 $\mathrm{T}'(t)$와 $\mathrm{r}(t)$는 서로 반대방향임을 알 수 있다. 따라서 $\mathrm{T}'(t)$는 $\mathrm{T}(t)$와 수직이며 $\mathrm{r}(t)$의 반대방향을 가리키고 있음을 의미한다. 원의 경우에는 $\mathrm{T}'(t)$의 시점이 원주 상에 있으면 종점은 항상 원점을 가리키고 있음을 의미한다. 이와 같은 아이디어를 일반적인 곡선에 적용하면 식 (3.7)은 항상 성립하며 다음과 같은 개념이 도입될 수 있다.

정의 3.9 법벡터

C는 매끄러운 곡선이고 r은 구간 $[a,\,b]$에서 정의된 C의 매개화라 하자. 그러면 $\mathrm{T}'(t)\neq 0$인 점 $t\in(a,\,b)$에 대해서 **법벡터**(normal vector) $\mathrm{N}(t)$를

$$\mathrm{N}(t)=\frac{\mathrm{T}'(t)}{\|\mathrm{T}'(t)\|} \tag{3.9}$$

으로 정의한다.

예제 3.10 곡선 C의 매개화 $\mathrm{r}(t)=t^2\mathrm{i}+2t\mathrm{j}$에 대하여 $t=1$에서 법벡터 $\mathrm{N}(1)$을 구하라.

풀이

먼저 접벡터를 구하자. 매개화식을 미분하면

$$\mathrm{r}'(t)=2t\mathrm{i}+2\mathrm{j}\text{ 이고 }\|\mathrm{r}'(t)\|=\sqrt{(2t)^2+2^2}=2\sqrt{1+t^2}$$

이므로 접벡터 $\mathrm{T}(t)$는

$$\mathrm{T}(t)=\frac{\mathrm{r}'(t)}{\|\mathrm{r}'(t)\|}=\frac{2t\mathrm{i}+2\mathrm{j}}{2\sqrt{1+t^2}}=\frac{t\mathrm{i}+\mathrm{j}}{\sqrt{1+t^2}} \tag{3.10}$$

이다. 식 (3.10)을 미분하면

$$\mathrm{T}'(t)=\frac{i}{(1+t^2)^{\frac{3}{2}}}-\frac{tj}{(1+t^2)^{\frac{3}{2}}}=\frac{i-tj}{(1+t^2)^{\frac{3}{2}}}$$

이고 $\|\mathrm{T}'(t)\|=\dfrac{\sqrt{1+t^2}}{(1+t^2)^{\frac{3}{2}}}$이므로 법벡터 $\mathrm{N}(t)$는

$\mathrm{N}(t)=\dfrac{\mathrm{T}'(t)}{\|\mathrm{T}'(t)\|}=\dfrac{i-tj}{\sqrt{1+t^2}}$이고 $t=1$을 대입하면

$\mathrm{N}(1)=\dfrac{i-j}{\sqrt{2}}$이다. ■

이제 공간상의 곡선을 생각하기로 하자. 평면상의 곡선은 곡선이 평면 내에 있으므로 곡선의 접선과 법선만으로도 곡선의 휨 정도를 알 수 있었다. 그러나 공간상에서는 곡선이 진행방향이 상승이냐 하강이냐 하는 경우가 있고, 곡선의 휨 정도뿐만 아니라 비틀림도 발생하기 때문에 접벡터와 법벡터만으로 설명이 어렵다. 따라서 접벡터와 법벡터에 모두 수직인 방향의 단위벡터가 필요하다. 이것은 접벡터와 법벡터를 외적하면 구해진다. 즉

$$\mathrm{B}(t)=\mathrm{T}(t)\times\mathrm{N}(t)$$

를 종법벡터(binormal)라고 부른다. 그러면 곡선

$$C:\mathrm{r}=\mathrm{r}(t),\quad r\in[a,b]$$

가 주어졌을 때 곡선상의 한 점 $P=\mathrm{r}(t_0)$을 고정하고, 점 P에 대한 접벡터 $\mathrm{T}(t_0)$, 법벡터 $\mathrm{N}(t_0)$, 종법벡터 $\mathrm{B}(t_0)$가 결정된다. 그러면 $t\geq t_0$일 때 곡선 C 위의 점 $Q=\mathrm{r}(t)$에 대해서 벡터 $\overrightarrow{PQ}=\mathrm{a}$를 세 벡터 $\mathrm{T}(t_0)$, $\mathrm{N}(t_0)$, $\mathrm{B}(t_0)$의 상수배들의 합으로 나타낼 수 있다. 즉

$$\mathrm{a}=a_{\mathrm{T}}\mathrm{T}(t_0)+a_{\mathrm{N}}\mathrm{N}(t_0)+a_{\mathrm{B}}\mathrm{B}(t_0) \tag{3.12}$$

으로 나타낼 수 있다. 식 (3.12)의 계수를 구하기 위해서는 벡터 $\mathrm{T}(t_0)$, $\mathrm{N}(t_0)$, $\mathrm{B}(t_0)$를 양변에 내적하면 된다. 세 벡터는 서로 직교하므로 먼저 $\mathrm{T}(t_0)$를 내적하면

$$\begin{aligned}\mathrm{a}\cdot\mathrm{T}(t_0)&=(a_{\mathrm{T}}\mathrm{T}(t_0)+a_{\mathrm{N}}\mathrm{N}(t_0)+a_{\mathrm{B}}\mathrm{B}(t_0))\cdot\mathrm{T}(t_0)\\&=a_{\mathrm{T}}\end{aligned}$$

이다. 비슷하게 $a_{\mathrm{N}}=\mathrm{a}\cdot\mathrm{N}(t_0)$, $a_{\mathrm{B}}=\mathrm{a}\cdot\mathrm{B}(t_0)$를 얻는다. 따라서 이것을 정리하면

$$\mathbf{a} = (\mathbf{a} \cdot \mathbf{T}(t_0))\mathbf{T}(t_0) + (\mathbf{a} \cdot \mathbf{N}(t_0))\mathbf{N}(t_0) + (\mathbf{a} \cdot \mathbf{B}(t_0))\mathbf{B}(t_0) \tag{3.13}$$

을 얻는다.

예제 3.11 나선 $\mathbf{r}(t) = (a\cos t)\mathbf{i} + (a\sin t)\mathbf{j} + bt\mathbf{k}$에 대해서 다음을 구하라. 여기서 a, b는 $a, b > 0$인 상수이다.

(1) $\mathbf{T}(t)$, $\mathbf{N}(t)$, $\mathbf{B}(t)$를 구하라.

(2) $\mathbf{r}(t)$를 $\mathbf{T}(0)$, $\mathbf{N}(0)$, $\mathbf{B}(0)$를 이용하여 식 (3.13)의 형태로 쓰라.

풀이

(1) $\mathbf{r}(t)$를 미분하면

$$\mathbf{r}'(t) = (-a\sin t)\mathbf{i} + (a\cos t)\mathbf{j} + b\mathbf{k}$$

$$\|\mathbf{r}'(t)\| = \sqrt{a^2\sin^2 t + a^2\cos^2 t + b^2} = \sqrt{a^2+b^2}$$

이므로 접벡터는

$$\mathbf{T}(t) = \frac{\mathbf{r}'(t)}{\|\mathbf{r}'(t)\|} = \frac{-a\sin t}{\sqrt{a^2+b^2}}\mathbf{i} + \frac{a\cos t}{\sqrt{a^2+b^2}}\mathbf{j} + \frac{b}{\sqrt{a^2+b^2}}\mathbf{k}$$

이다. 접벡터를 미분하면

$$\mathbf{T}'(t) = \frac{-a\cos t}{\sqrt{a^2+b^2}}\mathbf{i} + \frac{-a\sin t}{\sqrt{a^2+b^2}}\mathbf{j} + 0\mathbf{k}$$

$$\|\mathbf{T}'(t)\| = \sqrt{\frac{a^2\cos^2 t}{a^2+b^2} + \frac{a^2\sin^2 t}{a^2+b^2}} = \frac{a}{\sqrt{a^2+b^2}}$$

이므로 법벡터는

$$\mathbf{N}(t) = \frac{\mathbf{T}'(t)}{\|\mathbf{T}'(t)\|} = (-\cos t)\mathbf{i} + (-\sin t)\mathbf{j} + 0\mathbf{k}$$

이다. 종법벡터는

$$\mathbf{B}(t) = \mathbf{T}(t) \times \mathbf{N}(t) = \begin{vmatrix} \mathbf{i} & \mathbf{j} & \mathbf{k} \\ \frac{-a\sin t}{\sqrt{a^2+b^2}} & \frac{a\cos t}{\sqrt{a^2+b^2}} & \frac{b}{\sqrt{a^2+b^2}} \\ -\cos t & -\sin t & 0 \end{vmatrix}$$

$$= \begin{vmatrix} \frac{a\cos t}{\sqrt{a^2+b^2}} & \frac{b}{\sqrt{a^2+b^2}} \\ -\sin t & 0 \end{vmatrix}\mathbf{i} - \begin{vmatrix} \frac{-a\sin t}{\sqrt{a^2+b^2}} & \frac{b}{\sqrt{a^2+b^2}} \\ -\cos t & 0 \end{vmatrix}\mathbf{j}$$

$$+ \begin{vmatrix} \frac{-a\sin t}{\sqrt{a^2+b^2}} & \frac{a\cos t}{\sqrt{a^2+b^2}} \\ -\cos t & -\sin t \end{vmatrix}\mathbf{k}$$

$$= \frac{b\sin t}{\sqrt{a^2+b^2}}\mathrm{i} - \frac{b\cos t}{\sqrt{a^2+b^2}}\mathrm{j} + \frac{a}{\sqrt{a^2+b^2}}\mathrm{k}$$

이다.

(2) (1)에서 구한 접벡터, 법벡터, 종법벡터에 $t=0$을 대입하면

$$\mathrm{T}(0) = 0\mathrm{i} + \frac{a}{\sqrt{a^2+b^2}}\mathrm{j} + \frac{b}{\sqrt{a^2+b^2}}\mathrm{k}$$

$$\mathrm{N}(0) = (-1)\mathrm{i} + 0\mathrm{j} + 0\mathrm{k}$$

$$\mathrm{B}(0) = 0\mathrm{i} + \frac{-b}{\sqrt{a^2+b^2}}\mathrm{j} + \frac{a}{\sqrt{a^2+b^2}}\mathrm{k}$$

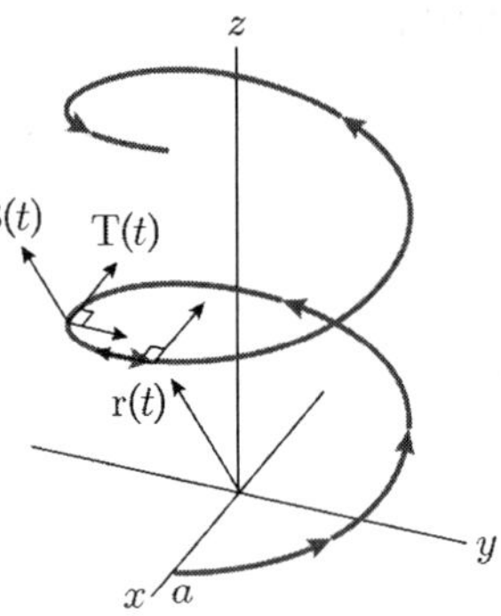

를 얻는다. 그러면

$$\mathrm{r}(t) \cdot \mathrm{T}(0) = \frac{a^2\sin t + b^2 t}{\sqrt{a^2+b^2}}$$

$$\mathrm{r}(t) \cdot \mathrm{N}(0) = -a\cos t$$

$$\mathrm{r}(t) \cdot \mathrm{B}(0) = \frac{-ab\sin t + abt}{\sqrt{a^2+b^2}}$$

이므로

$$r(t) = \frac{a^2\sin t + b^2 t}{\sqrt{a^2+b^2}}\mathrm{T}(0) + (-a\cos t)\mathrm{N}(0) + \frac{-ab\sin t + abt}{\sqrt{a^2+b^2}}\mathrm{B}(0)$$

이다. ■

곡률

구간 I에서 매개화 $r(t)$는 r'이 연속이고 $r'(t) \neq 0$ 일 때 매끄럽다(smooth)고 한다. 매끄러운 곡선은 뾰족한 모퉁이나 꺾인 점이 없고 접선벡터가 방향을 바꿀 때 연속적으로 방향을 바꾼다. 곡선 C가 벡터함수 r로 정의되는 매끄러운 곡선이면 단위 접벡터는 T로 주어지며 곡선의 방향을 나타내 주고 있다. 이때 T는 곡선 C가 예리하게 구부러져 있으면 방향을 더 빠르게 바꾼다는 것을 알 수 있다. 주어진 점에서의 곡률은 그 점에서 곡선이 얼마나 빠르게 방향을 바꾸는가 하는 것을 나타낸 수치이다. 곡률은 호의 길이에 대한 단위 접벡터의 변화율의 크기로 정의한다.

정의 3.12 곡선의 곡률(curvature)

곡선의 곡률은 단위접벡터 T에 대하여

$$\kappa = \left| \frac{dT}{ds} \right|$$

로 정의한다.

위 정의에서 곡률을 매개변수 t로 표시하기 위하여 연쇄 법칙을 이용하면

$$\frac{dT}{dt} = \frac{dT}{ds}\frac{ds}{dt} \quad \Rightarrow \quad \kappa = \left| \frac{dT}{ds} \right| = \left| \frac{dT/dt}{ds/dt} \right|$$

로 쓸 수 있다. 여기서 $ds/dt = \|r'(t)\|$이므로

$$\kappa(t) = \frac{\|T'(t)\|}{\|r'(t)\|}$$

이다.

예제 3.13 반지름이 a인 원의 곡률을 구하라.

풀이

반지름이 a인 원의 매개화는

$$r(t) = a\cos t\mathbf{i} + a\sin t\mathbf{j}$$

이다. 따라서 $r'(t) = -a\sin t\mathbf{i} + a\cos t\mathbf{j}$이고 $\|r'(t)\| = a$이므로

$$T(t) = \frac{r'(t)}{\|r'(t)\|} = -\sin t\mathbf{i} + \cos t\mathbf{j}$$

이고 $T'(t) = -\cos t\mathbf{i} - a\sin t\mathbf{j}$이다. 이때 $\|T'(t)\| = 1$이므로

$$\kappa(t) = \frac{\|T'(t)\|}{\|r'(t)\|} = \frac{1}{a}$$

이다. ■

벡터함수로 주어진 곡선의 곡률을 구하기 위해서 외적을 이용할 수 있다.

정리 3.14 곡률의 계산

벡터함수 r로 주어진 곡선의 곡률은

$$\kappa(t)=\frac{\|r'(t)\times r''(t)\|}{\|r'(t)\|^3}$$

이다.

증명

$T=\dfrac{r'}{\|r'\|}$이고 $\|r'\|=\dfrac{ds}{dt}$이므로 $r'(t)=\|r'(t)\|\,T=\dfrac{ds}{dt}T$이다.

이때 $r''=\dfrac{d^2s}{dt^2}T+\dfrac{ds}{dt}T'$임을 알 수 있다. $T\times T=0$이므로

$$r'\times r''=\left(\frac{ds}{dt}\right)^2(T\times T')$$

이다. 이제 모든 t에 대하여 $\|T(t)\|=1$이므로 T와 T'은 수직이다. 따라서

$$\|r'\times r''\|=\left(\frac{ds}{dt}\right)^2\|T\times T'\|=\left(\frac{ds}{dt}\right)^2\|T\|\,\|T'\|=\left(\frac{ds}{dt}\right)^2\|T'\|$$

에서

$$\|T'\|=\frac{\|r'\times r''\|}{(ds/dt)^2}=\frac{\|r'\times r''\|}{\|r'\|^2}$$

이 되어

$$\kappa(t)=\frac{\|r'(t)\times r''(t)\|}{\|r'(t)\|^3}$$

이다.

예제 3.15 삼차곡선 $r(t)=(t,\ t^2,\ t^3)$의 곡률을 구하라.

풀이

$r'(t)=(1,\ 2t,\ 3t^2)$이고 $r''(t)=(0,\ 2,\ 6t)$, 또 $\|r'(t)\|=\sqrt{1+4t^2+9t^4}$이다.

이때 $r'(t)\times r''(t)=\begin{vmatrix}\mathrm{i} & \mathrm{j} & \mathrm{k}\\ 1 & 2t & 3t^2\\ 0 & 2 & 6t\end{vmatrix}=6t^2\mathrm{i}-6t\mathrm{j}+2\mathrm{k}$이므로 $\|r'\times r''\|=2\sqrt{9t^4+9t^2+1}$이다.

따라서 구하는 곡률은 $\kappa(t)=\dfrac{\|r'(t)\times r''(t)\|}{\|r'(t)\|^3}=\dfrac{2\sqrt{1+9t^2+9t^4}}{(1+4t^2+9t^4)^{3/2}}$ 이다. ■

곡선 C를 매개화한 경우와 $y=f(x)$의 그래프인 경우의 곡률은 다음과 같이 얻을 수 있다.

정리 3.16 매개화된 곡선의 곡률

평면 위의 곡선 C의 매개화 $\mathrm{r}(t)=x(t)\mathrm{i}+y(t)\mathrm{j}$를 생각하자. 그러면

$$\kappa=\frac{|x'y''-y'x''|}{[(x')^2+(y')^2]^{3/2}},\quad 여기서\ '=\frac{d}{dt} \tag{3.14}$$

이다. 특히 만일 곡선이 $y=f(x)$의 그래프이면

$$\kappa=\frac{|y''|}{[1+(y')^2]^{3/2}},\quad 여기서\ '=\frac{d}{dx} \tag{3.15}$$

이다.

예제 3.17 타원 $x=a\cos t,\ y=b\sin t,\ a\ge b>0$의 곡률을 계산하라.

풀이

주어진 매개화를 미분하면

$$x'=-a\sin t,\quad x''=-a\cos t,\quad y'=b\cos t,\quad y''=-b\sin t$$

이므로 식 (3.14)에 대입하면

$$\kappa=\frac{|x'y''-y'x''|}{[(x')^2+(y')^2]^{3/2}}=\frac{|ab\sin^2 t+ab\cos^2 t|}{[a^2\sin^2 t+b^2\cos^2 t]^{3/2}}=\frac{ab}{[a^2\sin^2 t+b^2\cos^2 t]^{3/2}}$$

이다. ■

예제 3.17의 풀이에서 분자부분은 상수이고 분모만 t에 의존함을 알 수 있다. 분모의 근호 부분을 보면

$$a^2\sin^2 t+b^2\cos^2 t=b^2+(a^2-b^2)\sin^2 t$$

이므로 위 식은 $t=0$일 때 최솟값, $t=\pi/2$에서 최댓값을 얻을 수 있다. 따라서 타원의 곡률은 $t=0$에서 가장 크고(가장 많이 휘고), $t=\pi/2$에서 가장 작음(가장 평퍼짐)을 알 수 있다. 아래 그림은 $a=3,\ b=2$일 때이다.

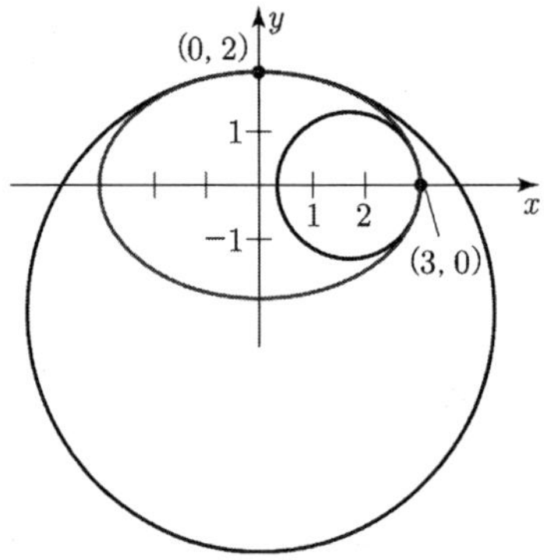

3.4 속도와 가속도

지금까지 벡터함수의 여러 가지 성질을 살펴보았다. 이 장에서는 벡터함수의 가장 대표적인 사례로서 물체의 변위에 관한 물리적인 성질을 살펴보기로 한다. 물리적인 현상을 수학적인 모형으로 바꾸어 수학적 성질을 탐구하고, 수학적 성질이 물리적 현상에 어떻게 적용되는지를 학습하기로 한다.

먼저 지상에서 로켓을 쏘아 올린다고 가정하자. 로켓 발사 후 시간에 따라 로켓의 위치는 계속 변한다. 로켓의 궤도를 조사하여 보다 정확한 위치에 도달할 수 있도록 할 수 있다. 우리가 쓰고 있는 컴퓨터도 실제로는 탄도의 궤적을 조사하기 위해서 발명되었다.

지상에서 로켓을 발사한다고 가정하자. 그리고 발사 후 t초에 로켓의 위치 $\mathrm{r}(t)$는 로켓 발사 지점을 삼차원 공간상의 원점으로 가정했을 때 좌표계로 나타내면

$$\mathrm{r}(t) = (x(t),\ y(t),\ z(t)) = x(t)\mathrm{i} + y(t)\mathrm{j} + z(t)\mathrm{k} \tag{3.17}$$

로 표현될 수 있다. 즉 t초 후 로켓의 위치 $\mathrm{r}(t)$를 **변위**(position)라고 부른다. 로켓의 순간변화율, 즉 미분 $\mathrm{r}'(t) = x'(t)\mathrm{i} + y'(t)\mathrm{j} + z'(t)\mathrm{k}$를 **속도**(velocity)라고 부르고 $\mathrm{v}(t)$로 나타낸다. 즉

$$\mathrm{v}(t) = \mathrm{r}'(t) = x'(t)\mathrm{i} + y'(t)\mathrm{j} + z'(t)\mathrm{k} \tag{3.18}$$

이다. 또한 속도벡터의 미분 $\mathrm{v}'(t) = x''(t)\mathrm{i} + y''(t)\mathrm{j} + z''(t)\mathrm{k}$를 **가속도**(acceleration)라고 부르고 $\mathrm{a}(t)$로 나타낸다. 즉

$$\mathrm{a}(t) = \mathrm{v}'(t) = \mathrm{r}''(t) = x''(t)\mathrm{i} + y''(t)\mathrm{j} + z''(t)\mathrm{k} \tag{3.19}$$

이다. 이상의 세 가지 개념 변위, 속도, 가속도는 모두 벡터이다. 이에 반하여 속도의 절댓값 $\|\mathrm{v}(t)\|$을 **속력**(speed)이라고 부르고 $v(t)$로 나타낸다. 즉

$$v(t) = \|\mathrm{v}(t)\| = \|\mathrm{r}'(t)\| = \sqrt{(x'(t))^2 + (y'(t))^2 + (z'(t))^2} \tag{3.20}$$

이다.

예제 3.18 로켓을 발사한 후 t초에 위치가 $\mathrm{r}(t) = 250\sqrt{2}t\mathrm{i} + (250\sqrt{2}t - 16t^2)\mathrm{j}$라고 하자. 다음을 구하라.

(1) 속도 $\mathrm{v}(t)$, 가속도 $\mathrm{a}(t)$

(2) 속력 $v(t)$

풀이

(1) 변위벡터 $\mathrm{r}(t)$를 미분하면 속도벡터는

$$\mathrm{v}(t) = \mathrm{r}'(t) = 250\sqrt{2}\mathrm{i} + (250\sqrt{2} - 32t)\mathrm{j}$$

이다. 다시 속도벡터를 미분하면 가속도벡터

$$\mathrm{a}(t) = \mathrm{v}'(t) = -32\mathrm{j}$$

를 얻는다.

(2) 속력은

$$\begin{aligned} v(t) = \|\mathrm{v}(t)\| &= \sqrt{250^2 \times 2 + (250\sqrt{2} - 32t)^2} \\ &= \sqrt{250^2 \times 4 - 16000\sqrt{2}t + 1024t^2} \\ &= 4\sqrt{15625 - 1000\sqrt{2}t + 64t^2} \end{aligned}$$

이다. ■

예제 3.18을 살펴보면 속도나 속력은 시간의 함수로 나타나므로 시간이 변함에 따라 속도나 속력이 변한다. 그러나 가속도는 상수벡터로 나타나기 때문에 시간이 변해도 항상 일정하다. 이와 같이 가속도가 시간에 의존하지 않는 상수벡터인 경우를 통상 등가속도라고 한다. 즉, 로켓은 등가속도 운동을 하고 있는 것이다. 만일 속도가 상수벡터이면 속도가 시간이 변해도 언제나 같은 속도를 유지하므로 이러한 운동을 등속도 운동이라고 한다.

예제 3.19 매개화 $\mathrm{r}(t) = t\mathrm{i} + t^3\mathrm{j} + 3t\mathrm{k}$, $t \geq 0$으로 주어진 공간곡선 C를 따라 움직이는 물체의 경로를 그리고 $t = 1$일 때 속도와 가속도를 구하라.

풀이

경로를 그리려면 각 성분함수를 $x(t)$, $y(t)$, $z(t)$라 두면

$$x(t) = t, \quad y(t) = t^3, \quad z(t) = 3t, \qquad t \geq 0$$

이다. 먼저 x, y의 관계를 살펴보기 위해서 t를 소거하면 $y = x^3$, $x \geq 0$임을 쉽게 알 수 있다. 비슷하게 x, z의 관계는 위와 같이 t를 소거하면 $z = 3x$, $x \geq 0$임을 알 수 있다. 따라서 위 경로는 평면 $z = 3x$의 상반평면에 $y = x^3$를 그린 것과 같다. 그림을 그리면 아래와 같다.

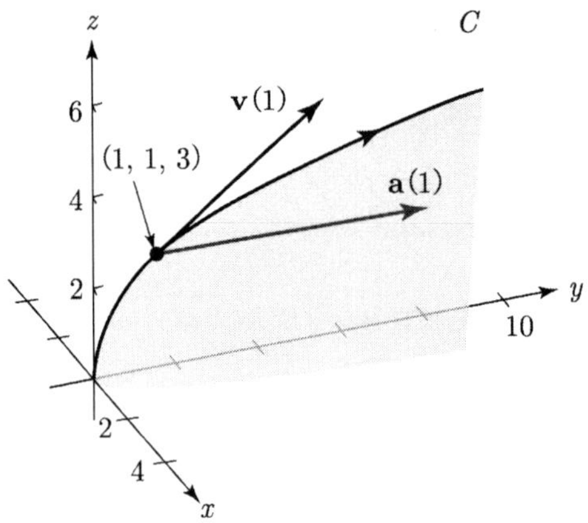

매개화를 미분하면 속도

$$\mathrm{v}(t) = \mathrm{r}'(t) = \mathrm{i} + 3t^2\mathrm{j} + 3\mathrm{k}$$

를 얻고, 속도를 미분하면 가속도

$$\mathrm{a}(t) = \mathrm{v}'(t) = 6t\mathrm{j}$$

를 얻는다. $t = 1$을 대입하면

$$\mathrm{v}(1) = \mathrm{i} + 3\mathrm{j} + 3\mathrm{k}, \quad \mathrm{a}(1) = 6\mathrm{j}$$

이다. ■

예제 3.20 정지한 상태에서 어떤 물체가 점 $(1, 2, 3)$에서 출발하여 가속도 $\mathrm{a}(t) = \mathrm{i} + 2\mathrm{j}$으로 움직인다고 하자. 여기서 $\|\mathrm{a}(t)\|$는 $\mathrm{km/sec^2}$의 단위로 측정되었다고 하자. $t = 3$일 때 물체의 위치를 구하라.

풀이

물체의 위치를 구하기 위해서는 속도를 알아야 하고, 속도는 가속도를 적분해야 한다. 따라서 먼저 속도를 구하기 위해서 가속도를 적분하면

$$\mathrm{v}(t) = \int \mathrm{a}(t)dt = \int 1dt\,\mathrm{i} + \int 2dt\,\mathrm{j} = t\mathrm{i} + 2t\mathrm{j} + \mathrm{A} \tag{3.21}$$

를 얻는다. 여기서 A는 상수벡터이다. 상수벡터를 구하기 위해서 초기 속도 $\mathrm{v}(0)$을 알아야 한다. 물체가 처음에는 정지한 상태에 있으므로 초기속도 $\mathrm{v}(0) = 0$(영벡터)이다. 따라서 식

(3.21)에 $t=0$을 대입하면 $\mathrm{A}=0$을 얻는다. 따라서

$$\mathrm{v}(t)=t\mathrm{i}+2t\mathrm{j}$$

이다. 이제 변위를 구하기 위해서 속도벡터를 적분하면

$$\mathrm{r}(t)=\int \mathrm{v}(t)dt=\int t\,dt\,\mathrm{i}+\int 2t\,dt\,\mathrm{j}$$

$$=\frac{1}{2}t^2\mathrm{i}+t^2\mathrm{j}+\mathrm{C} \qquad (3.22)$$

이다. 상수벡터 C를 구하자. 물체가 정지한 상태일 때 위치가 $\mathrm{r}(0)=(1,\,2,\,3)=\mathrm{i}+2\mathrm{j}+3\mathrm{k}$이므로 $t=0$을 식 (3.22)에 대입하면

$$\mathrm{C}\ -\mathrm{i}+2\mathrm{j}+3\mathrm{k}$$

을 얻는다. 따라서 이것을 식 (3.22)에 대입하면

$$\mathrm{r}(t)=\left(\frac{1}{2}t^2+1\right)\mathrm{i}+(t^2+2)\mathrm{j}+3\mathrm{k}$$

이다. 따라서 $t=3$일 때 물체의 위치는

$$\mathrm{r}(3)=\frac{11}{2}\mathrm{i}+11\mathrm{j}+3\mathrm{k}=\left(\frac{11}{2},\,11,\,3\right)$$

이다. ■

SECTION

3 연습문제

➡ 연습문제 해답 406쪽

01. 다음 각 곡선의 매개화를 구하라.

(1) 점 $(-3, 2, 1)$에서 점 $(4, 0, 5)$까지의 직선

(2) 반지름이 6이고 중심이 원점인 xy평면에서의 원

(3) $y = \tan x,\ 0 \le x \le \frac{\pi}{4}$의 그래프

(4) xy평면에서 꼭짓점이 $(0, 0)$, $(2, 0)$, $(0, 2)$인 삼각형

02. 곡선 $\mathrm{r}(t) = \cos^3 t\mathrm{i} + \sin^3 t\mathrm{j},\ 0 \le t \le 2\pi$의 길이 $\mathcal{L}$을 구하라.

03. 다음에서 각각 $\frac{ds}{dt}$를 구하라.

(1) $\mathrm{r}(t) = \sin 2t\mathrm{i} + \cos 2t\mathrm{j} + \frac{2}{3}t^{\frac{3}{2}}\mathrm{k}$

(2) $\mathrm{r}(t) = 2t\mathrm{i} + t^2\mathrm{j} + \frac{1}{3}t^3\mathrm{k}$

04. 다음 곡선의 길이를 구하라.

(1) $\mathrm{r}(t) = 2\sin t\mathrm{i} + 5t\mathrm{j} + 2\cos t\mathrm{k},\ -10 \le t \le 10$

(2) $\mathrm{r}(t) = \mathrm{i} + t^2\mathrm{j} + t^3\mathrm{k},\ 0 \le t \le 1$

05. 곡선 $\mathrm{r}(t) = \cos t\mathrm{i} + 3t\mathrm{j} + 2\sin 2t\mathrm{k},\ t = 0$에서 $\mathrm{T}(0)$를 구하라.

06. 벡터함수 $\mathbf{r}(t) = \cos t\mathbf{i} + \sin t\mathbf{j} + 2t\mathbf{k}$에 대하여 다음을 구하라.

(1) $\mathbf{r}'(t)$ (2) $\mathbf{r}''(t)$

(3) $\mathbf{r}'(t) \cdot \mathbf{r}''(t)$ (4) $\mathbf{r}'(t) \times \mathbf{r}''(t)$

07. $\mathbf{u}(t) = \mathbf{i} - 2t^2\mathbf{j} + 3t^3\mathbf{k}$, $\mathbf{v}(t) = t\mathbf{i} + \cos t\mathbf{j} + \sin t\mathbf{k}$라 할 때 $\dfrac{d}{dt}[\mathbf{u}(t) \cdot \mathbf{v}(t)]$를 구하라.

08. $\mathbf{r}(t) \neq 0$일 때, $\dfrac{d}{dt}|\mathbf{r}(t)| = \dfrac{1}{|\mathbf{r}(t)|}\mathbf{r}(t) \cdot \mathbf{r}'(t)$임을 보이라.

(힌트: $|\mathbf{r}(t)|^2 = \mathbf{r}(t) \cdot \mathbf{r}(t)$)

09. $\mathbf{r}'(t) = 2t\mathbf{i} + 3t^2\mathbf{j} + \sqrt{t}\,\mathbf{k}$이고 $\mathbf{r}(1) = \mathbf{i} + \mathbf{j}$일 때 곡선 $\mathbf{r}(t)$를 찾아라.

10. 곡선 $\mathbf{r}(t) = 2\sin t\mathbf{i} + 5t\mathbf{j} + 2\cos t\mathbf{k}$의 접벡터, 법벡터와 곡률을 구하라.

11. $\mathbf{r}(t) = t\mathbf{i} + t^2\mathbf{j}$로 주어진 곡선에 대하여 $t = 1$일 때 접하는 접벡터 $\mathbf{T}(1)$을 구하라.

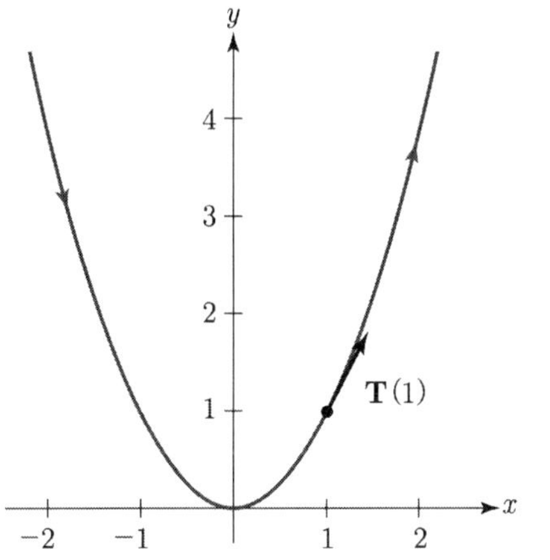

12. $\mathbf{r}(t) = 2\cos t\mathbf{i} + 2\sin t\mathbf{j} + t\mathbf{k}$로 주어진 곡선에서 $t = \frac{\pi}{4}$에 대응하는 점에서 $\mathbf{T}(t)$를 구하라.

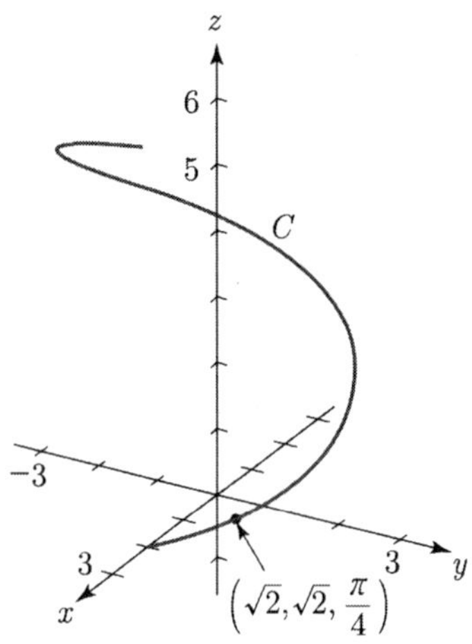

13. 곡선 $\mathbf{r}(t) = \sqrt{2}t\mathbf{i} + e^t\mathbf{j} + e^{-t}\mathbf{k}$의 접벡터 $\mathbf{T}(t)$, 법벡터 $\mathbf{N}(t)$, 곡률 $\kappa(t)$를 구하라.

14. 곡선 $\mathbf{r}(t) = e^t\sin t\mathbf{i} + e^t\cos t\mathbf{j} + t\mathbf{k}$에서 곡률을 구하라.

15. 점 (1, 1, 1)에서 곡선 $\mathbf{r}(t) = t\mathbf{i} + t^2\mathbf{j} + t^3\mathbf{k}$의 곡률을 구하라.

16. $f(x) = xe^x$의 그래프의 곡률을 계산하라.

17. 극방정식 $r = f(\theta)$의 극좌표 그래프의 곡률이 다음과 같이 주어짐을 보이라.

$$\kappa(\theta) = \frac{|2[f'(\theta)]^2 - f(\theta)f''(\theta) + [f(\theta)]^2|}{[(f'(\theta))^2 + (f(\theta))^2]^{3/2}}$$

18. 심장형 $r = 1 - \cos\theta$, $0 < \theta < 2\pi$에서 곡률을 계산하라.

19. 다음 사실이 참인지 거짓인지를 결정하라.

(1) 공간곡선의 호길이는 매개화에 의존한다.

(2) 원의 곡률은 그 원의 반지름과 같다.

(3) 직선의 곡률은 0이다.

(4) 가속도의 법선성분은 속력과 곡률의 함수이다.

20. 다음 벡터함수로 주어진 각 곡선의 가속도의 성분 a_T와 a_N을 각각 구하라.

(1) $\mathbf{r}(t) = 3t^2\mathbf{i} + (3t - t^3)\mathbf{j}$

(2) $\mathbf{r}(t) = t\mathbf{i} + t^2\mathbf{j} + \frac{1}{2}t^2\mathbf{k}$

21. 다음 위치함수에 대하여 속도, 가속도, 속력을 구하라.

(1) $\mathbf{r}(t) = (t^2 + 1)\mathbf{i} + t^3\mathbf{j} + (t^2 - 1)\mathbf{k}$

(2) $\mathbf{r}(t) = \sqrt{2}t\mathbf{i} + e^t\mathbf{j} + e^{-t}\mathbf{k}$

22. 다음 가속도 벡터에 대하여 주어진 조건을 만족하는 위치벡터를 구하라.

(1) $\mathbf{a}(t) = \mathbf{i} + 2\mathbf{j}$, $\mathbf{v}(0) = \mathbf{k}$, $\mathbf{r}(0) = \mathbf{i}$

(2) $\mathbf{a}(t) = 2t\mathbf{i} + \sin t\mathbf{j} + \cos 2t\mathbf{k}$, $\mathbf{v}(0) = \mathbf{i}$, $\mathbf{r}(0) = \mathbf{j}$

■ 23-30 부록 A, B를 활용하여 해결하라.

23. 그림은 벡터함수 $\mathbf{r}(t) = (\cos\pi t + \pi t\sin\pi t)\mathbf{i} + (\sin\pi t - \pi t\cos\pi t)\mathbf{j}$에 의해서 모형화된 경로를 따라서 움직이는 물체를 보여준다. 그림은 또한 $t = 1$과 $t = 2$에 대한 속도 $\mathbf{v}(t)$와 가속도 $\mathbf{a}(t)$를 보여준다. 다음을 구하라.

(1) $t=1$과 $t=2$일 때 a_{T}와 a_{N}을 구하라.

(2) t의 각 값에서 물체의 속력이 증가 또는 감소하는지를 결정하라.

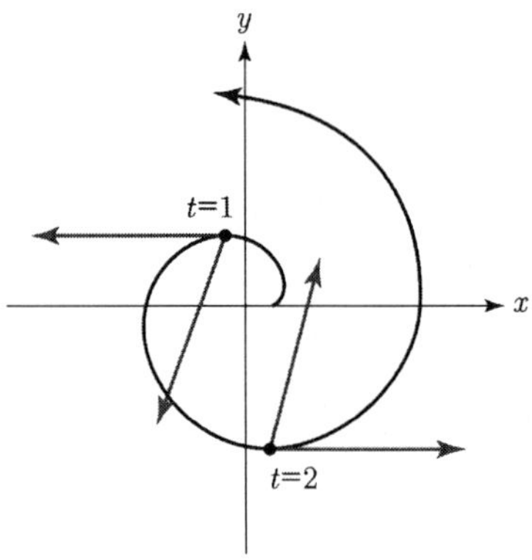

24. 인간의 DNA분자는 이중나선이다. 각각은 약 2.9×10^8바퀴 꼬여 있다. 각 나선의 반지름은 약 10 Å (옹스트롬, angstroms)의 반지름과 한 번 꼬일 때 높이가 약 34 Å (옹스트롬)씩 증가한다. 이러한 나선의 전체 길이는 얼마인가? 여기서 1 Å (옹스트롬)은 10^{-8}cm 이다.

25. 일정한 속력 v로 운행하는 자동차가 반지름 R인 원을 일주하고 있다. 만일 자동차가 바깥쪽으로 미끄러짐을 피하려면, 타이어 위에 도로에 의해 가해진 수평마찰력 F는 바깥쪽을 당기는 구심력과 적어도 균형을 이루어야 한다. 힘 F는 $F=\mu mg$를 만족한다. 여기서 μ는 마찰계수, m은 자동차의 질량, g는 중력가속도이다. 따라서 $\mu mg \ge mv^2/R$이다. 미끄러짐이 발생할 속력 v_R이 $v_R=\sqrt{\mu gR}$이 됨을 보이고 이것을 사용하여 $R=400\mathrm{m}$, $\mu=0.4$인 곡선에 대해서 v_R을 구하라. 여기서 $g=9.8\ \mathrm{m/sec^2}$이다.

26. 문제 25의 자동차를 다시 생각하자. 곡선이 최악의 지점에서 미끄럽지만($\mu=0$), 수평으로부터 각도 θ만큼 경사가 있다고 하자(그림 참조). F 는 자동차 위에 도로에 가해진 힘이라고 하자. 그러면 임계속력 v_R에서 $mg=\|\mathbf{F}\|\cos\theta$이고 $mv_R^2/R=\|\mathbf{F}\|\sin\theta$이다.

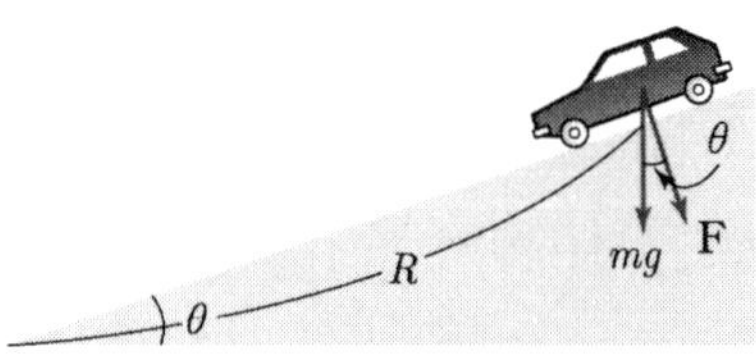

(1) $v_R=\sqrt{Rg\tan\theta}$ 임을 보이라.

(2) $R=400\ \mathrm{m}$이고 $\theta=10°$인 곡선에 대한 v_R을 구하라.

27. 360 kg의 소형 자동차가 반지름 12 m인 원형 주행로를 시간당 60 km의 속력으로 주행한다. 주행로에서 미끄러져 나가지 않기 위하여 주행로가 바퀴에 가하는 마찰력은 얼마인가? 여기서 마찰력(force of friction)은 운동 방향에 수직이고 가속도의 법선성분에 질량을 곱한 것과 크기가 같다.

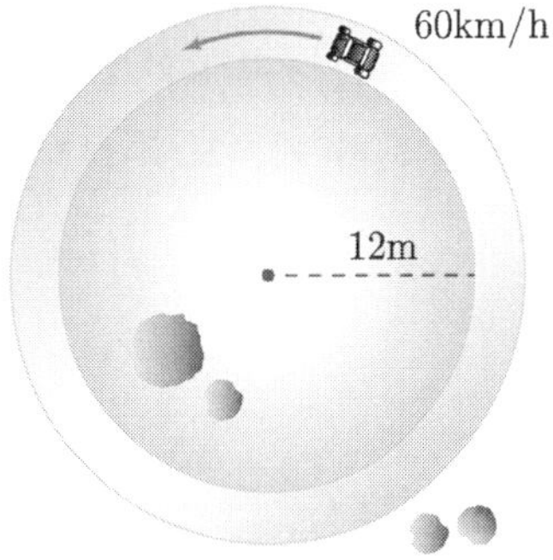

28. 지구에 대한 달의 공전주기는 2.36055×10^6초이다. 지구에서 얼마나 멀리 떨어져 있는가?

29. 어떤 발사체가 500 m/s의 초기속도, 30°의 각도로 발사되었다고 하자. 다음을 구하라.

(1) 발사체가 땅에 충돌할 때 시각과 출발점으로부터의 거리

(2) 최대 높이

(3) 발사체가 땅에 충돌할 때 속도와 속력

30. 공을 지면으로부터 45° 각도로 던졌을 때 초기 위치로부터 90 m 떨어진 곳에 떨어졌다. 이 공의 초기 속도를 구하라.

[참고] 질량이 m인 물체가 평면 위의 반지름이 r_0인 원을 따라 등각속도 ω로 움직일 때, 위치벡터가 $r(t) = r_0 \cos\omega t i + r_0 \sin\omega t j$이다. 이때 물체에 가해진 힘 F라 할 때
속도 $v(t)$와 가속도 $a(t)$를 구하면

$$v(t) = r'(t) = -r_0\omega \sin\omega t i + r_0\omega \cos\omega t j$$

$$a(t) = r''(t) = -r_0\omega^2 \cos\omega t i - r_0\omega^2 \sin\omega t j$$

이다.

뉴턴의 제2법칙에 의해 $\mathrm{F} = ma(t) = -m\omega^2 r(t)$가 되고, 이 힘은 위치벡터와 반대 방향이며 원점을 가리키고 있다. 이 힘을 구심력이라 한다. 특히 $v = \| v(t) \|$이고 $a = \| a(t) \|$라 할 때 $a = \dfrac{v^2}{r_0}$이 됨을 알 수 있다.

CHAPTER 5

편도함수

1. 다변수함수 | 2. 편도함수 | 3. 최댓값과 최솟값

SECTION

1 다변수함수

독립변수가 2개 이상인 함수에 대하여 공부해보자. 이 장에서는 다음 사항들에 초점을 맞추어 다변수함수에 대하여 다룬다.

- 다변수함수의 예
- 다변수함수의 표현
- 이변수함수의 극한과 연속

1.1 다변수함수

이변수함수

지표에서 솟아있는 지형을 생각해보자. 생각을 간단히 하기 위하여 지표면을 평면이라고 하면 지형의 한 지점의 높이는 지표면으로부터 그 지점까지의 거리로 **유일하게** 결정된다. 따라서 산의 고도는 지표면 위의 각 점 $(x,\ y)$에 실숫값을 대응시킨 함수로 생각할 수 있다. 그 값(고도)을 h로 나타내면 h의 값은 점 $(x,\ y)$에 의존하여 결정되므로 고도함수는 $h(x,\ y)$와 같이 나타낼 수 있다.

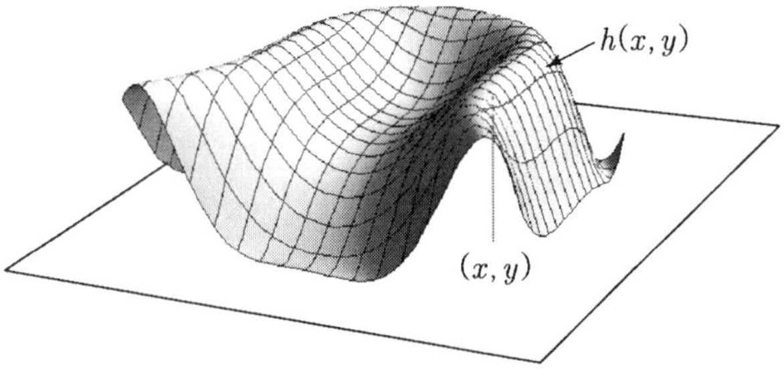

〈그림 1.1〉

원기둥의 부피 V는 반지름 r과 높이 h에 의해 결정된다. 원기둥의 부피 V가 $V=\pi r^2 h$로 주어지는 것을 잘 알고 있다. 따라서 원기둥의 부피 V는 2변수 r과 h의 함수이고 그 함수표현은 $V(r, h)=\pi r^2 h$이다.

정의 1.1 정의역

이변수함수(function of two variables) f는 데카르트 곱집합 $\mathbb{R}\times\mathbb{R}$의 부분집합 D의 각 점 (x, y)에 유일한 실수를 대응시키는 규칙으로 $f(x, y)$와 같이 나타낸다. 이때 집합 D는 함수 f의 정의역(domain)이라 하고 f가 취하는 실숫값들의 집합$\{f(x, y) \mid (x, y)\in D\}$을 치역(range)이라 한다.

일변수함수에서 정의역의 한 점 x에 대한 함수 f에 의한 값이 y일 때 그 함수 관계를 $y=f(x)$로 표현하는 것과 마찬가지로 이변수함수에서도 정의역 D의 각 점 (x, y)에 대하여 함수 f에 의해 결정되는 값을 z라 할 때 함수관계를 $z=f(x, y)$와 같이 나타낸다. 아래 그림은 $\mathbb{R}\times\mathbb{R}$의 부분집합 D의 각 점 (x, y)에 유일한 실수 z를 대응시키는 규칙을 나타내는 화살도표법이다(그림 1.2).

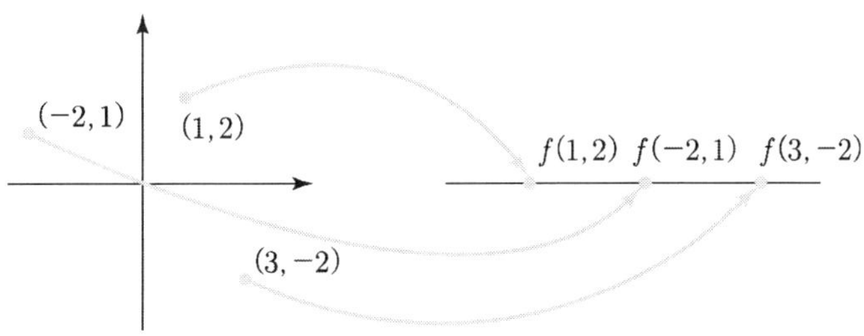

〈그림 1.2〉

예제 1.2 다음 함수의 정의역을 구하고 $f(3, 2)$를 구하라.

(1) $f(x, y)=\dfrac{y}{\sqrt{x^2-1}}$ (2) $f(x, y)=e^x\ln(y^2-x)$

풀이

(1) $f(2, 1)=\dfrac{2}{\sqrt{3^2-1}}=\dfrac{1}{\sqrt{2}}$

f는 분모가 0이 아니어야 하고 제곱근 안이 0보다 작지 않을 때 정의된다. 따라서 f의 정의역은

$$D = \{(x, y) \mid x^2 - 1 > 0\}$$

이다. $x^2 - 1 > 0$은 $x > 1$ 또는 $x < -1$이므로 정의역은 (x, y)좌표평면에서 직선 $x = -1$ 왼편의 영역과 직선 $x = 1$의 오른편 영역이다.

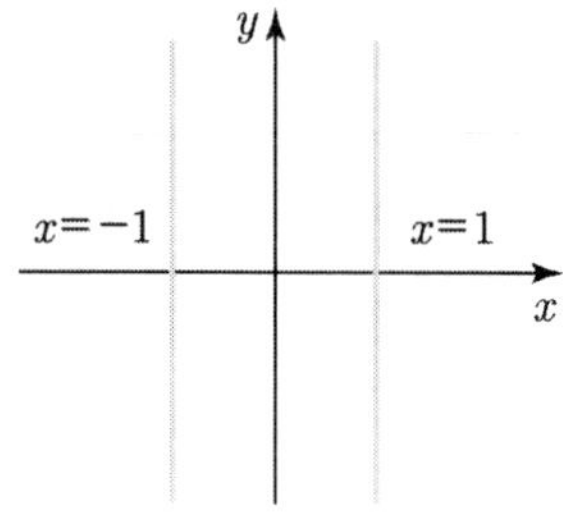

〈그림 1.3〉

(2) $f(3, 2) = e^3 \ln(2^2 - 3) = e^3 \ln 1 = 0$

e^x는 모든 x에 대하여 잘 정의되고 $\ln(y^2 - x)$은 $y^2 - x > 0$일 때 정의되므로 정의역은 (x, y)좌표평면에서 포물선 $x = y^2$의 왼쪽 영역이다.

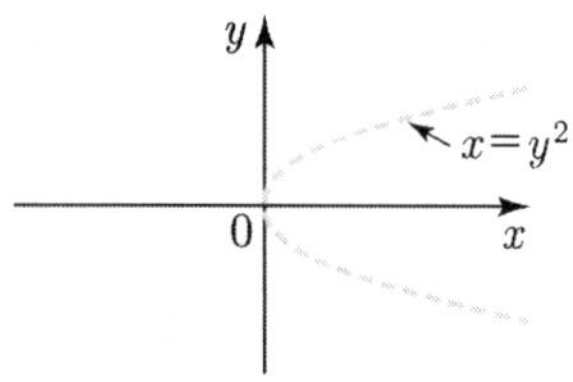

〈그림 1.4〉 ■

예제 1.3 통상 불쾌지수(DI)라고 하는 온습도지수는 미국의 기후학자 톰(E. C. Thom)이 1959년에 고안하여 발표한 체감기후를 나타내는 지수이다.

우리나라에서는 불쾌지수함수를

$$f(T, H) = \frac{9}{5}T - 0.55(1 - H)\left(\frac{9}{5}T - 26\right) + 32$$

로 계산한다. 이 식에서 T는 기온(℃)이고 H는 (상대)습도를 나타낸다. 장마철 기온이 32℃이고 습도가 70%일 때 불쾌지수를 구하라.

풀이

$$f(32,\ 0.7)=\frac{9}{5}32-0.55(1-0.7)\left(\frac{9}{5}32-26\right)+32$$
$$=57.6-0.55\times 0.3\times 31.6+32$$
$$=84.6$$

■

예제 1.4 $f(x,\ y)=\sqrt{4-x^2-y^2}$ 의 정의역과 치역을 구하라.

풀이

f 의 정의역 D는

$$D=\left\{(x,\ y)\,|\,4-x^2-y^2\ \geq\ 0\right\}\ =\ \left\{(x,\ y)\,|\,x^2+y^2\ \leq\ 2^2\right\}$$

이다. 즉, 중심이 $(0,\ 0)$이고 반지름이 2인 닫힌 원판이다(그림 1.5).

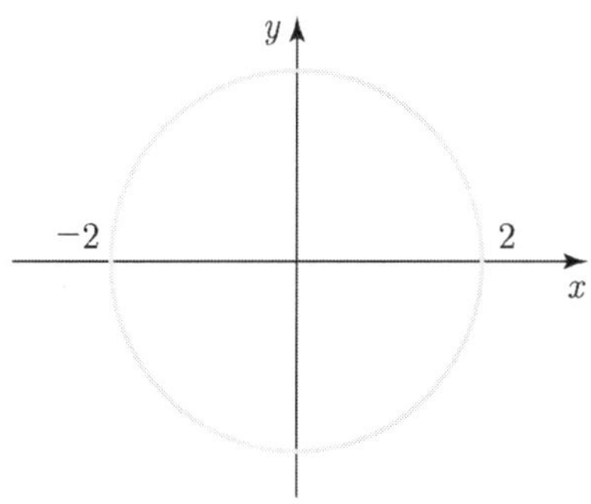

〈그림 1.5〉

f 의 치역 R은

$$R=\left\{z\,|\,z=\sqrt{4-x^2-y^2},\ (x,\ y)\in D\right\}$$

이다. 한편 $0\leq z=\sqrt{4-x^2-y^2}\leq 2$이므로 치역은 $\{z\,|\,0\ \leq\ z\ \leq\ 2\}$ 이다. ■

이변수함수의 그래프

이변수함수 그래프를 통하여 이변수함수의 기하학적 특성을 파악할 수 있다. 이변수함수의 그래프는 다음과 같이 정의된다.

정의 1.5 이변수함수의 그래프

f가 정의역이 D인 이변수함수일 때, f의 그래프(graph)는 $\mathbb{R}^3$에서 다음 조건을 만족하는 (x, y, z)의 집합이다.

$$\{(x, y, z) \mid z = f(x, y),\ (x, y) \in D\}$$

일변수함수의 그래프는 방정식 $y = f(x)$를 만족하는 곡선이지만 이변수함수의 그래프는 방정식 $z = f(x, y)$를 만족시키는 곡면이 된다. 이변수함수 f의 그래프가 나타내는 곡면을 S라 하면 이변수함수와 그 곡면을 도식화하여 나타낼 수 있다

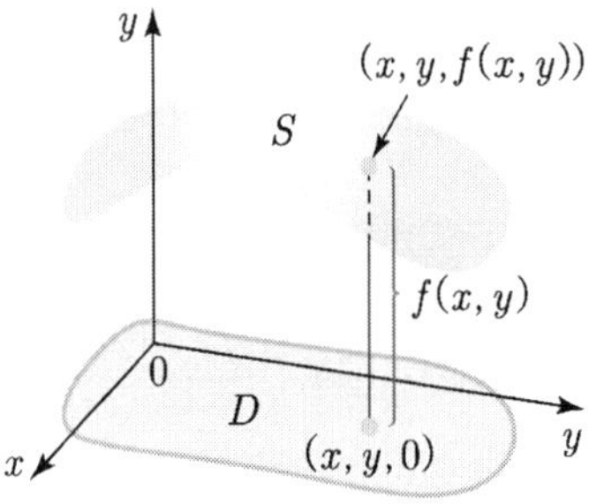

〈그림 1.6〉

예제 1.6 함수 $f(x, y) = 4 - x - 2y$의 그래프를 그리라.

풀이

치역의 변수를 z라 두면 f의 그래프는 방정식 평면을 나타내는 방정식 $z = 4 - x - 2y$ 또는 $x + 2y + z = 4$, 즉 평면이다. 이 평면을 그리기 위하여 먼저 각 축과의 교점을 구한다. 방정식에서 $y = z = 0$으로 놓으면 x축과의 교점 $x = 4$를 얻는다. $x = z = 0$으로 놓으면 y축과의 교점 $y = 2$, $x = y = 0$으로 놓으면 z축과의 교점 $z = 4$를 얻는다. 이 평면의 제1팔분공간에 놓여 있는 부분은 오른쪽 그림과 같다(그림 1.7).

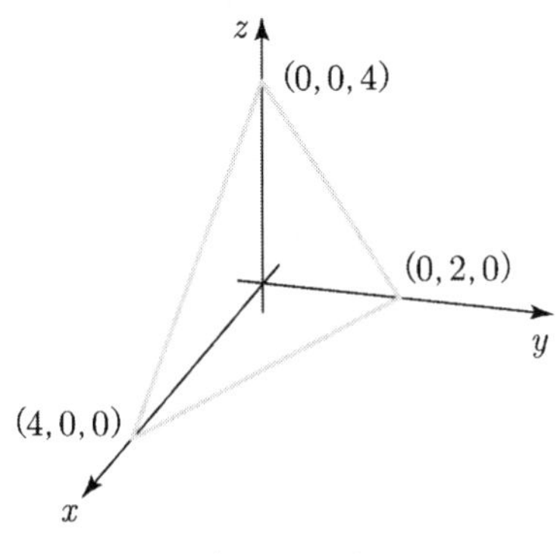

〈그림 1.7〉

■

예제 1.6의 함수 f를 1차(선형)함수(linear funcion)라 한다. 참고로 $a, b, c, d \in \mathbb{R}$에 대하여 방정식

$$ax + by + cz + d = 0$$

은 일차방정식이라 하고 일차방정식이 $\mathbb{R}^3$에서 나타내는 그래프는 평면이다.

예제 1.7 $f(x, y) = x^2 + y^2$의 그래프를 그리라.

풀이

$x^2 + y^2$은 $\mathbb{R}^2$의 모든 점 (x, y)에 대하여 정의되므로 f의 정의역은 $\mathbb{R}^2$ 평면 전체이고 $x^2 + y^2 \geq 0$이므로 치역은 $z \geq 0$이다. 정의역 $\mathbb{R}^2$ 위의 단위원기둥상의 한 점을 (x_0, y_0)라 할 때 원점과 (x_0, y_0)를 통과하는 반직선 위의 점들은 $r(x_0, y_0) = (rx_0, ry_0)$로 나타낼 수 있다. 이때 반직선 위의 각 점에서 함숫값은

$$z = (rx_0)^2 + (ry_0)^2 = r^2(x_0^2 + y_0^2) = r^2$$

즉 포물선이다. 모든 방향을 고려하면 $f(x, y)$의 그래프는 한 방향의 반직선 위의 포물선을 z축 중심으로 회전한 포물면임을 알 수 있다.

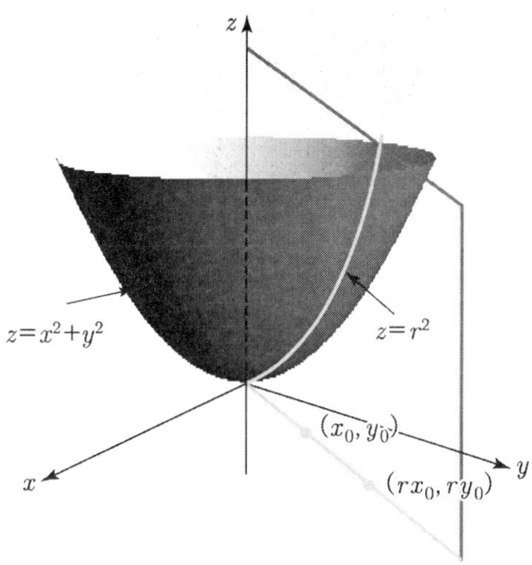

〈그림 1.8〉 ■

삼변수함수

삼변수 실가함수(real valued function of three variables) f의 정의역을 $D \subset \mathbb{R}^3$이라 하면 정의역 D의 각 점 (x, y, z)에 유일한 실숫값 w를 대응시키는 규칙이므로

$$w = f(x,\ y,\ z)$$

로 표현된다. 예를 들어 D가 공간의 일정한 부분이고 D 내의 각 위치(점)에서의 온도를 T라 하면 $T = f(x,\ y,\ z)$로 표현된다. 삼변수함수는 정의역이 삼차원공간의 부분집합이므로 함수의 그래프를 그리기 위해서는 최소한 4차원이 필요하다. 따라서 그래프를 그릴 수 없다. 그러나 함숫값이 일정한 정의역상의 점들의 집합들을 살펴봄으로써 삼변수함수의 규칙을 이해할 수 있다.

예제 1.8 함수 $f(x,\ y,\ z) = \ln(z - x^2 - y^2) + xye^z$의 정의역을 구하라.

풀이

$f(x,\ y,\ z)$의 정의역은 $z - x^2 - y^2 > 0$인 범위에서 정의된다. 따라서 f의 정의역은

$$\{(x,\ y,\ z) \mid z - x^2 - y^2 > 0\}$$

이다. 이것은 포물면 $z = x^2 + y^2$의 위쪽에 놓여 있는 모든 점들로 구성된 공간이다.

〈그림 1.9〉 ■

예제 1.9 다음 함수의 등위곡면을 구하라.

$$f(x,\ y,\ z) = x^2 + y^2 + z^2$$

풀이

등위곡면은 $\{(x,\ y,\ z) \mid x^2 + y^2 + z^2 = k\}$이다. $x^2 + y^2 + z^2 > 0$이므로 $k = r^2$, $r > 0$으로 쓸 수 있다. 따라서 등위곡면은 반지름이 r인 구면들이다(그림 1.10).

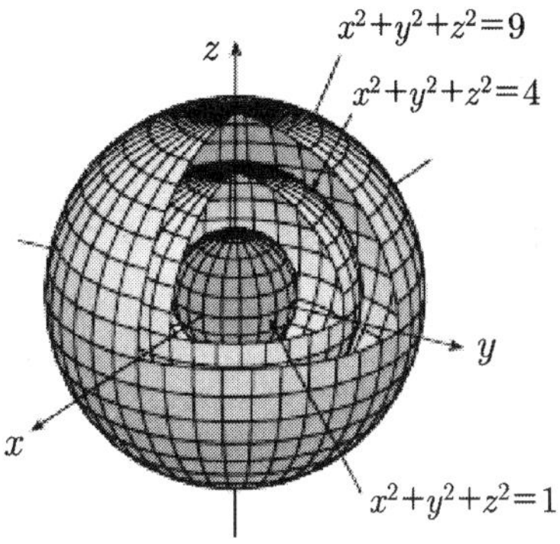

〈그림 1.10〉 ■

1.2 다변수함수의 극한과 연속

이변수함수의 극한

일변수함수 $y=f(x)$가 $x=a$에서 극한값 L을 갖는다는 말은 x가 a로 접근할 때 $f(x)$가 L로 접근한다는 의미이다. 즉 $|x-a|\to 0$일 때 $|f(x)-L|\to 0$을 말한다. 이것은

$$\lim_{x\to a} f(x)=L$$

로 표현하고 이를 엄밀하게 정의하면, 임의의 양수 ε에 대하여 적당한 양수 δ가 존재하여

$$0<|x-a|<\delta \Rightarrow |f(x)-L|<\varepsilon$$

이 성립하는 것이다.

이변수함수의 극한도 이와 같은 방식으로 정의된다. 일반적으로 함수 f의 정의역 D 내의 점 $(a,\ b)$에 접근할 때 $f(x,\ y)$가 L에 접근하면 함수 f는 점 $(a,\ b)$에서 극한값 L을 갖는다고 말한다. 즉 $|(x,\ y)-(a,\ b)|\to 0$일 때 $|f(x,\ y)-L|\to 0$을 말한다. 여기서 $|(x,\ y)-(a,\ b)|$는 점 $(x,\ y)$와 점 $(a,\ b)$ 사이의 거리이다. 즉

$$|(x,\ y)-(a,\ b)| = \sqrt{(x-a)^2+(y-b)^2}$$

이다. 이변수함수의 극한의 표시는

$$\lim_{(x,\ y)\to(a,\ b)} f(x,\ y)=L$$

로 나타내고 이에 대한 엄밀한 정의는 다음과 같다.

정의 1.10 이변수함수의 극한

$\lim_{(x, y)\to(a, b)} f(x, y) = L$의 뜻은 임의의 양수 ε에 대하여 적당한 양수 δ가 존재하여

$$(x, y) \in D,\ 0 < |(x, y) - (a, b)| < \delta \Rightarrow |f(x, y) - L| < \varepsilon \tag{1.1}$$

이 성립함을 의미한다.

여기서 함수 f의 정의역 내에서 $0 < |(x, y) - (a, b)| < \delta$인 점들 (x, y)에 대한 어떠한 제약을 두지 않았으므로 (x, y)가 점 (a, b)로 접근하는 정의역 내의 어떠한 경로에도 관계없이 식 (1.1)이 성립해야 한다는 점에 주의하여야 한다.

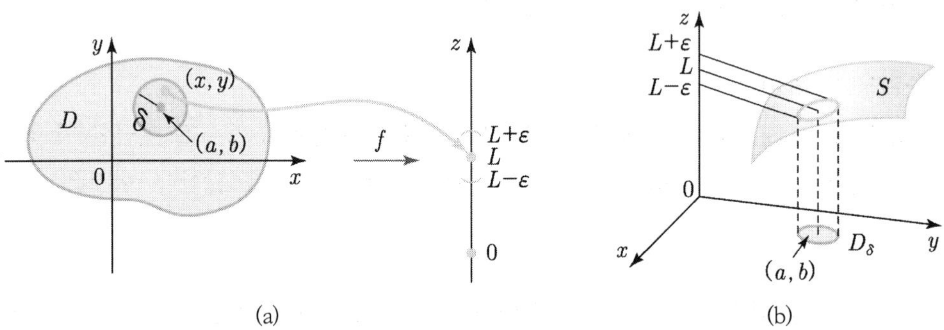

〈그림 1.11〉

(그림 1.11 (a))는 만약 L 근처에 작은 구간 $(L-\varepsilon,\ L+\varepsilon)$이 주어질 때, 점 (a, b)를 중심으로 하고 적당한 반지름 $\delta > 0$인 원판 D_δ 내부의 모든 점((a, b)는 제외 가능)에서 함숫값 $f(x, y)$을 구간 $(L-\varepsilon,\ L+\varepsilon)$ 안으로 보내야 한다는 것을 보여준다.

(그림 1.11 (b))는 원판 D_δ 내부의 모든 점[(a, b)는 제외 가능]의 상, 즉 함수 f의 그래프 S의 대응하는 부분이 수평면 $z = L-\varepsilon$과 $z = L+\varepsilon$ 사이에 놓여야 한다는 것을 보여준다.

일변수함수의 경우, x가 a에 접근하는 방법은 왼쪽이나 오른쪽에서 접근하는 방법만 고려하면 되었지만 이변수함수의 경우에는 (x, y)가 점 (a, b)로 접근하는 정의역 내의 경로가 무수하게 많고 정의역 내의 **접근경로에 관계없이 함숫값이 L에 무한히 가깝게 가까워져야 한다.**

따라서 만일 (a, b)로 접근하는 정의역 내의 각 경로에 따라 (x, y)가 점 (a, b)로 접근할 때 $f(x, y)$의 극한값이 서로 다르면 (a, b)에서 함수 $f(x, y)$의 극한값은 존재할 수 없다.

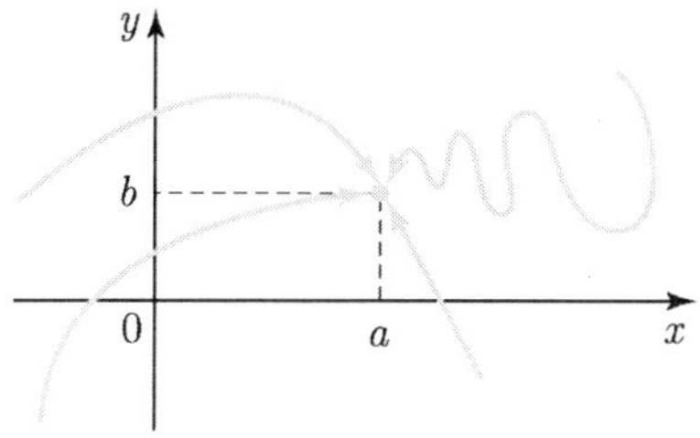

〈그림 1.12〉

예제 1.11 $f(x, y) = \dfrac{x^2 - y^2}{x^2 + y^2}$ 에 대하여 $(0, 0)$ 에서 극한을 조사하라.

풀이

먼저 x 축을 따라 $(0, 0)$ 으로 접근시켜보자. 그러면 $y = 0$ 이므로 $(0, 0)$ 이 아닌 x 축 위의 모든 점에서

$$f(x, y) = \frac{x^2}{x^2} = 1$$

이다. 이제 y 축을 따라 접근시켜보자. 그러면 $x = 0$ 이므로 $(0, 0)$ 이 아닌 y 축 위의 모든 점에서

$$f(x, y) = \frac{-y^2}{y^2} = -1$$

이다. 따라서 f 는 서로 다른 두 직선을 따라 두 개의 서로 다른 극한을 가지므로 함수 f 는 $(0, 0)$ 에서 극한값을 갖지 못한다(그림 1.13).

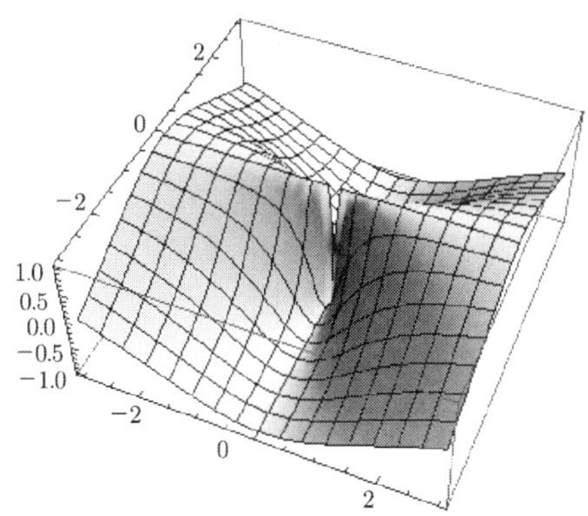

〈그림 1.13〉 $f(x, y) = \dfrac{x^2 - y^2}{x^2 + y^2}$ 의 $(0, 0)$ 근처에서 그래프 ■

예제 1.12 함수 $f(x, y) = \dfrac{x\sqrt{y}}{x^2 + y^2}$ 에 대하여 $(0, 0)$ 에서 극한을 조사하라.

풀이

먼저 직선 $C_1 : y = 0$ 을 따라 $(0, 0)$ 으로 접근시켜보자. 그러면 직선 C_1 위의 원점 밖의 임의의 점 (x, y) 에 대하여

$$f(x, y) = \frac{0}{x^2} = 0$$

이다. 그러면

$$\lim_{(x, y) \to (0, 0)} f(x, y) = 0$$

이다. 이제 직선 $C_2 : y = x^2$ 을 따라 $(0, 0)$ 으로 접근시켜보자. 그러면 직선 C_2 위의 임의의 점 (x, y) 에 대하여

$$f(x, y) = \frac{x^2}{x^2 + x^4}$$

이다. 따라서

$$\lim_{(x, y) \to (0, 0)} f(x, y) = \lim_{x \to 0} \frac{x^2}{x^2 + x^4} = \lim_{x \to 0} \frac{1}{1 + x^2} = 1$$

이다(그림 1.14). 따라서 f 는 서로 다른 두 직선 C_1, C_2 를 따라 서로 다른 극한을 가지므로 함수 f 는 $(0, 0)$ 에서 극한값을 갖지 못한다.

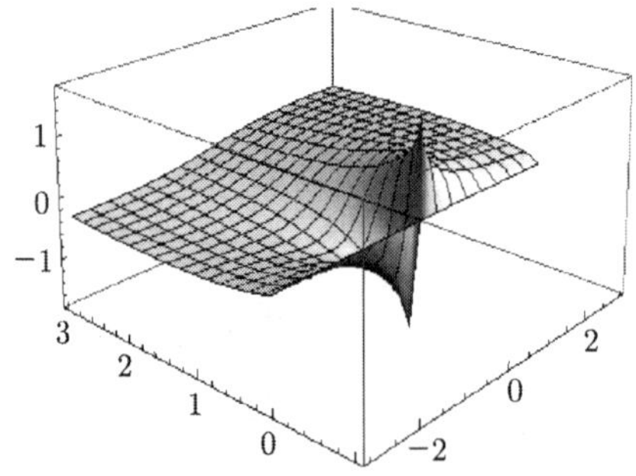

〈그림 1.14〉 $f(x, y) = \dfrac{x\sqrt{y}}{x^2 + y^2}$ 의 그래프 ■

예제 1.13 함수 $f(x, y) = \dfrac{x^2 y}{x^2 + y^2}$ 에 대하여 $(0, 0)$ 에서 극한을 조사하라.

풀이

직선 $y = mx$ 를 따라 $(0, 0)$ 에서 극한을 조사해보자. $y = mx$ 위에서

$$f(x, y) = \frac{x^2 y}{x^2 + y^2} = \frac{mx^3}{(1+m^2)x^2} = \frac{m}{(1+m^2)}x$$

이므로

$$\lim_{(x, y)\to(0, 0)} f(x, y) = \lim_{x\to 0} \frac{m}{(1+m^2)}x = 0$$

이다. 따라서 주어진 함수는 $(0, 0)$ 에서 0 으로 수렴할 가능성이 보인다. 함수 f 가 $(0, 0)$ 에서 0 으로 수렴하는 것을 보이기 위해서는 임의의 양수 ε 이 주어질 때

$$|(x, y) - (0, 0)| = \sqrt{x^2 + y^2} < \delta \Rightarrow \left| \frac{x^2 y}{x^2 + y^2} - 0 \right| < \varepsilon \qquad (*)$$

이 되도록 하는 δ 를 찾아야 한다. 한편

$$\left| \frac{x^2 y}{x^2 + y^2} - 0 \right| = \left| \frac{x^2}{x^2 + y^2} \right| |y| \le |y| \le \sqrt{x^2 + y^2}$$

이므로 양수 ε 이 주어질 때 $\delta = \varepsilon$ 으로 잡으면 식 (*)이 성립한다. 따라서 $f(x, y) = \dfrac{x^2 y}{x^2 + y^2}$ 가 $(0, 0)$ 에서 극한값 0 을 갖는다.

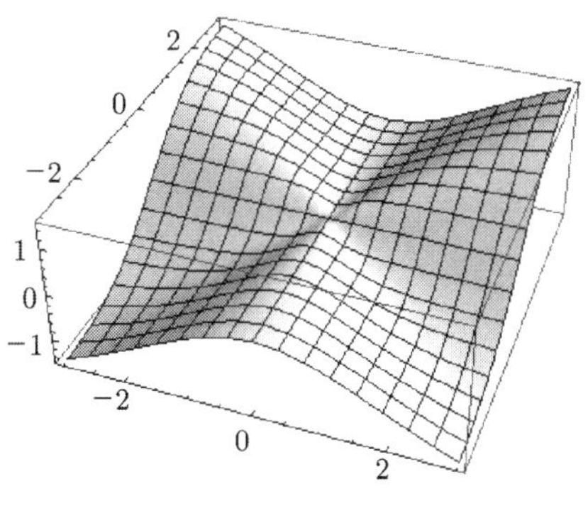

〈그림 1.15〉 함수 $f(x, y) = \dfrac{x^2 y}{x^2 + y^2}$ 의 그래프 ■

예제 1.14 함수 $f(x,\,y)=\dfrac{x^5}{x^6+y^4}$ 에 대하여 $(0,\,0)$ 에서 극한을 조사하라.

풀이

직선 $C_1: y=x$ 를 따라 $(0,\,0)$ 에서 극한을 조사해보자. $y=x$ 위에서

$$f(x,\,y)=\frac{x^5}{x^6+x^4}=\frac{x}{x^2+1}$$

이다. 그러면 직선 C_1 위의 $(x,\,y)$ 가 $(0,\,0)$ 으로 접근할 때

$$\lim_{(x,\,y)\to(0,\,0)} f(x,\,y)=\lim_{x\to 0}\frac{x}{x^2+1}=0$$

이다. 한편 포물선 $C_2: y=x^2$ 을 따라서 주어진 함수는

$$f(x,\,y)=\frac{x^5}{x^6+x^8}=\frac{1}{x(1+x^2)}$$

이므로, 포물선 C_2 를 따라 $(0,\,0)$ 으로 접근할 때는 $+\infty$ 혹은 $-\infty$ 로 발산하게 된다. 따라서 $(0,\,0)$ 에서 $f(x,\,y)=\dfrac{x^5}{x^6+y^4}$ 의 극한값을 구할 수 없다.

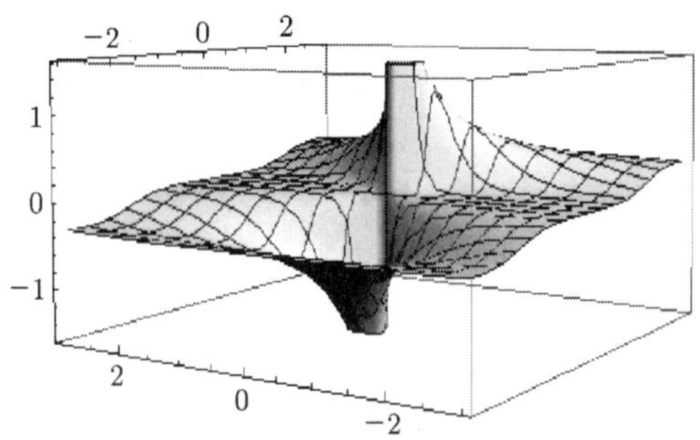

〈그림 1.16〉 함수 $f(x,\,y)=\dfrac{x^5}{x^6+y^4}$ 의 그래프 ■

이변수함수의 연속

일변수함수에서 한 점에서 함수의 극한값과 함숫값이 같으면 함수는 그 점에서 연속이라 정의된다. 따라서 일변수함수가 연속일 때 그 극한값은 주어진 함수에 직접 값을 대입하여 쉽게 얻을 수 있다. 이변수의 연속함수의 연속성도 같은 방법으로 정의된다. 즉 함수 $f(x,\,y)$ 가 한 점 $(a,\,b)$ 에서 극한값과 함숫값이 같을 때 함수 $f(x,\,y)$ 는 점 $(a,\,b)$ 에서 연속이라 하고 함수 f 의 정의역 D 내의 모든 점에서 연속일 때 함수 f 는 D 위에서 연속이라 한다.

정의 1.15 이변수함수의 연속성

이변수함수 $f(x, y)$의 한 점 (a, b)에서 다음 조건

$$\lim_{(x, y) \to (a, b)} f(x, y) = f(a, b)$$

이 성립할 때, 함수 $f(x, y)$는 점 (a, b)에서 연속이라 한다. 또 함수 f의 정의역 D 내의 모든 점에서 연속일 때 함수 f는 D 위에서 연속이라 한다.

예제 1.16 함수 $f(x, y) = \dfrac{xy}{x^2 + y^2}$가 연속이 되는 영역을 구하라.

풀이

분모와 분자 함수는 다항식이고 분수함수 $\dfrac{1}{x}$은 분모가 0이 아니면 연속이다. 따라서 주어진 함수 f는 $x^2 + y^2 \neq 0$인 곳에서 연속이므로 구하는 영역은

$$\{(x, y) \mid (x, y) \neq (0, 0)\}$$

이다. ■

예제 1.17 함수 $f(x, y) = \begin{cases} \dfrac{xy^2}{x^2 + y^2} & (x, y) \neq (0, 0) \\ 0 & (x, y) = (0, 0) \end{cases}$가 연속인 영역을 구하라.

풀이

예제 1.16과 같은 이유로 $\dfrac{xy^2}{x^2 + y^2}$은 $\{(x, y) \mid (x, y) \neq (0, 0)\}$에서 연속이다. 한편 **예제** 1.13에서와 같이 $\displaystyle\lim_{(x, y) \to (0, 0)} \frac{xy^2}{x^2 + y^2} = 0$이므로 원점에서도 연속이다. 따라서 함수 f는 $\mathbb{R}^2$ 평면 전체에서 연속이다. ■

SECTION 1

연습문제

➡ 연습문제 해답 407쪽

01. 함수 $f(x, y) = \dfrac{1}{\sqrt{4 - x^2 - y^2}}$의 정의역을 구하라.

02. 함수 $f(x, y) = \dfrac{(xy)^{3/2}}{x^2 + y^2}$에 대하여 점 $(0, 0)$에서 극한을 조사하라.

03. 온도-습도 지표 I는 실제온도가 T이고 상대습도가 h일 때, 공기 중의 온도를 나타낸다. 따라서 $I = f(T, h)$라고 쓰기로 하자.

〈표 1.1〉 온도와 습도 함수의 겉보기 온도

T \ h	20	30	40	50	60	70
20	20	20	20	21	22	23
25	25	25	26	28	30	32
30	30	31	34	36	38	41
35	36	39	42	45	48	51
40	43	47	51	55	59	63

상대습도 (%)

(1) $f(25, 70)$의 값은 무엇인가? 무엇을 의미하는가?

(2) $f(35, h) = 48$을 만족하는 h의 값은 무엇인가?

(3) $f(T, 30) = 47$을 만족하는 T의 값은 무엇인가?

(4) 함수 $I = f(20, h)$와 $I = f(40, h)$의 의미는 무엇인가? 두 함수에서 h의 움직임을 비교하라.

04. 1928년에 콥(Charles Cobb)과 더글러스(Paul Douglas)는 생산량은 투입된 노동량과 투자된 자본금에 의해 결정된다는 결론을 내리고 다음과 같은 노동량과 자본금에 의존하는 생산량함수를 제안하였다.

$$P(L,\ K) = kL^{\alpha}K^{\beta}$$

기준연도의 $P,\ L,\ K$의 값은 100으로 하여 최소제곱법을 사용하여 계수값 $k,\ \alpha,\ \beta$값을 결정한다. 예컨대 콥과 더글라스는 1899~1922년 미국정부발표 데이터를 이용하여

$$P(L,\ K) = 1.01L^{0.75}K^{0.25}$$

를 얻었다. 여기서 $P,\ L,\ K$의 값은 기준연도에 대한 상대 백분율이다. 어느 제조회사의 생산함수 P가 콥-더글러스 함수 $P(L,\ K) = 1.47L^{0.65}K^{0.35}$을 따른다고 하자. L은 노동량이고 K는 투자 자본금이다. $P(120,\ 20)$의 값을 찾고 그것을 해석하라.

05. 연습문제 4에서 연구된 콥-더글러스 생산함수 $P(L,\ K) = 1.01L^{0.75}K^{0.25}$에 대해 노동량과 투자 자본금이 두 배가 되면 생산량도 두 배가 될 것이라는 것을 보이라.

06. $g(x,\ y) = \sin(x+2y)$일 때

(1) $g(2,\ -1)$의 값을 구하라.

(2) g의 정의역을 찾아라.

(3) g의 치역을 찾아라.

07. $F(x,\ y) = \dfrac{1}{4-x^2-y^2}$일 때

(1) $F(3,\ 1)$의 값을 구하라.

(2) F의 정의역을 구하라.

(3) F의 치역을 찾아라.

08. $f(x,\ y,\ z) = \sqrt{x^2+y^2+z^2-1} + \ln(4-x^2-y^2-z^2)$일 때

(1) $f(1,\ 1,\ 1)$의 값을 구하라.

(2) f의 정의역을 찾고 묘사해보라.

09. 다음 함수의 정의역을 찾아라.

(1) $f(x,\ y)=\sqrt{y-x}$

(2) $f(x,\ y)=\sqrt{xy}$

(3) $f(x,\ y)=\ln(9-x^2-9y^2)$

(4) $f(x,\ y)=\sqrt{x^2-y^2}$

(5) $f(x,\ y)=\sqrt{1-x^2}-\sqrt{1-y^2}$

(6) $f(x,\ y)=\sqrt{y-1}+\sqrt{9-x^2-y^2}$

(7) $f(x,\ y)=\cos^{-1}(x^2+y^2-3)$

10. 극한이 존재하면 극한값을 구하라. 또는 극한이 존재하지 않는 이유를 보이라.

(1) $\lim_{(x,\ y)\to(1,\ 2)}(4x^3-x^2y)$

(2) $\lim_{(x,\ y)\to(1,\ 1)}e^{-xy}\cos(x-y)$

(3) $\lim_{(x,\ y)\to(1,\ 2)}\dfrac{1-xy}{x^2+2y^2}$

(4) $\lim_{(x,\ y)\to(-1,\ 0)}\dfrac{xy+y}{(x+1)^2+y^2}$

(5) $\lim_{(x,\ y)\to(2,\ -1)}\ln\left(\dfrac{1+y^2}{x^2-xy}\right)$

(6) $\lim_{(x,\ y)\to(0,\ 0)}\dfrac{x^4-2y^2}{x^2+2y^2}$

(7) $\lim_{(x,\ y)\to(0,\ 0)}\dfrac{x^2+2\sin^2 y}{2x^2+y^2}$

(8) $\lim_{(x,\ y)\to(0,\ 0)}\dfrac{xy\cos y}{x^2+2y^2}$

(9) $\lim_{(x,\ y)\to(0,\ 0)}\dfrac{3xy}{\sqrt{x^2+y^2}}$

(10) $\lim_{(x,\ y)\to(0,\ 0)}\dfrac{x^4-4y^4}{x^2+2y^2}$

(11) $\displaystyle\lim_{(x,\ y)\to(0,\ 0)} \frac{x^2ye^y}{x^4+2y^2}$

(12) $\displaystyle\lim_{(x,\ y)\to(0,\ 0)} \frac{x^2\sin^2 y}{x^2+3y^2}$

(13) $\displaystyle\lim_{(x,\ y)\to(0,\ 0)} \frac{x^2+y^2}{\sqrt{x^2+y^2+1}-1}$

(14) $\displaystyle\lim_{(x,\ y)\to(0,\ 0)} \frac{2xy^4}{x^2+y^8}$

(15) $\displaystyle\lim_{(x,\ y,\ z)\to(\frac{\pi}{3},\ 0,\ 1)} e^{2y}\tan(xz)$

(16) $\displaystyle\lim_{(x,\ y,\ z)\to(0,\ 0,\ 0)} \frac{xy+yz+zx}{x^2+y^2+z^2}$

(17) $\displaystyle\lim_{(x,\ y,\ z)\to(0,\ 0,\ 0)} \frac{xy^2+y^2z^2+z^2x}{x^2+y^4+z^4}$

(18) $\displaystyle\lim_{(x,\ y,\ z)\to(0,\ 0,\ 0)} \frac{xy}{x^2+2y^2+3z^2}$

11. 다음 함수가 연속인 점들의 집합을 결정하라.

(1) $F(x,\ y)=\dfrac{x-y}{1+e^{x+y}}$

(2) $F(x,\ y)=\sin\sqrt{1-x^2-y^2}$

(3) $F(x,\ y)=\dfrac{e^{xy}}{1-x^2-y^2}$

(4) $H(x,\ y)=\dfrac{\sin xy}{e^{x+y}-1}$

(5) $G(x,\ y)=\ln(x^2+y-4)$

(6) $G(x,\ y)=\tan^{-1}\dfrac{1}{x^2+y^2}$

(7) $f(x,\ y,\ z)=\cos^{-1}(x^2+y^2+z)$

(8) $f(x,\ y,\ z)=\sqrt{x-y^2}\ln z$

(9) $f(x,\ y)=\begin{cases} \dfrac{x^2y^3}{x^2+2y^2}, & (x,\ y)\neq(0,\ 0) \\ 1, & (x,\ y)=(0,\ 0) \end{cases}$

(10) $f(x,\ y)=\begin{cases} \dfrac{xy}{x^2+y^2}, & (x,\ y)\neq(0,\ 0) \\ 0, & (x,\ y)=(0,\ 0) \end{cases}$

12. 극좌표를 이용하여 다음 극한을 구하라. (만약 $(r,\ \theta)$ $(r\geq 0)$가 점 $(x,\ y)$의 극좌표이면 $(x,\ y)\to(0,\ 0)$일 때 $r\to 0^+$임에 유의하라.)

(1) $\displaystyle\lim_{(x,\ y)\to(0,\ 0)}\frac{x^4+y^4}{x^2+y^2}$

(2) $\displaystyle\lim_{(x,\ y)\to(0,\ 0)}\sqrt{x^2+y^2}\ln\sqrt{x^2+y^2}$

(3) $\displaystyle\lim_{(x,\ y)\to(0,\ 0)}\frac{e^{x^2+y^2}-1}{x^2+y^2}$

(4) $\displaystyle\lim_{(x,\ y)\to(0,\ 0)}\frac{\sin(x^2+y^2)}{x^2+y^2}$

SECTION

2 편도함수

지표면이 평탄하다고 가정하면 산은 지표면의 각 점으로부터 높이함수로 표현할 수 있다. 이를테면 지표면의 각 점 (x, y)에서 높이를 $h(x, y)$를 갖는 함수 $z = h(x, y)$로 생각할 수 있다. 이제 산등성이에 서 있다고 상상하라. 그러면 방향을 어떻게 잡느냐에 따라 산의 가파르기는 제각각이 되리라는 것을 어렵지 않게 생각할 수 있다. 일변수함수의 미분은 한 지점에서 x축의 양(또는 음)의 방향으로 움직일 때 함숫값의 변화율로 주어진다. 그런데 이변수함수에서는 일변수함수와는 달리 주어진 지점에서 진행할 수 있는 방향이 헤아릴 수 없이 많다. 그리고 일반적으로 잡는 방향에 따라서 그 함수의 변화율은 (당연히) 일정하지 못하다. 따라서 이변수함수의 변화율은 주어진 방향에 의존하여 결정될 수밖에 없다. 그런데 다행스럽게도 모든 방향의 기울기는 기본적인 방향의 도함수 값으로 결정할 수 있다. 예를 들어 f가 x, y 변수의 이변수함수라면 x, y 방향의 변화율로 모든 방향의 변화율을 결정할 수 있다. 따라서 무엇보다도 x, y 방향의 도함수를 구하는 것이 중요하다. 함수가 $f(x, y)$로 주어질 때 주어진 점 (a, b)에서 x, y 방향의 변화율을 각각 함수 $f(x, y)$의 **x에 관한 편미분, y에 관한 편미분**이라 한다.

2.1 편도함수

편미분

이변수함수 $f(x, y) = 4 - x^2 - 2y^2$의 그래프 위의 한 점 $P(1, 1, 1)$에서 x축 방향으로의 변화율을 구해보자. x축 방향으로의 궤적 C_1은 평면 $y = 1$과 함수 f의 그래프의 교선이다.

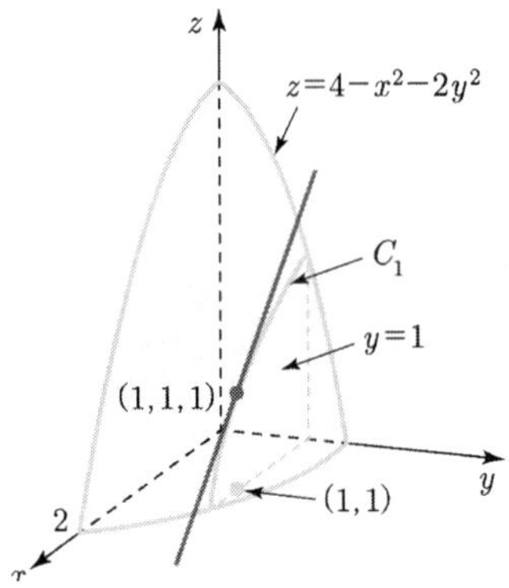

〈그림 2.1〉

따라서 교선 C_1을 (x, z)평면에 투영한 그래프는 함수

$$z = f(x, 1) = 4 - x^2 - 2 \cdot 1^2 = 2 - x^2$$

의 그래프이다. 따라서 점 P에서 x방향으로 변화율은

$$\frac{d}{dx} f(x, 1)\Big|_{x=1} = \frac{d}{dx}(2 - x^2)\Big|_{x=1} = -2x|_{x=1} = -2$$

이다.

일반적으로 이변수함수 $z = f(x, y)$의

$$\text{점 } (a, b) \text{에서 } x \text{에 관한 편미분} = \frac{d}{dx} f(x, b)\Big|_{x=a}$$

로 정의하고 이 값은 $\frac{\partial f}{\partial x}(a, b)$로 표시한다. 그리고 같은 방법으로 점 (a, b)에서 y에 관한 편미분은 $\frac{d}{dy} f(a, y)\Big|_{y=b}$로 정의되고 이 값은 $\frac{\partial f}{\partial y}(a, b)$로 표시한다.

$$\frac{\partial f}{\partial x}(a, b) = \frac{d}{dx} f(x, b)\Big|_{x=a}, \quad \frac{\partial f}{\partial y}(a, b) = \frac{d}{dy} f(a, y)\Big|_{y=b} \tag{2.1}$$

(a, b)가 고정점일 때 $f(x, b)$는 x에 관한 일변수함수이므로 미분의 정의에 의하여

$$\frac{\partial f}{\partial x}(a, b) = \lim_{h \to 0} \frac{f(a+h, b) - f(a, b)}{h}$$

로 주어진다. 같은 이유로 $\frac{\partial f}{\partial y}(a, b)$는 일변수함수 $f(a, y)$의 b에서의 미분값이므로

$$\frac{\partial f}{\partial y}(a, b) = \lim_{h \to 0} \frac{f(a, b+h) - f(a, b)}{h}$$

으로 주어진다. 편미분은 여러 가지 방법으로 표시되는데, $f(x, y)$의 점 (a, b)에서 x에 관한 편미분의 표현 중 자주 사용되는 것은 다음과 같다.

$$\frac{\partial f}{\partial x}(a, b),\ f_x(a, b),\ \partial_x f(a, b),\ D_x f(a, b)$$

또한 $f(x, y)$의 점 (a, b)에서 y에 관한 편미분은

$$\frac{\partial f}{\partial y}(a, b),\ f_y(a, b),\ \partial_y f(a, b),\ D_y f(a, b)$$

등으로 나타낸다.

편도함수

일변수함수에서 도함수는 각 점의 미분값으로 주어진 함수를 뜻한다. 마찬가지로 이변수함수 $f(x, y)$의 x **에 관한 편도함수**는 각 점 (x, y)에서 x에 관한 편미분값으로 주어지는 함수를 의미한다. 함수 $f(x, y)$의 정의역이 D이고 D'이 x에 관하여 편미분값이 있는 D의 부분영역이라면 x에 관한 편도함수 f_x는

$$\begin{cases} f_x : D' \to \mathbb{R} \\ \quad (x, y) \mapsto f_x(x, y) \end{cases}$$

로 주어지는 함수이다. $f_x(x, y)$에서 f_x는 x 방향의 미분을 뜻하고 (x, y)는 미분하는 지점을 나타낸다. 편도함수 f_x, f_y는 다음과 같이 정의한다.

정의 2.1 편도함수

$$\frac{\partial f}{\partial x}(x, y) = f_x(x, y) = \lim_{h \to 0} \frac{f(x+h, y) - f(x, y)}{h}$$

$$\frac{\partial f}{\partial y}(x, y) = f_y(x, y) = \lim_{h \to 0} \frac{f(x, y+h) - f(x, y)}{h}$$

〈편도함수를 구하는 요령〉

편도함수는 각 점의 편미분값으로 정의되고 각 점의 편미분값은 x, y변수 중 한 변수는 상수인 궤적의 미분이므로

(1) $f_x(x, y)$는 함수 $f(x, y)$에서 y변수를 상수로 생각하여 x에 관하여 미분을 하고,

(2) $f_y(x, y)$는 함수 $f(x, y)$에서 x변수를 상수로 생각하여 y에 관하여 미분을 한다.

예제 2.2 이변수함수 $f(x, y) = x^2y - x^3 - y^2$의 편도함수 f_x와 f_y를 구하라.

풀이

f_x는 y 변수를 상수로 생각하여 x에 관하여 미분한다.

$$f_x = \left(\frac{d}{dx}x^2\right)y - \frac{d}{dx}x^3 - \frac{d}{dx}y^2 = 2xy - 3x^2$$

f_y는 x 변수를 상수로 생각하여 y에 관하여 미분한다.

$$f_y = x^2\frac{d}{dy}y - \frac{d}{dy}x^3 - \frac{d}{dy}y^2 = x^2 - 2y$$

■

예제 2.3 다음에 주어진 함수들의 편도함수 f_x와 f_y를 구하라.

(1) $f(x, y) = e^{x^2+y^2}$

(2) $f(x, y) = \ln(\sin x + \cos y)$

풀이

(1) f_x를 구하기 위하여 y를 상수로 생각하면 $e^{x^2+y^2}$는 합성함수이므로 연쇄법칙을 이용한다.

$$\frac{\partial}{\partial x}e^{x^2+y^2} = e^{x^2+y^2}\frac{\partial}{\partial x}(x^2+y^2) = 2xe^{x^2+y^2}$$

같은 방법으로 $\frac{\partial}{\partial y}e^{x^2+y^2} = 2ye^{x^2+y^2}$이다.

(2) $$\frac{\partial}{\partial x}f(x, y) = \frac{\partial}{\partial x}\ln(\sin x + \cos y)$$

$$= \frac{1}{\sin x + \cos y}\frac{\partial}{\partial x}(\sin x + \cos y)$$

$$= \frac{\cos x}{\sin x + \cos y}$$

같은 방법으로 $\frac{\partial}{\partial y}f(x, y) = \frac{-\sin y}{\sin x + \cos y}$이다.

■

편미분의 기하학적 해석

함수 $z = f(x, y)$의 그래프가 나타내는 곡면을 S라고 하자. 이때 점 $P(a, b, f(a, b))$는 S상에 놓인다. 평면 $y = b$와 곡면 S의 교선을 C_1(S의 평면 $y = b$에서의 자취)이라 하고 S의 평면 $x = a$에서의 자취를 C_2라 하자. 이때 곡선 C_1과 C_2의 방정식은 $z = f(x, b)$와 $z = f(a, y)$이

다. 따라서 점 P에서 C_1의 기울기는 $\left.\dfrac{dz}{dx}\right|_{x=a} = f_x(a,\, b)$이고 C_2의 기울기는 $\left.\dfrac{dz}{dy}\right|_{y=b} = f_y(a,\, b)$이다(그림 2.2).

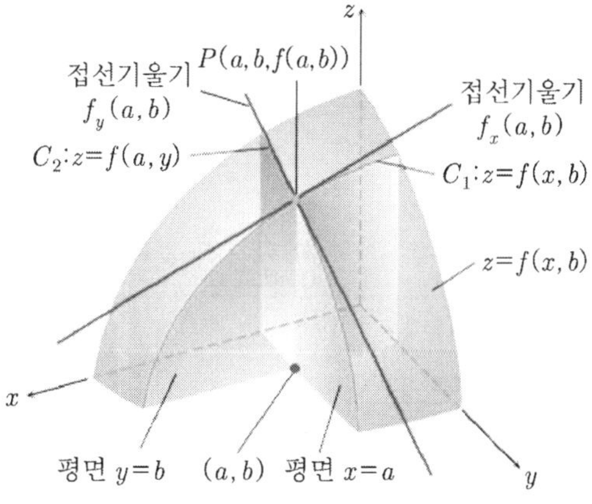

〈그림 2.2〉 편미분 개념도

예제 2.4 포물면 $z = x^2 + y^2$이 평면 $x = 1$과 만나는 곡선을 생각하자. 이때 곡선 위에 놓인 한 점 $(1,\, 2,\, 5)$에서 곡선에 접하는 직선의 기울기를 구하라.

풀이

평면 $x = 1$은 yz 평면과 평행하므로 접선의 기울기는 점 $(1,\, 2)$에서 y에 관한 편미분 값으로 $\dfrac{\partial z}{\partial y}(1,\, 2)$이다.

$$\frac{\partial z}{\partial y} = \frac{\partial}{\partial y}(x^2 + y^2) = 2y$$

이므로 $\dfrac{\partial z}{\partial y}(1,\, 2) = 2 \cdot 2 = 4$이다.

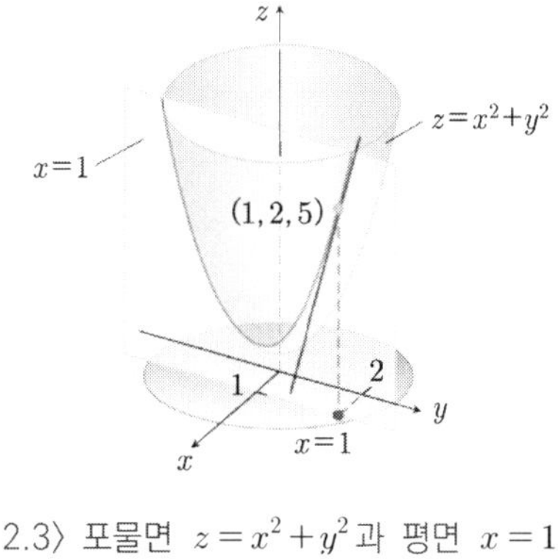

〈그림 2.3〉 포물면 $z = x^2 + y^2$과 평면 $x = 1$의 교선

예제 2.5 함수 $f(x, y) = \dfrac{xy}{\sin x + \cos y}$의 편도함수 f_x와 f_y를 구하라.

풀이

x에 관한 편도함수 f_x를 계산할 때는 y를 상수로 취급한다는 것을 고려하면 f_x는 일변수함수의 미분에서 유리함수의 미분법을 이용할 수 있다.

$$
\begin{aligned}
f_x &= \frac{\partial}{\partial x}\left(\frac{xy}{\sin x + \cos y}\right) \\
&= \frac{(\sin x + \cos y)\dfrac{\partial}{\partial x}(xy) - xy\dfrac{\partial}{\partial x}(\sin x + \cos y)}{(\sin x + \cos y)^2} \\
&= \frac{(\sin x + \cos y)y - xy\cos x}{(\sin x + \cos y)^2}
\end{aligned}
$$

마찬가지 방법으로, f_y는 다음과 같다.

$$f_y = \frac{(\sin x + \cos y)x + xy \sin y}{(\sin x + \cos y)^2}$$

■

예제 2.6 방정식 $xy + \ln yz + e^{zx} = k$에서 z가 변수 x, y에 대한 음함수로 정의될 때 $\dfrac{\partial z}{\partial x}$를 구하라(단, k는 상수이다).

풀이

$\dfrac{\partial z}{\partial x}$를 구하기 위해 y를 상수 취급하면서, x에 관하여 음함수 미분을 한다. z는 변수 x, y에 대한 음함수로 정의된다고 했으므로

$$
\begin{aligned}
&\frac{\partial}{\partial x}(xy) + \frac{\partial}{\partial x}(\ln yz) + \frac{\partial}{\partial x}e^{zx} = \frac{\partial}{\partial x}k \\
&y + \frac{1}{yz}\frac{\partial}{\partial x}(yz) + e^{zx}\frac{\partial}{\partial x}(zx) = 0 \\
&y + \frac{1}{yz}y\frac{\partial z}{\partial x} + e^{zx}\left(z + x\frac{\partial z}{\partial x}\right) = 0 \\
&\left(xe^{zx} + \frac{1}{z}\right)\frac{\partial z}{\partial x} = -y - e^{zx}z
\end{aligned}
$$

따라서 $\dfrac{\partial z}{\partial x} = -\dfrac{yz + e^{zx}z^2}{xze^{zx} + 1}$이다.

■

삼변수 이상의 변수를 갖는 함수의 도함수

이변수함수 $z=f(x, y)$의 x에 관한 편도함수는

$$\frac{\partial f}{\partial x}(x, y)=f_x(x, y)=\lim_{h\to 0}\frac{f(x+h, y)-f(x, y)}{h}$$

로 정의하는 것과 같은 방법으로 삼변수함수의 x에 관한 편도함수는 다음과 같이 정의된다.

$$\frac{\partial f}{\partial x}(x, y, z)=f_x(x, y, z)=\lim_{h\to 0}\frac{f(x+h, y, z)-f(x, y, z)}{h}$$

일반적으로 n개의 변수 $x_1, x_2, \cdots x_n$에 의존하는 함수 $w=f(x_1, x_2, \cdots x_n)$의 x_j 변수에 대한 편도함수는

$$\frac{\partial f}{\partial x_j}(x_1, x_2, \cdots, x_n)=\lim_{h\to 0}\frac{f(x_1, \cdots, x_j+h, \cdots, x_n)-f(x_1, \cdots, x_j, \cdots, x_n)}{h}$$

이다.

n 변수함수의 미분법

삼변수함수 $w=f(x, y, z)$의 점 (a, b, c)에서 x에 관한 변화율(편미분)은 정의에 의하여

$$\frac{\partial f}{\partial x}(a, b, c)=\lim_{h\to 0}\frac{f(a+h, b, c)-f(a, b, c)}{h}$$

이다. 이 식의 우변에서 극한을 계산할 때 y, z 변수는 b, c로 고정되어 있는 것에 주목하라. 이 과정을 좀 더 체계화하자. $g(x)=f(x, b, c)$라 두면

$$\begin{aligned}\frac{\partial f}{\partial x}(a, b, c)&=\lim_{h\to 0}\frac{f(a+h, b, c)-f(a, b, c)}{h}\\&=\lim_{h\to 0}\frac{g(a+h)-g(a)}{h}=g'(a)\end{aligned}\tag{2.2}$$

이다. 이 과정은 또한 함수 $w=f(x, y, z)$의 x에 관한 편도함수는 y, z 변수를 상수로 간주하여 x에 관한 미분을 하면 된다는 것을 보여준다. 따라서 일반적으로 n 변수함수 $w=f(x_1, x_2, \cdots x_n)$의 x_j 변수에 관한 미분은 x_j 변수 외의 변수는 상수로 간주하여 x_j 단일 변수에 관한 미분을 구한다.

예제 2.7 $w=f(x, y, z) = x^2z+xy$ 의 점 (3, 1, 2)에서 x에 관한 편미분값을 구하라.

풀이

위의 식 (2.2)에서 제시한 방법을 써보자. $g(x)=f(x, 1, 2)$라 두면

$$g(x)=2x^2+x,\ g'(3)=4x+1|_{x=3}=13$$

이다. 이제 편도함수를 구하여 지정된 지점에서 변화율을 구해보자. 먼저 함수 $w = x^2z+xy$의 y, z 변수를 상수로 취급하여 x에 관하여 미분한 후 점 (3, 1, 2)를 대입하면 다음과 같다.

$$\frac{\partial w}{\partial x} = \frac{\partial}{\partial x}(x^2z+xy) = 2xz+y$$

$$\left.\frac{\partial w}{\partial x}\right|_{(3,1,2)} = 2xz+y\Big|_{(3,1,2)} = 2\cdot 3\cdot 2+1 = 13$$ ■

예제 2.8 그림과 같이 저항 R_1, R_2, R_3가 병렬로 연결되어 있다. $R_1=25\Omega$, $R_2=50\Omega$, $R_3=100\Omega$ 일 때, R_1의 변화에 따른 도선의 저항 R의 변화율 즉 $\frac{\partial R}{\partial R_1}$값을 구하라(단, 옴(Ohm)의 법칙은 $\frac{1}{R}=\frac{1}{R_1}+\frac{1}{R_2}+\frac{1}{R_3}$).

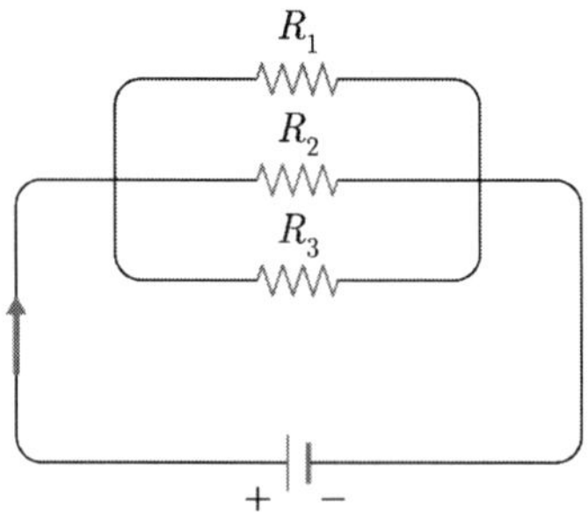

〈그림 2.4〉

풀이

옴(Ohm)의 법칙에 따라 회로에 걸린 저항 R은

$$\frac{1}{R}=\frac{1}{R_1}+\frac{1}{R_2}+\frac{1}{R_3}$$

이다. 음함수로서 R을 R_1, R_2, R_3의 함수로 정의할 수 있다. 음함수의 미분법을 이용하면

$$\frac{\partial}{\partial R_1}\left(\frac{1}{R}\right)=\frac{\partial}{\partial R_1}\left(\frac{1}{R_1}+\frac{1}{R_2}+\frac{1}{R_3}\right)$$

$$-\frac{1}{R^2}\frac{\partial R}{\partial R_1} = -\frac{1}{R_1^2}+0+0$$

$$\frac{\partial R}{\partial R_1}=\left(\frac{R}{R_1}\right)^2$$

이다. $R_1 = 25\Omega$, $R_2 = 50\Omega$, $R_3 = 100\Omega$ 일 때

$$\frac{1}{R}=\frac{1}{25}+\frac{1}{50}+\frac{1}{100}=\frac{7}{100}$$

로부터 $R=\frac{100}{7}\approx 14.286$이고 이때

$$\frac{\partial R}{\partial R_1}=\left(\frac{100/7}{25}\right)^2=\left(\frac{4}{7}\right)^2=\frac{16}{49}\approx 0.327$$

이다. ■

[참고] 실제로 R_1이 25Ω에서 24Ω으로 1Ω 변화했을 때 저항을 보면

$\frac{1}{R}=\frac{1}{24}+\frac{1}{50}+\frac{1}{100}=\frac{43}{600}$으로부터 $R(24, 50, 100)\approx 13.953$이다. 한편

$$R(25, 50, 100)-\frac{\partial R}{\partial R_1}=\frac{100}{7}-\frac{16}{49}\approx 13.959$$

로서 $R(24, 50, 100)\approx 13.953$ 값과 근사함을 확인할 수 있다.

고계 편도함수

이변수함수 $f(x, y)$의 편도함수 $\frac{\partial f}{\partial x}$와 $\frac{\partial f}{\partial y}$에 대하여 x, y 변수에 관한 편도함수

$$\frac{\partial}{\partial x}\left(\frac{\partial f}{\partial x}\right),\ \frac{\partial}{\partial y}\left(\frac{\partial f}{\partial x}\right),\ \frac{\partial}{\partial x}\left(\frac{\partial f}{\partial y}\right),\ \frac{\partial}{\partial y}\left(\frac{\partial f}{\partial y}\right)$$

를 함수 $f(x, y)$의 이계편도함수라 한다. 이계편도함수는 일반적으로 다음과 같이 표기한다.

$$\frac{\partial}{\partial x}\left(\frac{\partial f}{\partial x}\right)=\frac{\partial^2 f}{\partial x^2},\ f_{xx},\ D_{xx}f,\ D_{11}f,$$

$$\frac{\partial}{\partial y}\left(\frac{\partial f}{\partial x}\right)=\frac{\partial^2 f}{\partial y\partial x},\ f_{xy},\ D_{xy}f,\ D_{12}f,$$

$$\frac{\partial}{\partial x}\left(\frac{\partial f}{\partial y}\right)=\frac{\partial^2 f}{\partial x\partial y},\ f_{yx},\ D_{yx}f,\ D_{21}f,$$

$$\frac{\partial}{\partial y}\left(\frac{\partial f}{\partial y}\right)=\frac{\partial^2 f}{\partial y\partial y},\ f_{yy},\ D_{yy}f,\ D_{22}f,$$

3계, 4계 등 고계편도함수도 이에 준하여 표기한다. 예를 들어, f_{xyy}는 함수 f를 x 변수 → y 변수 → y 변수의 순서로 편도함수를 구한다. 즉 $f_{xyy} = \frac{\partial}{\partial y}\left(\frac{\partial}{\partial y}\left(\frac{\partial f}{\partial x}\right)\right)$이다. f_{xyy}에 대한 다른 표기법은

$$\frac{\partial^3 f}{\partial y^2 \partial x}, \partial_{xyy} f, D_{xyy} f,\ D_{122} f$$

등이 있다.

예제 2.9 $f(x, y, z) = x^3 + x^2y^2 + xyz^3 - x^2z$의 4계편도함수 f_{xyzz}를 구하라.

풀이

주어진 함수를 변수 x, y, z, z 순으로 연속하여 편미분한다.

$$f_x = 3x^2 + 2xy^2 + yz^3 - 2xz$$

$$f_{xy} = 4xy + z^3$$

$$f_{xyz} = 3z^2$$

$$f_{xyzz} = 6z$$

■

위의 예제에서 $f_y = 2x^2y + xz^3$이고 따라서 $f_{yx} = 4xy + z^3$이다. 이 결과는 f_{xy}와 같다. 일반적으로 고계도함수에서 편미분순서가 바뀌면 편도함수값이 서로 같지 않을 수도 있다. 클레로 정리는 미분 순서에 무관하게 편도함수가 같을 조건을 제시해준다.

정리 2.10 클레로 정리(Clairaut's Theorem)

이변수함수 f가 점 (a, b)를 품는 원판 D에서 정의되고 이계편도함수 f_{xy}와 f_{yx}가 D에서 연속이면 다음이 성립한다.

$$f_{xy}(a, b) = f_{yx}(a, b) \tag{2.3}$$

예제 2.11 $f(x, y) = x + y^2 + e^{x^2y}$의 이계편도함수 f_{xy}와 f_{yx}를 구하고 그 결과를 비교하라.

풀이

일계와 이계도함수를 차례로 계산하면

$$f_x = 1 + 2xye^{x^2y},\ f_y = 2y + x^2e^{x^2y}$$

$$f_{xy} = \frac{\partial}{\partial y}(1 + 2xye^{x^2y}) = 0 + \frac{\partial}{\partial y}(2xy)e^{x^2y} + (2xye^{x^2y})\frac{\partial}{\partial y}(x^2y)$$

$$= (2x + 2x^3y)e^{x^2y}$$

$$f_{yx} = \frac{\partial}{\partial x}(2y + x^2e^{x^2y}) = (2x + 2x^3y)e^{x^2y}$$

$$f_{xy} = f_{yx}$$

이다. ■

이계 편도함수로 나타나는 대표적인 방정식으로 열전도방정식, 파동방정식, 라플라스 방정식이 있다.

$$\frac{\partial u}{\partial t} = k\left(\frac{\partial^2 u}{\partial x^2} + \frac{\partial^2 u}{\partial y^2}\right)\ (\text{열전도방정식}) \tag{2.4}$$

$$\frac{\partial^2 u}{\partial t^2} = c^2\left(\frac{\partial^2 u}{\partial x^2} + \frac{\partial^2 u}{\partial y^2}\right)\ (\text{파동방정식}) \tag{2.5}$$

$$\frac{\partial^2 u}{\partial x^2} + \frac{\partial^2 u}{\partial y^2} = 0\ (\text{라플라스 방정식}) \tag{2.6}$$

라플라스 방정식(Laplace Equation)은 열전도방정식의 정상상태해(Steady State Solution), 정전기 포텐셜 함수를 구하는 데 이용된다. 특히 라플라스 방정식의 해는 조화함수(Harmonic Function)로 불린다.

예제 2.12 $u(x, y) = e^x \sin y$는 라플라스 방정식의 해, 즉 조화함수임을 보이라.

풀이

$$u_x = e^x \sin y,\ u_y = e^x \cos y$$

$$u_{xx} = e^x \sin y,\ u_{yy} = -e^x \sin y$$

$$u_{xx} + u_{yy} = e^x \sin y - e^x \sin y = 0$$

이다. 따라서 $u(x, y) = e^x \sin y$는 조화함수이다. ■

예제 2.13 $u(x, t) = \sin(x-ct)$ 는 1차원 파동방정식의 해, 즉 방정식 $\dfrac{\partial^2 u}{\partial t^2} = c^2 \dfrac{\partial^2 u}{\partial x^2}$ 의 해임을 보이라.

풀이

$$u_t = \frac{\partial}{\partial t}\sin(x-ct) = -c\cos(x-ct),\ u_x = \frac{\partial}{\partial x}\sin(x-ct) = \cos(x-ct)$$

$$u_{tt} = \frac{\partial}{\partial t}[-c\cos(x-ct)] = -c^2\sin(x-ct),$$

$$u_{xx} = \frac{\partial}{\partial t}\cos(x-ct) = -\sin(x-ct)$$

따라서 u는 파동방정식의 해이다. ■

2.2 접평면과 전미분

접평면

미분 가능한 함수 $z=f(x, y)$의 그래프 위의 점 $P(a, b, f(a, b))$에서의 접평면을 구해보자. 아래 (그림 2.5)에서 함수 f의 평면 $x=a$ 위에서의 자취를 C_1이라 하고 평면 $y=b$ 위에서의 자취를 C_2라 하면 곡선 C_1과 C_2에 대한 함수식은 각각

$$C_1: z=f(a, y),\quad C_2: z=f(x, b)$$

이다. 이때 점 P는 곡선 C_1과 C_2의 공유점이다. 곡선 C_1과 C_2의 P에서의 접선을 각각 ℓ_1, ℓ_2라 하면 ℓ_1, ℓ_2는 접평면 위에 놓여 있다. 그리고 그 기울기는 각각 $f_y(a, b)$, $f_x(a, b)$이다. 일반적으로 $P(a, b, f(a, b))$를 지나는 평면의 방정식은

$$z=f(a, b)+m(x-a)+n(y-b) \tag{2.7}$$

으로 주어진다. 이 평면을 함수 f의 점 P에서의 접평면이라 하자. 그러면 접선 ℓ_1, ℓ_2는 평면 (2.7) 위에 있고 또한 ℓ_1, ℓ_2는 각각 접평면과 평면 $x=a$, $y=b$와의 교선이므로 그 기울기는 식 (2.7)로부터 각각 n, m이다. 따라서 $m=f_x(a, b)$, $n=f_y(a, b)$이다. 따라서 점 (a, b)에서 함수 f의 **접평면의 방정식**은

$$z=f(a, b)+f_x(a, b)(x-a)+f_y(a, b)(y-b)$$

이다.

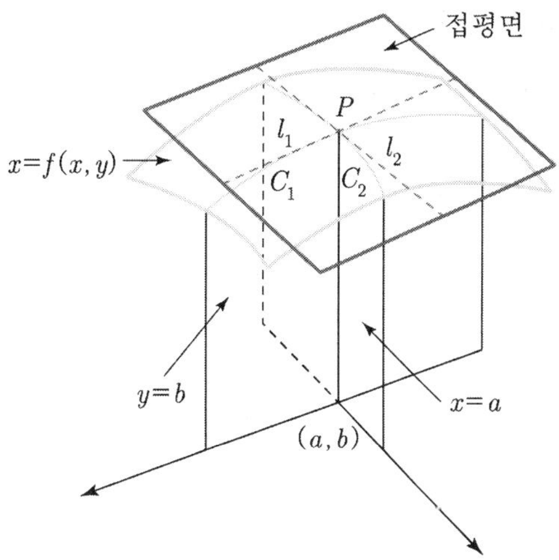

〈그림 2.5〉

이변수함수의 접평면의 방정식과 이변수곡면의 접평면의 방정식은 다음과 같다.

(1) 함수 $z=f(x, y)$의 점 $P(a, b, f(a, b))$에서 **접평면의 방정식**

$$z=f(a, b)+f_x(a, b)(x-a)+f_y(a, b)(y-b) \tag{2.8}$$

(2) 곡면 $F(x, y, z)=0$ 위의 점 $P(a, b, c)$에서 접평면의 방정식

$$F_x(a, b, c)(x-a)+F_y(a, b, c)(y-b)+F_z(a, b, c)(z-c)=0$$

예제 2.14 (1) $z=f(x, y)=x^2+y^2$ 위의 점 $P(1, 1, 2)$에서 접평면의 식을 구하라.

(2) 곡면 $\dfrac{x^2}{4}+y^2+\dfrac{z^2}{9}=3$ 위의 점 $P(-2, 1, -3)$에서 접평면의 식을 구하라.

풀이

(1) $P(1, 1, 2)$를 지나는 평면의 방정식은

$$z=f(a, b)+f_x(a, b)(x-a)+f_y(a, b)(y-b)$$

으로 주어지게 되고 이때 $f_x(1, 1)=\dfrac{\partial}{\partial x}(x^2+y^2)\Big|_{(1,\ 1)}=2x\Big|_{(1,\ 1)}=2$이다. 같은 방법으로 $n=f_y(1, 1)=2y\,|_{(1,\ 1)}=2$이다. 따라서 접평면의 방정식은

$$z=2+2(x-1)+2(y-1) \text{ 또는 } z=2x+2y+2$$

이다. ■

(2) $P(-2, 1, -3)$을 지나는 평면의 방정식은

$$F_x(a, b, c)(x-a)+F_y(a, b, c)(y-b)+F_z(a, b, c)(z-c)=0$$

으로 주어지게 되고, $F(x, y, z)=\frac{x^2}{4}+y^2+\frac{z^2}{9}-3$으로 두면

$$F_x=\frac{x}{2},\ F_y=2y,\ F_z=\frac{2}{9}z$$

이므로, 접평면의 방정식은

$F_x(-2, 1, -3)(x+2)+F_y(-2, 1, -3)(y-1)+F_z(-2, 1, -3)(z+3)=0$에서

$$-(x+2)+2(y-1)-\frac{2}{3}(z+3)=0$$

$$3x-6y+2z=-18$$

이다. ■

미분 가능한 이변수함수 $z=f(x, y)$에 대한 x의 미분 dx와 y의 미분 dy를 독립변수가 되도록 정의하자. 이제 dx와 dy는 실수로 주어진다. 그러면 다음 식으로 미분 dz를 정의하고 이 값은 **전미분**이라 부른다.

정의 2.15 전미분(total differential)

$$dz=\frac{\partial z}{\partial x}dx+\frac{\partial z}{\partial y}dy=f_x(x, y)dx+f_y(x, y)dy \tag{2.9}$$

(2.9)에서 $dx=\Delta x=x-a$, $dy=\Delta y=y-b$로 하면 다음을 얻을 수 있다.

$$dz=f_x(a, b)(x-a)+f_y(a, b)(y-b) \tag{2.10}$$

(그림 2.6)은 미분 dz와 증분 Δz의 상관관계를 모형화한 것이다. (x, y)가 (a, b)에서 $(a+\Delta x, b+\Delta y)$까지 변화할 때, dz는 접평면의 높이의 변화를 나타내는 반면에 Δz는 곡면 $z=f(x, y)$의 높이의 변화를 나타낸다.

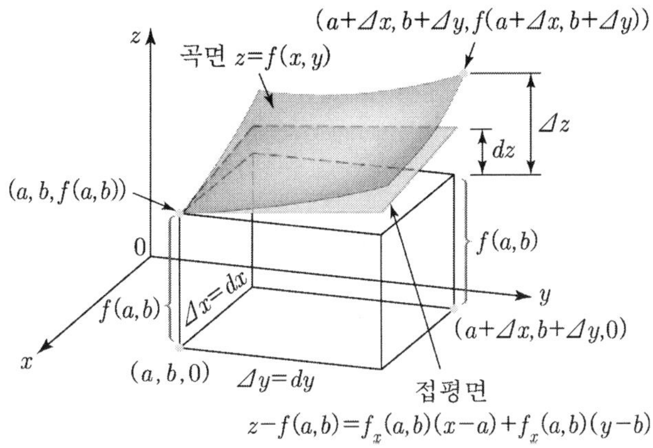

〈그림 2.6〉

예제 2.16 $z=e^{-x^2-y^2}$가 미분 가능함을 보이고 그래프 위의 점 $P(1,\ 0,\ 1/e)$에서 접평면을 구하라.

풀이

$z_x=-2xe^{-x^2-y^2}$, $z_y=-2ye^{-x^2-y^2}$로서 연속이므로 주어진 함수는 미분 가능하다. 한편

$$z_x(P)=-2xe^{-x^2-y^2}\Big|_{x=1,\ y=0}=-2,\quad z_y(P)=-2ye^{-x^2-y^2}\Big|_{x=1,\ y=0}=0$$

이므로 식 (2.8)에 의하여 접평면의 방정식은

$$z=\frac{1}{e}-2(x-1) \text{ 혹은 } 2x+z=\frac{2e+1}{e}$$

이다. ■

선형근사식

$z=f(x,\ y)$의 점 $P(a,\ b,\ f(a,\ b))$에서 접평면의 방정식이

$$z=f(a,\ b)+f_x(a,\ b)(x-a)+f_y(a,\ b)(y-b)$$

임을 알고 있다. 이때 그래프가 이 접평면인 1차 함수

$$L(x,\ y)=f(a,\ b)+f_x(a,\ b)(x-a)+f_y(a,\ b)(y-b)$$

를 점 $(a,\ b)$에서 f의 선형화(linearization)라 부르고

$$f(x,\ y)\approx L(x,\ y)$$

는 점 $(a,\ b)$에서 f의 선형근사(linear apprеximation)라 부른다.

예제 2.17 $z = 2x^2 + y^2$일 때 근사식을 구하고, $f(1.1,\ 0.95)$의 근삿값을 구하라.

풀이

$$f_x(1,\ 1) = 4,\ f_y(1,\ 1) = 2\text{이므로}$$

근사식은 $L(x,\ y) = 3 + 4(x-1) + 2(y-1) = 4x + 2y - 3$

이다. 따라서

$$f(1.1,\ 0.95) \approx L(x,\ y) = 4 \cdot (1.1) + 2 \cdot (0.95) - 3 = 3.3$$

이 근삿값이다.

실제로 참값은 $f(1.1,\ 0.95) = 2 \cdot (1.1)^2 + (0.95)^2 = 3.3225$

이다. ■

아래 그림은 함수와 접평면을 $P(1,\ 1,\ 2)$에서 점차 확대시킨 그림들이다. 곡면과 평면이 점점 같아지는 현상을 살펴보아라.

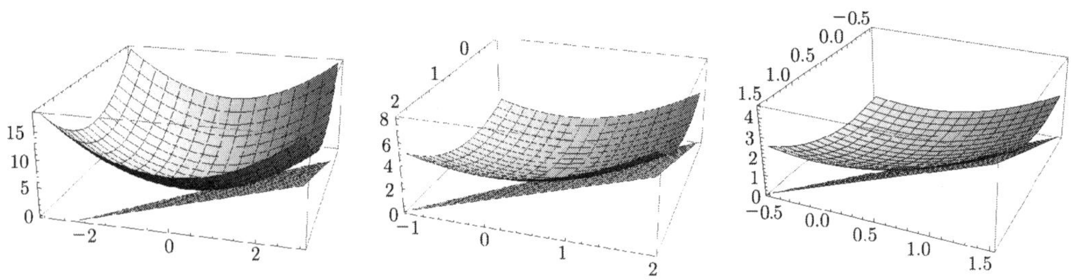

(a) (b) (c)

〈그림 2.7〉

예제 2.18 $z = x^2 - xy + y^3$에 대하여

(1) 전미분 dz를 구하라.

(2) x가 2에서 2.02까지 변하고 y가 1에서 0.97까지 변할 때 전미분 dz와 증분 Δz값을 구하라.

풀이

(1) $z_x = 2x - y,\ z_y = -x + 3y^2$이므로 정의 2.15에 의하여

$$dz = (2x - y)dx + (-x + 3y^2)dy$$

이다.

(2) $x=2$, $dx=\Delta x=2.02-2=0.02$, $y=1$, $dy=\Delta y=0.97-1=-0.03$이므로

$$dz=[(2)(2)-1](0.02)+[-2+(3)(1)^2](-0.03)=0.03$$

이다. z의 증분 Δz은

$$\begin{aligned}\Delta z&=f(2.02,\ 0.97)-f(2,\ 1)\\&=[(2.02)^2-(2.02)(0.97)+(0.97)^3]-[2^2-(2)(1)+(1)^2]\\&=3.037273-3=0.037273\end{aligned}$$

이다. ■

예제 2.19 반지름과 높이가 각각 10 cm와 20 cm인 원통이 있다. 각각의 측정오차는 0.1 cm이다. 전미분을 이용하여 원통 부피의 최대오차를 구하라.

풀이

반지름 r과 높이 h인 원통의 부피 V는 $V(r,\ h)=\pi r^2 h$ 이다. V의 전미분은

$$dV=V_r dr+V_h dh=(2\pi rh)dr+(\pi r^2)dh$$

이다. 각 오차는 최대 0.1 cm이므로 부피에서 최대오차를 구하기 위해서 r과 h의 측정에서 최대오차를 택해야 한다. 따라서 $dr=0.1$과 $dh=0.1$, $r=10$, $h=20$으로 택해야 한다. 그러면

$$dV=2\pi(10)(20)(0.1)+\pi(10^2)(0.1)=50\pi$$

이다. 따라서 V의 최대오차는 약 $50\pi\approx 157\,\text{cm}^3$이다. ■

2.3 연쇄법칙

일변수함수 $y=f(x)$가 미분 가능하고 $x=g(t)$가 미분 가능할 때 $y=f(g(t))$는 미분 가능하고

$$\frac{dy}{dt}=\frac{dy}{dx}\frac{dx}{dt}$$

의 연쇄법칙이 성립한다. 다변수함수의 연쇄법칙은 여러 가지 모습으로 표현되며 모든 연쇄법칙은 기본적으로 합성함수의 미분법칙을 따른다.

미분 가능한 이변수함수 $z=f(x,\ y)$에 대하여 다음 연쇄법칙을 얻을 수 있다.

정리 2.20 이변수함수의 연쇄법칙(1) (chain Rule)

$z=f(x,y)$가 미분 가능하고 $x=x(t)$, $y=y(t)$가 미분 가능하다고 하자. 그러면 t에 관한 함수로서 $z=f(x(t),y(t))$는 t에 관하여 미분 가능하고

$$\frac{dz}{dt}=\frac{\partial z}{\partial x}\frac{dx}{dt}+\frac{\partial z}{\partial y}\frac{dy}{dt} \tag{2.11}$$

가 성립한다.

증명

$\Delta x = x(t+\Delta t)-x(t)$, $\Delta y = y(t+\Delta t)-y(t)$, $\Delta z = z(t+\Delta t)-z(t)$라 하면

$$\Delta z = \frac{\partial z}{\partial x}\Delta x+\frac{\partial z}{\partial y}\Delta y+\varepsilon_1\Delta x+\varepsilon_2\Delta y$$

를 얻는다. 여기서 $(\Delta x, \Delta y)\rightarrow(0,0)$일 때 ε_1, ε_2는 0으로 수렴한다. 이 식의 양변을 Δt로 나누면

$$\frac{\Delta z}{\Delta t}=\frac{\partial z}{\partial x}\frac{\Delta x}{\Delta t}+\frac{\partial z}{\partial y}\frac{\Delta y}{\Delta t}+\varepsilon_1\frac{\Delta x}{\Delta t}+\varepsilon_2\frac{\Delta y}{\Delta t}$$

이다. $x(t)$와 $y(t)$가 미분 가능하므로, $\Delta t\rightarrow 0$일 때 $\Delta x = x(t+\Delta t)-x(t)$와 $\Delta y = y(t+\Delta t)-y(t)$는 0으로 수렴한다. 따라서

$$\begin{aligned}\frac{dz}{dt}&=\lim_{\Delta t\rightarrow 0}\frac{\Delta z}{\Delta t}\\&=\frac{\partial z}{\partial x}\lim_{\Delta t\rightarrow 0}\frac{\Delta x}{\Delta t}+\frac{\partial z}{\partial y}\lim_{\Delta t\rightarrow 0}\frac{\Delta y}{\Delta t}+\lim_{\Delta t\rightarrow 0}\varepsilon_1\lim_{\Delta t\rightarrow 0}\frac{\Delta x}{\Delta t}+\lim_{\Delta t\rightarrow 0}\varepsilon_2\lim_{\Delta t\rightarrow 0}\frac{\Delta y}{\Delta t}\\&=\frac{\partial z}{\partial x}\frac{dx}{dt}+\frac{\partial z}{\partial y}\frac{dy}{dt}+0\cdot\frac{dx}{dt}+0\cdot\frac{dy}{dt}\\&=\frac{\partial z}{\partial x}\frac{dx}{dt}+\frac{\partial z}{\partial y}\frac{dy}{dt}\end{aligned}$$

이다.

예제 2.21 연쇄법칙을 이용하여 경로 $x = \cos t$, $y = \sin t$에 관한 이변수함수 $z = xy + x^2$의 도함수 $\dfrac{dz}{dt}$를 구하라. 또한 $t = \pi/2$일 때 도함수의 값을 구하라.

풀이

다음과 같이 연쇄법칙을 이용하여 구한다.

$$\frac{\partial z}{\partial x} = \frac{\partial}{\partial x}(xy + x^2) = y + 2x = \sin t + \cos t$$

$$\frac{\partial z}{\partial y} = \frac{\partial}{\partial x}(xy + x^2) = x = \cos t$$

$$\frac{dx}{dt} = \frac{d}{dt}\cos t = -\sin t$$

$$\frac{dy}{dt} = \frac{d}{dt}\sin t = \cos t$$

$$\begin{aligned}\frac{dz}{dt} &= \frac{\partial z}{\partial x}\frac{dx}{dt} + \frac{\partial z}{\partial y}\frac{dy}{dt} \\ &= (\sin t + 2\cos t)(-\sin t) + (\cos t)(\cos t) \\ &= -\sin^2 t - 2\sin t\cos t + \cos^2 t \\ &= \cos 2t - \sin 2t\end{aligned}$$

주어진 함수 $z = xy + x^2$에 매개함수 $x = \cos t$, $y = \sin t$를 대입하여 직접 t에 관하여 미분하여 결과를 검증해보자.

$$z = xy + x^2 = \cos t\sin t + \cos^2 t$$

$$\begin{aligned}\frac{dz}{dt} &= \frac{d}{dt}(\cos t\sin t + \cos^2 t) \\ &= -\sin^2 t + \cos^2 t - 2\sin t\cos t \\ &= \cos 2t - \sin 2t\end{aligned}$$

결과가 같다는 것을 알 수 있다. 이제 $t = \pi/2$일 때 도함수 값을 구하면

$$\left.\frac{dz}{dt}\right|_{t=\pi/2} = \cos 2t - \sin 2t\Big|_{t=\pi/2} = \cos\pi - \sin\pi = -1$$

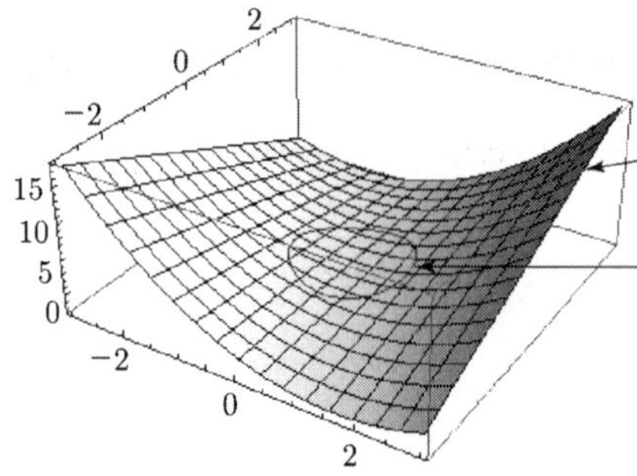

〈그림 2.8〉

■

예제 2.21의 도함수는 매개변수 방정식 $x = \cos t$, $y = \sin t$의 경로를 따라 (x, y)가 이동할 때 함수 $z = xy + x^2$ 위의 궤적의 변화율을 나타낸다.

예제 2.22 이상기체 1몰의 압력 $P(k\,Pascal)$, 부피 $V(L)$, 온도 $T(K)$ 사이의 관계식이 방정식 $PV = 9T$로 주어졌다. 온도가 $200\,K$이고 부피는 $100\,L$일 때 온도와 부피의 시간에 따른 온도와 부피의 변화율은 각각 $0.1\,K/s$, $0.2\,L/s$이다. 이때 압력 P의 변화율을 구하라.

풀이

초단위 시간변수를 t로 나타내자. 이때 주어진 시간에 $T = 200$, $dT/dt = 0.1$, $dV/dt = 0.2$이다.

$$P = 9\frac{T}{V}$$

이므로 연쇄법칙에 의해서

$$\frac{dP}{dt} = \frac{\partial P}{\partial T}\frac{dT}{dt} + \frac{\partial P}{\partial V}\frac{dV}{dt} = \frac{9}{V}\frac{dT}{dt} - \frac{9T}{V^2}\frac{dV}{dt}$$

$$\frac{9}{100}(0.1) - \frac{9(200)}{100^2}(0.2) = -0.027\,k\text{Pascal/sec}$$

이다. ■

정리 2.23 이변수함수의 연쇄법칙(2)

$z=f(x, y)$가 미분 가능하고 $x=g(s, t)$, $y=h(s, t)$가 편미분 가능하다고 하자. 이때 다음이 성립한다.

$$\frac{dz}{ds}=\frac{\partial z}{\partial x}\frac{dx}{ds}+\frac{\partial z}{\partial y}\frac{dy}{ds}$$

$$\frac{dz}{dt}=\frac{\partial z}{\partial x}\frac{dx}{dt}+\frac{\partial z}{\partial y}\frac{dy}{dt}$$

예제 2.24 $z=e^x\sin y$, $x=st^2$, $y=3st$일 때 $\frac{\partial z}{\partial s}$와 $\frac{\partial z}{\partial t}$를 구하라.

풀이

$$\frac{\partial z}{\partial s}=(e^x\sin y)(t^2)+(e^x\cos y)(3t)$$

$$=(e^{st^2}\sin(3st))t^2+(e^{st^2}\cos(3st))3t$$

$$\frac{\partial z}{\partial t}=(e^x\sin y)(2st)+(e^x\cos y)(3s)$$

$$=(e^{st^2}\sin(3st))2st+(e^{st^2}\cos(3st))3s$$ ■

음함수의 미분

연쇄법칙을 이용하여 음함수의 미분법을 보다 상세하게 설명할 수 있다. 먼저 이변수함수 $w=F(x, y)$가 다음 두 조건을 만족한다고 가정하자.

1. $F(x, y)$는 미분 가능하고
2. 방정식 $F(x, y)=0$의 y가 미분 가능한 x의 함수로 정의된다.

두 번째 조건은 미분 가능한 함수 $h(x)$가 존재하여

$$F(x, h(x))=0$$

이 성립한다는 의미이다. 연쇄법칙을 이용하면

$$0=\frac{dw}{dx}=F_x\frac{dx}{dx}+F_y\frac{dy}{dx}= F_x+F_y\frac{dy}{dx}$$

이다. 만일 $F_y \neq 0$라 하면 위 식을 정리하여 다음 결과를 얻는다. (편의상 매개함수를 $x=t$, $y=h(t)$와 같이 생각하는 것도 고려해볼 만하다.)

$$\frac{dy}{dx}=-\frac{F_x}{F_y} \tag{2.12}$$

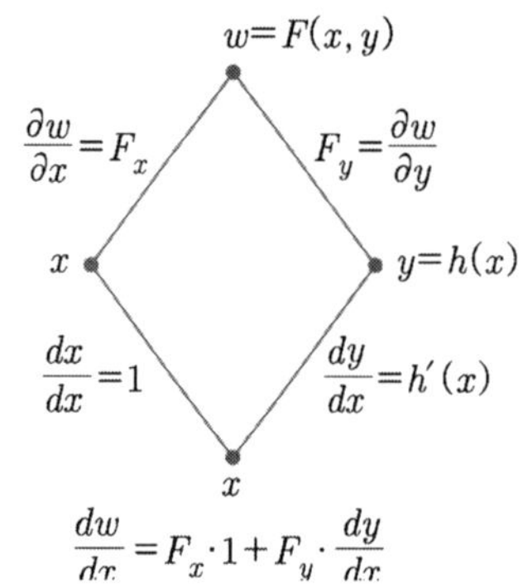

〈그림 2.12〉

정리 2.25 음함수미분

$F(x, y)$는 미분 가능하고 방정식 $F(x, y)=0$에서 y가 미분 가능한 x의 함수로 정의될 때, $F_y \neq 0$인 모든 점에서 다음 관계식이 성립한다.

$$\frac{dy}{dx}=-\frac{F_x}{F_y}$$

예제 2.26 데카르트 엽선 $x^3+y^3=6xy$ 위의 한 점 (x, y)에서 접선의 기울기를 구하라.

풀이

$F(x, y)=x^3+y^3-6xy$라 두면 주어진 식의 그래프는 방정식 $F(x, y)=0$의 음함수의 그래프이다. 따라서 식 (2.12)에 의해

$$\frac{dy}{dx} = -\frac{F_x}{F_y} = -\frac{3x^2-6y}{3y^2-6x} = -\frac{x^2-2y}{y^2-2x}$$

이다. ■

$F(x, y, z)$가 미분 가능하고 방정식 $F(x, y, z)=0$의 해곡면이 음함수적 미분 가능한 함수 $z=f(x, y)$로 줄 수 있다고 가정하자. 그러면 f의 정의역에 있는 (x, y)에 대해 $F(x, y, f(x, y))=0$이다. 연쇄법칙을 적용하면

$$\frac{\partial F}{\partial x}\frac{\partial x}{\partial x}+\frac{\partial F}{\partial y}\frac{\partial y}{\partial x}+\frac{\partial F}{\partial z}\frac{\partial z}{\partial x}$$

이고, $\frac{\partial x}{\partial x}=1$, $\frac{\partial y}{\partial x}=0$이다. 따라서 이 식은

$$F_x+F_z\frac{\partial z}{\partial x}=0$$

을 만족하고, $F_z \neq 0$이면 다음 식을 얻는다.

정리 2.27 이변수 음함수의 미분

$F(x, y, z)$는 미분 가능하고, 방정식 $F(x, y, z)=0$이 음함수적 미분 가능한 함수 $z=f(x, y)$로 줄 수 있다고 가정하자.
이때 다음이 성립한다.

$$\frac{\partial z}{\partial x}=-\frac{F_x}{F_z},\ \frac{\partial z}{\partial y}=-\frac{F_y}{F_z}$$

예제 2.28 $x^2+y^2+z^2+xyz=0$일 때 $\frac{\partial z}{\partial x}$와 $\frac{\partial z}{\partial y}$를 구하라.

풀이

$F(x, y, z) = x^2+y^2+z^2+xyz$라 두자. 음함수 미분법에 의하여

$$\frac{\partial z}{\partial x}=-\frac{F_x}{F_z}=-\frac{2x+yz}{2z+xy}$$

$$\frac{\partial z}{\partial y} = -\frac{F_y}{F_z} = -\frac{2y+xz}{2z+xy}$$

이다. ■

2.4 방향도함수와 기울기벡터

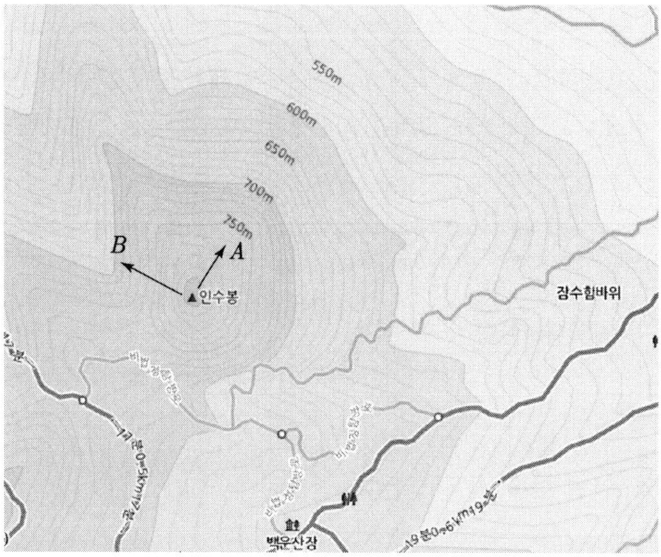

〈그림 2.13〉

위 지도는 북한산 인수봉 근처의 등고선을 나타낸다. 인수봉에서 A 방향의 등고선들의 간격이 넓은 반면 B방향의 등고선들은 촘촘한 것을 볼 수 있다 이것은 A 방향으로는 산이 비교적 완만하게 진행되고 B방향으로는 가파르게 진행된다는 것을 의미한다. 여기서 가파르기란 주어진 방향으로 단위길이만큼 진행할 때 높이의 변화량을 말한다. 수학적으로는 인수봉 근처의 고도함수를 $H(x, y)$라 하고 A 방향을 x 축, B방향을 y축으로 삼으면 $|\partial H/\partial x| \leq |\partial H/\partial y|$라는 뜻이다.

방향도함수

방향도함수는 정해진 방향으로 **진행한 거리에 따른 함수의 변화율**을 의미한다. 예를 들어 이변수 함수 $z = f(x, y)$에서 한 점 $P'(x_0, y_0)$에서 u 방향으로의 변화율은 $P'(x_0, y_0)$를 지나고 u 방향을 갖는 직선 위의 점 Q'라 할 때, 다음 극한값으로 결정된다.

$$\lim_{Q' \to P'} \frac{f(Q') - f(P')}{|Q' - P'|}$$

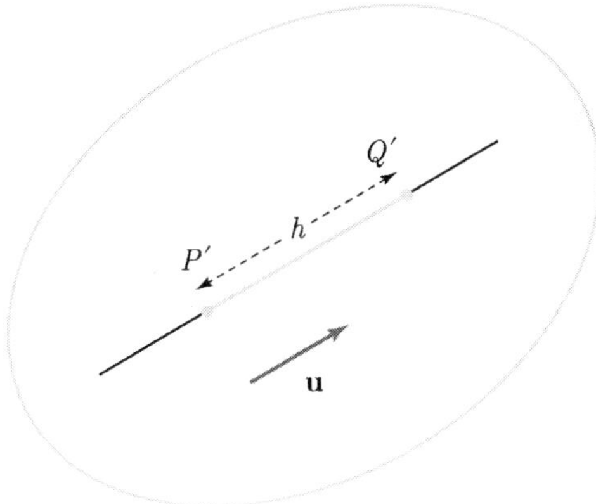

〈그림 2.14〉

다음 그림을 참조하여 보다 상세하게 살펴보자.

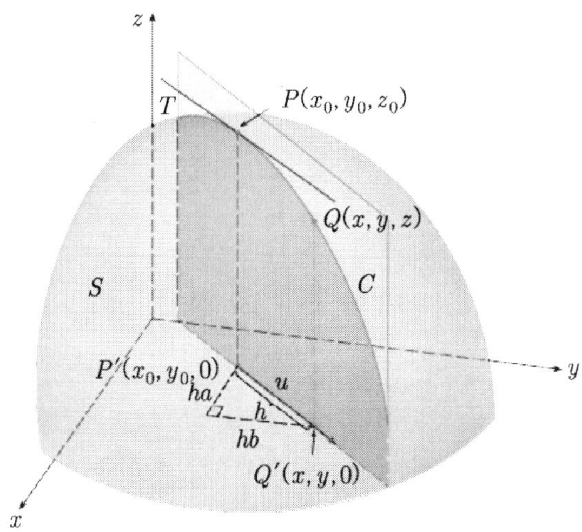

〈그림 2.15〉

방정식 $z=f(x,\ y)$의 그래프가 나타내는 곡면을 S라 하고 점 P'를 지나고 u 방향을 갖는 직선을 품는 xy 평면과 수직인 평면과 곡면 S와의 교선을 C라 하자. $z_0 = f(x_0,\ y_0)$라 하면 $P(P',\ f(P'))=(x_0,\ y_0,\ z_0)$는 C 위에 놓인다. 방향벡터 $\mathrm{u}=(a,\ b)$를 단위벡터($\sqrt{a^2+b^2}=1$)로 잡고 $|QQ'| = h$라 잡으면 $Q' = (x_0+ha,\ y_0+hb)$, $h>0$이고

$$\lim_{Q'\to P'}\frac{f(Q')-f(P')}{|Q'-P'|} = \lim_{h\to 0^+}\frac{f(x_0+ah,\ y_0+bh)-f(x_0,\ y_0)}{h} \tag{2.18}$$

이다. 이 값을 함수 f의 $P'(x_0,\ y_0)$에서 $\mathrm{u}=(a,\ b)$ 방향의 방향도함수라 하고 $D_{\mathrm{u}}f(x_0,\ y_0)$로

표시한다.

정의 2.29 방향도함수

$f(x, y)$의 $P(x_0, y_0)$에서 단위벡터 $\mathrm{u} = (a, b)$ 방향으로의 **방향도함수**(directional derivative)는 $D_{\mathrm{u}}f(x_0, y_0)$로 나타내고 다음 극한값으로 정의한다.

$$D_{\mathrm{u}}f(x_0, y_0) = \lim_{h \to 0} \frac{f(x_0 + ah, y_0 + bh) - f(x_0, y_0)}{h} \tag{2.19}$$

[참고] 위의 정의에서 $\mathrm{u} = \mathrm{i} = (1, 0)$로 잡으면

$$D_{\mathrm{i}}f(x_0, y_0) = \lim_{h \to 0} \frac{f(x_0 + h, y_0) - f(x_0, y_0)}{h} = \frac{\partial f}{\partial x}(x_0, y_0)$$

이다. 같은 이유로 $\mathrm{j} = (0, 1)$ 방향도함수는 $D_{\mathrm{j}}f(x_0, y_0) = \dfrac{\partial f}{\partial y}(x_0, y_0)$이다. (2.19)에서 $h < 0$이면

$$\frac{f(x_0 + ah, y_0 + bh) - f(x_0, y_0)}{h}$$
$$= -\frac{f(x_0 + (-a)(-h), y_0 + (-b)(-h)) - f(x_0, y_0)}{-h}$$

이고

$$\lim_{h \to 0} \frac{f(x_0 + (-a)(-h), y_0 + (-b)(-h)) - f(x_0, y_0)}{-h}$$

는 f의 $-\mathrm{u} = (-a, -b)$ 방향도함수, $D_{-\mathrm{u}}f(x_0, y_0)$이고 이 값은 $-D_{\mathrm{u}}f(x_0, y_0)$이다. 따라서 $h < 0$인 것은 방향도함수를 정의하는 데 하등의 문제를 일으키지 않는다. 한편 $P'(x_0, y_0)$에서 $\mathrm{u} = (a, b)$와 평행한 직선의 매개방정식

$$x(h) = x_0 + ah, \ y(h) = y_0 + bh$$

에 대하여 $z = f(x(h), y(h))$라 두면

$$\left.\frac{dz}{dh}\right|_{h=0} = \lim_{h \to 0} \frac{f(x_0 + ah, y_0 + bh) - f(x_0, y_0)}{h} \tag{2.20}$$

이다. 한편 연쇄법칙에 의하여

$$\frac{dz}{dh} = \frac{\partial f}{\partial x}\frac{dx}{dh} + \frac{\partial f}{\partial y}\frac{dy}{dh} = \frac{\partial f}{\partial x}a + \frac{\partial f}{\partial y}b$$

이다. 따라서

$$D_{\mathrm{u}}f(x_0,\ y_0) = f_x(x_0,\ y_0)a + f_y(x_0,\ y_0)b = (f_x,\ f_y)\big|_{(x_0,\ y_0)} \cdot \mathrm{u}$$

이다. 이로써 다음 정리를 얻는다.

정리 2.30

이변수함수 $f(x, y)$가 미분 가능한 함수이면, f는 모든 단위벡터 $\mathrm{u} = (a, b)$ 방향으로의 방향도함수를 갖고

$$D_{\mathrm{u}}f(x,\ y) = f_x(x,\ y)a + f_y(x,\ y)b = (f_x,\ f_y) \cdot \mathrm{u} \tag{2.21}$$

이다.

예제 2.31 이변수함수 $f(x,\ y) = xy - y^2$의 $P(1,\ 2)$에서 $\mathrm{u} = (1/\sqrt{2})\mathrm{i} + (1/\sqrt{2})\mathrm{j}$ 방향으로의 도함수를 구하라.

풀이

$$D_{\mathrm{u}}f(1,\ 2) = \lim_{h\to 0}\frac{f\left(1+\frac{1}{\sqrt{2}}h,\ 2+\frac{1}{\sqrt{2}}h\right) - f(1,\ 2)}{h}$$

$$= \lim_{h\to 0}\frac{\left(1+\frac{1}{\sqrt{2}}h\right)\left(2+\frac{1}{\sqrt{2}}h\right) - \left(2+\frac{1}{\sqrt{2}}h\right)^2 - (1\cdot 2 - 2^2)}{h}$$

$$= \lim_{h\to 0}\frac{\left(2+3\frac{1}{\sqrt{2}}h+\frac{1}{2}h^2\right) - \left(4+\frac{4}{\sqrt{2}}h+\frac{1}{2}h^2\right) - (-2)}{h}$$

$$= \lim_{h\to 0}\frac{-\frac{1}{\sqrt{2}}h}{h} = -\frac{1}{\sqrt{2}}$$ ■

예제 2.32 정리 2.30을 이용하여 이변수함수 $f(x,\ y) = xy - y^2$의 $P(1,\ 2)$에서 $\mathrm{u} = (1/\sqrt{2})\mathrm{i} + (1/\sqrt{2})\mathrm{j}$ 방향으로의 도함수를 구하라.

풀이

$$f_x\big|_{(1,\,2)} = y\big|_{(1,\,2)} = 2,\ f_y\big|_{(1,\,2)} = x - 2y\big|_{(1,\,2)} = -3$$

이다. **정리 2.30**에 의하여

$$D_{\mathrm{u}}f(1,\,2) = f_x(1,\,2)\frac{1}{\sqrt{2}} + f_y(1,\,2)\frac{1}{\sqrt{2}}$$
$$= 2 \cdot \frac{1}{\sqrt{2}} + (-3) \cdot \frac{1}{\sqrt{2}} = -\frac{1}{\sqrt{2}}$$

이다. ■

기울기벡터

정리 2.30에서 함수 $f(x,\,y)$의 방향도함수 $D_{\mathrm{u}}f(x,\,y)$는

$$D_{\mathrm{u}}f(x,\,y) = (f_x,\,f_y)\cdot \mathrm{u}$$

로 표현된다. 여기서 벡터 $(f_x,\,f_y)$를 함수 f의 기울기벡터(gradient vector)라 하고 ∇f [12] 또는 $\mathrm{grad}f$로 나타낸다.

정의 2.33

$f(x,\,y)$가 미분 가능한 함수일 때 f의 기울기벡터 ∇f는 다음과 같이 정의된다.

$$\nabla f = (f_x,\,f_y) = f_x\mathrm{i} + f_y\mathrm{j} \tag{2.22}$$

예제 2.34 $f(x,\,y) = \sin(xy)$의 기울기벡터 ∇f를 구하라.

풀이

$f_x = y\cos(xy)$, $f_y = x\cos(xy)$이다. 그러면

$$\nabla f = f_x\mathrm{i} + f_y\mathrm{j} = y\cos(xy)\mathrm{i} + x\cos(xy)\mathrm{j}$$

이다. ■

기울기벡터를 이용하여 방향도함수에 대한 식을 나타내면 다음과 같다.

---

12) ∇은 "del, 델"로 읽는 델연산자를 의미한다.

$$D_{\mathrm{u}}f(x,\ y) = \nabla f(x,\ y) \cdot \mathrm{u} \tag{2.23}$$

예제 2.35 함수 $f(x,\ y) = \ln\sqrt{x^2+y^2}$의 점 $(2,\ -1)$에서 $2\mathrm{i}+\mathrm{j}$ 방향으로의 방향도함수 값을 구하라.

풀이

$$\frac{\partial f}{\partial x} = \frac{\partial}{\partial x}\sqrt{x^2+y^2} = \frac{1}{\sqrt{x^2+y^2}}\frac{2x}{2\sqrt{x^2+y^2}} = \frac{x}{x^2+y^2}$$

$$\frac{\partial f}{\partial x} = \frac{\partial}{\partial y}\sqrt{x^2+y^2} = \frac{1}{\sqrt{x^2+y^2}}\frac{2y}{2\sqrt{x^2+y^2}} = \frac{y}{x^2+y^2}$$

이다. 그러면

$$\nabla f = f_x\mathrm{i} + f_y\mathrm{j} = \frac{x}{x^2+y^2}\mathrm{i} + \frac{y}{x^2+y^2}\mathrm{j},$$

$$\nabla f(2,\ -1) = \frac{2}{2^2+(-1)^2}\mathrm{i} + \frac{-1}{2^2+(-1)^2}\mathrm{j} = \frac{2}{5}\mathrm{i} + \frac{-1}{5}\mathrm{j}$$

이다. $2\mathrm{i}+\mathrm{j}$의 단위벡터는 $\frac{2}{\sqrt{5}}\mathrm{i} + \frac{1}{\sqrt{5}}\mathrm{j}$이므로

$$D_{\mathrm{u}}f(2,\ -1) = \nabla f(2,\ -1) \cdot \left(\frac{2}{\sqrt{5}}\mathrm{i} + \frac{1}{\sqrt{5}}\mathrm{j}\right)$$

$$= \left(\frac{2}{5}\mathrm{i} + \frac{-1}{5}\mathrm{j}\right) \cdot \left(\frac{2}{\sqrt{5}}\mathrm{i} + \frac{1}{\sqrt{5}}\mathrm{j}\right) = \frac{3}{5\sqrt{5}}$$

이다. ■

예제 2.36 함수 $f(x,\ y) = xe^y$의 점 $P_0(2,\ 0)$에서 $3\mathrm{i}-4\mathrm{j}$ 방향으로의 방향도함수 값을 구하라.

풀이

$3\mathrm{i}-4\mathrm{j}$ 방향의 단위벡터를 u 라 하면 $|3\mathrm{i}-4\mathrm{j}| = 5$이므로

$$\mathrm{u} = \frac{3}{5}\mathrm{i} - \frac{4}{5}\mathrm{j}$$

이다. 그러면 $f_x(2,\ 0) = e^y\big|_{(2,\ 0)} = 1$, $f_y(2,\ 0) = xe^y\big|_{(2,\ 0)} = 2$이다. 따라서

$$\nabla f(2,\ 0) = \mathrm{i} + 2\mathrm{j}$$

이다. 기울기벡터를 이용하여 방향도함수를 구하면

$$D_{\mathrm{u}}f(x,\ y) = \nabla f \cdot \mathrm{u} = (\frac{3}{5}\mathrm{i} - \frac{4}{5}\mathrm{j}) \cdot (\mathrm{i} + 2\mathrm{j}) = -1$$

이다.

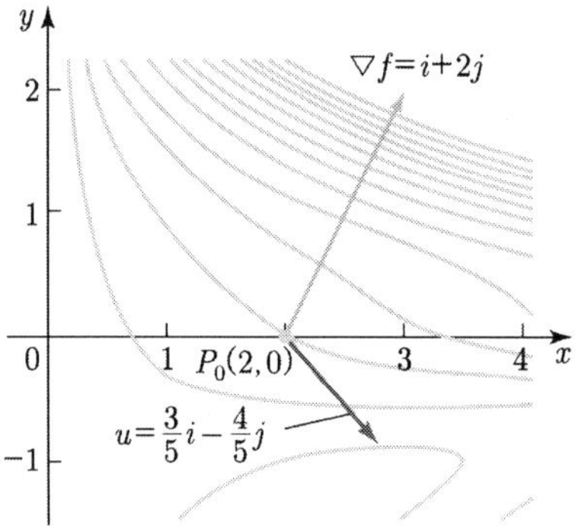

〈그림 2.16〉 ■

이변수함수의 방향도함수와 같은 방법으로 삼변수함수 $f(x,\ y,\ z)$의 방향도함수를 정의한다.

정의 2.37 삼변수함수의 방향도함수

$P(x_0,\ y_0,\ z_0)$에서 단위벡터 $\mathrm{u} = (a,\ b,\ c)$ 방향으로의 함수 $f(x,\ y,\ z)$의 방향도함수 (directional derivative)는 $D_{\mathrm{u}}f(x_0,\ y_0,\ z_0)$로 나타내고 다음 극한값으로 정의한다.

$$D_{\mathrm{u}}f(x_0,\ y_0,\ z_0) = \lim_{h \to 0} \frac{f(x_0 + ah,\ y_0 + bh,\ z_0 + ch) - f(x_0,\ y_0,\ z_0)}{h}$$

삼변수 이상의 함수는 벡터형으로 표현하는 것이 간결하다. 삼변수함수 $f(\mathrm{x})$의 방향도함수는 $D_{\mathrm{u}}f(\mathrm{x}_0)$로 나타낸다.

공간상의 한 점 x_0에서 u (단위벡터) 방향으로 $f(\mathrm{x})$의 방향도함수는 $D_{\mathrm{u}}f(\mathrm{x}_0)$로 나타내고 다음 극한값으로 정의한다.

$$D_{\mathrm{u}}f(\mathrm{x}_0) = \lim_{h \to 0} \frac{f(\mathrm{x}_0 + h\mathrm{u}) - f(\mathrm{x}_0)}{h}$$

이변수와 마찬가지로 삼변수함수 $f(x, y, z)$가 미분 가능하면 f의 방향도함수를 구할 수 있고 연쇄법칙을 이용하여 다음 사실이 성립함을 알 수 있다.

정리 2.38

삼변수함수 $f(x, y, z)$가 미분 가능한 함수이면, f는 모든 단위벡터 $\mathrm{u}=(a, b, c)$ 방향으로의 방향도함수를 갖고

$$\begin{aligned} D_{\mathrm{u}}f(x, y, z) &= f_x(x, y, z)a + f_y(x, y, z)b + f_z(x, y, z) \\ &= (f_x, f_y, f_z) \cdot \mathrm{u} \end{aligned}$$

이다.

삼변수함수 $f(x, y, z)$의 기울기벡터는 ∇f 또는 $\mathrm{grad}f$로 나타내고 다음과 같이 정의한다.

$$\nabla f = (f_x, f_y, f_z) = f_x\mathrm{i} + f_y\mathrm{j} + f_z\mathrm{k}$$

이 정의를 이용하면 함수 f의 u 방향의 방향도함수는 다음과 같이 간단하게 나타낼 수 있다.

$$D_{\mathrm{u}}f(x, y, z) = \nabla f \cdot \mathrm{u} \tag{2.24}$$

예제 2.39 $f(x, y, z) = x^2yz$일 때

(1) 기울기벡터를 구하고

(2) 점 $P(1, 2, 1)$에서 $-\mathrm{i} + 2\mathrm{j} + 2\mathrm{k}$ 방향으로의 방향도함수를 구하라.

풀이

(1) f를 편미분하면

$$f_x = 2xyz,\ f_y = x^2z,\ f_z = x^2y$$

이므로

$$\nabla f = f_x\mathrm{i} + f_y\mathrm{j} + f_z\mathrm{k} = 2xyz\mathrm{i} + x^2z\mathrm{j} + x^2y\mathrm{k}$$

이다.

(2) $P(1, 2, 1)$에서 $\nabla f(1, 2, 1) = 4\mathrm{i} + 1\mathrm{j} + 2\mathrm{k}$이고 $-\mathrm{i} + 2\mathrm{j} + 2\mathrm{k}$ 방향의 단위벡터 u는

$$\mathrm{u} = -\frac{1}{3}\mathrm{i} + \frac{2}{3}\mathrm{j} + \frac{2}{3}\mathrm{k}$$

이므로

$$D_{\mathrm{u}}f(1, 2, 1) = \nabla f(1, 2, 1) \cdot \mathrm{u}$$
$$= (4\mathrm{i} + 1\mathrm{j} + 2\mathrm{k}) \cdot \left(-\frac{1}{3}\mathrm{i} + \frac{2}{3}\mathrm{j} + \frac{2}{3}\mathrm{k}\right) = \frac{2}{3}$$

이다. ■

정리 2.40 기울기벡터의 계산법칙

(1) $\nabla(kf) = k\nabla(f)$ (k는 실수)

(2) $\nabla(f \pm g) = \nabla f \pm \nabla g$

(3) $\nabla(fg) = f\nabla g + g\nabla f$

(4) $\nabla\left(\frac{f}{g}\right) = \frac{g\nabla f - f\nabla g}{g^2}$

산행을 할 때 목적지로 향하는 가장 빠른 길을 찾기를 원한다. 가장 빠른 길은 당연히 변화율이 가장 큰 경로이다. 우리에게 등고선이 그려진 지도가 주어졌다고 하면 현재의 위치에서 가장 변화가 큰 값과 그 방향을 알아야 최단 경로를 설정할 수 있다. 이것을 수학적으로 풀이하자면 이변수함수 $f(x, y)$가 주어질 때 첫째, 방향도함수의 최댓값은 얼마이고 둘째, 최댓값을 갖는 방향은 어느 방향이며 셋째, 최대 변화 방향과 등고선과의 관계는 무엇인가를 묻는 것이다. 이 질문에 대한 답은 다음 정리에 담겨 있다.

정리 2.41 방향도함수의 성질

f가 이변수 또는 삼변수의 미분 가능한 함수라고 하자. 그러면 점 P에서

(1) f의 방향도함수 $D_{\mathrm{u}}f(P)$의 최댓값은 $|\nabla f(P)|$이고 최솟값은 $-|\nabla f(P)|$이다.

(2) 방향도함수 $D_{\mathrm{u}}f(P)$가 최대가 되는 방향 u는 $\nabla f(P)$ 방향이고 최소가 되는 방향 u는 $-\nabla f(P)$ 방향이다.

증명

식 (2.23) 또는 (2.24)로부터 점 P에서 단위벡터 u 방향이 주어질 때

$$|D_{\mathrm{u}}f(P)| = |\nabla f(P) \cdot \mathrm{u}| = |\nabla f(P)||\mathrm{u}||\cos\theta|$$
$$= |\nabla f(P)||\cos\theta| \le |\nabla f(P)| \ (\theta \text{는 u 와 } \nabla f(P) \text{의 끼인각})$$

따라서 $D_{\mathrm{u}}f(P)$는 $\theta = 0$ 또는 π일 때 최댓값 $|\nabla f(P)|$를 갖는다. 한편 u 가 $\nabla f(P)$ 방향이면 $\theta = 0$이므로 $D_{\mathrm{u}}f(P)$는

$$D_{\mathrm{u}}f(P) = \nabla f(P) \cdot \mathrm{u} = |\nabla f(P)||\mathrm{u}|\cos 0 = |\nabla f(P)|$$

로서 최대이고 u 가 $-\nabla f(P)$ 방향이면 $\theta = \pi$이므로 $D_{\mathrm{u}}f(P) = -|\nabla f(P)|$로서 최소이다.

예제 2.42 함수 $f(x, y) = x^2 + y^2$에 대하여 점 $(1, 1)$에서 다음에 답하라.

(1) 가장 빠르게 증가하는 방향과 그 값을 구하라.

(2) 가장 빠르게 감소하는 방향과 그 값을 구하라.

풀이

(1) 가장 빠르게 증가하는 방향은 즉 $D_{\mathrm{u}}f(P)$가 최대가 되는 방향은 $\nabla f(1, 1)$ 방향이고 그 값은 $|\nabla f(1, 1)|$이다.

$$f_x(1, 1) = 2x\big|_{(1,1)} = 2,\ f_y(1, 1) = 2y\big|_{(1,1)} = 2$$

이므로

$$\nabla f(1, 1) = 2\mathrm{i} + 2\mathrm{j},\ |\nabla f(1, 1)| = |2\mathrm{i} + 2\mathrm{j}| = 2\sqrt{2}$$

이다. **정리 2.41**에 의해 점 $(1, 1)$에서 방향도함수 $D_{\mathrm{u}}f(P)$의 최댓값은 $2\sqrt{2}$이고 그 방향벡터는 $\nabla f(1, 1) = 2\mathrm{i} + 2\mathrm{j}$이다(이때 $\mathrm{u} = \dfrac{\nabla f(1, 1)}{|\nabla f(1, 1)|} = \dfrac{2\mathrm{i} + 2\mathrm{j}}{2\sqrt{2}} = \dfrac{1}{\sqrt{2}}\mathrm{i} + \dfrac{1}{\sqrt{2}}\mathrm{j}$).

(2) 정리에 의하여 가장 빠르게 감소하는 방향은 $-\nabla f(1, 1) = -2\mathrm{i} - 2\mathrm{j}$이고 그 값은 $-|\nabla f(1, 1)| = -2\sqrt{2}$이다(이때 $\mathrm{u} = -\dfrac{\nabla f(1, 1)}{|\nabla f(1, 1)|} = -\dfrac{1}{\sqrt{2}}\mathrm{i} - \dfrac{1}{\sqrt{2}}\mathrm{j}$).

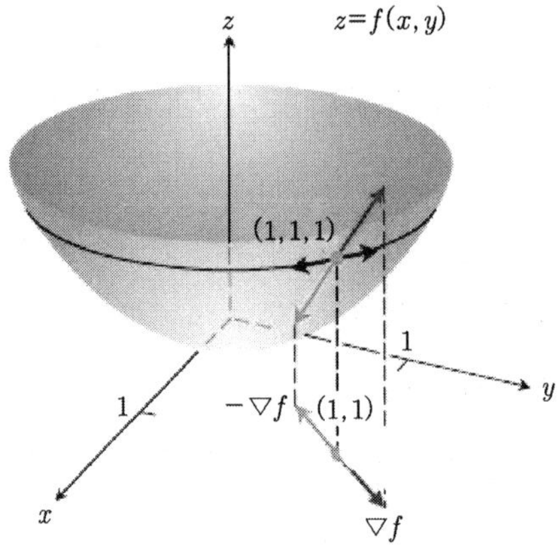

〈그림 2.17〉 ■

미분 가능한 함수 $f(x, y)$의 (x_0, y_0)을 통과하는 원활한 곡선 C: $\mathrm{r} = g(t)\mathrm{i}+h(t)\mathrm{j}$를 따라 일정한 함숫값을 갖는다고 하면(이와 같은 곡선 C를 등위선이라 한다) $f(g(t), h(t)) = k$로 표현된다. 연쇄법칙을 써서 양변을 미분하면

$$\frac{d}{dt}f(g(t),\, h(t)) = \frac{d}{dt}k$$

$$\frac{\partial f}{\partial x}\frac{dg}{dt}+\frac{\partial f}{\partial y}\frac{dh}{dt} = 0$$

$$\left(\frac{\partial f}{\partial x}\mathrm{i}+\frac{\partial f}{\partial y}\mathrm{j}\right)\cdot\left(\frac{dg}{dt}\mathrm{i}+\frac{dh}{dt}\mathrm{j}\right) = 0$$

즉 $\nabla f(x_0, y_0)\cdot \mathrm{r}'(t) = 0$이다. 따라서 $\nabla f(x_0, y_0)$와 $\mathrm{r}'(t)$는 수직이다. 한편 $\mathrm{r}'(t)$는 등위선의 접선과 평행한 방향벡터이므로 기울기벡터 $\nabla f(x_0, y_0)$는 등위선과 수직을 이룬다.

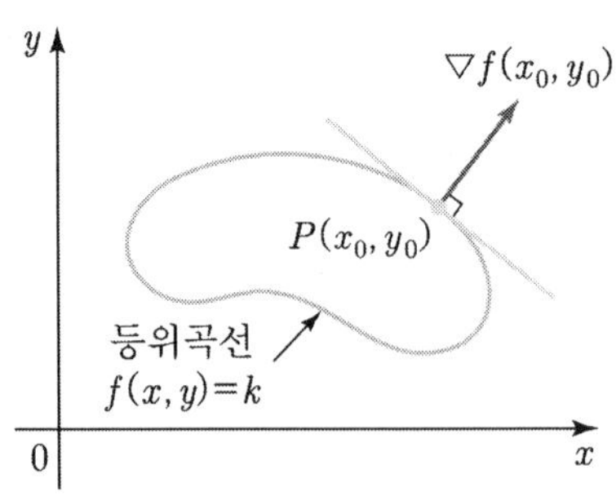

〈그림 2.18〉

보통 지도에는 등고선이 그려져 있다. 예를 들어 산의 지도에서 한 지점에서 정상까지 가는 최단경로를 구하기 위해서는 높이(변화율)가 가장 큰 방향으로 길잡이를 해야 한다. 앞서 **정리 2.42**에서

한 지점 P에서 함수 $f(x, y)$의 최대 변화율의 방향은 $\nabla f(P)$라는 사실을 알았다. 한편 등고선은 등위선이므로 지점 P를 포함하는 등고선과 $\nabla f(P)$는 직각이다. 이 사실로부터 정상을 오르는 가장 빠른 등산로를 잡는 방법은 등고선과 직각으로 길을 잡아 나가야 한다는 것을 알 수 있다.

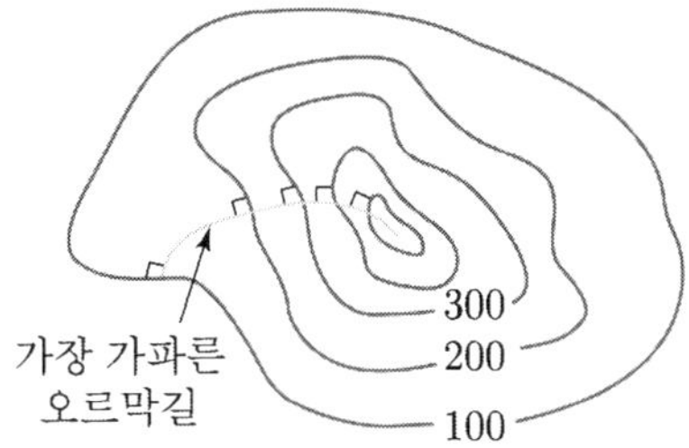

〈그림 2.19〉

등위곡면

삼변수함수 $w = f(x, y, z)$에 대한 등위집합$S: f(x, y, z) = k$가 매끄러운 곡면을 이룬다고 하고 (이때 S를 **등위곡면**이라 한다.) $P_0(x_0, y_0, z_0)$를 곡면 S상의 점이라 하자.

만일 $r(t) = x(t)\mathrm{i} + y(t)\mathrm{j} + z(t)\mathrm{k}$가 $P_0(x_0, y_0, z_0)$를 통과하는 S상의 미분 가능한 곡선이라 하면

$$\frac{d}{dt}f(x(t), y(t), z(t)) = \frac{d}{dt}k$$

$$\frac{\partial f}{\partial x}\frac{dg}{dt} + \frac{\partial f}{\partial y}\frac{dh}{dt} + \frac{\partial f}{\partial z}\frac{dk}{dt} = 0$$

$$\left(\frac{\partial f}{\partial x}\mathrm{i} + \frac{\partial f}{\partial y}\mathrm{j} + \frac{\partial f}{\partial y}\mathrm{k}\right) \cdot \left(\frac{dx}{dt}\mathrm{i} + \frac{dy}{dt}\mathrm{j} + \frac{dz}{dt}\mathrm{k}\right) = 0$$

즉, $\nabla f(x_0, y_0, z_0) \cdot \mathrm{r}'(t) = 0$이다. 따라서 $\nabla f(x_0, y_0, z_0)$와 $\mathrm{r}'(t)$은 수직이다. 한편 벡터 $\mathrm{r}'(t)$들은 곡면 S 위의 점 $P_0(x_0, y_0, z_0)$에서 접평면에 놓여 있으므로 결국 $\nabla f(x_0, y_0, z_0)$는 접평면과 (따라서 등위면과) 수직을 이룬다. 따라서 $\nabla f(x_0, y_0, z_0)$는 $P_0(x_0, y_0, z_0)$에서 접평면의 법선벡터이다.

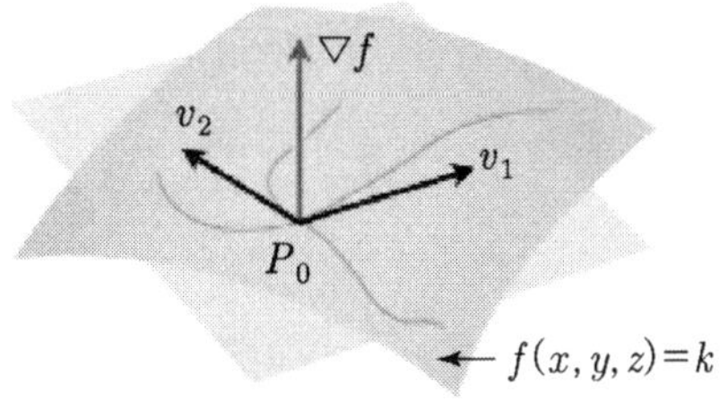

〈그림 2.20〉

이 사실로부터 접평면의 방정식은

$$f_x(P_0)(x-x_0)+f_y(P_0)(y-y_0)+f_z(P_0)(z-z_0)=0$$

이고 법선의 방정식은

$$\frac{x-x_0}{f_x(P_0)}=\frac{y-y_0}{f_y(P_0)}=\frac{z-z_0}{f_z(P_0)}$$

이다.

정리 2.43

등위면 $S: f(x, y, z)=k$ 위의 한 점 $P_0=P_0(x_0, y_0, z_0)$에서

(1) 법선벡터는 $\nabla f(x_0, y_0, z_0)$이고

(2) 접평면의 방정식은 $f_x(P_0)(x-x_0)+f_y(P_0)(y-y_0)+f_z(P_0)(z-z_0)=0$,

(3) 법선의 방정식은

$$\frac{x-x_0}{f_x(P_0)}=\frac{y-y_0}{f_y(P_0)}=\frac{z-z_0}{f_z(P_0)}$$

으로 주어진다.

예제 2.44 타원면 $x^2+y^2+\frac{z^2}{4}=9$ 위의 한 점 $P(1, 2, 4)$에서 접평면의 방정식과 접선의 방정식을 구하라.

풀이

$f(x, y, z)=x^2+y^2+\frac{z^2}{4}-9$라 두면 주어진 타원면은 $P(1, 2, 4)$를 품는 등위면 $S: f(x, y, z)=0$이다.

$$f_x(P)=2x\big|_{(1,\ 2,\ 4)}=2,\ f_y(P)=2y\big|_{(1,\ 2,\ 4)}=4,\ f_z(P)=\frac{z}{2}\bigg|_{(1,\ 2,\ 4)}=2$$

이므로 $\nabla f(P)=2\mathbf{i}+4\mathbf{j}+2\mathbf{k}$이다. 따라서 접평면의 방정식은

$$2(x-1)+4(y-2)+2(z-4)=0 \text{ 즉, } x+2y+z=9$$

이다. 법선의 방정식은

$$\frac{x-1}{2}=\frac{y-2}{4}=\frac{x-4}{2}\text{, 즉 }\frac{x-1}{1}=\frac{y-2}{2}=\frac{x-4}{1}$$

이다.

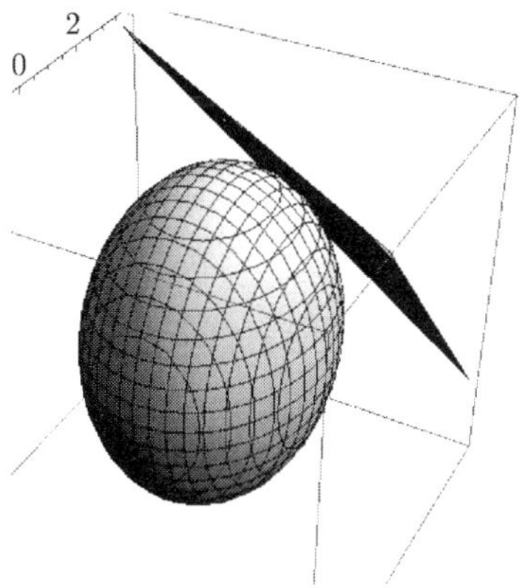

〈그림 2.21〉 ■

예제 2.45 $z = f(x, y)$ 의 그래프 위의 한 점 $P(x_0, y_0, z_0)$에서 접평면의 방정식을 구하라.

풀이

$F(x, y, z) = f(x, y) - z$라 두면 $z = f(x, y)$의 그래프는 등위면 $S: F(x, y, z) = 0$이다.

$$F_x = f_x,\ F_y = f_y,\ F_z = -1$$

따라서 구하는 접평면의 방정식은

$$f_x(P)(x - x_0) + f_y(P)(y - y_0) - (z - z_0) = 0$$

이다. ■

예제 2.46 원기둥면 $S_1 : x^2 + y^2 = 5$와 평면 $S_2 : x + 2y + z = 10$이 만나는 곡선의 $P(1, 2, 5)$ 에서 접선의 매개방정식을 구하라.

풀이

원기둥면 S_1은 $f(x, y, z) = x^2 + y^2 - 5$의 $f = 0$의 등위면이고 평면 S_2는 $g(x, y, z) = x + 2y + z - 10$의 $g = 0$ 의 등위면이다. $P(1, 2, 5)$를 지나는, 원기둥면과 평면이 공유하는 곡선을 C라 하자. C는 $f = 0$의 등위면에 놓여 있으므로 C의 P에서의 접선벡터를 v 라 하면 v 는 원기둥면 S_1의 P에서의 접평면에 놓이게 되고 따라서 $\mathrm{v} \perp \nabla f(P)$이다. 또한 C는 $g = 0$의 등위면 S_2에 놓이므로 접선벡터 v 도 평면 S_2에 놓인다. 따라서 $\mathrm{v} \perp \nabla g(P)$이다. 따라서 $\mathrm{v} = \nabla f(P) \times \nabla g(P)$로 잡을 수 있다.

$$\nabla f(P) = (2x\,\mathrm{i} + 2y\,\mathrm{j})|_{(1,\ 2,\ 5)} = 2\mathrm{i} + 4\mathrm{j}$$

$$\nabla g(P) = \mathrm{i} + 2\mathrm{j} + \mathrm{k}\,|_{(1,\,2,\,5)} = \mathrm{i} + 2\mathrm{j} + \mathrm{k}$$

$$\mathrm{v} = \nabla f(P) \times \nabla g(P) = (2\mathrm{i} + 4\mathrm{j}) \times (\mathrm{i} + 2\mathrm{j} + \mathrm{k}) = \begin{vmatrix} \mathrm{i} & \mathrm{j} & \mathrm{k} \\ 2 & 4 & 0 \\ 1 & 2 & 1 \end{vmatrix} = 4\mathrm{i} - 2\mathrm{j} + 0$$

이므로 접선의 매개방정식은 $x = 1 + 4t,\ y = 2 - 2t,\ z = 5$이다.

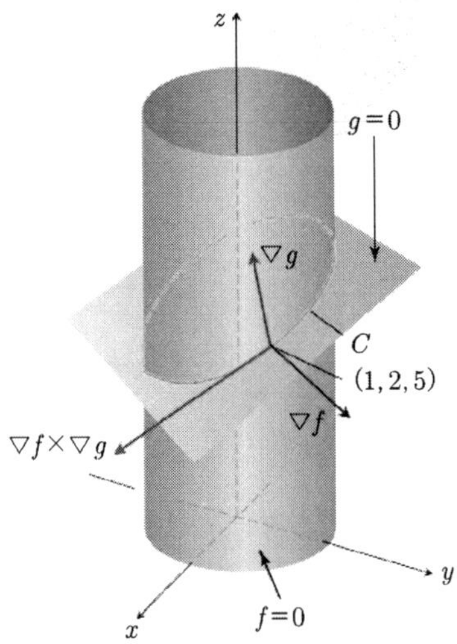

〈그림 2.22〉 ■

SECTION

2 연습문제

➡ 연습문제 해답 408쪽

01. $f(x, y, z) = xe^y \cos z$ 에 대하여 f_{xy}, f_{yz}, f_{zx}를 구하라.

02. $f(x, y, z) = x + y + e^{xyz}$ 에 대하여 f_x, f_{xy}, f_{xyz}를 구하라.

03. 방정식 $x^2 + 2y^2 + z^2 = 25$에 대하여 $z_x(1, 2, 4)$와 $z_y(1, 2, 4)$를 구하라.

04. 방정식 $e^z - x - y + \sin(xyz) = k$에 대하여 z_x 를 구하라(음함수의 미분법을 이용하라).

05. 다음 함수의 1계 편도함수를 구하라.

(1) $f(x, y) = 3x^4y^3 + 8x^2y$

(2) $f(x, t) = e^{-t^2}\cos\pi x$

(3) $f(x, t) = \sqrt{x}\ln t^2$

(4) $z = (2x + 5y)^{12}$

(5) $z = \sec(x^2y)$

(6) $f(x, y) = \dfrac{x}{(x+2y)^2}$

(7) $w = \dfrac{e^v}{u^2 + v}$

(8) $f(x, y) = x^{y+1}$

(9) $F(x, y) = \displaystyle\int_x^y \sin(at + b)\,dt$

(10) $F(\alpha, \beta) = \int_{\alpha^2}^{2\beta} \sqrt{t^3+1}\,dt$

(11) $f(x, y, z) = xy^2z - 3x^2y^3z^4$

(12) $f(x, y, z) = xy\sin(y-z)$

(13) $w = \ln(x+3y+5z)$

(14) $w = yze^{xy}$

(15) $u = xy\tan^{-1}(z^2)$

(16) $u = x^{y/z}$

(17) $f(x, y) = x^2y - xy^3$

(18) $f(x, y) = \dfrac{x}{2x+y^2}$

(19) $f(x, y, z) = e^{x^2+y^2+z^2}$

(20) $f(x_1, x_2, x_3) = \dfrac{x_1+x_2+x_3}{x_1x_2x_3}$

06. 지시된 편도함수를 구하라.

(1) $f(x, y) = \ln(x\sqrt{x^2+y^2})$; $f_x(3, 4)$

(2) $f(x, y) = \sin^{-1}(y/x)$; $f_x(5, 3)$

(3) $f(x, y, z) = \dfrac{y}{x+y^2+z}$; $f_y(2, 1, -1)$

(4) $f(x, y, z) = \sqrt{\sin^2x + \sin^2y + \sin^2z}$; $f_z(0, 0, \pi/3)$

(5) $f(x, y) = 2x^4y^2 - 3x^3y$; f_{xxx}, f_{xyx}

(6) $f(x, y, z) = e^{xy^2z}$; f_{xyz}

(7) $z = u\sqrt{w-v}$; $\dfrac{\partial^3 z}{\partial u \partial v \partial w}$

(8) $w = \dfrac{x}{2y+3z}$; $\dfrac{\partial^3 w}{\partial z \partial y \partial x}$, $\dfrac{\partial^3 w}{\partial x^2 \partial y}$

(9) $f(x, y, z) = \ln(x^2+y^2+z^2)$; f_{yyz}

(10) $f(x, y, z) = \sin(x^2+y^2+z^2)$; f_{zzx}

07. 음함수 미분법을 이용하여 $\partial z/\partial x$와 $\partial z/\partial y$를 구하라.

(1) $x^2+2y^2-3z^2=1$

(2) $x^2+2y^2+z^2-2z=4$

(3) $e^z=xy^2z$

(4) $2yz+x\ln y=z^2$

08. 다음에서 $\partial z/\partial x$와 $\partial z/\partial y$를 구하라.

(1) $z=f(x)+g(y)$

(2) $z=f(x+y)$

(3) $z=f(x)g(y)$

(4) $z=f(xy)$

09. 다음 각 식은 $u_{xy}=u_{yx}$가 성립함을 보이라.

(1) $u=3x^4y^3-y^4$

(2) $u=e^{xy}\cos y$

(3) $u=\sin(x^2y)$

(4) $u=\ln(x^2+2y)$

10. 다음 함수에 대하여 라플라스 방정식 $u_{xx}+u_{yy}=0$을 만족하는가 확인하라.

(1) $u=2x^2+y^2$

(2) $u=x^2-y^2$

(3) $u=2x^3+3xy^2$

(4) $u=\ln\sqrt{x^2+y^2}$

(5) $u=\sin x\cosh y+\cos x\sinh y$

(6) $u=e^{-x}\cos y-e^{-y}\cos x$

11. 함수 $u=1/\sqrt{x^2+y^2+z^2}$이 삼차원 라플라스 방정식 $u_{xx}+u_{yy}+u_{zz}=0$의 해가 됨을 보이라.

12. 다음 주어진 함수 각각이 파동식 $u_{tt} = a^2 u_{xx}$의 해가 됨을 보이라.

(1) $u = \cos(kx)\cos(akt)$ (2) $u = (x - at)^5 + (x + at)^5$

13. $u = e^{a_1 x_1 + a_2 x_2 + \cdots + a_n x_n}$, $a_1^2 + a_2^2 + \cdots + a_n^2 = 1$일 때 $\dfrac{\partial^2 u}{\partial x_1^2} + \dfrac{\partial^2 u}{\partial x_2^2} + \cdots + \dfrac{\partial^2 u}{\partial x_n^2} = u$임을 보이라.

14. 저항값 R_1, R_2, R_3를 갖는 세 도선이 병렬로 연결된 전기회로에서 생기는 총 저항값 R은 식 $\dfrac{1}{R} = \dfrac{1}{R_1} + \dfrac{1}{R_2} + \dfrac{1}{R_3}$로 주어진다. 이때 $\partial R / \partial R_i\ (i = 1,\ 2,\ 3)$을 구하라.

15. 삼각형의 세 각 A, B, C의 대변을 a, b, c라 할 때 제2코사인법칙의 음함수 미분법을 사용하여 $\partial A / \partial a$, $\partial A / \partial b$, $\partial A / \partial c$를 구하라.

16. 주어진 점에서 곡면에 대한 접평면의 방정식을 구하라.

(1) $z = 2(x-1)^2 + 3(y+3)^2 + 7$, $(2,\ -2,\ 12)$

(2) $z = \sqrt{2xy}$, $(1,\ 1,\ \sqrt{2})$

(3) $z = y e^{xy}$, $(0,\ 2,\ 2)$

(4) $z = x \sin(x - y)$, $(1,\ 1,\ 0)$

(5) $z = \ln(x + 2y)$, $(3,\ -1,\ 0)$

17. 다음의 전미분을 구하라.

(1) $z = e^{-2x} \sin 3\pi t$

(2) $u = \sqrt{x^2 + 2y^2}$

(3) $m = p^4 q^7$

(4) $T = \dfrac{u^2}{1+vw}$

(5) $R = \alpha^2 \beta \cos\gamma$

18. $z = f(x, y) = xe^{xy}$일 때 선형근사식을 구하고, 이를 이용하여 $f(1.1, -0.1)$의 근삿값을 구하라.

19. 지름 6 cm이고 높이 8 cm인 실린더 모양의 속이 찬 깡통의 금속 양을 전미분을 이용하여 구하라. 이때 금속 두께는 0.1 cm이다(단, 실린더 모양의 깡통은 일반적인 원기둥으로 간주한다).

20. 연쇄법칙을 이용하여 dz/dt 또는 dw/dt를 구하라.

(1) $z = 2x^2 + y^2 + xy,\ x = \cos t,\ y = e^t$

(2) $z = \sin(x + 4y),\ x = 5t^3,\ y = 1/t$

(3) $z = \sqrt{1 + x^2 + 2y^2},\ x = \ln t,\ y = \sin t$

(4) $z = \tan^{-1}(x/y),\ x = e^t,\ y = 1 - e^{-t}$

(5) $w = x^2 e^{y/z},\ x = 2t^2,\ y = 1 - t,\ z = 1 + 2t$

(6) $w = \ln\sqrt{x^2 + 2y^2 + 3z^2},\quad x = \sin t,\quad y = \cos t,\quad z = \tan t$

21. 다음에서 dy/dx를 구하라.

(1) $x \sin y = x^2 + y^2$

(2) $\cos(xy) = 1 + \sin^2 y$

(3) $\tan^{-1}(xy) = x^2 y + xy^2$

(4) $e^y \sin x = 2x + xy$

22. 직원뿔의 반지름은 4.6 cm/s의 비율로 증가하고 높이는 6.5 cm/s의 비율로 감소하고 있다. 반지름이 300 cm, 높이가 350 cm 일 때 직원뿔의 부피의 변화율은 얼마인지 구하라.

23. 이상기체 1몰의 압력은 0.03 kPa/s의 비율로 증가하고 온도는 0.1 kPa/s의 비율로 증가한다. 이상기체식 $PV = 8.31T$ (P는 압력, V는 부피, T는 온도)을 이용하여 압력이 20 kPa이고 온도가 320K 일 때 부피의 변화율을 구하라.

24. 삼각형의 한 변은 2 cm/s 비율로 증가하고 다른 변은 3 cm/s 비율로 감소하고 있다. 삼각형의 넓이는 일정하게 고정되어 있다고 가정하자. 첫 번째 변의 길이가 25 cm 이고 다른 변이 30 cm, 그 사이의 각이 $\pi/6$일 때 그 사이의 각의 변화율은 무엇인지 답하라.

25. 함수 $f(x, y) = x^2y^2 - x - 2y$의 점 $P_0(2, 0)$에서 $3\mathbf{i} + 4\mathbf{j}$ 방향으로의 방향도함수 값을 구하라.

26. 함수 $f(x, y) = x^2 + y^2$의 점 $P_0(1, 1)$에서 $\mathbf{i} + \mathbf{j}$ 방향으로의 방향도함수 값을 구하라.

27. 타원 $\dfrac{x^2}{9} + 4y^2 = 5$ 위의 한 점 $(-3, 1)$에서 접선의 방정식과 법선의 방정식을 구하라.

28. 각 θ가 가리키는 방향에 있는 주어진 점에서 함수 f의 방향도함수를 구하라.

(1) $f(x, y) = x^2y^4 + x^4y^2$, $(2, 1)$, $\theta = \pi/6$

(2) $f(x, y) = e^x/y$, $(0, 4)$, $\theta = 2\pi/3$

29. (a) f의 기울기벡터를 구하라. (b) 점 P에서 기울기벡터를 구하라. (c) 벡터 $\mathbf{u}$의 방향으로 P에서 f의 변화율을 구하라.

(1) $f(x, y) = \sin(3x+5y)$, $P(-5, 3)$, $\mathrm{u} = \frac{1}{2}(\sqrt{3}\,\mathrm{i} - \mathrm{j})$

(2) $f(x, y) = x^2/y$, $P(2, 1)$, $\mathrm{u} = \frac{1}{3}(2\mathrm{i} + \sqrt{5}\,\mathrm{j})$

(3) $f(x, y, z) = 2x\,e^{3yz}$, $P(3, 0, 1)$, $\mathrm{u} = \left\langle \frac{2}{3}, -\frac{2}{3}, \frac{1}{3} \right\rangle$

(4) $f(x, y, z) = \sqrt{x^2 + yz}$, $P(1, 3, 1)$, $\mathrm{u} = \left\langle \frac{2}{7}, \frac{3}{7}, \frac{6}{7} \right\rangle$

30. 벡터 v의 방향으로 주어진 점에서 함수 f의 방향도함수를 구하라.

(1) $f(x, y) = e^x \cos y$, $(0, \pi/3)$, $\mathrm{v} = \langle -6, 8 \rangle$

(2) $f(x, y) = \dfrac{2x}{x^2 + y^2}$, $(1, 2)$, $\mathrm{v} = \langle 3, 5 \rangle$

(3) $g(r, s) = \tan^{-1}(r^2 s)$, $(1, 2)$, $\mathrm{v} = 5\mathrm{i} + 10\mathrm{j}$

(4) $f(x, y, z) = xe^y + 2ye^z + 3ze^x$, $(0, 0, 0)$, $\mathrm{v} = \langle 5, 1, -2 \rangle$

(5) $f(x, y, z) = \sqrt{x(y+z)}$, $(4, 2, 2)$, $\mathrm{v} = \langle -1, -2, 2 \rangle$

(6) $h(r, s, t) = \ln(2r + 4s + 6t)$, $(1, 1, 1)$, $\mathrm{v} = 4\mathrm{i} + 12\mathrm{j} + 6\mathrm{k}$

31. $P(2, 1)$에서 $Q(5, 4)$의 방향으로 $f(x, y) = \sqrt{2x^3 y}$의 방향도함수를 구하라.

32. $P(1, -1, 3)$에서 $Q(2, 4, 5)$의 방향으로 $f(x, y, z) = 2xy + 3yz + zx$의 방향도함수를 구하라.

33. 주어진 점에서 f의 최대 변화율과 그것이 생기는 방향을 구하라.

(1) $f(x, y) = 4x\sqrt{y}$, $(4, 1)$

(2) $f(s, t) = t^2 e^{st}$, $(0, 2)$

(3) $f(x, y) = \sin(xy + x)$, $(0, 1)$

(4) $f(x, y, z) = (x+y)/2z$, $(1, 1, -1)$

(5) $f(x, y, z) = \sqrt{x^2 + 2y^2 + z^2}$, $(3, 6, -2)$

(6) $f(p, q, r) = \tan^{-1}(pqr)$, $(1, 2, 1)$

34. 금속 공의 온도 T는 원점인 중심에서부터의 거리에 반비례한다. 점 $(3, 0, 4)$에서 온도가 120 ℃ 이다. 다음에 답하라.

(1) $(3, 0, 4)$에서 $(1, 2, 2)$ 방향으로 온도의 변화율을 구하라.

(2) 공의 어느 지점에서든 온도가 가장 크게 증가하는 곳은 원점에서 그 점까지의 벡터라는 것을 보이라.

35. 공간의 적당한 영역에 걸쳐 전위 V가 $V(x, y, z) = 3x^2 - 5xy + xyz$로 주어졌다고 하자. 다음에 답하라.

(1) $P(3, 4, 5)$에서 벡터 $\mathrm{v} = \mathrm{i} - \mathrm{j} + \mathrm{k}$ 방향으로 전위의 변화율을 구하라.

(2) P에서 어느 방향으로 V가 가장 빨리 변하는가?

(3) P에서 최대 변화율은 얼마인가?

36. f를 연속편도함수를 갖는 이변수함수라 하고 점 $A(2, 4)$, $B(4, 4)$, $C(2, 8)$, $D(7, 16)$를 생각하자. A에서 벡터 $\overrightarrow{AB}$의 방향으로 f의 방향도함수는 3이고 A에서 벡터 $\overrightarrow{AC}$의 방향으로 방향도함수는 26이다. A에서 벡터 $\overrightarrow{AD}$의 방향으로 방향도함수를 구하라.

SECTION

3 최댓값과 최솟값

일변수함수 $f(x)$의 극점에서 미분값은 0이다. 따라서 극점을 찾기 위해선 $f'(x)=0$을 만족하는 점들을 찾고 그 점들이 극점인지 여부를 조사해야 한다. 다변수 함수의 경우도 극점에서 각 변수에 따른 (편)미분값은 0이다. 따라서 극점을 찾기 위해선 $f_{x_j}=0$을 만족하는 점을 찾고 극점이 되는 여부를 판단해야 한다. 이번 절에서는 이변수 함수가 (a, b)에서 극댓값 혹은 극솟값을 갖기 위한 판별식을 소개한다.

3.1 이변수함수의 극대와 극소

이변수함수의 극값을 찾는 방법을 알아보자. 이변수함수가 (a, b)에서 극댓값 혹은 극솟값을 가질 때 (a, b)에서의 방향도함수는 명백히 0이다. 따라서 미분 가능한 함수 f가 주어질 때 함수 f의 극점은 편도함수 f_x와 f_y가 0인 성질을 지닌다. 그러나 f_x와 f_y가 0인 점들 모두가 극대 혹은 극소점은 아니다. 편도함수를 활용하여 이변수함수의 극댓값과 극솟값을 찾을 수 있다. 극대점과 극소점에 대한 공부를 위해 먼저 이변수함수의 극대와 극소에 대한 정의를 소개한다. 직관적으로 함수 f가 (a, b)에서 극댓값(극솟값)을 갖는다는 것은 (a, b) 근방에서 $f(a, b)$값이 최대(최소)라는 뜻이다. 또 함수 f가 (a, b)에서 최댓값(최솟값)을 갖는다는 것은 함수의 정의역에서 $f(a, b)$값이 최대(최소)라는 뜻이다. 아래 그림에서 A와 B는 극대이고 특히 A는 최대이다. 또 C와 D는 극소이고 특히 C는 최소이다.

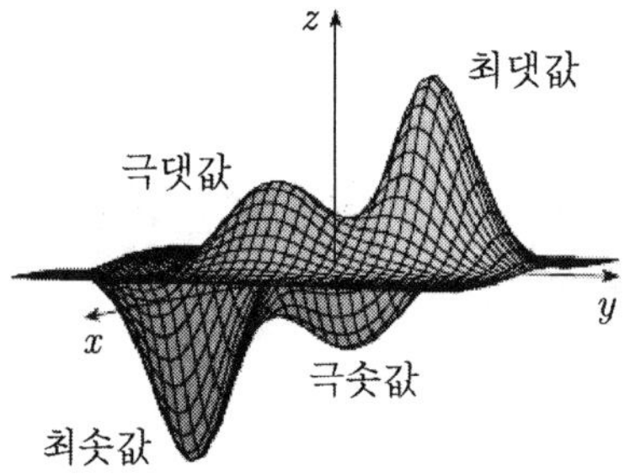

〈그림 3.1〉

정의 **3.1 극대, 극소와 최대, 최소**

극대, 극소

(a, b) 근방에 있는 모든 점 (x, y)에 대해 $f(x, y) \le f(a, b)$이면 이변수함수 f는 $P(a, b)$에서 극댓값을 갖는다고 한다. 이때 함숫값 $f(a, b)$를 극댓값(local maximum value)이라 부른다. 만약 (a, b) 근방에 있는 모든 점 (x, y)에 대해 $f(x, y) \ge f(a, b)$이면, f는 (a, b)에서 극소를 갖는다고 하고 함숫값 $f(a, b)$를 극솟값(local minimum value)이라 부른다.

최대, 최소

만약 f의 정의역 내의 모든 점 (x, y)에 대해 $f(x, y) \le f(a, b)$(또는 $f(x, y) \ge f(a, b)$)이면 f는 (a, b)에서 최댓값(absolute maximum)(또는 최솟값(absolute minimum))을 갖는다고 말한다.

위 정의에서 '$P(a, b)$ 근방'이란 뜻은 중심이 $P(a, b)$인 어떤 원판 내부를 의미한다.

정리 3.2

만약 f가 (a, b)에서 극댓값 또는 극솟값을 가지며 1계 편도함수가 (a, b)에서 존재하면, $f_x(a, b) = 0$이고 $f_y(a, b) = 0$이다.

증명

$g(x)=f(x, b)$라 하자. 만일 f가(a, b)에서 극댓값 또는 극솟값을 갖는다면 g는 a에서 극대 또는 극소이므로 $g'(a)=0$이다. 한편

$$g'(a)=\lim_{x\to a}\frac{g(x)-g(a)}{x-a}=\lim_{x\to a}\frac{f(x, b)-f(x, a)}{x-a}=f_x(a, b)$$

이므로 $f_x(a, b) = 0$이다.

$h(y)=f(a, y)$라 하자. 만일 f가(a, b)에서 극댓값 또는 극솟값을 갖는다면 h는 b에서 극대 또는 극소이므로 $h'(a)=0$이다. 한편 $h'(a)=f_y(a, b)$이므로 $f_y(a, b) = 0$이다.

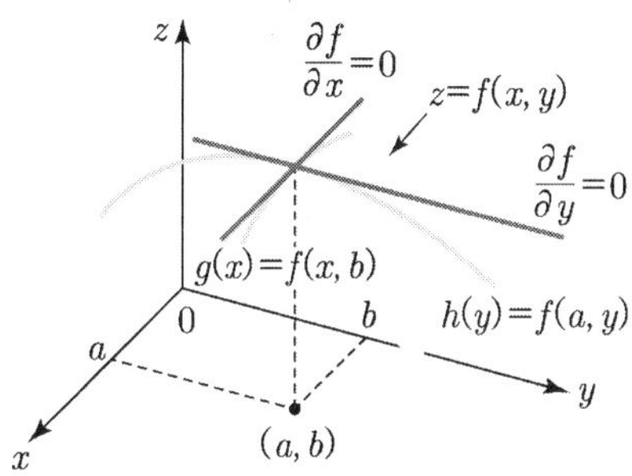

〈그림 3.2〉

정의 3.3 임계점

f_x와 f_y가 동시에 0이거나 f_x와 f_y 둘 중 하나가 존재하지 않는 점 (a, b)를 f의 임계점(critical point)이라 한다.

f의 극점은 당연히 임계점이다. 그러나 임계점이 곧 극점이 되는 것은 아니다. 임계점에서 함수는 극대, 극소일 수도 있고 또는 아무것도 아닐 수도 있다.

예제 3.4 $f(x, y) = x^2 + y^2$의 임계점을 찾아라.

풀이

$f_x = 2x = 0$, $f_y = 2y = 0$으로부터 $(0, 0)$은 유일한 임계점이다. 한편

$$f(x, y) = x^2 + y^2 \geq 0, \quad f(0, 0) = 0$$

이므로 $(0, 0)$은 극소점이다.

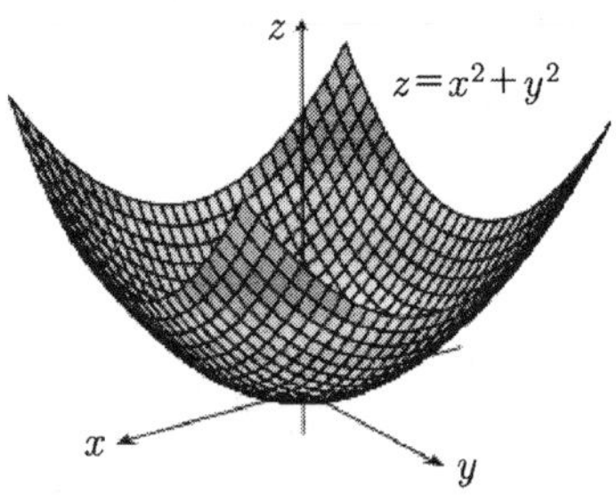

〈그림 3.3〉 ■

예제 3.5 $f(x, y) = x^2 - y^2$의 임계점을 구하라.

풀이

$f_x = 2x = 0$, $f_y = -2y = 0$으로부터 $(0, 0)$은 유일한 임계점이다. $f(x, 0) = x^2$이므로 x축 상에서 $f(x, y)$는 $(0, 0)$에서 최소이다. 그러나 $f(0, y) = -y^2$이므로 y축 상에서 $f(x, y)$는 $(0, 0)$에서 최대이다. 따라서 $(0, 0)$이 중심인 모든 원판에서 주어진 함수 f는 양이 되기도 하고 음이 되기도 하는 점들을 포함한다. 따라서 $f(0, 0) = 0$은 극값이 될 수 없고, $(0, 0)$은 유일한 임계점이므로 f는 어떠한 극값도 갖지 않는다.

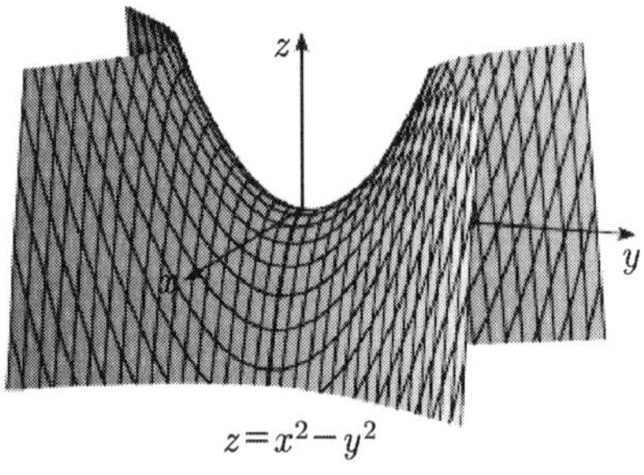

〈그림 3.4〉 ■

정의 3.6 안장점(saddle point)

$f(x, y)$가 미분 가능한 함수이고 (a, b)가 $f(x, y)$의 임계점이라고 하자. 만일 (a, b)를 중심으로 하는 모든 원판에서 $f(x, y) > f(a, b)$가 되는 점 (x, y)가 존재하고 또한 $f(x', y') < f(a, b)$가 되는 점 (x', y')가 존재하면 점 (a, b)를 함수 $f(x, y)$의 안장점이라 부른다.

점 (a, b)에서 $f_x(a, b) = 0$이고 $f_y(a, b) = 0$일 때 이계도함수를 통하여 $f(a, b)$가 극값이 되는지 그렇지 않은지 판단하는 방법은 다음과 같다.

정리 3.7 이계도함수 판정법

중심을 (a, b)로 하는 원판에서 f의 2계 편도함수가 연속이고 $f_x(a, b) = 0$, $f_y(a, b) = 0$이고

$$D(a, b) = f_{xx}(a, b) f_{yy}(a, b) - \{f_{xy}(a, b)\}^2$$

이라 하자.13)

(a) $D > 0$이고 $f_{xx}(a, b) > 0$이면, $f(a, b)$는 극솟값이다.

(b) $D > 0$이고 $f_{xx}(a, b) < 0$이면, $f(a, b)$는 극댓값이다.

(c) $D < 0$이면, $f(a, b)$는 극값이 아니다. 이 경우 (a, b)는 안장점이 된다.

(d) $D = 0$이면 극값을 판단할 수 없다.

---

13) D를 $D = f_{xx} f_{yy} - (f_{xy})^2 = \begin{vmatrix} f_{xx} & f_{xy} \\ f_{yx} & f_{yy} \end{vmatrix}$와 같이 행렬로 표현가능하고 이 값은 헤시안 행렬(Hessian matrix)로도 불린다.

예제 3.8 다음에 주어진 함수의 극값을 조사하라.

$$f(x, y) = xy + x^2 - y^2 - 2x - y$$

풀이

주어진 함수는 2차 다항식으로 $\mathbb{R}^2$ 전 영역에서 미분 가능한 함수이다. 따라서 극값은 편도함수 f_x와 f_y가 동시에 0인 점에서 극값을 갖는다.

$$f_x = y + 2x - 2 = 0, \quad f_y = x - 2y - 1 = 0$$

을 풀면 $x = 1$, $y = 0$이다. 따라서 $(1, 0)$이 유일한 임계점이다. 이계도함수를 계산하면

$$f_{xx} = 2,\ f_{yy} = -2,\ f_{xy} = 1$$

$$D = f_{xx} f_{yy} - f_{xy}^2 = (2)(-2) - (1)^2 = -5 < 0$$

따라서 $f(x, y)$는 극값이 없고 $(1, 0)$는 안장점이다.

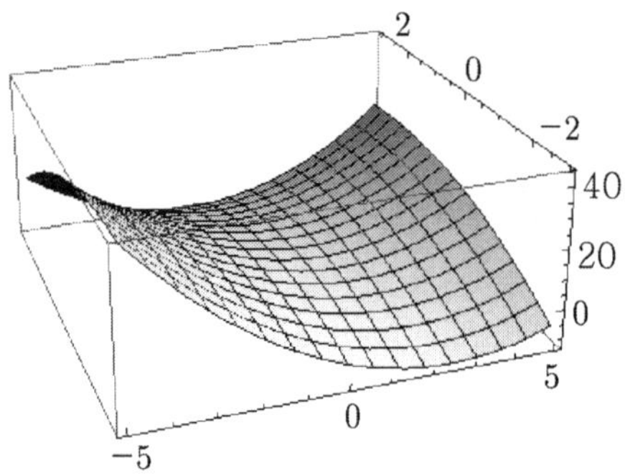

〈그림 3.5〉 ■

예제 3.9 $f(x, y) = x^4 + y^4 - 4xy + 3$의 극값을 조사하라.

풀이

먼저 임계점을 찾기 위해 편도함수 값이 0인 점을 구한다.

$$f_x = 4x^3 - 4y = 0, \quad f_y = 4y^3 - 4x = 0$$

이 식으로부터 다음 식을 얻는다.

$$\text{(a) } x^3 - y = 0 \qquad \text{(b) } y^3 - x = 0$$

(a)에서 $y = x^3$을 식 (b)에 대입하면

$$x^9 - x = 0,\ x(x^4 + 1)(x^2 + 1)(x + 1)(x - 1) = 0$$

이다. 따라서 세 실근 $x=0,\ 1,\ -1$을 얻는다. 이때 $y=0,\ 1,\ -1$이다. 이것으로 세 개의 임계점은 $(0,0)$, $(1,1)$, $(-1,-1)$이다.

$$f_{xx}=12x^2,\quad f_{xy}=-4,\quad f_{yy}=12y^2$$

$$D=f_{xx}f_{yy}-f_{xy}^2=144x^2y^2-16$$

이계도함수 판정법으로 $D(0,0)=-16<0$이므로 $(0,0)$은 안장점이다. $D(1,1)=128>0$, $f_{xx}(1,1)=12>0$이므로 $f(x,y)$는 $(1,1)$에서 극소이고 극솟값은 $f(1,1)=1$이다. $D(-1,-1)=12>0$, $f_{xx}(-1,-1)=12>0$이므로 $f(x,y)$는 $(-1,-1)$에서도 극소이고 극솟값은 $f(-1,-1)=1$이다.

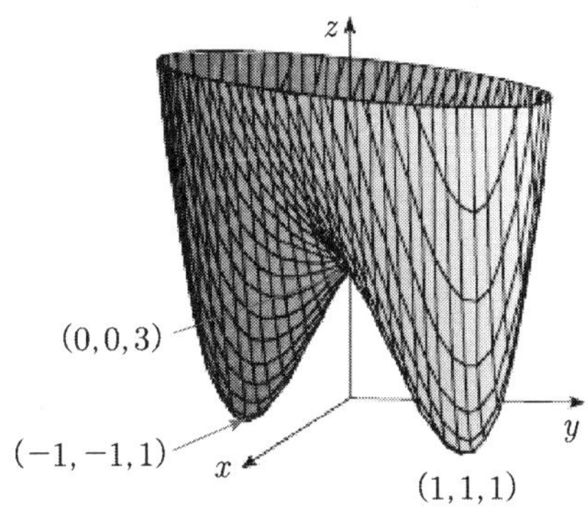

〈그림 3.6〉 ■

예제 3.10 $f(x,y)=x^2+y^2+2xy-x-y+1$의 극값을 구하라.

풀이

먼저 임계점을 찾기 위해 편도함수를 구한다.

$$f_x=2x+2y-1=0,\quad f_y=2x+2y-1=0$$

이 식으로부터 직선 $L: 2x+2y-1=0$ 위의 모든 점이 임계점임을 알 수 있다.

$$f_{xx}=2,\quad f_{xy}=2,\quad f_{yy}=2$$

$$D=f_{xx}f_{yy}-f_{xy}^2=2\cdot 2-4=0$$

직선 L 위의 모든 점에서 $D=0$이므로 이계도함수 판정법으로 극값을 판단할 수 없다.

$$\begin{aligned} f(x,y) &= x^2+y^2+2xy-x-y+1 \\ &= (x+y)^2-(x+y)+1 \\ &= \left(x+y-\frac{1}{2}\right)^2+\frac{3}{4}\geq \frac{3}{4} \end{aligned}$$

이므로 $f \ge \dfrac{3}{4}$이고 따라서 최솟값은 $x+y=\dfrac{1}{2}$일 때 $\dfrac{3}{4}$이다. 그런데

$$x+y=\frac{1}{2} \quad \Leftrightarrow \quad 2x+2y-1=0$$

이고 이는 직선 L을 나타내는 식이다. 따라서 주어진 함수 f는 직선 L 위에서 최솟값을 갖는다. 따라서 L 위의 모든 점은 극소점이다.

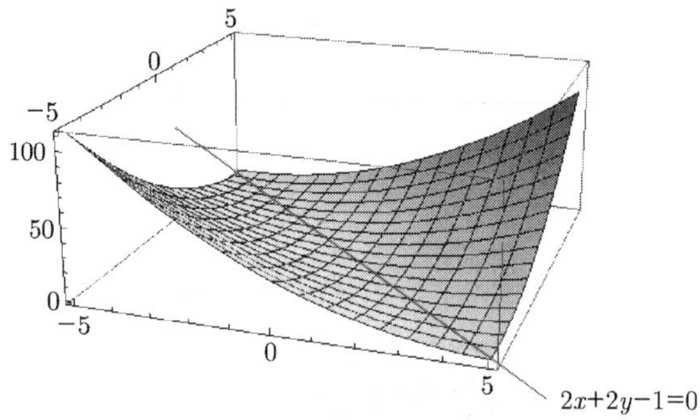

〈그림 3.7〉 ■

예제 3.11 두꺼운 종이 $150\,\mathrm{cm}^2$로 그림과 같이 물건을 담을 수 있는 직육면체의 상자를 만들려고 한다. 상자의 최대 부피를 구하라.

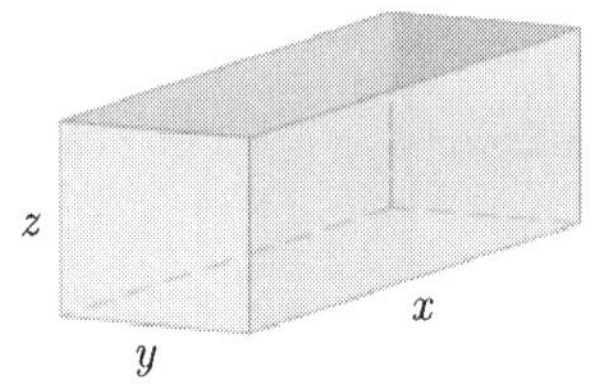

〈그림 3.8〉

풀이

그림과 같이 상자의 가로, 세로, 높이를 각각 x, y, z라 하자. 그러면 주어진 조건으로부터 직육면체의 겉넓이는

$$2(xy+yz+zx)=150$$

이고, 이때 부피

$$V=xyz$$

의 최댓값을 구해야 한다. 겉넓이에 대한 조건식을 z에 관하여 풀면 $z=\dfrac{75-xy}{x+y}$이고 이 값을 부피에 대입하면, V는

$$V = xy \cdot \frac{75 - xy}{x+y} = \frac{75xy - x^2y^2}{x+y}$$

이다. 이때 V는 $(x \geq 0,\ y \geq 0)$인 영역 즉 1사분면에서 정의된 x, y에 관한 이변수함수가 되고 편미분하면

$$V_x = \frac{(75y - 2xy^2)(x+y) - (75xy - x^2y^2)}{(x+y)^2} = \frac{-y^2(x^2 + 2xy - 75)}{(x+y)^2}$$

$$V_y = \frac{-x^2(y^2 + 2xy - 75)}{(x+y)^2}$$

이다. $V_x = 0$, $V_y = 0$과 $x > 0$, $y > 0$로부터

(a) $x^2 + 2xy - 75 = 0$ (b) $y^2 + 2xy - 75 = 0$

의 식을 얻는다. 식 (a), (b)로부터 $y^2 = x^2$ 관계식을 얻고 이로부터 다시 $y = x$ 관계식을 얻고 이 식을 다시 (a), (b)에 대입하면 $3x^2 - 75 = 0$, $3y^2 - 75 = 0$이고 이로부터 주어진 영역 내에서 유일한 임계점 $(5,\ 5)$를 얻는다. 이계도함수 판정법을 이용하여 이 점은 극대점임을 알 수 있고 따라서 부피의 최댓값은 $V(5,\ 5) = 125(\text{cm}^3)$이다. ■

최댓값과 최솟값

일변수함수가 연속이면 폐구간에서 최댓값과 최솟값을 갖듯이 연속인 이변수함수도 $\mathbb{R}^2$의 유한한 닫힌 영역에서 최댓값과 최솟값을 갖는다. 닫힌집합(closed set)은 직관적으로 볼 때 주어진 영역의 경계가 포함된 집합을 말한다. 점 P가 영역 D의 경계점이 되기 위해서는 점 P를 중심으로 하는 임의의 원판이 영역 D 내부와 외부에 P와 다른 점을 포함하여야 한다.

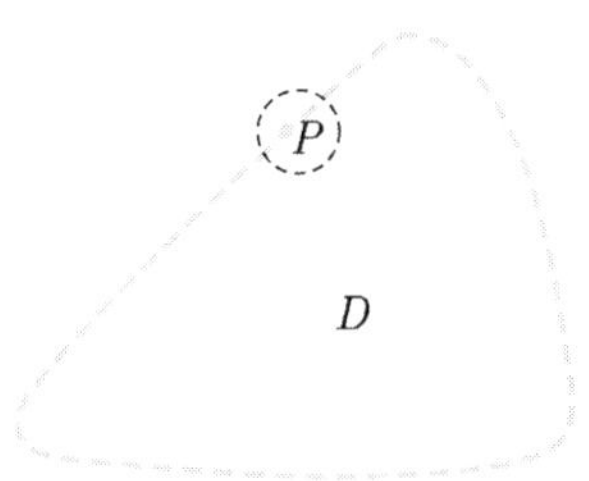

(a)

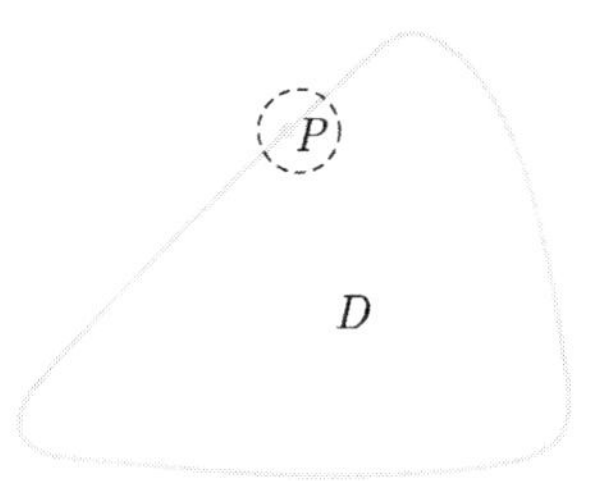

(b)

〈그림 3.9〉

위 그림에서 (a)의 영역 D는 경계를 포함하고 있지 않으므로 닫힌집합이 아니다. 반면 (b)의 영역 D는 모든 경계점을 포함하므로 닫힌집합이다. 어떤 집합이 유한한 원판 내에 있으면 **유계**라 한다.

정리 3.12 이변수함수의 최대, 최솟값

함수 f가 $\mathbb{R}^2$상의 유계인 닫힌집합 D에서 연속이면 함수 f는 영역 D에서 최댓값과 최솟값을 갖는다. 즉 D의 어떤 점 (x_1, y_1)과 (x_2, y_2)에서 최댓값 $f(x_1, y_1)$과 최솟값 $f(x_2, y_2)$를 갖는다.

닫힌영역 D에서 최댓값과 최솟값을 구하기 위해서는

1. D에서 f의 임계점에서의 함숫값을 구하고
2. D의 경계에서 함숫값을 조사하여
3. 1과 2의 함숫값들을 비교하여 구한다.

예제 3.13 사각형 영역 $D = \{(x, y) : 0 \le x \le 2,\ -1 \le y \le 1\}$에서 함수

$$f(x, y) = x^2 + y^2 - x + 1$$

의 최댓값과 최솟값을 구하라.

풀이

f는 다항식이므로 닫힌 영역 D에서 연속이다. 따라서 D에서 최댓값과 최솟값이 존재한다. 먼저 함수 f의 임계점을 찾도록 하자.

$$f_x = 2x - 1 = 0,\ f_y = 2y = 0$$

으로부터 $(1/2, 0)$이 유일한 임계점이고 이 점은 주어진 영역 D 내부에 놓여 있다.

$$f_{xx} = 2,\ f_{yy} = 2,\ f_{xy} = 0$$

$$D(\frac{1}{2}, 0) = f_{xx}f_{yy} - f_{xy}^2 = 2 \cdot 2 - 0 = 4 > 0,\ f_{xx} = 2 > 0$$

이므로 $(\frac{1}{2}, 0)$은 극소점이고 극솟값은 $f(\frac{1}{2}, 0) = \frac{3}{4}$이다. 이제 영역 D에서 함숫값을 살펴보자.

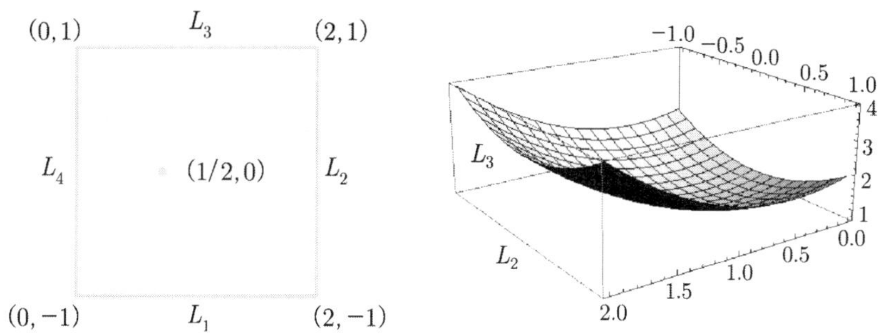

〈그림 3.10〉

i) L_1; $0 \le x \le 2$, $y = -1$에서 $f(x, y) = x^2 - x + 2 = (x - \frac{1}{2})^2 + 7/4$이므로 $(\frac{1}{2}, -1)$에서 최솟값 $7/4$을 갖고, $f(0, -1) = 2$, $f(2, -1) = 4$이다.

ii) L_2; $x = 2$ $-1 \le y \le 1$에서 $f(x, y) = y^2 + 3$이므로 $(2, 0)$에서 최솟값 3을 갖고, $f(2, 1) = f(2, -1)$이다.

iii) L_3; $0 \le x \le 2$, $y = 1$에서 $f(x, y) = x^2 - x + 2 = (x - 1/2)^2 + 7/4$이므로 $(1/2, 2)$에서 최솟값 $7/4$을 갖고, $f(0, 1) = 2$이다.

iv) L_4; $x = 0$, $-1 \le y \le 1$에서 $f(x, y) = y^2 + 1$이므로 $(0, 0)$에서 최솟값 1을 갖고, $f(0, 1) = f(0, -1) = 2$이다.

이상에서 살펴본바 최솟값은 극소 임계점 $(1/2, 0)$에서 $f(1/2, 0) = \dfrac{3}{4}$이고 극댓값은 $(2, 1)$과 $(2, -1)$에서 4이다. ■

3.2 라그랑주 승수법

때때로 제한된 조건에서 함수의 극값을 구할 필요가 있다. 예를 들어 예제 3.11에서 겉넓이 $150\,\mathrm{cm}^2$라는 조건, $2xz + 2yz + 2xy = 150$, $x > 0$, $y > 0$, $z > 0$을 제약조건으로 하여 부피함수 $V = xyz$의 최댓값을 구하였다. 이 장에서는 $g(x, y, z) = k$를 제약조건(또는 부가조건)으로 할 때 함수 $f(x, y, z)$의 극값을 구하는 방법 중 라그랑주의 방법을 소개한다. 먼저 이변수함수로 시작하자. $g(x, y) = k$의 제약조건을 만족하는 $f(x, y)$의 극값을 구하는 방법을 생각해보자.

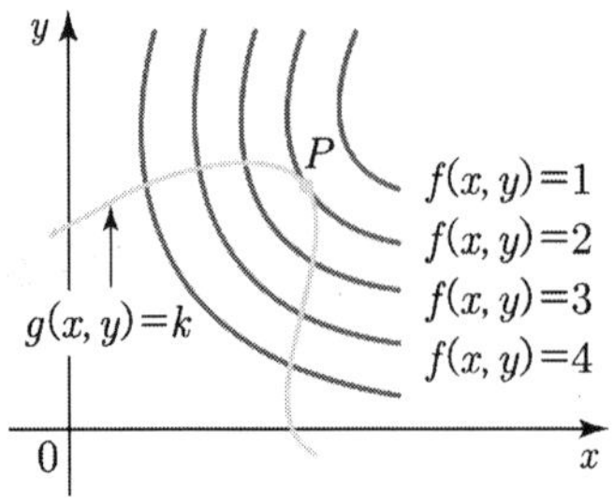

〈그림 3.11〉

위의 그림은 제약조건 $g(x,\ y)=k$가 나타내는 정의역상의 그래프와 이변수함수 $z=f(x,\ y)$의 등위선을 나타낸 것이다. 제약조건 $g(x,\ y)=k$를 만족하는 $(x,\ y)$들에 대하여 $f(x,\ y)\ \geq\ 2$이다. 따라서 제약조건을 충족하는 f의 최솟값은 2이다. 그림에서 등위선 $f(x,\ y)\ =\ 2$는 제약조건식 $g(x,\ y)=k$의 그래프 위의 점 P를 접점으로 공유한다. 따라서 P에서 f와 g는 공통접선을 갖고 따라서 $\nabla f(P)$와 $\nabla g(P)$는 서로 평행하다. 따라서 적당한 상수 λ에 대하여

$$\nabla f(P)=\lambda g(P)$$

가 성립한다. 이 사실을 보다 체계화하면 다음 정리를 얻는다.

정리 3.14 라그랑주 승수

이변수함수 f와 g가 미분 가능하고 편도함수가 연속이라 하자. $g(x_0,\ y_0)=k$이고 $\nabla g(x_0,\ y_0)\neq 0$이라 하자. 만일 $f(x,\ y)$가 $C=\{(x,\ y):g(x,\ y)=k\}$ 위의 점 $(x_0,\ y_0)$에서 극대 또는 극솟값을 갖는다면 어떤 상수 λ가 존재하여

$$\nabla f(x_0,\ y_0)=\lambda\nabla g(x_0,\ y_0)$$

가 성립한다. 이때 λ를 라그랑주[14] 승수라고 한다.

---

14) 라그랑주((Joseph Louis Lagrange: 1736. 1. 25. ~ 1813. 4. 10.) 프랑스의 수학자, 천문학자. 이탈리아의 토리노(Torino) 출생, 1787년에 프랑스 아카데미 회원이 되었다. 프랑스 대혁명 후 1892년 신도량형법 제정 위원회의 위원장이 되었다. 1895년 Ecole Normale 교수, 1797년 프랑스 대혁명 후 신설된 Ecole Polytechnique의 초대 학장이 되었다. 순수, 응용 수학의 양 분야에 걸쳐 해석적 방법을 발전시켰다. 19세로 토리노 포병 학교 교수가 되었을 때 변분법의 기초를 쌓았고 1764년 Paris Academy of Science의 대수학상을 수상하였고, 일반화 좌표를 도입하여 일반 역학 및 유체역학을 확립하였다.

증명

C는 $(x_0,\ y_0)$를 품고 $\nabla g(x_0,\ y_0) \neq 0$ 이므로 C는 $(x_0,\ y_0)$ 근방에서 곡선(또는 직선)을 이룬다.

C의 매개함수를 C: $\mathrm{r}(t) = x(t)\mathrm{i} + y(t)\mathrm{j}$ 라 하고 $\mathrm{r}(0) = x(0)\mathrm{i} + y(0)\mathrm{j} = x_0\mathrm{i} + y_0\mathrm{j}$ 라 하자. 이때 $g(\mathrm{r}(t)) = k$이다. 그러면

$$\frac{d}{dt}g(\mathrm{r}(t)) = \frac{d}{dt}k = 0$$

이고 연쇄법칙을 사용하면

$$\begin{aligned}\frac{d}{dt}g(\mathrm{r}(t)) &= \frac{d}{dt}g(x(t),\ y(t)) \\ &= g_x x'(t) + g_y y'(t) \\ &= (g_x,\ g_y)\cdot(x'(t),\ y'(t)) \\ &= \nabla g(\mathrm{r}(t))\cdot \mathrm{r}'(t) = 0\end{aligned}$$

이다. 따라서 $\nabla g(\mathrm{r}(0)) \perp \mathrm{r}'(0)$ 이므로 $\nabla g(x_0,\ y_0)$는 $(x_0,\ y_0)$에서 C의 접선벡터 $\mathrm{r}'(0)$ 과 수직이다. 한편 곡선 C 위의 점 $(x_0,\ y_0)$에서 f는 극값을 가지므로

$$\left.\frac{d}{dt}f(\mathrm{r}(t))\right|_{t=0} = \left.\frac{d}{dt}g(x(t),\ y(t))\right|_{t=0} = 0$$

이다. 위와 같은 방식으로 계산하면 $\nabla f(\mathrm{r}(0)) \perp \mathrm{r}'(0)$ 이다. 그러므로 $\nabla f(x_0,\ y_0)$도 접선벡터 $\mathrm{r}'(0)$ 과 수직이다. $\nabla f(x_0,\ y_0)$와 $\nabla g(x_0,\ y_0)$는 평면의 벡터로서 벡터 $\mathrm{r}'(0)$ 과 수직이므로 서로 평행하다. 따라서 어떤 상수 λ가 존재하여

$$\nabla f(x_0,\ y_0) = \lambda \nabla g(x_0,\ y_0)$$

이 성립한다.

다음 관계는 계산상 유용하다.

$$\begin{aligned}&\nabla f(x_0,\ y_0) = \lambda \nabla g(x_0,\ y_0) \\ &\Leftrightarrow f_x(x_0,\ y_0) = \lambda g_x(x_0,\ y_0),\ f_y(x_0,\ y_0) = \lambda g_y(x_0,\ y_0) \qquad (3.1)\end{aligned}$$

예제 3.15 $P(3,\ 4)$에서 직선 $\ell : y = -x-1$ 에 이르는 거리를 구하라.

풀이1

$(3,\ 4)$로부터 $(x,\ y)$에 이르는 거리를 d라 하면

$$d = \sqrt{(x-3)^2+(y-4)^2}$$

이다. $(3,\ 4)$에서 직선 ℓ에 이르는 거리는 $(3,\ 4)$와 직선 ℓ 위에 놓인 $(x,\ y)$ 사이의 거리의 최솟값이다. ℓ 위에 놓인 $(x,\ y)$에 대해서

$$f(x,\ y) = d^2 = (x-3)^2+(y-4)^2$$

라 두면

$$\begin{aligned} f(x,\ y) &= (x-3)^2+(-x-1-4)^2 \\ &= 2x^2+4x+34 \\ &= 2(x+1)^2+32 \end{aligned}$$

이다. 따라서 $f = d^2$은 $x=-1$일 때 최솟값 33을 갖는다. 따라서 P에서 직선에 이르는 거리는 $4\sqrt{2}$이다. 이때 직선 위의 최소거리를 갖는 점은 $(-1,\ 0)$이다.

풀이2

$f(x,\ y) = (x-3)^2+(y-4)^2$, $g(x,\ y) = x+y$라 두고 $C = \{(x,\ y) : g(x,\ y) = -1\}$에서 f의 극값을 구하자. C 위의 한 점 $(a,\ b)$에서 극솟값을 갖는다고 하면 라그랑주 승수법에 의하여

$$f_x(a,\ b) = \lambda g_x(a,\ b),\ f_y(a,\ b) = \lambda g_y(a,\ b);\ g(a,\ b) = -1$$

이다. 문제의 함수에 적용하면

$$2(a-3) = \lambda, \quad 2(b-4) = \lambda$$

이다. 이 식으로부터 $a = \dfrac{\lambda}{2}+3$, $b = \dfrac{\lambda}{2}+4$이다. $(a,\ b)$는 C 위의 점이므로 $g(a,\ b) = -1$이다. 즉

$$a+b = \left(\frac{\lambda}{2}+3\right)+\left(\frac{\lambda}{2}+4\right) = -1 \Rightarrow \lambda = -8$$

이다. 그러면

$$a = \frac{-8}{2}+3 = -1, \quad b = \frac{-8}{2}+4 = 0$$

이다. 따라서 극소점은 $(-1,\ 0)$이다. 이때 f의 최솟값은

$$f(-1,\ 0) = (-1-3)^2+(0-4)^2 = 32$$

이다. 따라서 최소거리는 $\sqrt{32} = 4\sqrt{2}$ 이다. ■

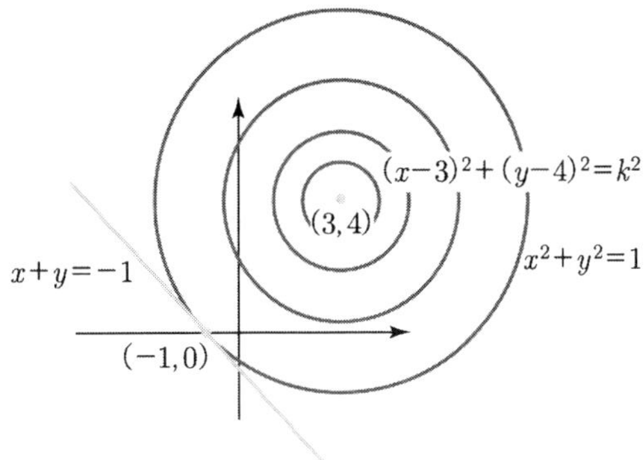

〈그림 3.12〉

예제 3.16 원 $x^2+y^2=1$ 위에서 함수 $f(x,\ y) = 3x^2+4y^2$의 극값을 구하라.

풀이

$g(x,\ y) = x^2+y^2$이라 두고 원 C: $g(x,\ y) = 1$ 위에서 f 의 극값을 구한다. C 위의 점 $(a,\ b)$ 에서 극값을 갖는다고 하면 라그랑주 승수법에 의하여

$$f_x(a,\ b) = \lambda g_x(a,\ b),$$
$$f_y(a,\ b) = \lambda g_y(a,\ b);\ g(a,\ b) = 1$$

이다. 위의 조건들을 계산하면

(1) $6a = 2a\lambda$

(2) $8b = 2a\lambda$

(3) $a^2+b^2 = 1$

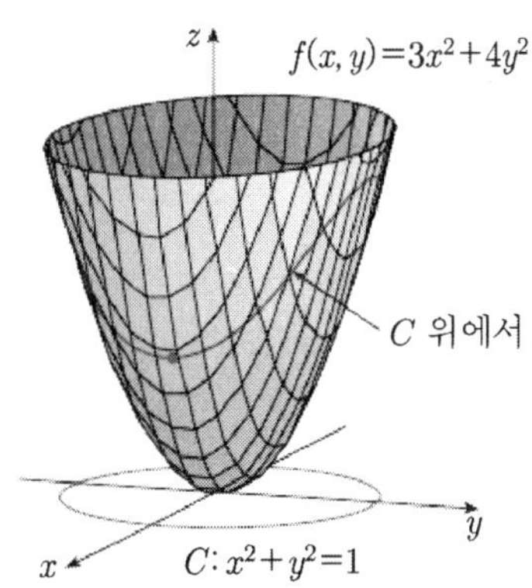

〈그림 3.13〉

이다. 식 (1)에서 $a=0$ 또는 $\lambda=3$이다. $a=0$일 때 식 (3)으로부터 $b=\pm1$이고 $\lambda=3$일 때 식 (2)로부터 $a=\frac{4}{3}b$이고 이 결과를 (3)에 대입하면 $b = \pm\frac{3}{5}$, $a = \pm\frac{4}{5}$이다. 따라서 f 는 네 점 $(0,\ 1)$, $(0,\ -1)$, $(4/5,\ 3/5)$, $(-4/5,\ -3/5)$에서 극값을 갖는다. 이때

$$f(0,\ \pm1) = 4,\ f(\pm4/5,\ \pm3/5) = \frac{84}{25}$$

이므로 원 C: $g(x,\ y) = 1$ 위에서 극대는 $(0,\ \pm1)$에서 4, 극소는 $(\pm4/5,\ \pm3/5)$에서 $\frac{84}{25}$ 이다. ■

SECTION

3 연습문제

➡ 연습문제 해답 411쪽

01. $f(x, y) = e^x(x^2 + y^2)$의 극값을 조사하라.

02. $f(x, y) = x^2 - xy + y$의 극값을 조사하라.

03. $f(x, y) = x^3 + y^2 - 2xy$의 극값을 조사하라.

04. 주어진 함수의 극댓값, 극솟값, 안장점을 구하라.

(1) $f(x, y) = 8 - 2x + 4y - x^2 - 2y^2$

(2) $f(x, y) = x^3y + 12x^2 - y$

(3) $f(x, y) = (x - y)(2 - xy)$

(4) $f(x, y) = 3xe^{-x^2 - y^2}$

(5) $f(x, y) = y^3 + 2x^2y - 4x^2 - 3y^2 + 2$

(6) $f(x, y) = xy(1 + x + y)$

(7) $f(x, y) = x^3 + 12xy - 8y^3$

(8) $f(x, y) = xy + \dfrac{2}{x} + \dfrac{1}{2y}$

(9) $f(x, y) = e^x \sin y$

(10) $f(x, y) = e^y(x^2 + y^2)$

(11) $f(x, y) = x^2 - 2x\cos y, \quad -4 \le y \le 4$

(12) $f(x, y) = \sin x \cos y, \quad -\pi \le x \le \pi, \quad -\pi \le y \le \pi$

05. 집합 D상에서 f의 최댓값과 최솟값을 구하라.

(1) $f(x, y) = x^2 + y^2 - 2y$, D는 세 점 $(2, 0)$, $(0, 2)$, $(0, -2)$로 둘러싸인 삼각형 모양의 영역이다.

(2) $f(x, y) = x^2 + y^2 + xy^2 + 3$, $D = \{(x, y) \mid |x| \le 1, |y| \le 1\}$

(3) $f(x, y) = 2x + 8y - x^2 - y^2$, $D = \{(x, y) \mid 0 \le x \le 4, 0 \le y \le 5\}$

(4) $f(x, y) = x^3 + y^3 - 3xy + 2$, $D = \{(x, y) \mid 0 \le x \le 3, 0 \le y \le 2\}$

(5) $f(x, y) = x^4 + 2y^3$, $D = \left\{(x, y) \mid x^2 + y^2 \le 1\right\}$

(6) $f(x, y) = x^3 - 12x - y^3 + 3y$, D는 네 점 $(3, -2)$, $(3, 2)$, $(2, 2)$, $(-2, -2)$로 둘러싸인 사각형 모양의 영역이다.

06. 원점에 가장 가까이 있는 곡면 $x^2 = 9 + yz$ 위의 점을 구하라.

07. 반지름 3인 구에 내접하는 가장 큰 직육면체의 부피를 구하라.

08. 사각형 상자의 대각선의 길이가 L일 때 가능한 최대 부피는 얼마인가?

09. $x + y + z = 3$일 때 $f(x, y, z) = x^2 + y^2 + z^2$의 최솟값을 구하라.

10. $x^2 + y^2 + z^2 = 1$일 때 $f(x, y, z) = x + y + z$의 극값을 구하라.

CHAPTER 6

다중적분

1. 이중적분 | 2. 삼중적분과 변수변환

SECTION

1 이중적분

1.1 직사각형 영역에서의 이중적분

이중적분에 대한 내용을 설명하기에 앞서 먼저 일변수함수의 정적분을 다시 살펴보자.

정의 1.1 리만합

함수 $f(x)$가 구간 $[a, b]$에서 정의되었다고 하자. 구간 $[a, b]$를 임의의 길이를 갖는 n개의 부분 구간으로 나누고, 나누어진 각 점들의 좌표를

$$a = x_0 < x_1 < x_2 < \cdots < x_{n-1} < x_n = b$$

라 하자. 이 점들의 집합 P를 구간 $[a, b]$의 **분할**이라고 한다. 이때 각 부분 구간의 길이를

$$\Delta x_i = x_i - x_{i-1}, \quad 1 \le i \le n$$

이라 하고 각 부분 구간 $[x_{i-1}, x_i]$ 안의 임의의 한 점 x_i^*를 선택하자. 그러면 다음과 같은 **리만합**을 갖는다.

$$\sum_{i=1}^{n} f(x_i^*) \Delta x_i$$

작은 구간의 길이 중에서 가장 큰 길이(이를 **분할의 크기**라 하고 $\| P \|$로 쓴다)를 0으로 보낼 때(즉, $\| P \| \to 0$) 리만합의 극한이 존재하면 함수 $f(x)$는 구간 $[a, b]$에서 **적분 가능하다고** 하고, 그 극한값을 $f(x)$의 **정적분**이라 한다.

$$\lim_{\|P\|\to 0}\sum_{i=1}^{n} f(x_i^*)\Delta x_i = \int_a^b f(x)\,dx$$

일변수함수 정적분의 개념을 이변수함수 $f(x,\ y)$에 적용하여 보자. 먼저 가장 기본적인 정의역으로 직사각형을 생각하자.

정의 1.2 직사각형 영역의 분할

$R=[a,\ b]\times[c,\ d]=\{(x,\ y)\mid a\le x\le b,\ c\le y\le d\}$을 이변수함수 $f(x,\ y)$의 정의역이라 하자. 구간 $[a,\ b]$와 $[c,\ d]$를 각각 임의의 길이를 갖는 m과 n개의 부분구간으로 나누고, 그 나누어진 점들의 좌표를 다음과 같이 나타내자.

$a=x_0<x_1<x_2<\cdots<x_{m-1}<x_m=b,\quad c=y_0<y_1<y_2<\cdots<y_{n-1}<y_n=d$

각 구간의 길이를

$\Delta x_i=x_i-x_{i-1},\ \ 1\le i\le m,\ \ \Delta y_j=y_j-y_{j-1},\ \ 1\le j\le n$

라 하자. 그러면 영역 R은 (그림 1.1)과 같이 작은 직사각형

$R_{ij}=[x_{i-1},\ x_i]\times[y_{j-1},\ y_j],\ \ 1\le i\le m,\ \ 1\le j\le n$

로 나뉜다. 이를 직사각형 R의 **분할**(partition) P라 한다.

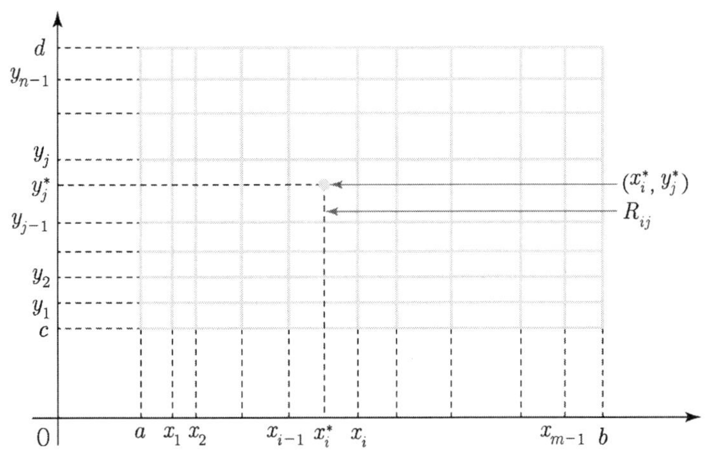

〈그림 1.1〉

직사각형 R_{ij} 안의 **표본점** $(x_i^*,\ y_j^*)\in R_{ij}$에 대하여 **이중리만합**은 다음과 같이 정의된다.

$$\sum_{i=1}^{n}\left(\sum_{j=1}^{m} f(x_i^*,\ y_j^*)\Delta x_i\right)\Delta y_j=\sum_{i,\ j} f(x_i^*,\ y_j^*)\Delta A_{ij}$$

여기서 $\triangle A_{ij} = \triangle x_i \triangle y_j$이고 이는 직사각형 R_{ij}의 넓이가 된다. 이제 $\triangle x_i$와 $\triangle y_j$ 중에서 가장 크기가 큰 것을 분할 P의 **크기**(norm)라 하고 $\| P \|$로 나타내자. $\| P \| \to 0$일 때 이 리만합의 극한이 존재하면 이변수함수 $f(x,\ y)$는 영역 R에서 **이중적분 가능하다**고 하고, 그 극한값을 $f(x,\ y)$의 **이중적분**이라 하며 다음과 같이 쓴다.

$$\lim_{\| P \| \to 0} \sum_{i,\ j} f(x_i^*,\ y_j^*) \triangle A_{ij} = \iint_R f(x,\ y)\, dA$$

여기서 주의하여야 할 점은 이중리만합의 극한을 다루는 과정에서 리만합이 분할의 선택과 표본점의 선택에 따라 매우 다양하게 나타나므로 이중리만합의 극한에 대한 보다 엄밀한 정의가 필요하다는 것이다. 자세한 정의와 증명은 고등과정인 해석학에서 다루게 된다.

특별히 정의역 R에서 $f(x,\ y) \geq 0$이라 가정하면 이중적분의 이중리만합은 밑면이 직사각형

$$R_{ij} = \{(x,\ y) | x_{i-1} \leq x \leq x_i,\ y_{j-1} \leq y \leq y_j\},\ \ 1 \leq i \leq m,\ 1 \leq j \leq n$$

이고 표본점 $(x_i^*,\ y_j^*) \in R_{ij}$에 대하여 높이가 $f(x_i^*,\ y_j^*)$인 직육면체의 부피들의 합임을 알 수 있다. 따라서 이중리만합은 영역 R을 밑면으로 하고 함수 f의 그래프 아래로 주어진 입체의 부피에 대한 근삿값이 된다.

예제 1.3 정사각형 영역 $R = [0,\ 2] \times [0,\ 2]$ 위와 함수 $f(x,\ y) = 7 - x^2 - y$의 그래프의 아래에 놓인 입체의 부피 V의 근삿값을 균등분할로 이루어진 영역 R_{ij}을 이용하여 구하라.

풀이

계산을 간단하게 하기 위하여 정사각형의 영역의 각 변을 n등분하고, 각 정사각형 영역 R_{ij}의 오른쪽 위 점을 표본점으로 선택하자. $n = 2$일 때를 살펴보자. 함수 $f(x,\ y)$의 그래프를 그리고 표본점의 함숫값을 높이로 하는 직육면체를 그리면 (그림 1.2)를 얻는다. 따라서 V의 근삿값은 다음과 같다.

$$\begin{aligned} V &\approx \sum_{i=1}^{2} \sum_{j=1}^{2} f(x_{i,}\ y_j) \triangle A_{ij} \\ &= f(1,\ 1) \triangle A_{11} + f(1,\ 2) \triangle A_{12} + f(2,\ 1) \triangle A_{21} + f(2,\ 2) \triangle A_{22} \\ &= 5(1) + 4(1) + 2(1) + 1(1) = 12 \end{aligned}$$

이것은 (그림 1.2)에서 직육면체들의 부피의 합이 된다.

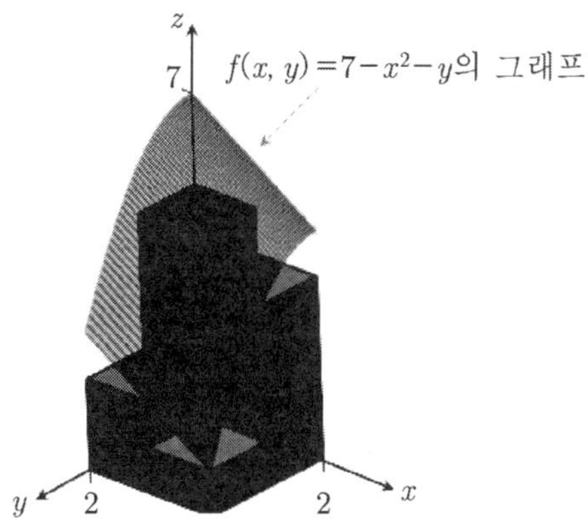

〈그림 1.2〉

이제 n의 크기를 4, 8, 16 등으로 증가시키면, (그림 1.3)과 같이 주어진 입체의 부피 V의 근삿값으로 각각 다음과 같은 값을 얻는다.

$$V \approx 15.5, \quad V \approx 17.125, \quad V \approx 17.906$$

이는 이 입체의 실제 부피인 $\dfrac{56}{3} \approx 18.667$에 점차 가까워지는 것을 알 수 있다. ■

$n=4$일 때 $V \approx 15.5$ $n=8$일 때 $V \approx 17.125$ $n=16$일 때 $V \approx 17.906$

〈그림 1.3〉

정적분의 경우와 같이 연속함수의 이중적분도 이중적분의 계산을 편리하게 하기 위한 대수적인 성질을 가지고 있다. 이 정리의 증명은 책의 범위를 넘어가므로 다루지 않는다.

정리 1.4 이중적분의 기본성질

직사각형 영역 R 위에서 연속인 이변수함수 $f(x, y)$와 $g(x, y)$에 대하여 다음이 성립한다.

1. 영역 R 위에서 연속인 이변수함수는 이중적분 가능하다.
2. 상수곱: $\iint_R cf(x, y)\,dA = c\iint_R f(x, y)\,dA$ (c는 상수)
3. 합과 차: $\iint_R (f(x, y) \pm g(x, y))\,dA = \iint_R f(x, y)\,dA \pm \iint_R g(x, y)\,dA$
4. 영역 R에서 $f(x, y) \geq 0$이면 다음이 성립한다.

   $\iint_R f(x, y)\,dA \geq 0$

   또한 영역 R에서 $f(x, y) \geq g(x, y)$이면 다음이 성립한다.

   $\iint_R f(x, y)\,dA \geq \iint_R g(x, y)\,dA$
5. 영역 R이 서로 겹치지 않는 두 직사각형 영역 R_1과 R_2의 합으로 이루어졌다면 다음이 성립한다.

   $\iint_R f(x, y)\,dA = \iint_{R_1} f(x, y)\,dA + \iint_{R_2} f(x, y)\,dA$

영역 $R = [a, b] \times [c, d]$에서 정의된 연속함수 $f(x, y)$를 생각하자. 고정된 $x \in [a, b]$에 대하여 $f(x, y)$는 구간 $[c, d]$에서 y에 대한 연속인 일변수함수가 된다. 따라서 정적분 $\int_c^d f(x, y)\,dy$의 값을 구할 수 있다. 이 값은 x에 의존하므로 이를 다음과 같이 나타내자.

$$A(x) = \int_c^d f(x, y)\,dy$$

그러면 $A(x)$는 구간 $[a, b]$에서 연속인 일변수함수이다. 따라서 적분 가능하며 이를 적분하면 다음을 얻는다.

$$\int_a^b A(x)\,dx = \int_a^b \left\{ \int_c^d f(x, y)\,dy \right\} dx = \int_a^b \int_c^d f(x, y)\,dy\,dx$$

이때 우변을 **반복적분**(iterated integral)이라 한다. 같은 방법으로 $y \in [c, d]$를 고정시키면 정적분 $\int_a^b f(x, y)\,dx$의 값을 구할 수 있다. 이 값은 y에 의존하므로 이를 구간 $[c, d]$에서 적분하면 다음을 얻는다.

$$\int_c^d \left\{ \int_a^b f(x,\ y)\,dy \right\} dx = \int_c^d \int_a^b f(x,\ y)\,dy\,dx$$

예제 1.5 반복적분값을 구하라.

(1) $\int_0^1 \int_0^2 (7-x-y)\,dy\,dx$　　　　(2) $\int_0^2 \int_0^1 (7-x-y)\,dx\,dy$

풀이

(1) 먼저 y에 대하여 적분하면 다음을 얻는다.

$$\int_0^2 (7-x-y)\,dy = \left[7y - xy - \frac{1}{2}y^2\right]_{y=0}^{y=2} = 12-2x$$

따라서 $A(x) = 12-2x$가 된다. 이제 이를 $x=0$에서 $x=1$까지 적분하면 다음을 얻는다.

$$\int_0^1 \int_0^2 (7-x-y)\,dy\,dx = \int_0^1 (12-2x)\,dx = \left[12x - x^2\right]_{x=0}^{x=1} = 11$$

(2) 먼저 x에 대하여 적분하면 다음을 얻는다.

$$\int_0^1 (7-x-y)\,dx = \left[7x - \frac{1}{2}x^2 - yx\right]_{x=0}^{x=1} = \left(\frac{13}{2} - y\right)$$

이제 이를 $y=0$에서 $y=5$까지 적분하면 다음을 얻는다.

$$\int_0^2 \int_0^1 (7-x-y)\,dx\,dy = \int_0^2 \left(\frac{13}{2} - y\right) dy = \left[\frac{13}{2}y - \frac{1}{2}y^2\right]_{y=0}^{y=2} = 11$$ ■

$f(x,\ y) \geq 0$일 때 반복적분은 직사각형 영역 위에서 함수의 그래프로 둘러싸인 입체의 부피를 단면적을 이용하여 구하는 방법과 같음을 알 수 있다. (그림 1.4)를 참고하자. 따라서 입체의 부피는 입체를 x축에 수직으로 자른 단면적을 이용하거나 y축에 수직으로 자른 단면적을 이용하거나 같은 값을 가진다. 따라서 **예제** 1.5에서 보듯이 x와 y 중 적분하는 순서에 관계없이 반복적분값이 같음을 알 수 있다. 또한 이중적분의 정의에 따라 이 값은 주어진 영역에서 함수의 이중적분값과 같음을 기대할 수 있다. 일반적으로 1907년 푸비니(Guido Fubini)가 발표한 정리에 따르면 직사각형 영역에서 연속인 함수의 이중적분값은 어느 변수를 먼저 적분하든 관계없이 반복적분값과 같다.

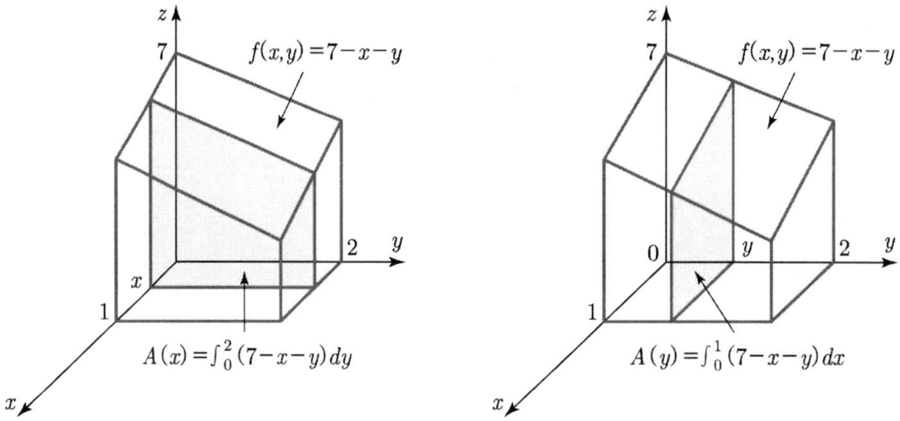

〈그림 1.4〉

정리 1.6 푸비니의 정리(Fubini's Theorem)

직사각형 영역 $R=[a,\ b]\times[c,\ d]$에서 함수 $f(x,\ y)$가 연속이면 다음이 성립한다.

$$\iint_R f(x,\ y)\,dA=\int_a^b\int_c^d f(x,\ y)\,dy\,dx=\int_c^d\int_a^b f(x,\ y)\,dx\,dy$$

이 정리의 증명은 책의 범위를 넘어가므로 소개할 수 없으나 관심 있는 독자는 보다 심화된 실해석학 과목에서 확인할 수 있다. 푸비니의 정리로부터 이중적분은 반복적분과 같고 또한 반복적분의 순서에 관계가 없음을 알 수 있다.

예제 1.7 $R=[0,\ 2]\times[0,\ 2]$이라 할 때, 이중적분 $\iint_R(4-x^2-y^2)\,dA$의 값을 구하라.

풀이

푸비니의 정리로부터 다음을 얻는다.

$$\iint_R(4-x^2-y^2)\,dA=\int_0^2\int_0^2(4-x^2-y^2)\,dx\,dy=\int_0^2\left\{\int_0^2(4-x^2-y^2)\,dx\right\}dy$$

$$=\int_0^2\left[4x-\frac{1}{3}x^3-y^2x\right]_{x=0}^{x=2}dy=\int_0^2\left(\frac{16}{3}-2y^2\right)dy$$

$$=\left[\frac{16}{3}y-\frac{2}{3}y^3\right]_{y=0}^{y=2}=\frac{16}{3}$$

적분 순서를 바꾸어 계산해도 같은 값을 얻는다.

$$\iint_R (4-x^2-y^2)\,dA = \int_0^2\int_0^2 (4-x^2-y^2)\,dy\,dx = \int_0^2 \left[4y - x^2y - \frac{1}{3}y^3\right]_{y=0}^{y=2} dx$$

$$= \int_0^2 \left(\frac{16}{3} - 2x^2\right) dx = \left[\frac{16}{3}x - \frac{2}{3}x^3\right]_{x=0}^{x=2} = \frac{16}{3}$$

■

예제 1.8 $R=[1,\ 2]\times[0,\ \pi]$이라 할 때, 이중적분 $\iint_R y\sin(xy)\,dA$의 값을 구하라.

풀이

먼저 x에 대하여 적분하자. 푸비니의 정리로부터 다음을 얻는다.

$$\iint_R y\sin(xy)\,dA = \int_0^\pi \int_1^2 y\sin(xy)\,dx\,dy = \int_0^\pi [-\cos(xy)]_{x=1}^{x=2}\,dy$$

$$= \int_0^\pi (\cos y - \cos 2y)\,dy = \left[\sin y - \frac{\sin(2y)}{2}\right]_{y=0}^{y=\pi} = 0$$

■

위의 예제에서 적분 순서를 바꾸어 y에 대하여 먼저 적분해도 같은 값을 얻는다. 그러나 $y\sin(xy)$를 y에 대하여 반복적분을 할 경우 부분적분법을 두 번이나 사용해야 되므로 위 방법보다 더 복잡하다. 따라서 반복적분의 적분순서의 결정은 그 값을 구하는 데 매우 중요하다.

1.2 일반영역에서 이중적분

앞에서는 직사각형 영역에서 이중적분을 다루었다. 이제 보다 일반적인 영역, 즉 유계이고 닫힌 영역에서 이중적분을 구해보자. D를 유계이고 닫힌 영역이라 하고, 함수 $f(x,\ y)$가 D 위에서 정의되었다고 하자. 그러면 D에서 이중적분은 다음과 같이 두 가지 방법으로 정의될 수 있다. 한 가지 방법은 영역 D를 덮는 각 축과 나란한 격자모양의 작은 직사각형들을 생각하자. 이들 직사각형들 중 영역 D 안에 완전히 놓인 직사각형들만을 생각하고, 이들을 $R_k,\ 1\le k\le n$라 하자. 그리고 R_k의 넓이를 ΔA_k라 하자. 이제 표본점 $(x_k,\ y_k)\in R_k$에 대하여 다음과 같은 이중리만합을 생각하자.

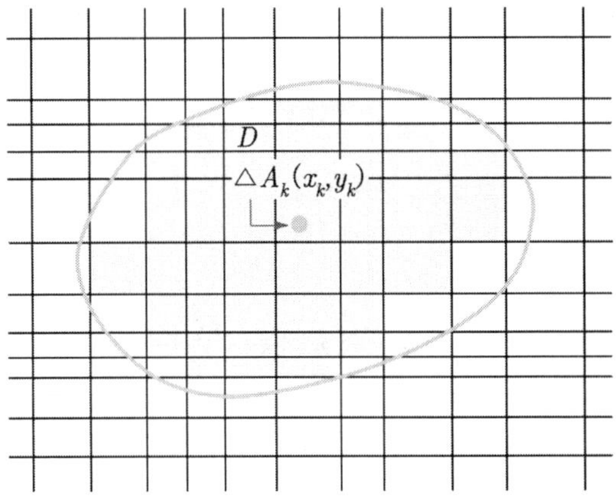

〈그림 1.5〉

$$\sum_{k=1}^{n} f(x_k,\ y_k)\triangle A_k$$

위와 같은 분할 P에 대하여 R_k의 가로와 세로의 길이가 0에 가까워질 때, 즉 P의 노름 $\| P \|$가 0에 가까워질 때 분할 P와 무관하게 이중리만합이 극한값을 가지면 함수 $f(x,\ y)$는 D에서 이중적분 가능하고 그 극한값을 D에서 $f(x,\ y)$의 **이중적분**이라 하고 다음과 같이 나타낸다.

$$\lim_{\| P \| \to 0} \sum_{k=1}^{n} f(x_k,\ y_k)\triangle A_k = \iint_R f(x,\ y)\,dA$$

이 경우에 분할 P는 영역 D를 충분히 덮지 못하므로 D의 경계를 이루는 곡선을 포함하는 직사각형들은 $\| P \|$가 0에 가까워질 때 무시될 수 있어야 한다. 이 문제는 보다 심화된 책에서 다루어진다.

다른 하나의 방법은 다음과 같다. R을 D를 포함하는 직사각형 영역이라고 하자. (그림 1.6)과 (그림 1.7)을 보자. 새로운 영역 위에서 함수 F를 다음과 같이 정의하자.

$$F(x,\ y) = \begin{cases} f(x,\ y), & (x,\ y) \in D, \\ 0, & (x,\ y) \in \mathbb{R} \setminus D \end{cases}$$

만약 F가 R 위에서 적분 가능하면 **D 위에서 f의 이중적분**은 다음과 같이 정의된다.

$$\iint_D f(x,\ y)\,dA = \iint_R F(x,\ y)\,dA$$

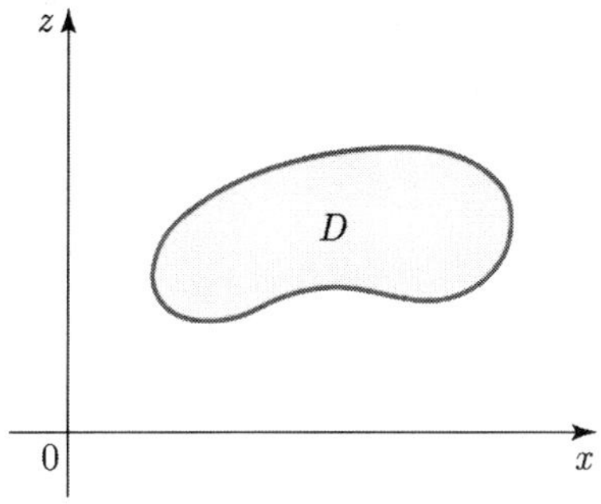

〈그림 1.6〉

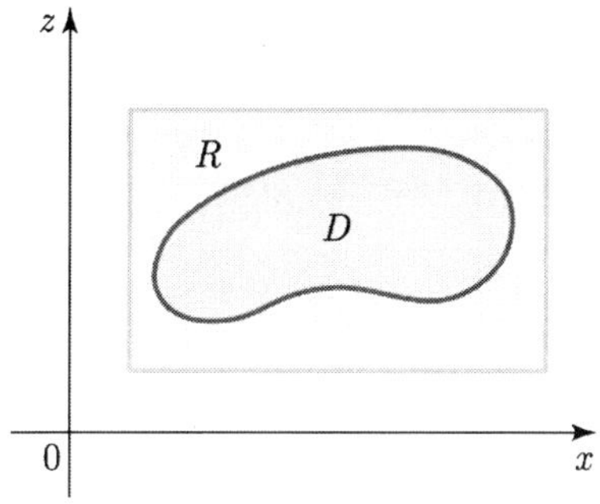

〈그림 1.7〉

직사각형 R 위에서 이중적분 $\iint_R F(x,\ y)\,dA$ 이 정의되므로 이 정의는 적절하다. $f(x,\ y) \geq 0$ 이면 함수 F가 $R-D$ 에서 0이 되므로 $\iint_D f(x,\ y)\,dA$ 는 D 위와 곡면 $z=f(x,\ y)$ 의 아래에 놓인 입체의 부피를 나타내는 것을 알 수 있다.

실제로 함수 F는 D 의 경계에서 불연속일 수 있다. 그러나 위에서 다루었듯이 D 의 경계인 곡선이 매우 적합한 경우에는 $\iint_R F(x,\ y)\,dA$ 가 존재하므로 $\iint_D f(x,\ y)\,dA$ 도 존재한다. 이 책에서는 이러한 방법으로 일반적인 영역에서 이중적분을 정의하기로 한다.

영역 D 는 반복적분을 다루는 순서에 따라 두 가지 방법으로 구분하여 생각한다. 첫 번째는 영역 D 를 I형이라 불리는 모양으로 생각하는 것이다.

$$D = \{(x,\ y) \mid a \leq x \leq b,\ \ g_1(x) \leq y \leq g_2(x)\}$$

여기서 g_1과 g_2는 $[a,\ b]$ 에서 연속인 함수들이다. I형 영역의 예들은 (그림 1.8)과 같다.

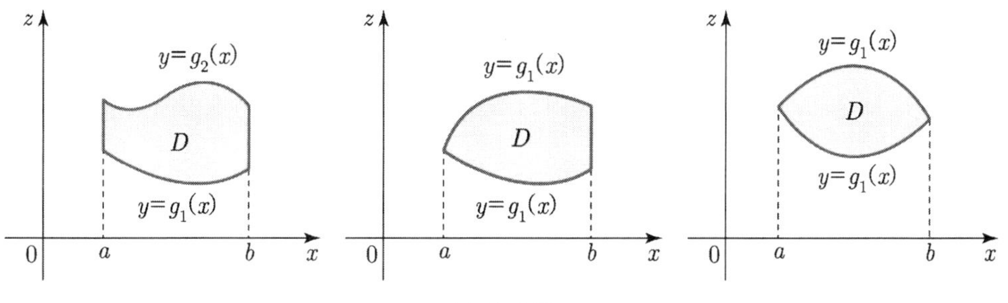

〈그림 1.8〉

D가 I형일 때 $\iint_D f(x,\ y)\,dA$를 계산하기 위하여 (그림 1.9)와 같이 D를 포함하는 직사각형 $R = [a,\ b] \times [c,\ d]$를 선택하고 그 위에 함수 F를 위에서와 같이 정의하자.

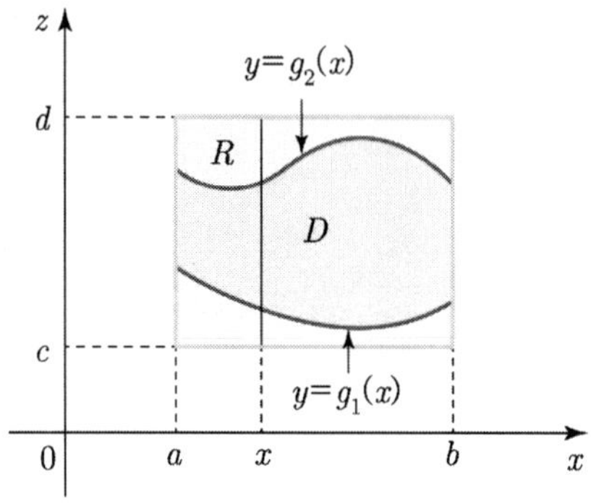

〈그림 1.9〉

푸비니의 정리에 의하여 다음을 얻는다.

$$\iint_D f(x,\ y)\,dA = \iint_R F(x,\ y)\,dA = \int_a^b \int_c^d F(x,\ y)\,dy\,dx$$

고정된 x에 대하여 $y < g_1(x)$이거나 $y > g_2(x)$이면 $F(x,\ y) = 0$이 되고, $g_1(x) \le y \le g_2(x)$일 때 $F(x,\ y) = f(x,\ y)$이 된다. 따라서 다음을 얻는다.

$$\int_c^d F(x,\ y)\,dy = \int_{y=g_1(x)}^{y=g_2(x)} F(x,\ y)\,dy = \int_{g_1(x)}^{g_2(x)} f(x,\ y)\,dy$$

이를 정리하면 다음과 같은 결과를 얻는다.

정리 1.9 I형의 적분

함수 f가 I형의 영역 $D = \{(x,\ y) \mid a \le x \le b,\ g_1(x) \le y \le g_2(x)\}$에서 연속이면 다음이 성립한다.

$$\iint_D f(x,\ y)\,dA = \int_a^b \int_{g_1(x)}^{g_2(x)} f(x,\ y)\,dy\,dx$$

두 번째는 영역 D를 II형이라 불리는 모양으로 생각하는 것이다.

$$D = \{(x,\ y) \mid h_1(y) \le x \le h_2(y),\ c \le y \le d\}$$

여기서 h_1과 h_2는 $[c,\ d]$에서 연속인 함수들이다. II형 영역의 예들은 (그림 1.10)과 같다.

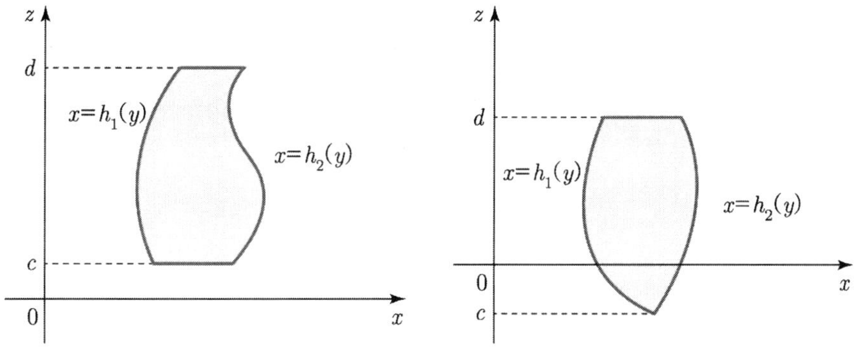

〈그림 1.10〉

위에서 설명한 방법으로 II형에 대하여 다음 정리를 얻는다.

정리 1.10 II형의 적분

함수 f가 II형의 영역 $D = \{(x,\ y) \mid h_1(y) \le x \le h_2(y),\ \ c \le y \le d\}$에서 연속이면 다음이 성립한다.

$$\iint_D f(x,\ y)\,dA = \int_c^d \int_{h_1(y)}^{h_2(y)} f(x,\ y)\,dx\,dy$$

예제 1.11 D를 두 포물선 $y = 2x^2$과 $y = 1 + x^2$로 둘러싸인 영역이라 하자. 다음 이중적분을 계산하라.

$$\iint_D (x + y)\,dA$$

풀이

두 포물선은 식 $2x^2 = 1 + x^2$을 만족하는 x에서 만난다. 즉 $x = \pm 1$. 둘러싸인 영역을 D라 하자. 영역 D는 I형임을 알 수 있다.

$$D = \{(x,\ y) \mid -1 \le x \le 1,\ \ 2x^2 \le y \le 1 + x^2\}$$

(그림 1.11)을 보자.

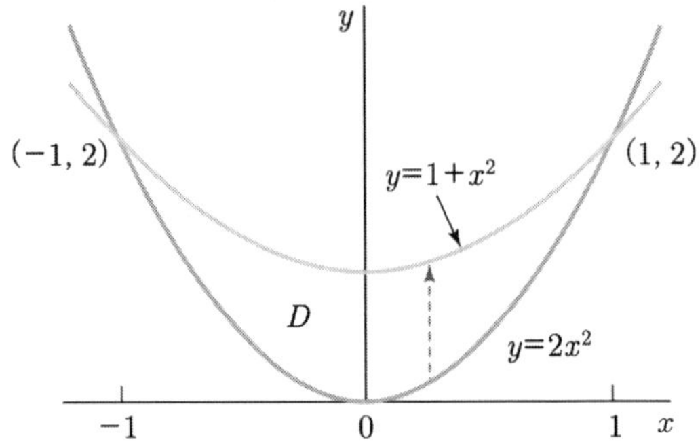

〈그림 1.11〉

정리 1.10에 의하여 다음과 같은 결과를 얻는다.

$$\begin{aligned}\iint_D (x+y)\,dA &= \int_{-1}^{1}\int_{2x^2}^{1+x^2} (x+y)\,dy\,dx = \int_{-1}^{1}\left[xy+\frac{1}{2}y^2\right]_{y=2x^2}^{y=1+x^2} dx \\ &= \int_{-1}^{1}\left[x(1+x^2)+\frac{1}{2}(1+x^2)^2 - x(2x^2)-\frac{1}{2}(2x^2)^2\right] dx \\ &= \int_{-1}^{1}(-\frac{3}{2}x^4 - x^3 + x^2 + x + \frac{1}{2})\,dx = \frac{16}{15}\end{aligned}$$ ■

예제 1.11에서 보듯이 이중적분을 계산하기에 앞서서 주어진 영역의 그림을 그리는 것이 중요하다. 주어진 그림을 이용하여 영역이 I형인지 II형인지를 결정한다. 위 그림과 같이 영역 안의 점선 화살표를 이용하면 형태를 결정하는 데 도움이 된다. 그리고 주어진 형태에 따라서 반복적분의 순서를 정하여 이중적분을 계산한다.

예제 1.12 D를 포물선 $y=x^2$과 직선 $y=x$로 둘러싸인 영역이라 하자. 영역 D 위와 포물면 $z=x^2+y^2$ 아래에 놓인 입체의 부피를 구하라.

풀이

(그림 1.12)와 (그림 1.13)에서 보듯이 영역 D는 I형 또는 II형으로 생각할 수 있다.
먼저 I형의 경우를 생각하자. D는 다음과 같이 나타낼 수 있다.

$$D=\{(x,\ y)\mid 0\le x\le 1,\ x^2\le y\le x\}$$

따라서 이중적분의 기하학적 의미에 의하여 구하는 입체의 부피는 다음과 같다.

$$\iint_D (x^2+y^2)dA = \int_0^1\int_{x^2}^{x}(x^2+y^2)dydx = \int_0^1\left[x^2y+\frac{y^3}{3}\right]_{x^2}^{x} dx$$

$$= \int_0^1 \left[(x^3 + \frac{x^3}{3}) - (x^4 + \frac{x^6}{3}) \right] dx = \int_0^1 \left(\frac{4}{3}x^3 - x^4 - \frac{x^6}{3} \right) dx$$

$$= \left[\frac{1}{3}x^4 - \frac{1}{5}x^5 - \frac{1}{21}x^7 \right]_0^1 = \frac{3}{35}$$

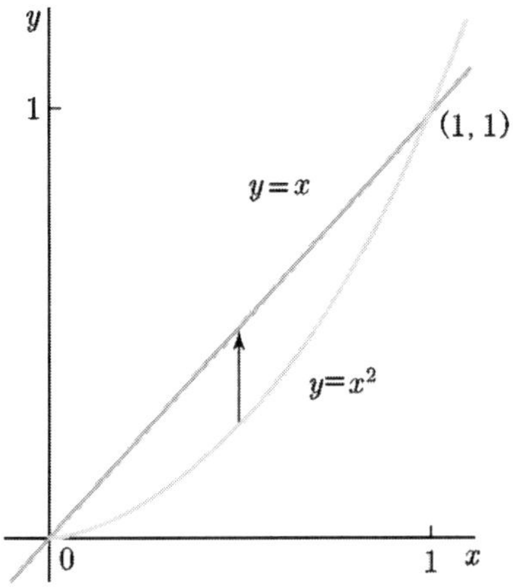

〈그림 1.12〉 I형

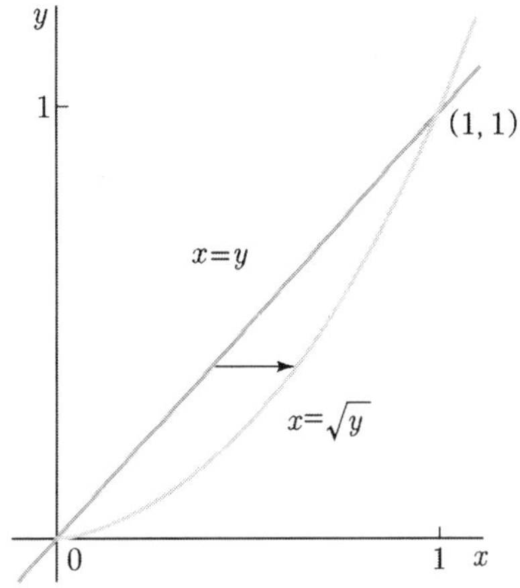

〈그림 1.13〉 II형

II형의 경우를 생각하자. D는 다음과 같이 나타낼 수 있다.

$$D = \{(x,\ y) \mid y \le x \le \sqrt{y},\ \ 0 \le y \le 1\}$$

따라서 이중적분의 기하학적 의미에 의하여 구하는 입체의 부피는 다음과 같다.

$$\iint_D (x^2 + y^2) dA = \int_0^1 \int_y^{\sqrt{y}} (x^2 + y^2) dx dy = \int_0^1 \left[\frac{1}{3}x^3 + y^2 x \right]_y^{\sqrt{y}} dy$$

$$= \int_0^1 \left[(\frac{1}{3}y^{\frac{3}{2}} + y^{\frac{5}{2}}) - (\frac{1}{3}y^3 + y^3) \right] dy = \int_0^1 \left(\frac{1}{3}y^{\frac{3}{2}} + y^{\frac{5}{2}} \frac{4}{3}y^3 \right) dy$$

$$= \left[\frac{2}{15}y^{\frac{5}{2}} + \frac{2}{7}y^{\frac{7}{2}} - \frac{1}{3}y^4 \right]_0^1 = \frac{3}{35}$$ ■

예제 1.13 D를 포물선 $y^2 = 2x + 4$와 직선 $y = x - 2$로 둘러싸인 영역이라 하자. 다음 이중적분을 계산하라.

$$\iint_D xy\, dA$$

풀이

먼저 영역 D의 그림을 그려보자. (그림 1.14)와 (그림 1.15)에서 보듯이 영역 D는 I형 또는 II형으로 생각할 수 있다.

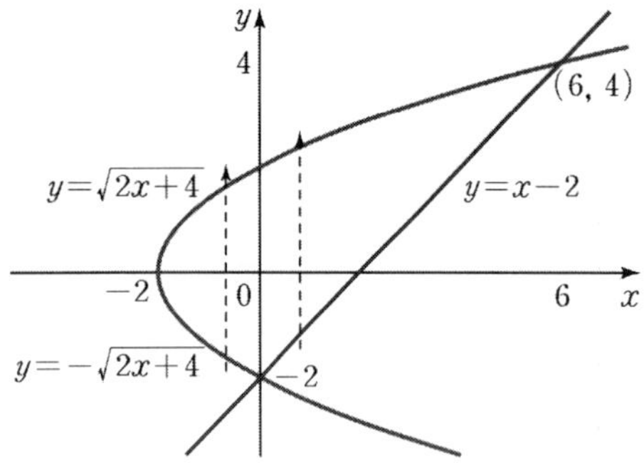

〈그림 1.14〉 I형

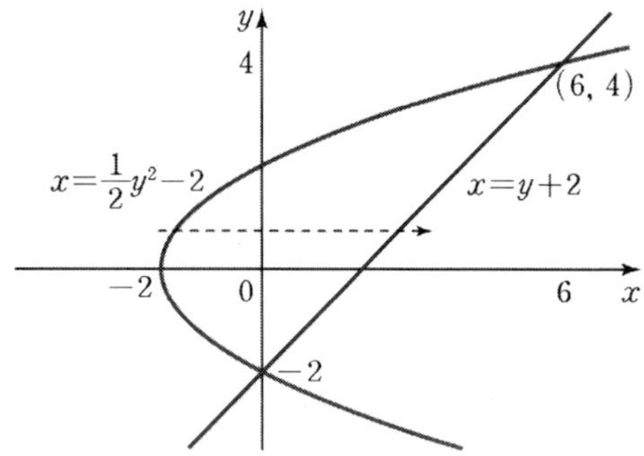

〈그림 1.15〉 II형

I형의 경우 적분의 아래끝과 위끝이 두 영역으로 나누어져 두 번 적분을 계산하여야 하므로 좀 복잡하다. 따라서 영역 D를 II형으로 생각하는 것이 더 좋다는 것을 알 수 있다. 즉

$$D = \left\{(x,\ y) \mid \frac{1}{2}y^2 - 2 \le x \le y+2,\ \ -2 \le y \le 4\right\}$$

따라서 다음을 얻는다.

$$\begin{aligned}\iint_D xy\,dA &= \int_{-2}^{4}\int_{\frac{1}{2}y^2-2}^{y+2} xy\,dx\,dy = \int_{-2}^{4}\left[\frac{x^2}{2}y\right]_{x=\frac{1}{2}y^2-2}^{x=y+2} dy \\ &= \frac{1}{2}\int_{-2}^{4} y\left[(y+2)^2 - (\frac{1}{2}y^2-2)^2\right] dy \\ &= \frac{1}{2}\int_{-2}^{4}\left(-\frac{1}{4}y^5 + 3y^3 + 4y^2\right) dy = \frac{108}{2} = 54\end{aligned}$$ ■

위 예제들로부터 일반적인 영역에서 이중적분값을 구하기 위하여 영역의 형태와 그에 따른 적분 순서, 그리고 아래끝과 위끝을 결정하는 것이 중요하다. 이를 위해서 주어진 문제의 그림을 잘 그리는 것이 매우 중요함을 알 수 있다.

예제 1.14 네 평면 $x+2y+z=2,\ \ x=2y,\ \ x=0,\ \ z=0$ 으로 둘러싸인 사면체의 부피를 구하라.

풀이

위 사면체는 (그림 1.16)과 같다.

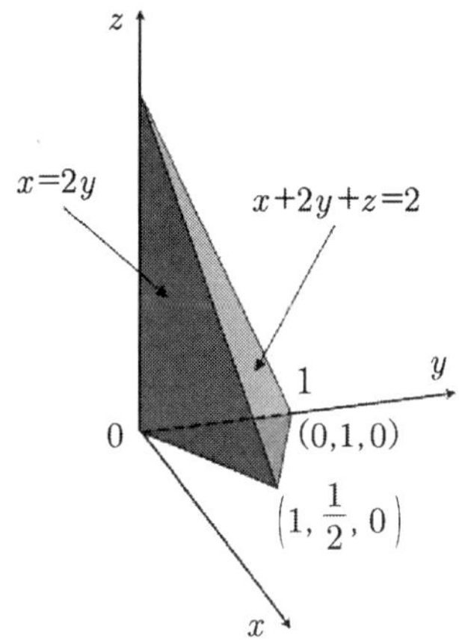

〈그림 1.16〉

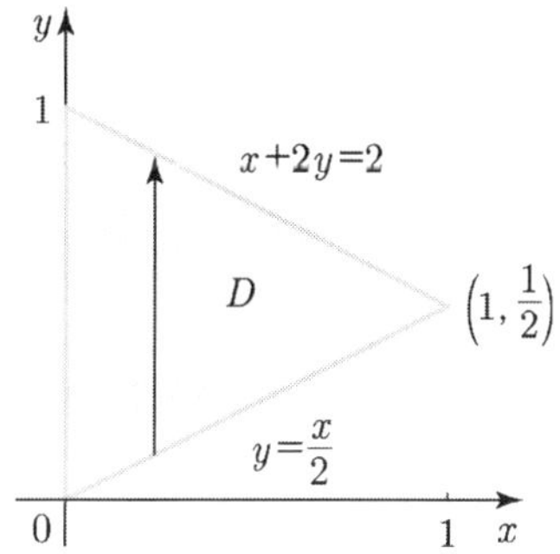

〈그림 1.17〉

(그림 1.16)에서 알 수 있듯이 이 사면체는 (그림 1.17)에 있는 삼각형을 밑면으로 하고 천장이 평면 $x+2y+z=2$, 즉 함수 $z=2-x-2y$의 그래프가 된다. 따라서 사면체의 부피는 영역 D 위와 평면 $x+2y+z=2$ 아래의 입체의 부피와 같다. 여기서 D는 다음과 같다.

$$D=\{(x,\ y)\mid 0\le x\le 1,\ \ x/2\le y\le 1-x/2\}$$

(그림 1.17)에서 보듯이 영역을 I형으로 생각하는 것이 계산하는 데 편리하다. 따라서 구하는 부피는 다음과 같다.

$$\begin{aligned} V&=\iint_D (2-x-2y)\,dA=\int_0^1\int_{x/2}^{1-x/2}(2-x-2y)\,dy\,dx \\ &=\int_0^1\left[2y-xy-y^2\right]_{y=x/2}^{y=1-x/2}dx=\int_0^1\left(2-x-x\left(1-\frac{x}{2}\right)-\left(1-\frac{x}{2}\right)^2-x+\frac{x^2}{2}+\frac{x^2}{4}\right)dy \\ &=\int_0^1(x^2-2x+1)\,dx=\frac{1}{3} \end{aligned}$$

■

예제 1.15 반복적분 $\int_0^1 \int_x^1 \sin(y^2)\,dy\,dx$ 를 구하라.

풀이

먼저 부정적분 $\int \sin(y^2)\,dy$ 가 초등함수가 아니므로 우리가 아는 방법으로 구할 수 없다. 따라서 적분순서를 바꾸어본다. 이를 위하여 먼저 반복적분에 주어진 영역을 찾아야 한다. 푸비니의 정리를 이용하자. 위 반복적분으로부터 고정된 x $(0 \le x \le 1)$ 에 대하여 y 값의 영역이 $\{y \mid x \le y \le 1\}$ 이 됨을 알 수 있다. 즉

$$D = \{(x,\ y) \mid 0 \le x \le 1,\ x \le y \le 1\}$$

이다. 따라서 구하는 영역은 I형이다. (그림 1.18)을 보자.

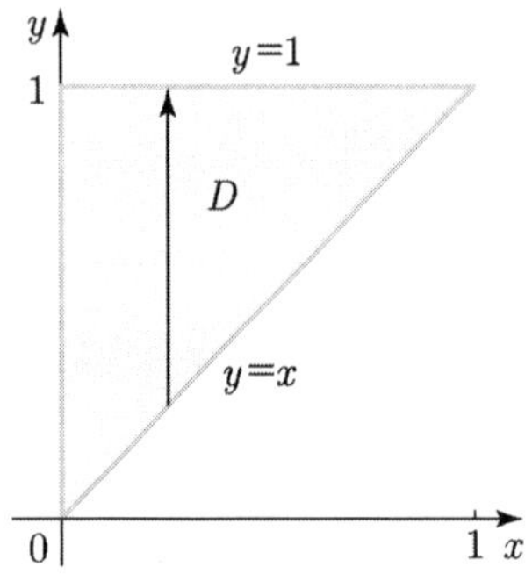

〈그림 1.18〉

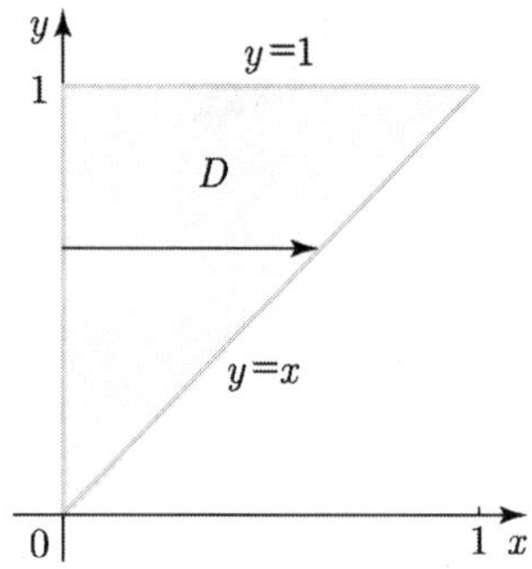

〈그림 1.19〉

이제 영역 D를 II형으로 생각하자. 그러면 (그림 1.19)에서 보듯이 다음과 같다.

$$D = \{(x,\ y) \mid 0 \le x \le y,\ 0 \le y \le 1\}$$

따라서 푸비니의 정리에 의하여 위 반복적분은 다음과 같이 된다.

$$\begin{aligned}\int_0^1 \int_x^1 \sin(y^2)\,dy\,dx &= \int_0^1 \int_0^y \sin(y^2)\,dx\,dy = \int_0^1 \left[x\sin(y^2)\right]_{x=0}^{x=y} dy \\ &= \int_0^1 y\sin(y^2)\,dy = \left[-\frac{1}{2}\cos(y^2)\right]_{y=0}^{y=1} = \frac{1}{2}(1-\cos(1))\end{aligned}$$ ■

직사각형 영역에서 이중적분의 성질과 같이 일반적인 영역에서도 같은 성질이 성립한다.

정리 1.16 이중적분의 기본성질

일반적인 영역 D 위에서 연속인 이변수함수 $f(x, y)$와 $g(x, y)$에 대하여 다음이 성립한다.

1. $\displaystyle\iint_D [f(x, y)+g(x, y)]\,dA = \iint_D f(x, y)\,dA + \iint_D g(x, y)\,dA$

2. $\displaystyle\iint_D cf(x, y)\,dA = c\iint_D f(x, y)\,dA,\ c\in\mathbb{R}$

모든 $(x, y)\in D$에 대하여 $f(x, y)\le g(x, y)$를 만족하면 다음이 성립한다.

3. $\displaystyle\iint_D f(x, y)\,dA \le \iint_D g(x, y)\,dA$

일변수함수 적분의 성질

$$\int_a^b f(x)\,dx = \int_a^c f(x)\,dx + \int_c^b f(x)\,dx$$

와 비슷한 성질도 성립한다. $D = D_1 \cup D_2$라 하자. 여기서 D_1과 D_2는 서로 경계를 제외하고는 겹치지 않는다고 하자. (그림 1.20)을 보자.

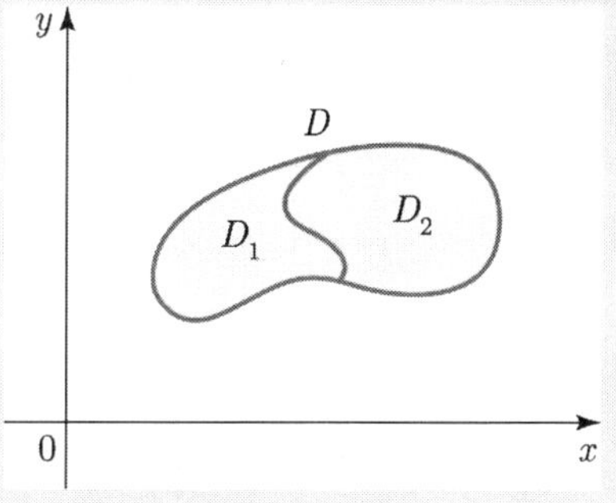

〈그림 1.20〉

그러면 다음 성질이 성립한다.

4. $\displaystyle\iint_D f(x, y)\,dA = \iint_{D_1} f(x, y)\,dA + \iint_{D_2} f(x, y)\,dA$

참고로 이 정리는 영역 D가 I형이 아니거나 II형이 아닌 경우에 유용하게 쓰인다. (그림 1.21)은 이런 경우의 예를 보여주고 있다.

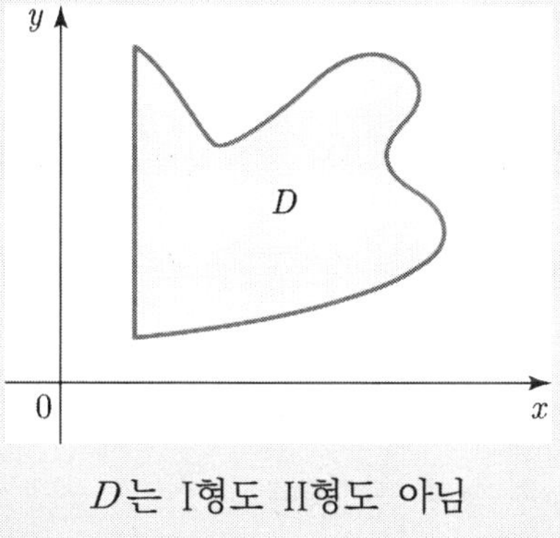

D는 I형도 II형도 아님

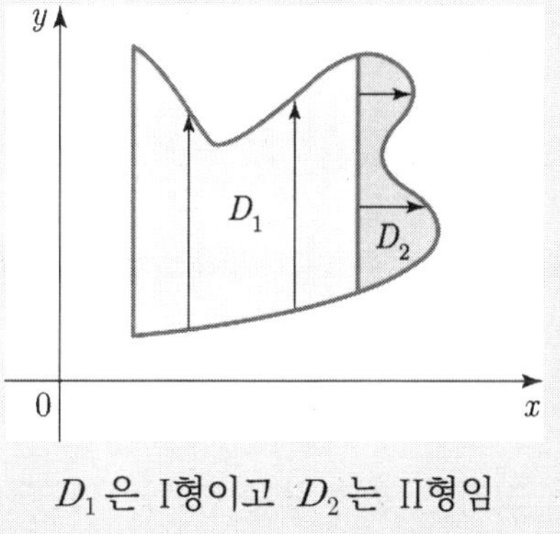

D_1은 I형이고 D_2는 II형임

〈그림 1.21〉

5. 영역 D에서 $f(x,\ y)=1$이면 다음이 성립한다.

$$\iint_D 1\,dA = A(D)\ \ (D\text{의 넓이})$$

6. 모든 $(x,\ y)\in D$에 대하여 $m \le f(x,\ y) \le M$을 만족하면 다음이 성립한다.

$$mA(D) \le \iint_D f(x,\ y)\,dA \le MA(D)$$

예제 1.17 영역 D를 $D=\{(x,\ y)\,|\,x^2+y^2 \le 1,\ x \ge 0\}$이라 할 때, 이중적분 $\iint_D \sqrt{8-x^2y^2}\,dA$의 값을 추정하라.

풀이

영역 D에서 $x^2+y^2 \le 1$이므로, $0 \le x^2 \le 1$이고 $0 \le y^2 \le 1$이어야 한다. 이때 $0 \le x^2y^2 \le 1$이 되어 $-1 \le -x^2y^2 \le 0$이다. 양변에 8을 더하면 $7 \le 8-x^2y^2 \le 8$이므로 $\sqrt{7} \le \sqrt{8-x^2y^2} \le 2\sqrt{2}$을 얻는다. 여기서 영역 D의 넓이가 $A(D)=\frac{\pi}{2}$이므로 정리 1.16의 6에 의해

$$\sqrt{7}\,A(D) \le \iint_D \sqrt{8-x^2y^2}\,dA \le 2\sqrt{2}\,A(D)$$

에서

$$\frac{\sqrt{7}}{2}\pi \le \iint_D \sqrt{8-x^2y^2}\,dA \le \sqrt{2}\,\pi$$

■

1.3 극좌표에서의 이중적분

극사각형 R에서 이중적분 $\iint_R f(x,\ y)\,dA$를 생각하자. 직사각형 영역에서 다루던 방법과 같이 구간 $[a,\ b]$와 $[\alpha,\ \beta]$를 각각 임의의 길이를 갖는 m과 n개의 작은 구간으로 나누고, 각 소구간의 길이를 각각

$$\Delta r_i = r_i - r_{i-1},\ \ 1 \le i \le m,\ \ \Delta\theta_j = \theta_j - \theta_{j-1},\ \ 1 \le j \le n$$

이라 하자. 그러면 영역 R은 (그림 1.22)와 같이 작은 극사각형

$$R_{ij} = \{(r,\ \theta)\,|\,r_{i-1} \le r \le r_i,\ \ \theta_{j-1} \le \theta \le \theta_j\}$$

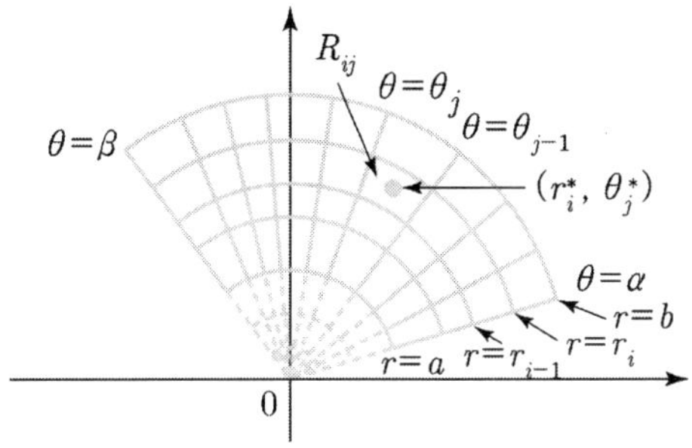

〈그림 1.22〉

들로 나누어지게 된다. R_{ij}의 넓이는 다음과 같다.

$$\Delta A_{ij} = \frac{1}{2}(\theta_j - \theta_{j-1})(r_i^2 - r_{i-1}^2) = \frac{1}{2}\Delta\theta_j(r_i + r_{i-1})(r_i - r_{i-1}) = \overline{r_i}\,\Delta\theta_j\,\Delta r_i$$

여기서 $\Delta r_i = r_i - r_{i-1}$, $\Delta\theta_j = \theta_j - \theta_{j-1}$, $\overline{r_i} = \frac{1}{2}(r_i + r_{i-1})$이다.

R_{ij} 안의 표본점 $(r_i{}^*, \theta_j{}^*) \in R_{ij}$에 대하여 극좌표계에서 **이중리만합**은 다음과 같다.

$$\sum_{i=1}^{m}\sum_{j=1}^{n} f(r_i{}^*\cos\theta_j{}^*, r_i{}^*\sin\theta_j{}^*)\Delta A_{ij}$$

$$= \sum_{i=1}^{m}\sum_{j=1}^{n} f(r_i{}^*\cos\theta_j{}^*, r_i{}^*\sin\theta_j{}^*)\,\overline{r_i}\Delta r_i\Delta\theta_j$$

$g(r, \theta) = rf(r\cos\theta, r\sin\theta)$라 하면 위 이중리만합은 다음과 같이 나타낼 수 있다.

$$\sum_{i=1}^{m}\sum_{j=1}^{n} g(r_i{}^*, \theta_j{}^*)\,\Delta r_i\Delta\theta_j$$

여기서 표본점을 $(r_i{}^*, \theta_j{}^*) = (\overline{r_i}, \overline{\theta_j})$, $\overline{\theta_j} = \frac{1}{2}(\theta_{j-1} + \theta_j)$로 택하였다. 따라서 이 리만합은 다음과 같은 이중적분으로 나타난다.

$$\int_{\alpha}^{\beta}\int_{a}^{b} g(r, \theta)\,dr\,d\theta$$

따라서 다음을 얻는다.

$$\iint_R f(x, y)\,dA = \lim_{\max(\Delta r_i, \Delta\theta_j)\to 0}\sum_{i=1}^{m}\sum_{j=1}^{n} f(r_i{}^*\cos\theta_j{}^*, r_i{}^*\sin\theta_j{}^*)\Delta A_{ij}$$

$$= \lim_{\max(\Delta r_i, \Delta\theta_j)\to 0}\sum_{i=1}^{m}\sum_{j=1}^{n} g(r_i{}^*, \theta_j{}^*)\Delta r_i\Delta\theta_j$$

$$= \int_{\alpha}^{\beta} \int_{a}^{b} g(r_i^*,\ \theta_j^*) \Delta r_i \Delta \theta_j$$

$$= \int_{\alpha}^{\beta} \int_{a}^{b} f(r\cos\theta,\ r\sin\theta) \Delta r_i \Delta \theta_j$$

정리 1.18 극좌표에서의 이중적분

$f(x,\ y)$가 극사각형

$$R = \{(r,\ \theta) \mid a \le r \le b,\ \alpha \le \theta \le \beta\}$$

에서 연속이라 하자. 그러면 다음이 성립한다.

$$\iint_R f(x,\ y)\,dA = \int_{\alpha}^{\beta} \int_{a}^{b} f(r\cos\theta,\ r\sin\theta)\, r\,dr\,d\theta$$

예제 1.19 영역 R이 위쪽 반평면에서 두 원 $x^2+y^2=1$과 $x^2+y^2=4$로 둘러싸인 영역이라 할 때 $\iint_R (3x^2+4y)\,dA$의 값을 구하라.

풀이

영역 R은 (그림 1.23)과 같이 직교좌표로 생각하는 것보다 극좌표로 생각하는 것이 좋다. 그러면 R은 다음과 같이 극사각형으로 나타낼 수 있다.

$$R = \{(r,\ \theta) \mid 1 \le r \le 2,\ 0 \le \theta \le \pi\}$$

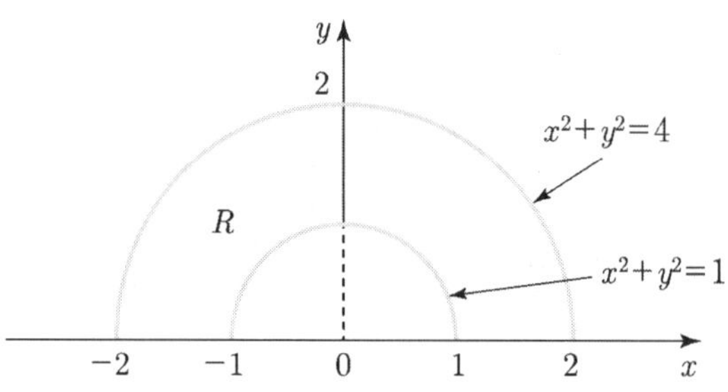

〈그림 1.23〉

따라서 정리 1.18에 의하여 다음을 얻는다.

$$\iint_R (3x^2+4y)\,dA = \int_0^{\pi} \int_1^2 (3r^2\cos^2\theta + 4r\sin\theta)\, r\,dr\,d\theta$$

$$= \int_0^{\pi} \int_1^2 (3r^3\cos^2\theta + 4r^2\sin\theta)\, r\,dr\,d\theta$$

$$= \int_0^{\pi} \left[\frac{3}{4} r^4 \cos^2\theta + \frac{4}{3} r^3 \sin\theta \right]_{r=1}^{r=2} d\theta$$

$$= \int_0^{\pi} \left(\frac{15}{2}(1+\cos 2\theta) - \frac{28}{3}\sin\theta \right) d\theta$$

$$= \left[\frac{15}{2}\theta + \frac{15}{4}\sin 2\theta - \frac{28}{3}\cos\theta \right]_0^{\pi} = \frac{15\pi}{2} \qquad ■$$

예제 1.20 평면 $z=0$ 과 포물면 $z = 4-x^2-y^2$ 으로 둘러싸인 입체의 부피를 구하라.

풀이

먼저 주어진 입체는 (그림 1.24)에서 확인할 수 있다. 주어진 입체는 평면 $z=0$ 과 포물면 $z = 4-x^2-y^2$ 이 만나는 곡선의 내부의 위와 포물면을 아래에 놓인 입체이다. 평면과 포물면이 만나는 곡선은 $z=0$ 을 $z = 4-x^2-y^2$ 에 대입하여 얻는 원 $x^2+y^2=4$ 가 된다. 원의 내부로 이루어진 원판 R 은 역시 극사각형으로 나타내면 간단하며 다음과 같다.

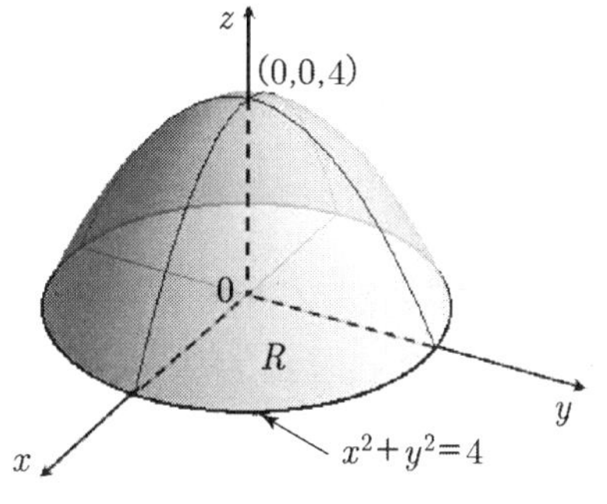

〈그림 1.24〉

$$R = \{(r,\ \theta) \mid 0 \le r \le 2,\ 0 \le \theta \le 2\pi\}$$

$4-x^2-y^2 = 4-r^2$ 이므로 구하는 부피는 다음과 같다.

$$V = \iint_R (4-x^2-y^2)\,dA = \int_0^{2\pi}\int_0^2 (4-r^2)\,r\,dr\,d\theta$$

$$= \int_0^{2\pi}\left(\int_0^2 (4r-r^3)\right)d\theta = \int_0^{2\pi}\left[2r^2 - \frac{1}{4}r^4\right]_0^2 d\theta$$

$$= \int_0^{2\pi} 4\,d\theta = 8\pi \qquad ■$$

[참고] 직교좌표계에서 이 문제를 다루면 다음과 같은 이중적분을 계산하여야 한다.

$$V = \iint_R (4-x^2-y^2)\,dA = \int_{-2}^{2}\int_{-\sqrt{4-x^2}}^{\sqrt{4-x^2}} (4-x^2-y^2)\,dy\,dx$$

그러나 이 이중적분은 계산과정 중에서 $\int (4-x^2)^{3/2}\,dx$ 와 같은 적분을 구해야 하므로 간단하지 않다.

이제 보다 일반적인 영역에 대하여 알아보자. 반직선 $\theta = \alpha$ 와 $\theta = \beta$, 그리고 두 연속인 곡선 $r = g_1(\theta)$ 와 $r = g_2(\theta)$ 에 의하여 닫힌 영역 $D = \{(r, \theta) \mid \alpha \le \theta \le \beta,\ g_1(\theta) \le r \le g_2(\theta)\}$ 를 생각하자(그림 1.25).

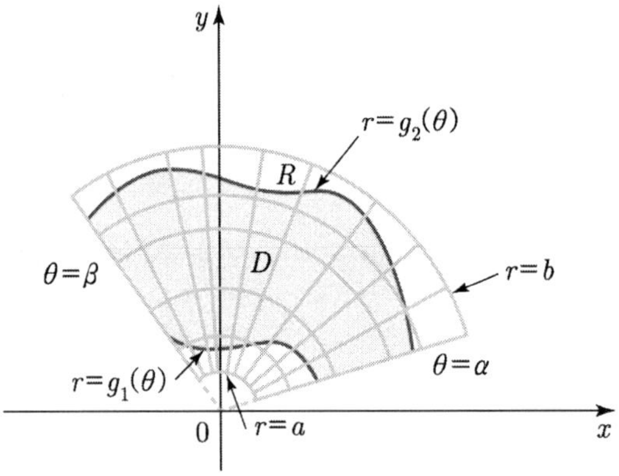

〈그림 1.25〉

D 를 포함하는 극사각형 R 을 생각하고 직교좌표계의 이중적분과 같은 방법으로 푸비니의 정리를 적용하면 다음과 같은 공식을 얻는다.

정리 1.21 극좌표에서 이중적분

$f(x, y)$가 다음과 같은 극영역에서 연속이라 하자.

$$D = \{(r, \theta) \mid \alpha \le \theta \le \beta,\ g_1(\theta) \le r \le g_2(\theta)\}$$

그러면 다음이 성립한다.

$$\iint_D f(x, y)\,dA = \int_\alpha^\beta \int_{g_1(\theta)}^{g_2(\theta)} f(r\cos\theta,\ r\sin\theta)\,r\,dr\,d\theta$$

특별히 $f(x, y) = 1$, $g_1(\theta) = 0$, $g_2(\theta) = g(\theta)$라 하면, D 는 $\theta = \alpha$, $\theta = \beta$, $r = g(\theta)$ 로 둘러싸인 부채꼴 형태의 영역이고, D 의 넓이는 다음과 같다.

$$A(D) = \iint_D 1\,dA = \int_\alpha^\beta \int_0^{g(\theta)} r\,dr\,d\theta = \int_\alpha^\beta \left[\frac{r^2}{2}\right]_0^{g(\theta)} d\theta = \int_\alpha^\beta \frac{1}{2}[g(\theta)]^2\,d\theta$$

이것은 일변수함수의 적분의 응용에서 다루었던 것과 같은 값을 가짐을 확인할 수 있다.

극좌표계에서 이중적분을 구하기 위해서는 직교좌표계에서와 같이 각각 r과 θ의 아래끝과 위끝을 결정하는 것이 중요하다. 이 과정을 원 $x^2+y^2=4$의 내부와 직선 $y=\sqrt{2}$의 위 중에서 제1사분면에 놓인 영역 R에 대한 이중적분 $\iint_R f(r,\ \theta)\,dA$을 구하는 예를 이용하여 설명하자. (여기서 적분순서는 $dr\,d\theta$이다.)

1. 그림 그리기: 영역의 그림을 그리고 경계선을 각각 함수로 나타낸다.

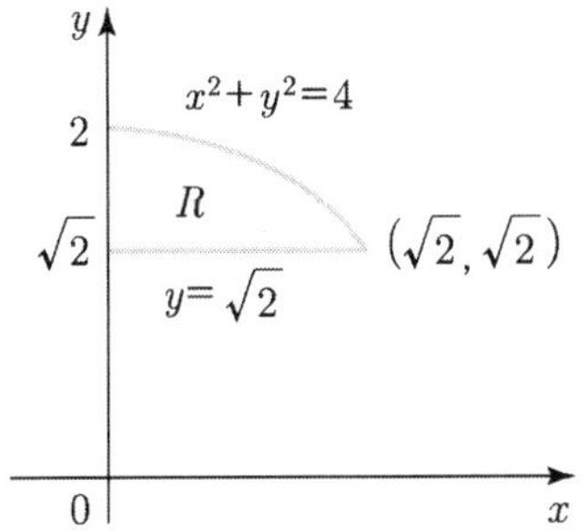

2. r의 아래끝과 위끝 결정하기: 원점으로부터 영역 R을 통과하는 반직선 L을 그리고 영역 안에 들어가는 지점과 영역을 벗어나는 지점을 θ의 함수로 각각 나타낸다.

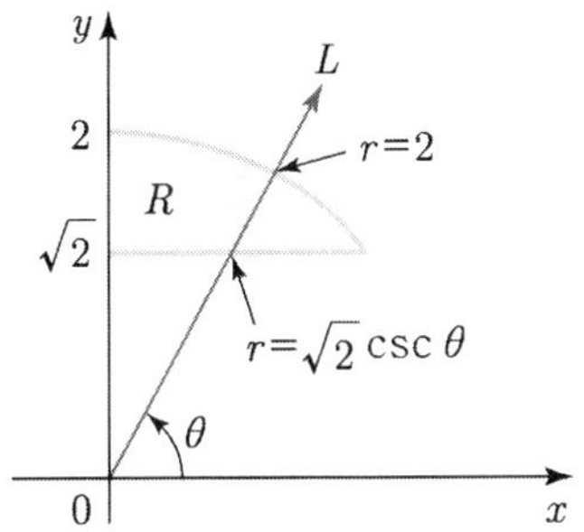

3. θ의 아래끝과 위끝 결정하기: 2에서 주어진 반직선을 이용하여 θ가 증가하는 방향으로 움직여서 영역 R을 통과하는 가장 작은 값과 큰 값을 찾는다.

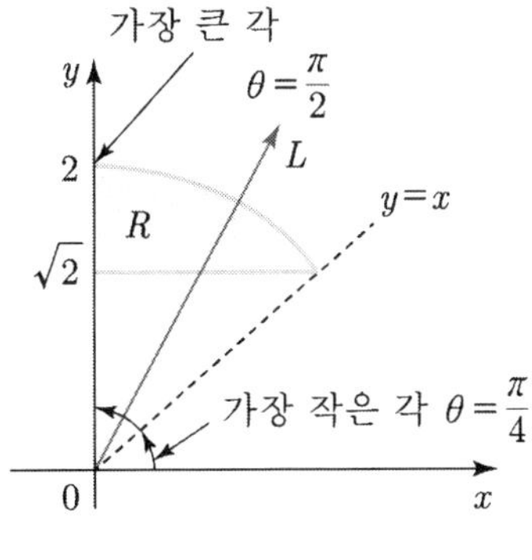

따라서 이중적분은 다음과 같다.

$$\iint_R f(r,\ \theta)\,dA = \int_{\pi/4}^{\pi/2}\int_{\sqrt{2}\sec\theta}^{2} f(r,\ \theta)\,r\,dr\,d\theta$$

예제 1.22 심장형(cardioid) $r = 1 + \cos\theta$의 내부와 원 $r = 1$의 외부로 이루어진 영역 R 위에서 $f(r,\ \theta)$의 이중적분을 위한 아래끝과 위끝을 찾아라.

풀이

먼저 영역 R은 다음 (그림 1.26)과 같다. 위에서 설명한 것과 같이 반직선은 영역 R을 $r = 1$에서 들어가서 $r = 1 + \cos\theta$에서 벗어난다. 또한 반직선은 $\theta = -\dfrac{\pi}{2}$에서 시작하여 $\theta = \dfrac{\pi}{2}$에서 끝난다. 따라서 구하는 이중적분은 다음과 같다.

$$\iint_R f(r,\ \theta)\,dA = \int_{-\pi/2}^{\pi/2}\int_{1}^{1+\cos\theta} f(r,\ \theta)\,r\,dr\,d\theta$$

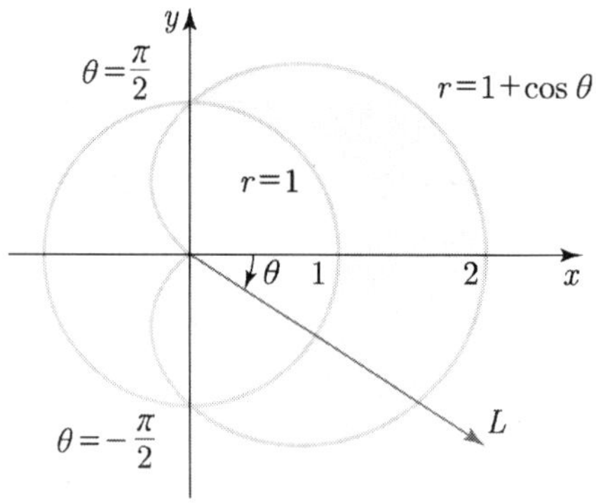

〈그림 1.26〉

정리 1.23 극좌표에서 주어진 영역의 넓이

극좌표계에서 주어진 유계인 영역 R의 넓이는 다음과 같이 주어진다.

$$A = \iint_R r\,dr\,d\theta$$

예제 1.24 렘니스케이트(lemniscate) $r^2 = 4\cos 2\theta$로 둘러싸인 영역의 넓이를 구하라.

풀이

영역 R은 (그림 1.27)과 같고, 구하는 넓이는 색칠한 영역의 4배가 된다.

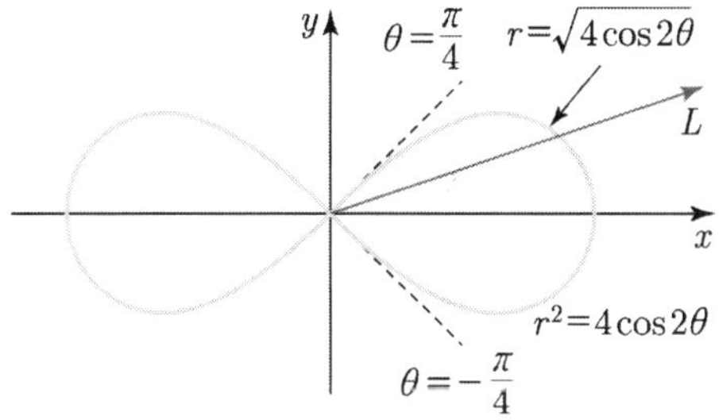

〈그림 1.27〉

색칠한 영역에 대하여 r의 아래끝은 0이고 위끝은 $r = \sqrt{4\cos 2\theta}$ 이며, θ의 아래끝은 0이고 위끝은 $\theta = \frac{\pi}{4}$ 이다. 따라서 구하는 영역의 넓이는 다음과 같다.

$$A = 4\int_0^{\pi/4}\int_0^{\sqrt{4\cos 2\theta}} r\,dr\,d\theta = 4\int_0^{\pi/4}\left[\frac{r^2}{2}\right]_{r=0}^{r=\sqrt{4\cos 2\theta}} d\theta$$

$$= 4\int_0^{\pi/4} 2\cos 2\theta\,d\theta = 4[4\sin 2\theta]_0^{\pi/4} = 4$$ ■

1.4 곡면의 넓이

정의 1.25 곡면의 넓이

이제 이중적분을 이용하여 부드러운 곡면의 넓이를 구하여보자. f가 연속인 편미분을 가지는 함수라 하고, 방정식 $z = f(x, y)$로 나타나는 곡면 S를 생각하자. 이러한 곡면을 부드러운 곡면이라 한다. f의 정의역 D를 직사각형이라 하자. D를 넓이 $\Delta A = \Delta x \Delta y$로 갖는 작은 부분 직사각형 R_k로 나누자. (x_k, y_k)를 R_k의 한 꼭짓점이라 하고 $P_k(x_k, y_k, f(x_k, y_k))$를 점 (x_k, y_k) 위 수직인 곡면 S 위의 점이라 하자(그림 1.28).

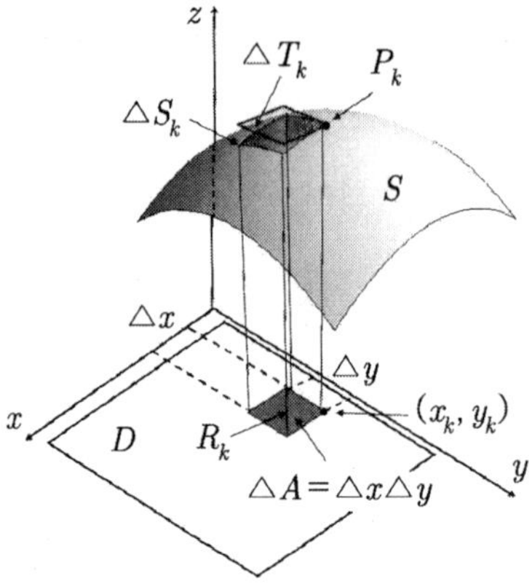

〈그림 1.28〉

점 P_k에서 접평면은 그 점 근방에서 곡면을 근사시킨다. 따라서 직사각형 R_k의 바로 위에 해당하는 접평면의 일부분(평행사변형)의 넓이 $\triangle T_k$는 그 직사각형 바로 위에 놓인 곡면의 넓이 $\triangle S_k$를 근사시킨다. 따라서 다음을 얻는다.

$$A(S) = \sum_{k=1}^{n} \triangle S_k \approx \sum_{k=1}^{n} \triangle T_k$$

이제 이 직사각형의 가로와 세로를 0에 가깝게 하면 그 값은 곡면 S의 넓이가 된다. 따라서 직사각형 영역 D에서 부드러운 곡면 S의 **겉넓이**(또는 곡면적)은 다음과 같이 정의한다.

$$A(S) = \lim_{n \to \infty} \sum_{k=1}^{n} \triangle T_k$$

이제 $\triangle T_k$의 값을 구하자.

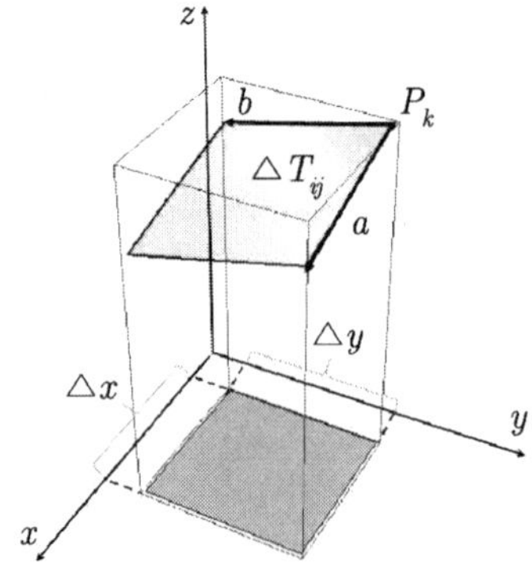

〈그림 1.29〉

(그림 1.29)와 같이 점 P_k에서 두 벡터 $\boldsymbol{a}$와 $\boldsymbol{b}$로 구성된 평행사변형의 넓이 $\triangle T_k$는 $\triangle T_k = |\boldsymbol{a} \times \boldsymbol{b}|$로 주어진다. 점 P_k에서 접평면을 구성하는 두 벡터 $\boldsymbol{a}$와 $\boldsymbol{b}$는 P_k를 통과하는 각 축과 나란한 접선 위에 놓인다. 또한 P_k를 통과하는 각 축과 나란한 접선의 기울기는 각각 $f_x(x_k, y_k)$와 $f_y(x_k, y_k)$로 주어진다. 따라서 두 벡터는 다음과 같이 나타낼 수 있다.

$$\boldsymbol{a} = \triangle x\,\mathbf{i} + f_x(x_k, y_k)\triangle x\,\mathbf{k}$$

$$\boldsymbol{b} = \triangle x\,\mathbf{j} + f_y(x_k, y_k)\triangle x\,\mathbf{k}$$

또한 다음을 얻는다.

$$\begin{aligned} \boldsymbol{a} \times \boldsymbol{b} &= \begin{vmatrix} \mathbf{i} & \mathbf{j} & \mathbf{k} \\ \triangle x & 0 & f_x(x_k, y_k) \wedge x \\ 0 & \triangle y & f_y(x_k, y_k)\triangle y \end{vmatrix} \\ &= -f_x(x_k, y_k)\triangle x \triangle y\,\mathbf{i} - f_y(x_k, y_k)\triangle x \triangle y\,\mathbf{j} + \triangle x \triangle y\,\mathbf{k} \\ &= [-f_x(x_k, y_k)\,\mathbf{i} - f_k(x_k, y_k)\,\mathbf{j} + \mathbf{k}]\triangle A \end{aligned}$$

따라서 다음을 얻는다.

$$\triangle T_k = |\mathrm{a} \times \mathrm{b}| = \sqrt{[f_x(x_k, y_k)]^2 + [f_y(x_k, y_k)]^2 + 1}\,\triangle A$$

S의 겉넓이의 정의로부터 다음을 얻는다.

$$\begin{aligned} A(S) &= \lim_{n \to \infty} \sum_{k=1}^{n} \triangle T_k \\ &= \lim_{n \to \infty} \sum_{k=1}^{n} \sqrt{[f_x(x_k, y_k)]^2 + [f_y(x_k, y_k)]^2 + 1}\,\triangle A \end{aligned}$$

따라서 다음과 같은 공식을 얻는다.

> 방정식 $z = f(x, y)$, $(x, y) \in D$를 만족하는 곡면의 겉넓이는 다음과 같다.
>
> $$A(S) = \iint_D \sqrt{[f_x(x, y)]^2 + [f_y(x, y)]^2 + 1}\, dA$$
>
> 여기서 f_x와 f_y는 D에서 연속이다.

위 값은 다음과 같이 다시 쓸 수 있다.

$$A(S) = \iint_D \sqrt{1 + \left(\frac{\partial z}{\partial x}\right)^2 + \left(\frac{\partial z}{\partial y}\right)^2}\; dA$$

이 식은 아래의 호의 길이에 대한 식과 매우 유사하다.

$$L = \int_a^b \sqrt{1 + \left(\frac{dy}{dx}\right)^2}\; dx$$

예제 1.26 세 꼭짓점 (0, 0), (1, 0), (1, 1)로 이루어진 삼각형 영역 D 위에 놓인 곡면 $z = x^2 + 2y$의 부분에 대한 겉넓이를 구하라.

풀이

영역 D와 D 위의 곡면은 아래 그림에서 볼 수 있다. 여기서 영역 D는 다음과 같다.

$$D = \{(x,\ y) \mid 0 \le x \le 1,\ 0 \le y \le x\}$$

$f(x,\ y) = x^2 + 2y \Rightarrow f_x(x,\ y) = 2x,\ f_y(x,\ y) = 2$이므로 구하는 곡면의 겉넓이는 다음과 같다.

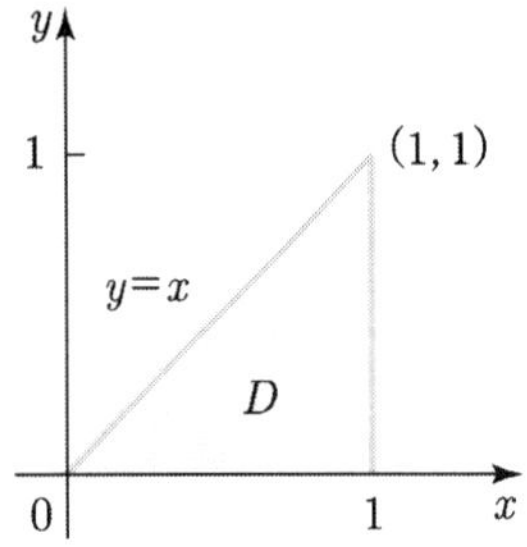

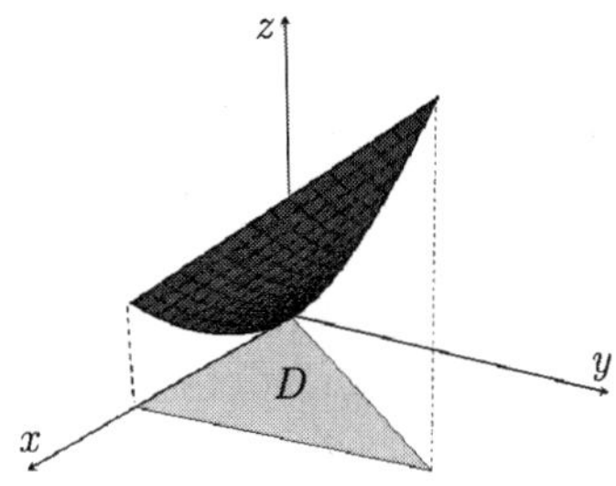

$$A(S) = \iint_D \sqrt{(2x)^2 + (2)^2 + 1}\, dA = \int_0^1 \int_0^x \sqrt{4x^2+5}\, dy\, dx$$

$$= \int_0^1 x\sqrt{4x^2+5}\, dx = \frac{1}{12}(27 - 5\sqrt{5})$$ ■

예제 1.27 포물면 $z = x^2 + y^2$ 중에서 평면 $z = 9$ 아래에 놓인 부분에 대한 겉넓이를 구하라.

풀이

포물면 $z = x^2 + y^2$과 평면 $z = 9$가 만나는 부분은 원기둥 $x^2 + y^2 = 9$와 평면 $z = 9$의 교점들이다. 따라서 다루는 영역 D는 xy평면 위의 원판이다. 즉

$$D = \left\{(x,\ y) \mid 0 \le x^2 + y^2 \le 9\right\}$$

이다. 주어진 곡면은 D 위에 놓인 포물면이다. 다음 그림을 보자.

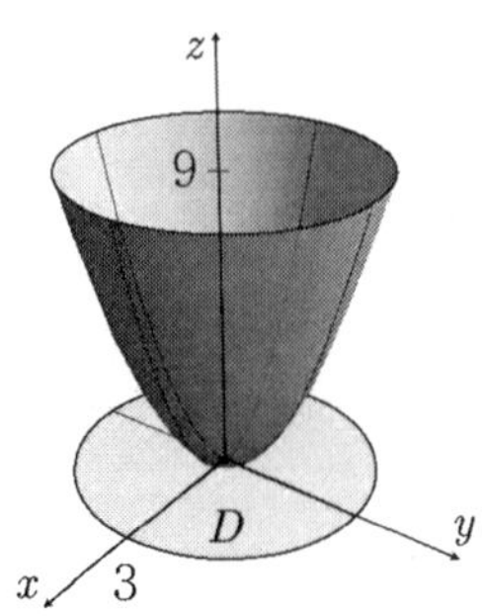

$f(x,\ y)=x^2+y^2 \Rightarrow f_x(x,\ y)=2x,\ f_y(x,\ y)=2y$이므로 구하는 포물면의 겉넓이는 다음과 같다.

$$\begin{aligned} A(S) &= \iint_D \sqrt{(2x)^2+(2y)^2+1}\,dA \\ &= \iint_D \sqrt{4(x^2+y^2)+1}\,dA \\ &= \int_0^{2\pi}\int_0^3 \sqrt{4r^2+1}\,rdr\,d\theta \\ &= \frac{\pi}{6}(37\sqrt{37}-1) \end{aligned}$$

■

SECTION 1

연습문제

➡ 연습문제 해답 411쪽

01. 다음 반복적분을 계산하라.

(1) $\int_0^3 \int_0^2 (4-y^2)\,dy\,dx$

(2) $\int_0^3 \int_{-2}^0 (x^2y-2xy)\,dy\,dx$

(3) $\int_\pi^{2\pi} \int_0^\pi (\sin x+\cos y)\,dx\,dy$

(4) $\int_1^4 \int_1^2 \left(\frac{x}{y}+\frac{y}{x}\right)dy\,dx$

(5) $\int_{-1}^0 \int_1^2 (-x\ln y)\,dy\,dx$

(6) $\int_0^1 \int_0^1 xy\sqrt{x^2+y^2}\,dy\,dx$

02. 다음 반복적분을 계산하라.

(1) $\iint_R \frac{xy^2}{x^2+1}\,dA,\quad R=\{(x,\ y)\mid 0\le x\le 1,\ -3\le y\le 3\}$

(2) $\iint_R \frac{1+x^2}{1+y^2}\,dA,\quad R=\{(x,\ y)\mid 0\le x\le 1,\ 0\le y\le 1\}$

(3) $\iint_R x\sin(x+y)\,dA,\quad R=[0,\ \pi/6]\times[0,\ \pi/3]$

(4) $\iint_R \frac{x}{1+xy}\,dA,\quad R=[0,\ 1]\times[0,\ 1]$

(5) $\iint_R \frac{1}{1+x+y}\,dA,\quad R=[1,\ 3]\times[1,\ 2]$

03. 직사각형 $R=\{(x,\ y)\mid 0\le x\le 1,\ 0\le y\le 3\}$ 위와 평면 $x+2y+3z=12$ 아래에 놓여 있는 입체의 부피를 구하라.

04. 곡면 $z=1+e^x\sin y$와 평면 $x=\pm 1,\ y=0,\ y=\pi,\ z=0$에 의하여 둘러싸인 입체의 부피를 구하라.

05. 다음 반복적분을 계산하라.

(1) $\int_0^1 \int_0^x (3-x-y)\,dy\,dx$

(2) $\int_0^\pi \int_0^x x\sin y\,dy\,dx$

(3) $\int_0^1 \int_y^{e^y} \sqrt{x}\ dx\,dy$

(4) $\int_0^1 \int_x^{2-x} (x^2-y)\,dy\,dx$

(5) $\int_1^{\ln 8} \int_0^{\ln y} e^{x+y}\,dx\,dy$

(6) $\int_0^1 \int_0^v \sqrt{1-v^2}\,du\,dv$

06. 다음 이중적분값을 구하라.

(1) $\iint_D x^3y^2\,dA$, $D=\{(x,\ y)\mid 0\le x\le 2,\ -x\le y\le x\}$

(2) $\iint_D \dfrac{4y}{x^3+2}\,dA$, $D=\{(x,\ y)\mid 1\le x\le 2,\ 0\le y\le 2x\}$

(3) $\iint_D e^{y^2}\,dA$, $D=\{(x,\ y)\mid 0\le y\le 1,\ 0\le x\le y\}$

(4) $\iint_D x\cos y\,dA$, D는 $y=0$, $y=x^2$, $x=1$로 둘러싸인 영역

(5) $\iint_D (x+y)\,dA$, D는 $y=\sqrt{x}$와 $y=x^2$으로 둘러싸인 영역

(6) $\iint_D y^3\,dA$, D는 세 꼭짓점이 $(0,\ 2)$, $(1,\ 1)$, $(3,\ 2)$인 삼각형 영역

07. 다음 입체의 부피를 구하라.

(1) 포물면 $z=x^2+y^2$ 아래와 직선 $y=x$, $x=0$, $x+y=2$로 둘러싸인 영역 위에 놓인 입체

(2) 기둥 $z=x^2$ 아래와 포물선 $y=2-x^2$과 직선 $y=x$으로 둘러싸인 영역 위에 놓인 입체

(3) 포물면 $z=x^2+3y^2$ 아래와 세 꼭짓점이 $(1,\ 1)$, $(4,\ 1)$, $(1,\ 2)$인 삼각형 위에 놓인 입체

(4) 곡면 $z=4-x^2-y$이 제1 팔분공간에 의하여 잘린 입체

(5) 두 기둥 $x^2+y^2=r^2$과 $y^2+z^2=r^2$으로 갇힌 입체

08. 적분 영역을 그리고 적분순서를 바꾸어라.

(1) $\int_0^1 \int_0^y f(x,\ y)\,dx\,dy$

(2) $\int_0^{\pi/2} \int_0^{\cos x} f(x,\ y)\,dy\,dx$

(3) $\int_1^2 \int_0^{\ln x} f(x,\ y)\,dy\,dx$

(4) $\int_0^1 \int_{\tan^{-1}x}^{\pi/4} f(x,\ y)\,dy\,dx$

09. 적분순서를 바꾸어 다음 적분값을 구하라.

(1) $\int_0^1 \int_{3y}^3 e^{x^2}\,dx\,dy$

(2) $\int_0^1 \int_{\sqrt{y}}^1 \sqrt{x^3+1}\,dx\,dy$

(3) $\int_0^1 \int_{x^2}^1 x^3 \sin(y^3)\,dy\,dx$

(4) $\int_0^1 \int_{\sin^{-1}y}^{\pi/2} \cos x\,\sqrt{1+\cos^2 x}\,dx\,dy$

10. 아래 그림의 D를 I형과 II형 영역의 합집합으로 나타내고, 이를 이용하여 다음 적분값을 구하라.

(1) $\iint_D x^2\,dA$

(2) $\iint_D xy\,dA$

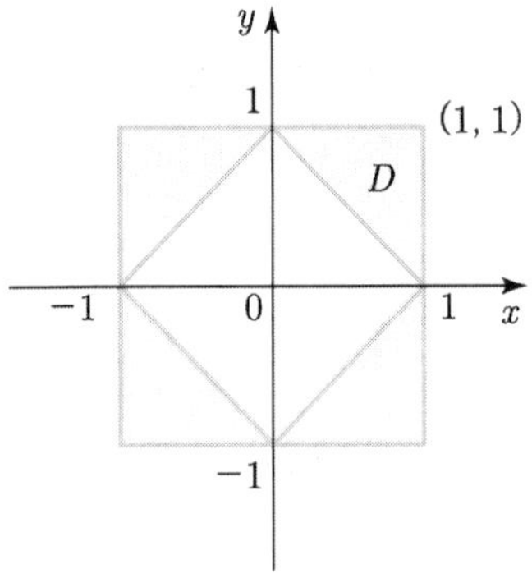

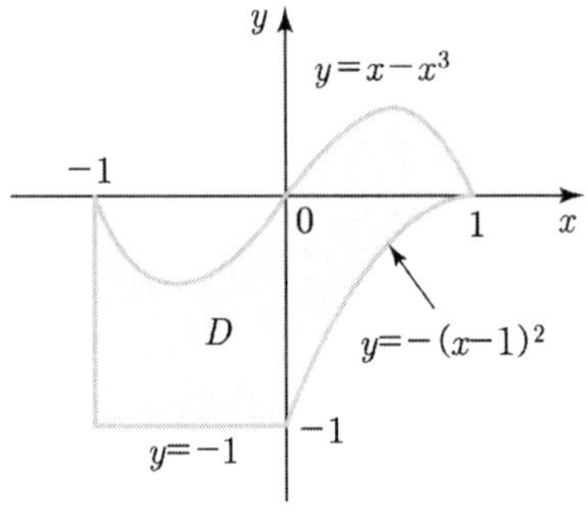

11. 영역 R이 아래 그림과 같다고 하고 f가 R에서 연속이라고 가정하자. 적분 $\iint_R f(x,\ y)\,dA$를 직교좌표와 극좌표 중 계산이 편리한 반복적분으로 나타내라.

(1)

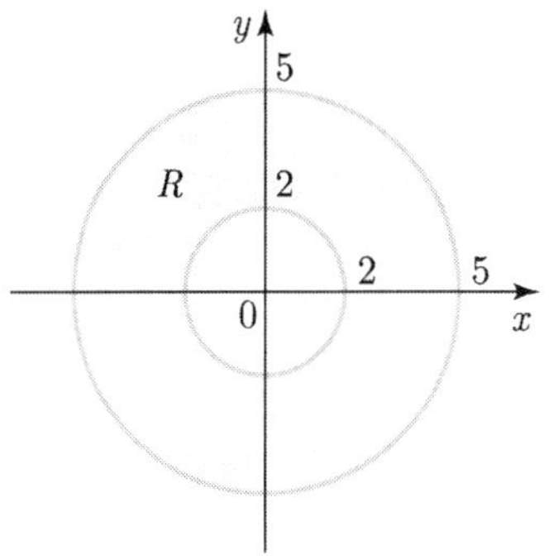

(2)

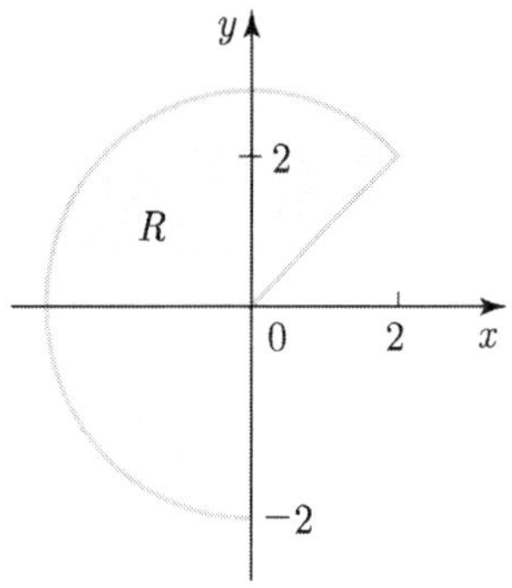

(3)

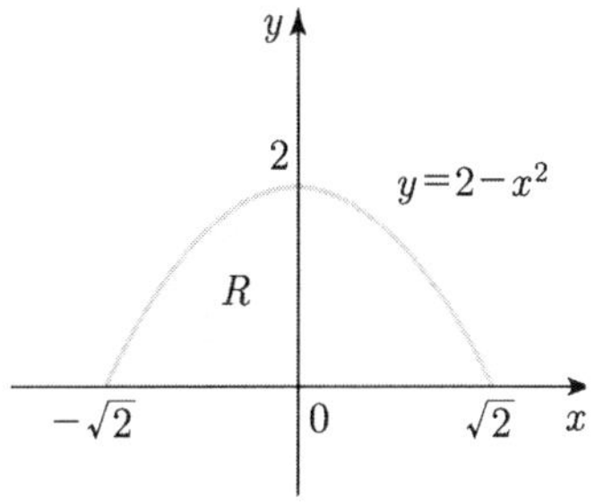

(4)

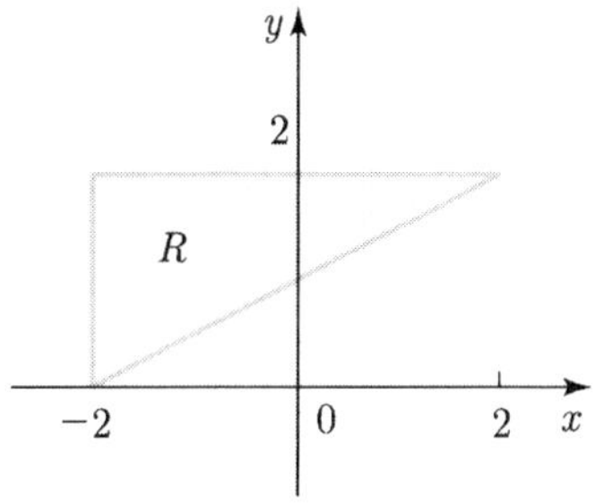

12. 넓이가 다음 적분으로 주어진 영역을 그리고, 그 적분값을 구하라.

(1) $\int_{\pi}^{2\pi}\int_{4}^{7} r\,dr\,d\theta$ (2) $\int_{0}^{\pi/2}\int_{0}^{4\cos\theta} r\,dr\,d\theta$

13. 다음 적분을 극좌표로 바꾸어 값을 구하라.

(1) $\iint_R x^2 y\,dA$, R 은 중심이 원점이고 반지름이 3 인 원판

(2) $\iint_R (x+2y)\,dA$, R은 원 $x^2+y^2=4$와 직선 $x=0$, $y=x$에 갇힌 영역 중 제1사분면에 놓인 영역

(3) $\iint_R \sin(x^2+y^2)\,dA$, R은 중심이 원점이고 반지름이 1인 원과 3인 원 사이에 있는 영역 중 제1사분면에 놓인 영역

(4) $\iint_R e^{-x^2-y^2}\,dA$, R은 반원 $x=\sqrt{4-y^2}$과 y축으로 둘러싸인 영역

(5) $\iint_R \tan^{-1}\left(\frac{y}{x}\right) dA, \quad R = \{(x,\ y) \mid 1 \le x^2 + y^2 \le 4,\ 0 \le y \le x\}$

(6) $\iint_R x\, dA$, R은 두 원 $x^2 + y^2 = 4$와 $x^2 + y^2 = 2x$에 갇힌 영역 중 제1사분면에 놓인 영역

14. 다음 입체의 부피를 구하라.

(1) 원뿔 $z = \sqrt{x^2 + y^2}$ 아래와 원판 $x^2 + y^2 \le 4$ 위에 놓인 입체

(2) 반지름이 a인 구면 안쪽의 입체

(3) 구면 $x^2 + y^2 + z^2 = 16$ 안쪽과 기둥 $x^2 + y^2 = 4$ 바깥에 놓인 입체

(4) 원뿔 $z = \sqrt{x^2 + y^2}$ 위와 구면 $x^2 + y^2 + z^2 = 1$ 아래에 놓인 입체

(5) 원기둥 $x^2 + y^2 = 4$와 타원면 $4x^2 + 4y^2 + z^2 = 64$ 모두의 안쪽에 놓인 입체

15. 다음 반복적분을 극좌표로 변환하여 값을 구하라.

(1) $\int_{-3}^{3}\int_{0}^{\sqrt{9-x^2}} \sin(x^2 + y^2)\, dy\, dx$

(2) $\int_{0}^{a}\int_{-\sqrt{a^2-y^2}}^{0} x^2 y\, dx\, dy$

(3) $\int_{0}^{1}\int_{y}^{\sqrt{2-y^2}} (x + y)\, dx\, dy$

(4) $\int_{0}^{2}\int_{0}^{\sqrt{2x-x^2}} \sqrt{x^2 + y^2}\, dy\, dx$

16. 유계가 아닌 구간 $[a,\ \infty)$에서 함수 $f(x)$의 특이적분은 다음과 같이 정의되었다.

$$\int_a^\infty f(x)\, dx = \lim_{b \to \infty} \int_a^b f(x)\, dx$$

같은 방법으로 구간 $(-\infty,\ b]$에서 $f(x)$의 특이적분도 정의되었다. 또한 구간 $(-\infty,\ \infty)$에서 특이적분도 다음과 같이 정의되었다.

$$\int_{-\infty}^\infty f(x)\, dx = \lim_{a \to -\infty} \int_a^c f(x)\, dx + \lim_{b \to \infty} \int_c^b f(x)\, dx, \quad \forall c$$

같은 방법으로 다음 특이 반복적분값을 구하라.

(1) $\int_{1}^{\infty}\int_{e^{-x}}^{1}\frac{1}{x^3 y}\,dy\,dx$

(2) $\int_{-\infty}^{\infty}\int_{-\infty}^{\infty}\frac{1}{(x^2+1)(y^2+1)}\,dx\,dy$

(3) $\int_{0}^{\infty}\int_{0}^{\infty} xe^{-(x+2y)}\,dx\,dy$

17. 평면 $\mathbb{R}^2$ 위에서 특이적분을 다음과 같이 정의한다.

$$I=\iint_{\mathbb{R}^2} f(x,\ y)\,dA = \int_{-\infty}^{\infty}\int_{-\infty}^{\infty} f(x,\ y)\,dy\,dx$$

$$= \lim_{a\to\infty}\iint_{D_a} f(x,\ y)\,dA$$

여기서 D_a는 반지름이 a이고 중심이 원점인 원판이다.

(1) 다음을 보이라.

$$\int_{-\infty}^{\infty}\int_{-\infty}^{\infty} e^{-(x^2+y^2)}\,dA = \pi$$

(2) (1)의 특이적분의 정의와 다음은 논리적으로 같음을 설명하라.

$$\iint_{\mathbb{R}^2} f(x,\ y)\,dA = \lim_{a\to\infty}\iint_{S_a} f(x,\ y)\,dA$$

여기서 S_a는 네 꼭짓점이 $(\pm a,\ \pm a)$인 정사각형이다. 이를 이용하여 다음을 보이라.

$$\left(\int_{-\infty}^{\infty} e^{-x^2}dx\right)\left(\int_{-\infty}^{\infty} e^{-y^2}dy\right) = \pi$$

(3) 다음을 유도하라.

$$\int_{-\infty}^{\infty} e^{-x^2}dx = \sqrt{\pi}$$

(4) $t=\sqrt{2}\,x$로 변수 변환해서, 다음을 보이라.

$$\int_{-\infty}^{\infty} e^{-x^2/2}dx = \sqrt{2\pi}$$

18. 다음 곡면의 겉넓이를 구하라.

(1) 직사각형 $[0, 5]\times[1, 4]$ 위에 놓인 평면 $z = 2+3x+4y$의 일부분

(2) 기둥 $x^2+y^2=9$ 안에 놓인 평면 $3x+5y+z=10$의 일부분

(3) 제1팔분공간에 놓인 평면 $3x+2y+z=6$의 일부분

(4) 세 꼭짓점 $(0, 0)$, $(0, 1)$, $(2, 1)$을 갖는 삼각형 위에 놓인 곡면 $z=1+3x+2y^2$의 일부분

(5) xy평면 위에 놓인 포물면 $z=4-x^2-y^2$의 일부분

(6) 곡면 $z=\dfrac{2}{3}(x^{3/2}+y^{3/2})$, $0\le x\le 1$, $0\le y\le 1$

(7) 기둥 $x^2+y^2=1$ 안에 놓인 곡면 $z=xy$의 일부분

(8) 평면 $z=1$ 위에 놓인 구면 $x^2+y^2+z^2=4$의 일부분

(9) 포물면 $z=x^2+y^2$ 안에 놓인 구면 $x^2+y^2+z^2=4z$의 일부분

SECTION

2 삼중적분과 변수변환

2.1 삼중적분

정의 2.1 분할

직육면체 영역

$$B = [a,\ b] \times [c,\ d] \times [r,\ s]$$
$$= \{(x,\ y,\ z) : a \le x \le b,\ c \le y \le d,\ r \le z \le s\}$$

을 삼변수함수 $f(x,\ y,\ z)$의 정의역이라 하자. 구간 $[a,\ b]$, $[c,\ d]$, $[r,\ s]$를 각각 임의의 길이를 갖는 l, m, n개의 부분구간으로 나누고, 이중적분에서와 같이 각 구간의 분할을 생각하고 각 부분구간의 길이를 각각

$$\triangle x_i = x_i - x_{i-1},\ \ 1 \le i \le l,\ \ \triangle y_j = y_j - y_{j-1},\ \ 1 \le j \le m,$$
$$\triangle z_k = z_k - z_{k-1},\ \ 1 \le k \le n$$

라 하자. 그러면 영역 B는 (그림 2.1)과 같이 작은 직육면체

$$B_{ijk} = [x_{i-1},\ x_i] \times [y_{j-1},\ y_j] \times [z_{k-1},\ z_k],$$
$$1 \le i \le l,\ 1 \le j \le m,\ 1 \le k \le n$$

들로 나누어지게 된다. 이를 직육면체 B의 **분할**(partition) P라 한다.

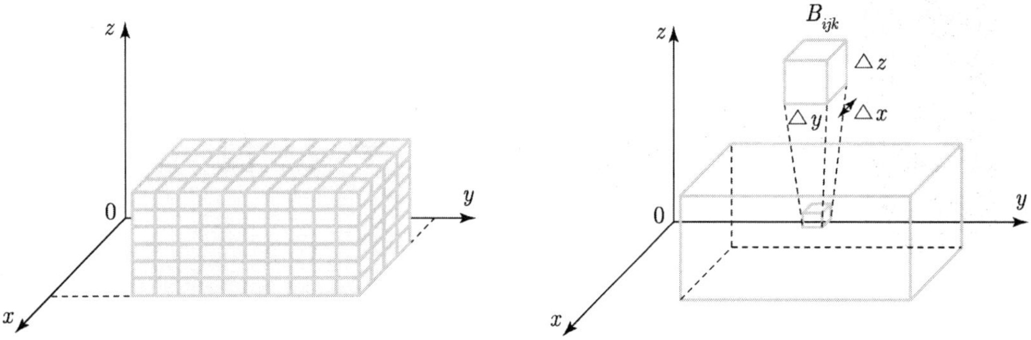

〈그림 2.1〉 영역 B와 B의 분할

직육면체 B_{ijk} 안의 **표본점** $(x_i{}^*, y_j{}^*, z_k{}^*) \in B_{ijk}$에 대하여 **삼중 리만 합**은 다음과 같이 정의된다.

$$\sum_{k=1}^{n} \sum_{j=1}^{m} \sum_{i=1}^{l} f(x_i{}^*,\ y_j{}^*,\ z_k{}^*) \Delta x_j \Delta y_j \Delta z_k = \sum_{i,\ j,\ k} f(x_i{}^*,\ y_j{}^*,\ z_k{}^*) \Delta V_{ijk}$$

여기서 $\Delta V_{ijk} = \Delta x_i \Delta y_j \Delta z_k$이고 이는 직사각형 B_{ijk}의 부피가 된다. 이를 간단히 $\Delta V = \Delta x \Delta y \Delta z$로 나타내자. 이제 Δx_i, Δy_j, Δz_k 중에서 가장 크기가 큰 것을 분할 P의 **크기**(norm)라 하고 $\| P \|$로 나타내자. $\| P \| \to 0$일 때 이 리만 합의 극한이 존재하면 삼변수함수 $f(x,\ y,\ z)$는 직육면체 B에서 **삼중적분 가능하다**고 하고, 그 극한값을 $f(x,\ y,\ z)$의 **삼중적분**이라 하며 다음과 같이 쓴다.

$$\lim_{\| P \| \to 0} \sum_{i,\ j,\ k} f(x_i{}^*,\ y_j{}^*,\ z_k{}^*) \Delta V_{ijk} = \iiint_B f(x,\ y,\ z)\, dV$$

정의역 B에서 f가 연속이면 삼중적분은 항상 존재한다. 또한 이중적분과 같이 삼중적분은 반복적분으로 계산하는 것이 효과적이다. 다음 푸비니 정리는 이를 확인시켜준다.

정리 2.2 삼중적분의 푸비니 정리

직육면체 $B = [a,\ b] \times [c,\ d] \times [r,\ s]$에서 함수 $f(x,\ y,\ z)$가 연속이면 다음이 성립한다.

$$\iiint_B f(x,\ y,\ z)\, dV = \int_r^s \int_c^d \int_a^b f(x,\ y,\ z)\, dx\, dy\, dz$$

푸비니 정리 우변의 반복적분의 뜻은 y와 z를 고정하고 x에 관하여 a부터 b까지 적분하고 그 결과를 다시 z를 고정하고 y에 관하여 c부터 d까지 적분한다. 마지막으로 z에 관하여 r부터 s까지 적분한 값을 나타낸다. 실제로 푸비니 정리의 우변의 반복적분은 고정하는 미지수의 순서에 따라 다음과 같은 여섯 가지 방법으로 나타낼 수 있으며, 모두 값이 같다는 것을 보여준다.

$$dx\,dy\,dz,\quad dx\,dz\,dy,\quad dy\,dx\,dz,\quad dy\,dz\,dx,\quad dz\,dx\,dy,\quad dz\,dy\,dx$$

예제 2.3 $B=[0,\ 1]\times[1,\ 2]\times[0,\ 3]$ 일 때, 삼중적분 $\iiint_B xy^2z^3\,dV$의 값을 구하라.

풀이

반복적분의 순서는 임의로 선택할 수 있으므로 여기서 순서를 $dx\,dy\,dz$로 선택하자. 그러면 다음을 얻는다.

$$\begin{aligned}\iiint_B xy^2z^3\,dV &= \int_0^3\int_1^2\int_0^1 xy^2z^3\,dx\,dy\,dz = \int_0^3\int_1^2\left[\frac{x^2y^2z^3}{2}\right]_{x=0}^{x=1}dy\,dz \\ &= \int_0^3\int_1^2 \frac{y^2z^3}{2}\,dy\,dz = \int_0^3\left[\frac{y^3z^3}{6}\right]_{y=1}^{y=2}dz \\ &= \int_0^3 \frac{7}{6}z^3\,dz = \left[\frac{7}{24}z^4\right]_0^3 = \frac{189}{8}\end{aligned}$$

■

이제 보다 일반적인 영역, 즉 유계이고 닫힌 삼차원 영역(속이 꽉 찬 영역)에서 삼중적분으로 확장해보자. E를 유계이고 닫힌 영역이라 하고, 함수 $f(x,\ y,\ z)$가 E 위에서 정의되었다고 하자. 그리고 B는 E를 포함하는 직육면체라고 하자. B 위에서 함수 F를 E에서는 $f(x,\ y,\ z)$로, E 밖에서는 0으로 정의하자. 만약 F가 E 위에서 삼중적분 가능하면 **E 위에서 f의 삼중적분**은 다음과 같이 정의된다.

$$\iiint_E f(x,\ y,\ z)\,dV = \iiint_B F(x,\ y,\ z)\,dV$$

참고로 이중적분과 같이 함수 F는 E의 경계에서 불연속일 수 있다. 그러나 E의 경계인 곡면이 매우 적합한 경우에는 $\iiint_B F(x,\ y,\ y)\,dV$가 존재하므로 $\iiint_E f(x,\ y,\ z)\,dV$도 존재한다.

영역 E는 다음과 같이 세 가지 형태로 구분하여 생각한다. 첫 번째 형태는 1형이라 불리는 다음과 같은 영역이다.

$$E=\{(x,\ y,\ z)\mid(x,\ y)\in D,\ u_1(x,\ y)\le z\le u_2(x,\ y)\}$$

여기서 D는 영역 E를 xy평면 위로 사영한 것이며, 이를 D_1으로 나타내자. D_1 위에서 영역

E를 나타내는 입체의 아래쪽 경계는 곡면 $z = u_1(x,\ y)$이고, 위쪽 경계는 곡면 $z = u_2(x,\ y)$이 된다(그림 2.2).

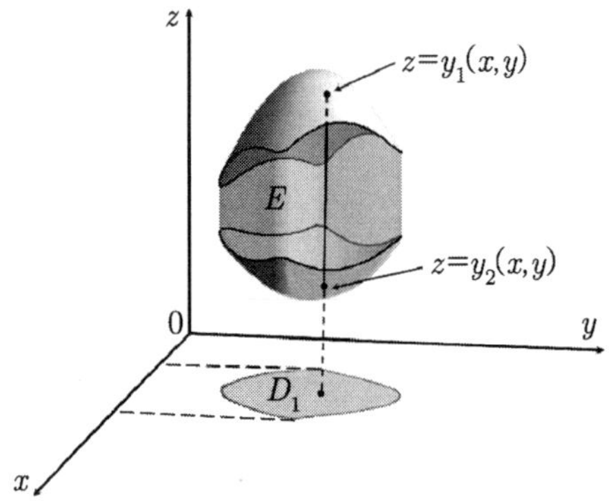

〈그림 2.2〉 1형의 입체영역

이중적분에서 I형의 반복적분을 계산하는 방법과 같이 E가 1형일 때 다음과 같이 계산한다.

$$\iiint_E f(x,\ y,\ z)\,dV = \iint_D \left[\int_{u_1(x,\ y)}^{u_2(x,\ y)} f(x,\ y,\ z)\,dz \right] dA$$

이 적분의 의미는 다음과 같다. 먼저 x와 y를 고정하고 z에 관하여 $z = u_1(x,\ y)$로부터 $z = u_2(x,\ y)$까지 f를 적분한다. 그 결과를 이중적분에서 다루었던 영역 D의 형태에 따라 반복적분한다. 예를 들어 D_1이 I형일 경우, 즉 $D_1 = \{(x,\ y) \mid a \le x \le b,\ g_1(x) \le y \le g_2(x)\}$이라 하며 다음을 얻는다.

$$\begin{aligned}\iiint_E f(x,\ y,\ z)\,dV &= \iint_{D_1} \left[\int_{u_1(x,\ y)}^{u_2(x,\ y)} f(x,\ y,\ z)\,dz \right] dA \\ &= \int_a^b \int_{g_1(x)}^{g_2(x)} \int_{u_1(x,\ y)}^{u_2(x,\ y)} f(x,\ y,\ z)\,dz\,dy\,dx\end{aligned}$$

만약 D가 II형일 경우, 즉 $D_2 = \{(x,\ y) \mid h_1(y) \le x \le h_2(y),\ c \le y \le d\}$라 하고 다음을 얻는다.

$$\begin{aligned}\iiint_E f(x,\ y,\ z)\,dV &= \iint_{D_1} \left[\int_{u_1(x,\ y)}^{u_2(x,\ y)} f(x,\ y,\ z)\,dz \right] dA \\ &= \int_c^d \int_{h_1(x)}^{h_2(x)} \int_{u_1(x,\ y)}^{u_2(x,\ y)} f(x,\ y,\ z)\,dz\,dx\,dy\end{aligned}$$

예제 2.4 E가 네 평면 $x=0,\ y=0,\ z=0,\ x+y+z=1$로 둘러싸인 사면체라 할 때 삼중적분 $\iiint_E x\,dV$의 값을 구하라.

풀이

이중적분에서 다루었듯이 먼저 입체 E의 그림을 그려보는 것이 좋다. (그림 2.3)으로부터 E는 1형으로 생각하고 D는 I형이나 II형으로 생각하면 된다.

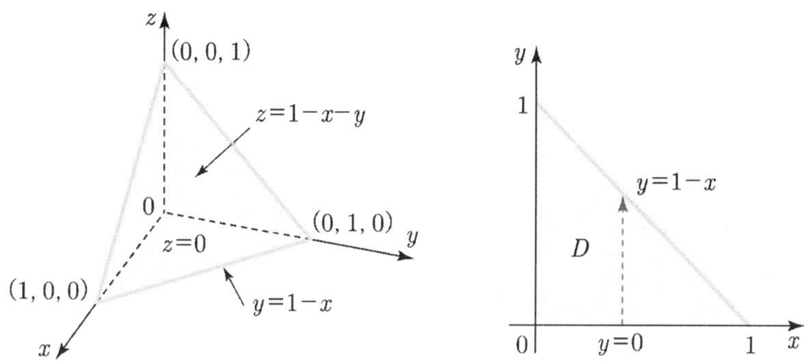

〈그림 2.3〉

평면 $x+y+z=1$과 평면 $z=0$은 직선 $y=1-x$에서 만난다. 따라서 사면체 E를 다음과 같이 나타낼 수 있다.

$$E=\{(x,\ y,\ z)\mid 0\le x\le 1,\ 0\le y\le 1-x,\ 0\le z\le 1-x-y\}$$

1형의 I형으로 삼중적분을 계산하면 다음을 얻는다.

$$\begin{aligned}\iiint_E x\,dV &= \iint_D\left[\int_0^{1-x-y} x\,dz\right]dA\\ &= \int_0^1\int_0^{1-x}\int_0^{1-x-y} x\,dzdydx = \int_0^1\int_0^{1-x}[xz]_0^{1-x-y}dydx\\ &= \int_0^1\int_0^{1-x} x(1-x-y)dydx = \int_0^1\left[xy-x^2y-\frac{1}{2}xy^2\right]_0^{1-x}dx\\ &= \int_0^1\left(\frac{1}{2}x-x^2+\frac{1}{2}x^3\right)dx = \left[\frac{1}{4}x^2-\frac{1}{3}x^3+\frac{1}{8}x^4\right]_0^1 = \frac{1}{24}\end{aligned}$$ ■

두 번째 형태는 2형이라 불리는 다음과 같은 영역이다.

$E=\{(x,\ y,\ z)\mid (y,\ z)\in D,\ u_1(y,\ z)\le x\le u_2(y,\ z)\}$

여기서 D는 영역 E의 yz평면 위로 사영한 것이며 이를 D_2로 나타내자(그림 2.4).

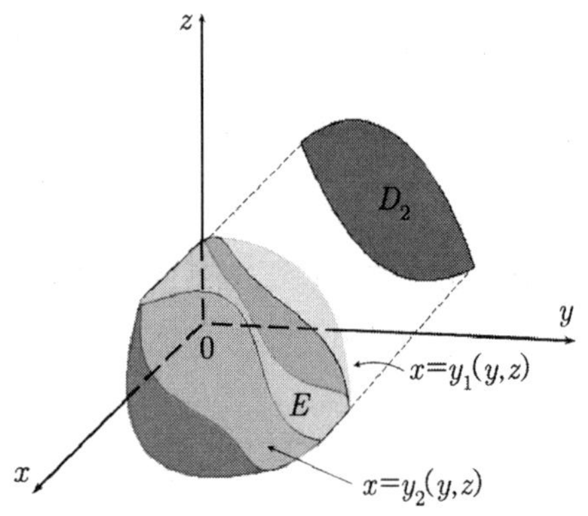

〈그림 2.4〉

1형과 같은 방법으로 2형의 반복적분은 다음과 같이 계산한다.

$$\iiint_E f(x,\ y,\ z)\,dV = \iint_{D_2}\left[\int_{u_1(y,\ z)}^{u_2(y,\ z)} f(x,\ y,\ z)\,dx\right]dA$$

마지막 형태는 **3형**이라 불리는 다음과 같은 영역이다.

$$E = \{(x,\ y,\ z)\,|\,(x,\ z)\in D,\ u_1(x,\ z)\le y\le u_2(x,\ z)\}$$

여기서 D는 영역 E의 xz평면 위로 사영한 것이며 이를 D_3으로 나타내자. D_3 위에서 영역 E를 나타내는 입체의 아래쪽 경계는 곡면 $y = u_1(x,\ z)$이고, 위쪽 경계는 곡면 $y = u_2(x,\ z)$이 된다(그림 2.5).

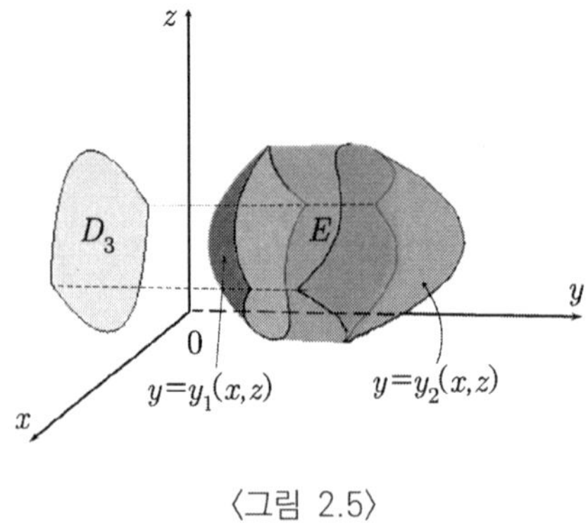

〈그림 2.5〉

위에서 다룬 방법으로 3형의 반복적분은 다음과 같이 계산한다.

$$\iiint_E f(x,\ y,\ z)\,dV = \iint_{D}\left[\int_{u_1(x,\ z)}^{u_2(x,\ z)} f(x,\ y,\ z)\,dy\right]dA$$

삼중적분의 값을 구하기 위해서는 각 변수의 아래끝과 위끝을 결정하는 것이 중요하다. 따라서 여기에 아래끝과 위끝을 결정하는 방법을 간단히 설명하자.

1. 그림 그리기와 적분의 z방향 끝 구하기: 입체의 그림을 수직 사영을 포함하여 그리고 1형, 2형, 3형 중 어느 형을 선택할지를 결정한다. 여기서는 1형을 선택한 것으로 하자. 그리고 영역 D_1 안의 임의의 점 $(x,\ y)$에서 xy평면에 수직선을 그려본다. z값을 증가시키면서 처음 입체 E의 경계와 만나는 곡면의 방정식 $z = u_1(x,\ y)$을 구하고, 계속하여 E의 경계를 떠나면서 만나는 곡면의 방정식 $z = u_2(x,\ y)$를 구한다.

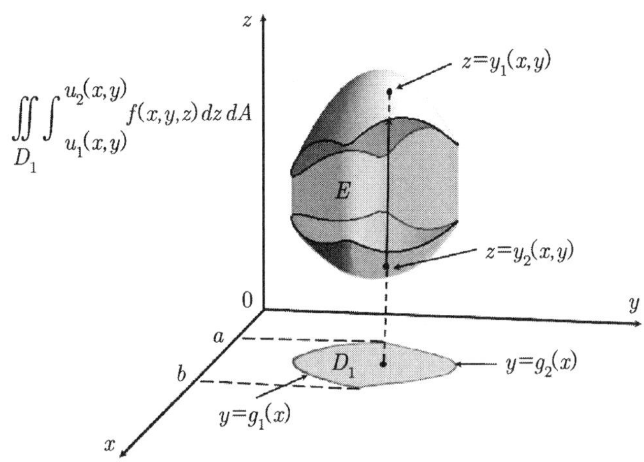

2. 적분의 y방향(또는 x 방향) 끝 구하기: 이제 x(또는 y)를 고정하고 영역 D_1에서 y값을 증가시키면서 영역 D_1과 만나는 곡선의 방정식 $y = g_1(x)$(또는 $x = h_1(y)$)을 구하고, 계속하여 D_1의 경계를 떠나면서 만나는 곡선의 방정식 $y = g_2(x)$(또는 $x = h_2(y)$)를 구한다. 다음 그림을 보자.

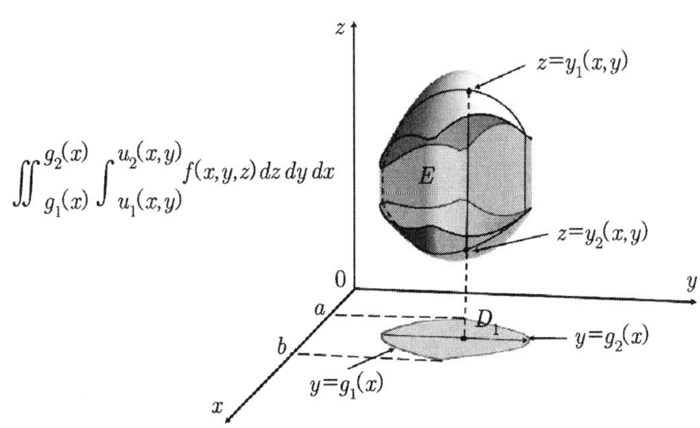

3. x(또는 y)의 아래끝과 위끝 결정하기: y축(또는 x축)과 나란한 직선을 x축(또는 y축)을 따라서 증가시킬 때, 처음으로 D_1과 만나는 가장 작은 값과 큰 값을 찾는다. 그러면 구하는 삼중적분의 반복적분은 다음과 같다.

$$\iiint_E f(x,\ y,\ z)\,dV = \int_a^b \int_{g_1(x)}^{g_2(x)} \int_{u_1(x,\ y)}^{u_2(x,\ y)} f(x,\ y,\ z)\,dz\,dy\,dx$$

또는

$$\iiint_E f(x,\ y,\ z)\,dV = \int_c^d \int_{h_1(x)}^{h_2(x)} \int_{u_1(x,\ y)}^{u_2(x,\ y)} f(x,\ y,\ z)\,dz\,dx\,dy$$

예제 2.5 E가 포물면 $y = x^2 + z^2$과 평면 $y = 9$로 갇힌 영역이라 할 때 삼중적분 $\iiint_E \sqrt{x^2 + z^2}\ dV$의 값을 구하라.

풀이

먼저 입체 E의 그림을 그려보자. 다음 (그림 2.6)으로부터 E는 1형으로 생각하고 D는 I형이나 II형으로 생각하면 된다.

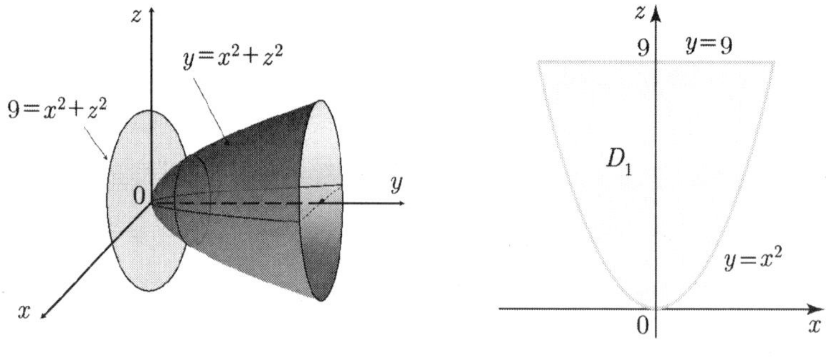

〈그림 2.6〉

1형에서 양 끝을 결정하기 위해 먼저 영역 D_1 안의 임의의 점 $(x,\ y)$에서 xy평면에 수직선을 그린다. 포물면의 방정식 $y = x^2 + z^2$으로부터 $z = \pm\sqrt{y - x^2}$을 얻으므로, 수직선이 처음 입체 E와 만나는 곡면의 방정식은 $z = -\sqrt{y - x^2}$이고 E를 떠나는 곡면의 방정식은 $z = \sqrt{y - x^2}$이다. 이를 이용하여 입체 E를 다음과 같이 나타낼 수 있다.

$$E = \left\{(x,\ y,\ z) \mid -3 \le x \le 3,\ x^2 \le y \le 9,\ -\sqrt{y - x^2} \le z \le \sqrt{y - x^2}\right\}$$

삼중적분의 양 끝을 정하는 방법에 따라서 다음을 얻는다.

$$\iiint_E \sqrt{x^2+z^2}\, dV = \iint_{D_1} \left[\int_{-\sqrt{y-x^2}}^{\sqrt{y-x^2}} \sqrt{x^2+z^2}\, dz \right] dA$$

$$= \int_{-3}^{3} \int_{x^2}^{9} \int_{-\sqrt{y-x^2}}^{\sqrt{y-x^2}} \sqrt{x^2+z^2}\, dz\, dy\, dx$$

그러나 이를 계산하는 것은 매우 복잡하다. 따라서 다른 형태로 E를 생각하자. 이제 그림으로부터 E를 3형이라 하자. 그러면 D_3은 아래 그림과 같이 원판 $x^2+z^2 \le 4$가 된다.

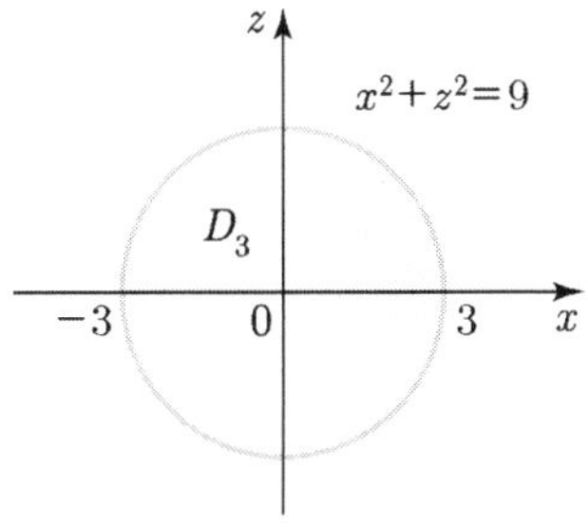

3형에서 양 끝을 결정하기 위해 영역 D_3 안의 임의의 점 $(x,\ z)$에서 xz평면에 수직선을 그린다. 포물면의 방정식 $y = x^2+z^2$과 평면 $y = 9$로부터 수직선이 처음 입체 E와 만나는 곡면은 포물면 $y = x^2+z^2$이고, E를 떠나는 곡면은 평면 $y = 4$이다. 삼중적분의 양 끝을 정하는 방법에 따라서 다음을 얻는다.

$$\iiint_E \sqrt{x^2+z^2}\, dV = \iint_{D_3} \left[\int_{x^2+z^2}^{9} \sqrt{x^2+z^2}\, dy \right] dA = \iint_{D_3} (9-x^2-z^2)\sqrt{x^2+z^2}\, dA$$

영역 D_3는 그 형태가 극좌표로 구하는 것이 편리하므로 다음을 얻는다.

$$\iiint_E \sqrt{x^2+z^2}\, dV = \iint_{D_3} (9-x^2-z^2)\sqrt{x^2+z^2}\, dA$$

$$= \int_0^{2\pi} \int_0^3 (9-r^2)\, r\, r\, dr\, d\theta = \int_0^{2\pi} d\theta \int_0^3 (9r^2-r^4)\, dr$$

$$= 2\pi \left[3r^3 - \frac{r^5}{5} \right]_0^3 = \frac{324}{5}\pi$$

■

예제 2.6 다음 반복적분에서 나타내는 입체를 그리고, 이를 삼중적분으로 나타내라. 또한 적분 순서를 $dx\, dz\, dy$로 바꾸어 나타내라.

$$\int_0^1 \int_0^{x^2} \int_0^y f(x,\ y,\ z)\, dz\, dy\, dx$$

풀이

먼저 입체 E의 그림을 그려보자. 반복적분으로부터 먼저 (x, y)를 고정하였을 때 z의 아래끝이 평면 $z = 0$이고 위끝이 평면 $z = y$이다. 그리고 (x, y)는 영역 D_1에 속한다.

$$D_1 = \{(x,\ y) \mid 0 \le x \le 1,\ 0 \le y \le x^2\}$$

따라서 입체 E와 영역 D_1은 다음 그림과 같다.

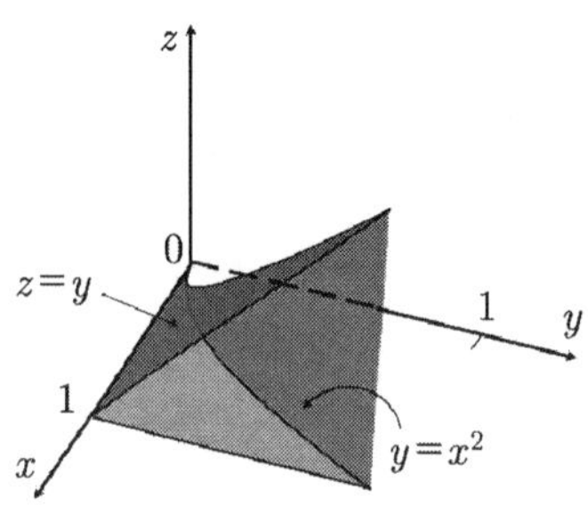

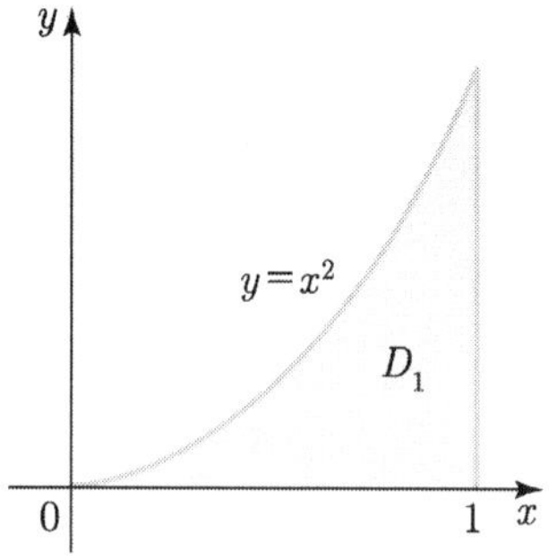

따라서 이 반복적분을 삼중적분으로 나타내면 다음과 같다.

$$\int_0^1 \int_0^{x^2} \int_0^y f(x,\ y,\ z)\,dz\,dy\,dx = \iiint_E f(x,\ y,\ z)\,dV$$

여기서 $E = \{(x, y, z) \mid 0 \le x \le 1,\ 0 \le y \le x^2,\ 0 \le z \le y\}$이다. 또한 yz평면으로의 사영과 xz평면으로의 사영으로 얻어진 영역 D_2와 D_3는 각각 다음과 같다.

$$D_2 = \{(y,\ z) \mid 0 \le y \le 1,\ 0 \le z \le y\}$$

$$D_3 = \{(x,\ z) \mid 0 \le x \le 1,\ 0 \le z \le x^2\}$$

이들 영역의 그림은 다음과 같다.

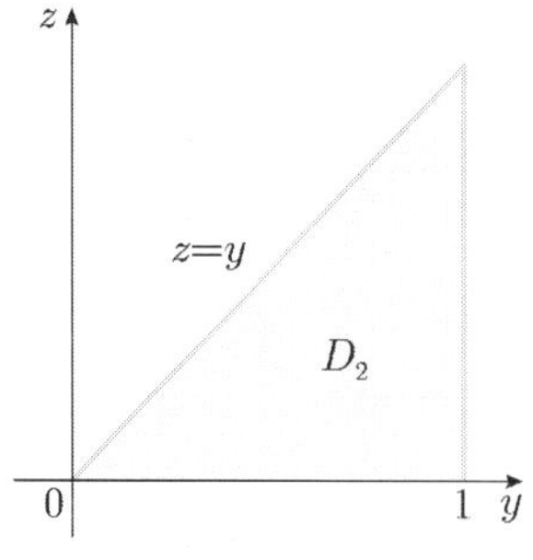

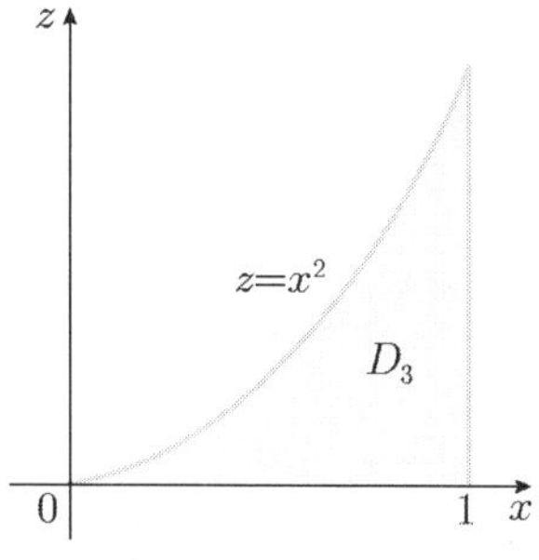

적분순서를 $dx\,dz\,dy$로 바꾸기 위해서 먼저 뒤의 두 변수에 의한 평면 yz평면으로의 사영을 생각해야 한다. 따라서 영역은 D_2를 선택한다. $(y,\ z) \in D_2$에 대하여 x축과 나란한 수직선은 곡선 $x = \sqrt{y}$와 처음 만나서 $x = 1$에서 벗어난다. 따라서 E는 다음과 같이 나타내고, 반복적분도 그에 따라서 주어진다.

$$E = \{(x,\ y,\ z) \mid \sqrt{y} \le x \le 1,\ 0 \le y \le z,\ 0 \le z \le 1\}$$

$$\int_0^1 \int_0^{x^2} \int_0^y f(x,\ y,\ z)\, dz\, dy\, dx = \int_0^1 \int_0^y \int_{\sqrt{y}}^1 f(x,\ y,\ z)\, dx\, dz\, dy \qquad \blacksquare$$

$[a,\ b]$에서 $f(x) \ge 0$일 때 $\int_a^b f(x)\,dx$는 곡선 $f(x)$의 아래와 x축, 그리고 직선 $x = a$와 $x = b$로 둘러싸인 영역의 넓이를 나타내며, 또한 영역 D 위에서 $f(x,\ y) \ge 0$일 때 이중적분 $\iint_D f(x,\ y)\,dA$는 D 위와 곡면 $z = f(x,\ y)$ 아래의 입체의 부피를 나타낸다는 것을 알았다. 그러나 입체 E 위에서 $f(x,\ y,\ z) \ge 0$인 경우에는 $\iiint_E f(x,\ y,\ z)\,dV$의 값은 사차원적인 대상에 대한 것이므로 기하학적인 대상으로 생각하기 어렵다. 그러나 그 삼중적분의 값은 물리적인 상황에서는 매우 유용하게 쓰인다.

만약 E의 모든 점에서 $f(x,\ y,\ z) = 1$인 상수함수라면, 삼중적분 $\iiint_E 1\,dV$의 정의로부터 E의 부피를 나타낸다. 즉

$$\sum_{i,\ j,\ k} f(x_i^*,\ y_j^*,\ z_k^*)\Delta V_{ijk} = \sum_{i,\ j,\ k} 1\,\Delta V_{ijk} \Rightarrow \lim_{\|P\| \to 0} \sum_{i,\ j,\ k} \Delta V_{ijk} = \iiint_E dV$$

참고로 $E = \{(x,\ y,\ z) \mid (x,\ y) \in D_1,\ u_1(x,\ y) \le z \le u_2(x,\ y)\}$인 경우에는 다음을 얻는다.

$$\iiint_E dV = \iint_{D_1} \left\{ \int_{u_1(x,\ y)}^{u_2(x,\ y)} dz \right\} dA = \iint_{D_1} \{u_2(x,\ y) - u_1(x,\ y)\}\, dA$$

이 이중적분은 영역 D_1 위의 두 곡면 $u_1(x,\ y)$와 $u_2(x,\ y)$ 사이에 놓인 입체의 부피와 같다.

예제 2.7 삼중적분을 이용하여 네 평면 $x + y + z = 1$, $x = y$, $x = 0$, $z = 0$으로 갇힌 사면체 T의 부피를 구하라.

풀이

먼저 사면체 T의 그림은 다음과 같다.

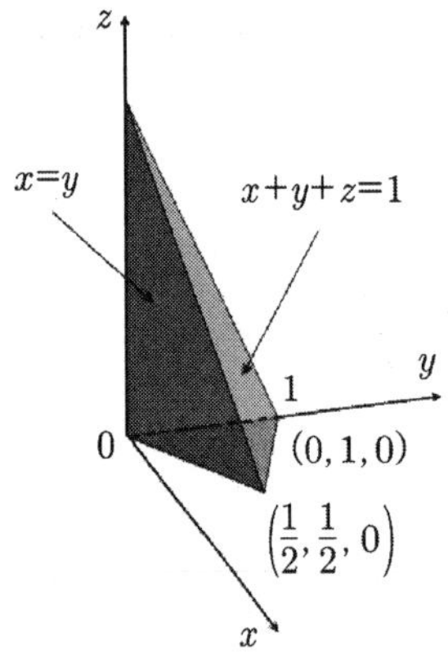

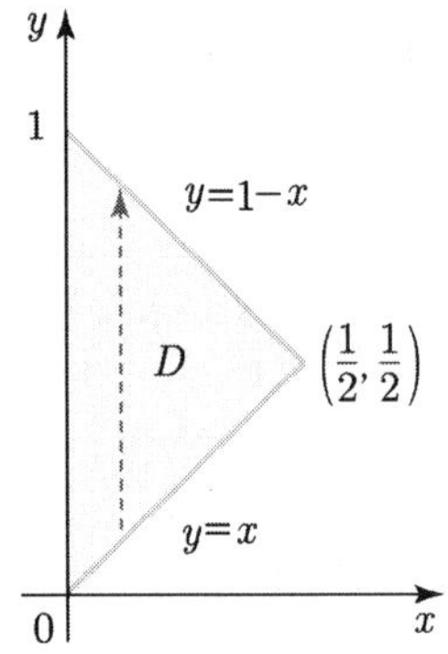

위 그림에서 T를 1형으로 생각할 수 있다. 즉

$$T=\left\{(x,\ y,\ z)\mid 0\le x\le \frac{1}{2},\ x\le y\le 1-x,\ 0\le z\le 1-x-y\right\}$$

이다. 따라서 구하는 사면체 T의 부피는 다음과 같다.

$$V(T)=\iiint_T dV=\int_0^{\frac{1}{2}}\int_x^{1-x}\int_0^{1-x-y}dzdydx$$

$$=\int_0^{\frac{1}{2}}\int_x^{1-x}(1-x-y)dydx=\int_0^1\left[y-xy-\frac{1}{2}y^2\right]_x^{1-x}dx$$

$$=\int_0^{\frac{1}{2}}\left(\frac{1}{2}-2x+2x^2\right)dx=\frac{1}{10}$$

■

예제 2.8 두 곡면 $z=x^2+y^2$과 $z=32-x^2-y^2$으로 둘러싸인 입체 E의 부피를 구하라.

풀이

$x^2+y^2=32-x^2-y^2$일 때 $x^2+y^2=16$, $z\ge 0$으로부터 두 곡면이 만나는 점들의 집합의 xy평면의 사영은 원이 된다. 이때 입체 E의 그림은 오른쪽과 같다.

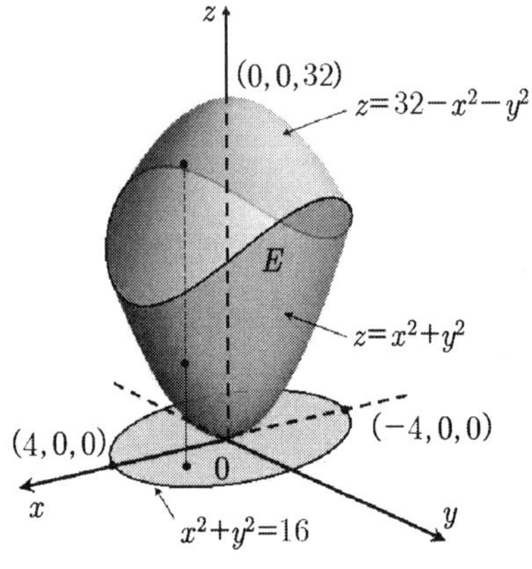

따라서 두 곡면으로 갇힌 영역 E는 다음과 같이 1형으로 나타낼 수 있다.

$$E=\{(x,y,z)\mid (x,y)\in D,\ x^2+y^2\le z\le 32-x^2-y^2\}$$

따라서 E의 부피는 다음과 같다.

$$V(E)=\iiint_E dV=\int_{-4}^{4}\int_{-\sqrt{16-x^2}}^{\sqrt{16-x^2}}\int_{x^2+y^2}^{32-x^2-y^2}dzdydx$$

$$=\int_{-4}^{4}\int_{-\sqrt{16-x^2}}^{\sqrt{16-x^2}}(32-2x^2-2y^2)dydx$$

$$=4\int_0^4\int_0^{\sqrt{16-x^2}}(32-2x^2-2y^2)dydx$$

$$=4\int_0^4\left[32y-2x^2y-\frac{2}{3}y^3\right]_0^{\sqrt{16-x^2}}dx$$

$$=4\int_0^4\left(32\sqrt{16-x^2}-2x^2\sqrt{16-x^2}-\frac{2}{3}(16-x^2)^{3/2}\right)dx=256\pi$$ [15]

(별해) 이중적분의 극좌표로의 변환을 이용하여 다음과 같이 계산할 수 있다.

$$4\int_0^{\frac{\pi}{2}}\int_0^4(32-2r^2)rdrd\theta=256\pi$$ ■

삼중적분도 이중적분과 같은 성질이 있다.

정리 2.9 삼중적분의 기본성질

유계 영역 E 위에서 연속인 함수 $f(x,\ y,\ z)$와 $g(x,\ y,\ z)$에 대하여 다음이 성립한다.

1. 상수곱: $\iiint_E cf(x,\ y,\ z)dV=c\iiint_E f(x,\ y,\ z)dV$ (c는 상수)
2. 합과 차: $\iiint_E (f(x,y,z)\pm g(x,y,z))dV=\iiint_E f(x,y,z)dV\pm\iiint_E g(x,y,z)dV$
3. 영역 E에서 $f(x,\ y,\ z)\geq 0$이면 다음이 성립한다.

   $$\iiint_E f(x,\ y,\ z)dV\geq 0$$

   또한 영역 E에서 $f(x,\ y,\ z)\geq g(x,\ y,\ z)$이면 다음이 성립한다.

   $$\iiint_E f(x,\ y,\ z)dV\geq\iiint_E g(x,\ y,\ z)dV$$

4. 영역 E가 서로 겹치지 않는 두 입체 E_1과 E_2의 합으로 이루어졌다면 다음이 성립한다.

   $$\iiint_E f(x,\ y,\ z)dV=\iiint_{E_1}f(x,\ y,\ z)dV+\iiint_{E_2}f(x,\ y,\ z)dV$$

15) 적분방법 $x=4\sin t$로 두고 $dx=4\cos t\,dt$인 치환적분법을 사용한다.

2.2 원기둥좌표와 구면좌표에서 삼중적분

물리학과 공학, 기하학에서 계산을 하는 과정에 원기둥좌표나 구면좌표를 사용하면 매우 편리할 때가 있다. 여기서는 직교좌표계 외에 좌표를 다루는 두 가지 좌표계를 소개한다.

원기둥좌표계

평면 기하학에서 극좌표 체계를 이용하면 특정한 곡선이나 영역을 편리하게 표현할 수 있음을 보았다. 다음 그림에서 보듯이 평면 위의 점에 대하여 직교좌표로 나타낸 $(x,\ y)$와 극좌표로 나타낸 $(r,\ \theta)$와의 관계는 다음과 같다.

$$x = r\cos\theta,\quad y = r\sin\theta,\quad r^2 = x^2 + y^2,\quad \tan\theta = \frac{y}{x}$$

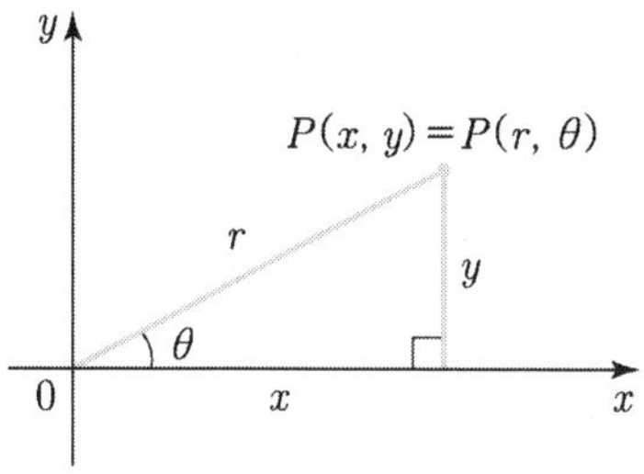

삼차원 공간에서는 원기둥(또는 원통)좌표라는 좌표체계가 있으며 이는 평면의 극좌표계를 약간 확장한 것이다. 원기둥좌표 체계 또는 원기둥좌표계는 직교좌표계의 $(x,\ y,\ z)$로 나타내는 삼차원 공간의 한 점을 $(r,\ \theta,\ z)$로 나타내는 것이다.

정의 2.10 원기둥좌표계

원기둥좌표계의 정의: 원기둥좌표계는 삼차원 공간 위에 있는 점 P를 다음 조건을 갖는 순서 조 $(r,\ \theta,\ z)$로 나타낸다.

1. r과 θ는 점 P를 xy평면으로 사영했을 때 극좌표를 나타낸다.
2. z는 직교좌표계의 수직 방향 좌표계이다.

다음 (그림 2.7)을 보자.

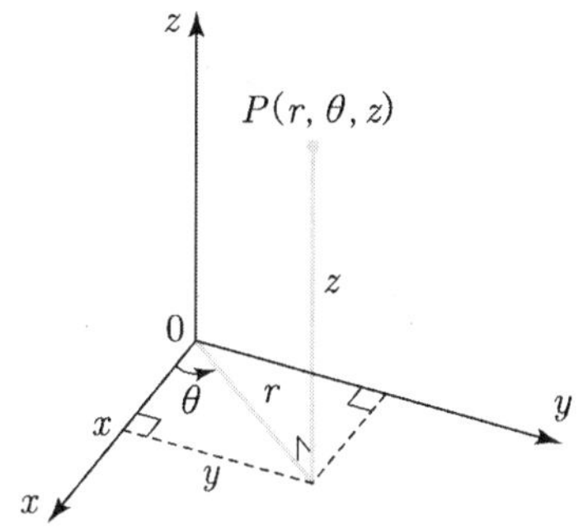

〈그림 2.7〉

직교좌표와 원기둥좌표의 관계식은 다음과 같다.

$$x = r\cos\theta, \quad y = r\sin\theta, \quad z = z$$

$$r^2 = x^2 + y^2, \quad \tan\theta = \frac{y}{x}$$

이들 관계식은 원기둥좌표와 직교좌표를 서로 변환할 때 매우 유용하게 쓰인다.

원기둥좌표에서 다루고자 하는 입체들의 특징을 알기 위해서는 다음 방정식들이 나타내는 곡면의 특징을 알아 두는 것이 좋다. 이 그림의 특징으로부터 원기둥좌표의 이름이 붙었다. (그림 2.8)을 보자.

$$r = a, \quad \theta = \theta_0, \quad z = z_0$$

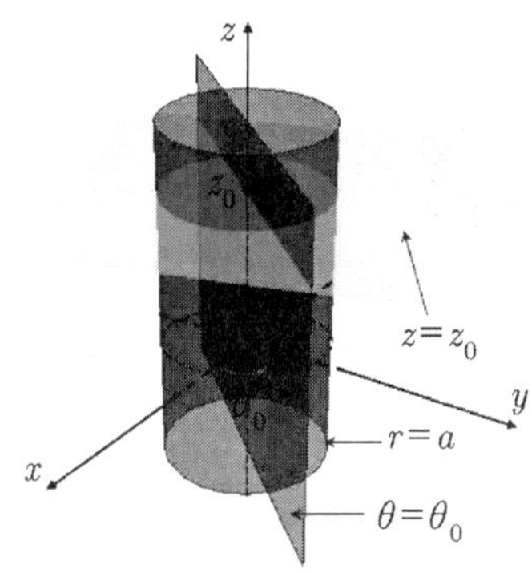

〈그림 2.8〉

예제 2.11 (1) 원기둥좌표가 $(2,\ 2\pi/3,\ 1)$인 점을 좌표 공간에 표시하고, 직교좌표를 구하라.

(2) 직교좌표가 $(4,\ -4,\ -8)$인 점의 원기둥좌표를 구하라.

풀이

(1) 원기둥좌표와 직교좌표의 변환 식을 이용하면 다음을 얻는다.

$$x = r\cos\theta = 2\cos(2\pi/3) = -1,$$

$$y = r\sin\theta = 2\sin(2\pi/3) = \sqrt{3},$$

$$z = 1$$

또한 이 점의 위치는 다음 (그림 2.9)와 같다.

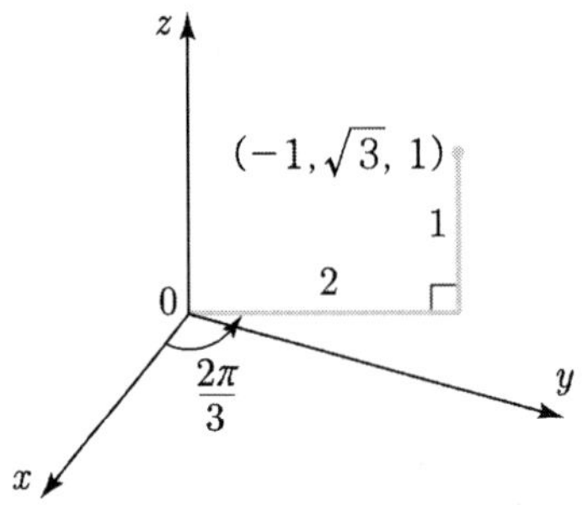

〈그림 2.9〉

(2) 같은 변환 식으로부터 다음을 얻는다.

$$r = \sqrt{4^2 + (-4)^2} = 4\sqrt{2}$$

$$\tan\theta = \frac{-4}{4} = -1 \Rightarrow \theta = \frac{7}{4}\pi + 2n\pi \quad (n \in \mathrm{N})$$

$$z = -8$$

예제 2.12 원기둥좌표로 방정식이 $z = r$인 곡면을 설명하라.

풀이

곡면을 이해를 돕기 위해 이를 직교좌표로 변환하여 보자.

$$z = r = \sqrt{x^2 + y^2} \Rightarrow z^2 = r^2 = x^2 + y^2$$

이 식으로부터 이 곡면이 z축으로부터의 각이 $\pi/4$인 원뿔을 나타냄을 알 수 있다. 또한 식으로부터 곡면의 각 점의 높이(z의 값)와 z축으로부터의 거리(r의 값)가 같다는 것을 알 수 있다. 따라서 식이 θ에 무관하므로, $\theta = \alpha$, $\alpha \in \mathbb{R}$ 인 평면에 대하여 기울기가 1인 직선을 이룬다. 따라서 구하는 곡면은 z축으로부터의 각이 $\pi/4$인 원뿔이다. 다른 방법으로 $z = k$ $(k > 0)$인 임의의 평면과 곡면의 자국은 반지름이 k인 원을 이룬다. 이로부터 주어진 곡면이 원뿔임을 확인할 수 있다(그림 2.10).

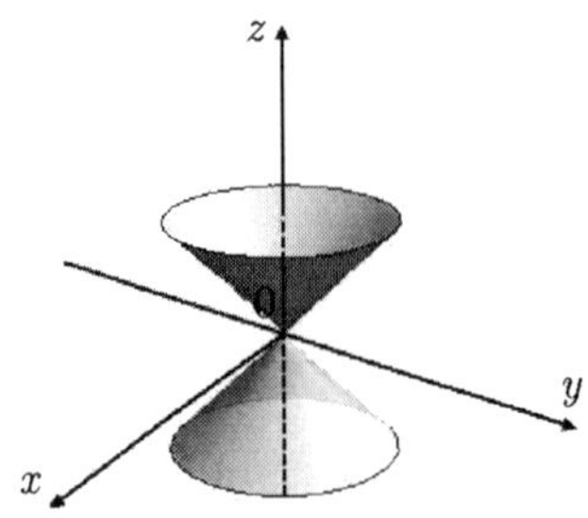

〈그림 2.10〉 원뿔 $z = r$ ■

원기둥좌표를 이용하여 입체 영역 E 위에서 삼중적분을 계산하기 위하여 먼저 E를 각 변수 구간을 분할하여 n개의 작은 원기둥 쐐기 조각으로 분할하자. 한 점 $(r_k,\ \theta_k,\ z_k)$를 포함하는 작은 원기둥 쐐기 조각의 각 모서리가 각각 $\triangle r_k$, $\triangle \theta_k$, $\triangle z_k$라 하고, 모든 쐐기 조각 중에 가장 큰 단위를 그 분할의 노름이라 하자. E의 삼중적분을 이 쐐기 조각들의 리만 합에 대한 극한으로 정의하자. 직교좌표에서 다루는 방법과 같이 먼저 작은 원기둥 쐐기 조각의 부피를 구하자. 주어진 쐐기 조각의 부피 $\triangle V$는 밑면의 넓이 곱하기 높이이다. 밑면은 부채꼴의 일부이므로 그 넓이는 $r\triangle r\triangle\theta$가 되고, 또한 높이는 $\triangle z$가 된다(그림 2.11).

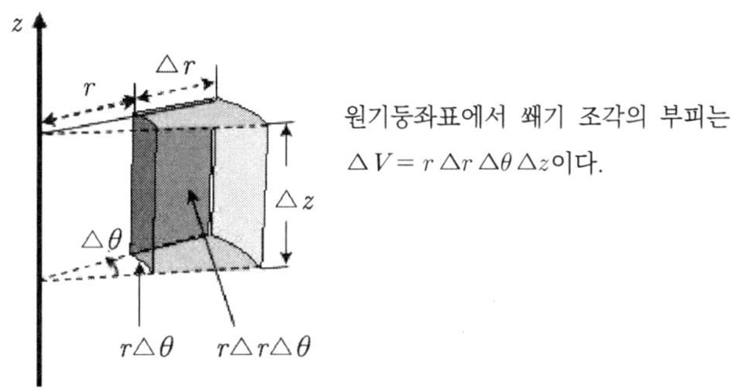

〈그림 2.11〉

k번째 쐐기 조각에 있는 한 점 $(r_k,\ \theta_k,\ z_k)$에 대하여 밑면의 넓이는 $\triangle A_k = r_k \triangle r_k \triangle \theta_k$가 된다. 따라서 쐐기의 부피는 $\triangle V_k = \triangle z_k r_k \triangle r_k \triangle \theta_k$이고 영역 E 위에서 f에 대응하는 리만 합은 다음과 같다.

$$S_n = \sum_{k=1}^{n} f(r_k,\ \theta_k,\ z_k) \triangle z_k r_k \triangle r_k \triangle \theta_k$$

따라서 영역 E 위에서 연속인 함수 f 의 **원기둥좌표에서 삼중적분**은 다음과 같다.

$$\lim_{n\to\infty} S_n = \iiint_E f\, dV = \iiint_E f\ dz\, r\, dr\, d\theta$$

원기둥좌표에서 삼중적분의 반복적분으로 계산된다.

원기둥좌표를 이용한 삼중적분의 반복적분의 양 끝을 결정하는 방법을 알아보자. 먼저 입체 영역 E가 1형이고, xy평면 위로의 사영 D를 극좌표로 간편하게 나타낼 수 있다고 가정하자. 즉

$$E = \{(x,\ y,\ z) \mid (x,\ y) \in D,\ u_1(x,\ y) \le z \le u_2(x,\ y)\}$$

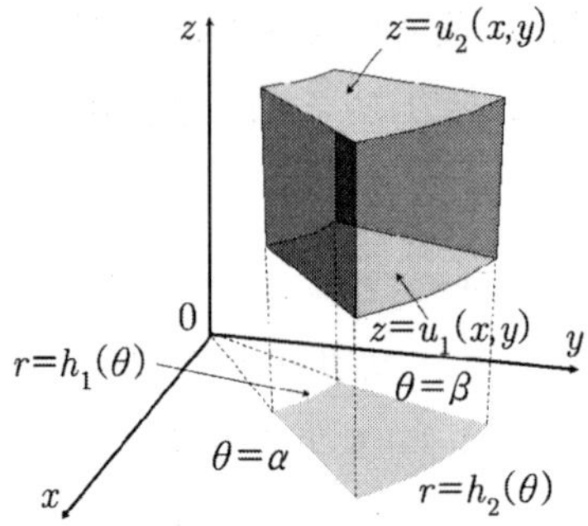

〈그림 2.12〉

여기서 D는 다음과 같이 극좌표로 주어진다(그림 2.12).

$$D=\{(r,\ \theta)\mid \alpha\le\theta\le\beta,\ h_1(\theta)\le r\le h_2(\theta)\}$$

만약 f가 E에서 연속이면, 다음을 알 수 있다.

$$\iiint_E f(x,\ y,\ z)\,dV=\iint_D\left\{\int_{u_1(x,\ y)}^{u_2(x,\ y)} f(x,\ y,\ z)\,dz\right\}dA$$

$g(x,\ y)=\displaystyle\int_{u_1(x,\ y)}^{u_2(x,\ y)} f(x,\ y,\ z)\,dz$라 하면, $\displaystyle\iiint_E f(x,\ y,\ z)\,dV=\iint_D g(x,\ y)\,dA$가 된다.

그러면 극좌표 영역 D에서의 이중적분을 계산하는 것과 같이 다음을 얻는다.

$$\iint_D g(x,\ y)\,dA=\int_\alpha^\beta\int_{h_1(\theta)}^{h_2(\theta)} g(r\cos\theta,\ r\sin\theta)\,r\,dr\,d\theta$$

가 된다. 따라서 다음을 얻는다.

$$\iiint_E f(x,\ y,\ z)\,dV=\int_\alpha^\beta\int_{h_1(\theta)}^{h_2(\theta)}\int_{u_1(r\cos\theta,\ r\sin\theta)}^{u_2(r\cos\theta,\ r\sin\theta)} f(r\cos\theta,\ r\sin\theta,\ z)\,r\,dz\,dr\,d\theta$$

예제 2.13 $\displaystyle\int_{-3}^{3}\int_{-\sqrt{9-x^2}}^{\sqrt{9-x^2}}\int_{\sqrt{x^2+y^2}}^{3}(x^2+y^2)\,dz\,dy\,dx$의 값을 구하라.

풀이

이 삼중적분의 영역인 입체 E를 먼저 생각하자. 먼저 xy평면의 고정된 점 $(x,\ y)$에 대하여 z는 원뿔 $z=\sqrt{x^2+y^2}$으로부터 평면 $z=3$까지 적분한다. xy평면 위의 영역 D는 고정된 x에 대하여 y는 $y=-\sqrt{9-x^2}$으로부터 $y=\sqrt{9-x^2}$까지 적분한 다음 x를 -3부터 3까지 적분한다. 따라서 구하는 D는 원점이 중심이고 반지름이 3인 원판 $x^2+y^2\le 9$이다. 따라서 원기둥좌표로

$$D = \{(r,\ \theta) \mid 0 \le r \le 3,\ 0 \le \theta \le 2\pi\}$$

가 된다. 따라서 E는 다음과 같이 나타낼 수 있다(그림 2.13).

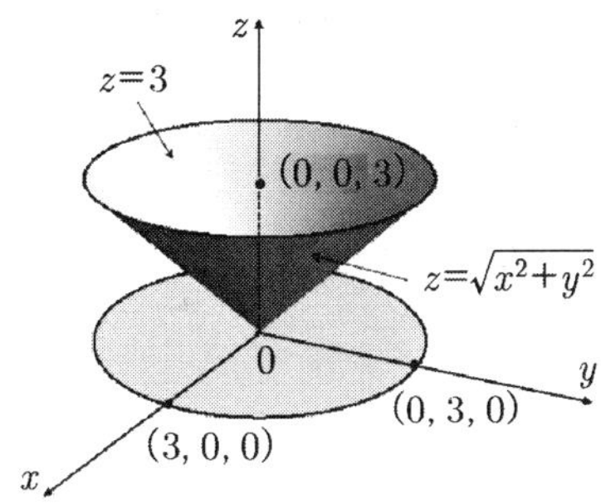

〈그림 2.13〉

$$E = \{(r,\ \theta,\ z) \mid 0 \le r \le 3,\ 0 \le \theta \le 2\pi,\ r \le z \le 3\}$$

따라서 다음을 얻는다.

$$\int_{-3}^{3}\int_{-\sqrt{9-x^2}}^{\sqrt{9-x^2}}\int_{\sqrt{x^2+y^2}}^{3}(x^2+y^2)\,dz\,dy\,dx$$

$$= \iiint_E (x^2+y^2)\,dV = \int_0^{2\pi}\int_0^3\int_r^3 r^2\,r\,dz\,dr\,d\theta$$

$$= \int_0^{2\pi} d\theta \int_0^3 r^3(3-r)\,dr = \frac{243}{10}\pi$$ ■

구면좌표계

삼차원에서 유용한 또 다른 좌표 체계로 **구면좌표 체계**(또는 **구면좌표계**)가 있다. 이를 이용하여 구면이나 원뿔로 둘러싸인 영역 위에서의 삼중적분의 값을 간단하게 찾을 수 있다.

정의 2.14 구면좌표계

구면좌표계에서는 공간의 점 $(\rho,\ \theta,\ \phi)$을 (그림 2.9)에서와 같이 두 각과 하나의 거리를 이용하여 나타낸다. 처음 좌표 ρ는 원점에서 주어진 점까지의 거리를 나타낸다. 여기서 원기둥좌표의 r과 다르게 ρ는 항상 0보다 크거나 같다. 즉 $\rho \ge 0$이다. 두 번째 좌표 ψ는 양의 z축으로부터 원점과 점을 잇는 반직선 사이의 각을 나타내며 구간 $[0,\ \pi]$의 값이다. 즉 $0 \le \phi \le \pi$이다. 세 번째 좌표 θ는 원기둥좌표의 값과 같다.

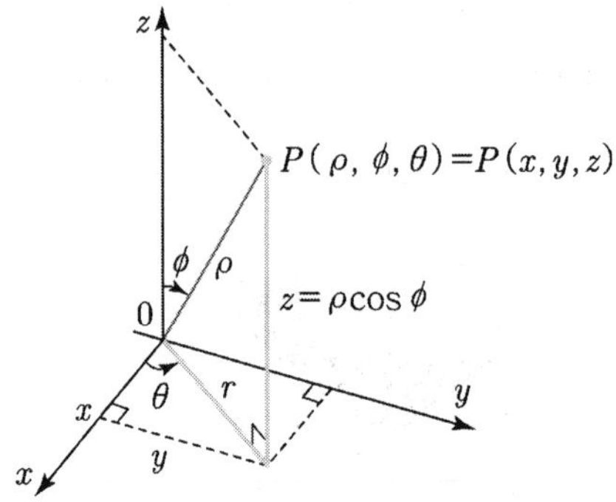

〈그림 2.14〉

원기둥좌표와 같이 다루는 입체들의 특징을 알기 위해서는 다음 방정식들이 나타내는 곡면의 특징을 알아 두는 것이 좋다. 이 그림의 특징으로부터 구면좌표의 이름이 붙었다(그림 2.15).

$$\rho = a, \quad \phi = \phi_0, \quad \theta = \theta_0$$

또한 (그림 2.14)를 이용하면 직교좌표와 구면좌표 사이의 관계와 원기둥좌표와의 관계는 다음과 같다.

$$r = \rho \sin\phi, \qquad x = r\cos\theta = \rho\sin\phi\cos\theta$$
$$z = \rho\cos\phi, \qquad y = r\sin\theta = \rho\sin\phi\sin\theta$$
$$\rho = \sqrt{x^2 + y^2 + z^2} = \sqrt{r^2 + z^2}$$

아래 (그림 2.15)는 구면좌표계로 나타낸 입체도형들이다.

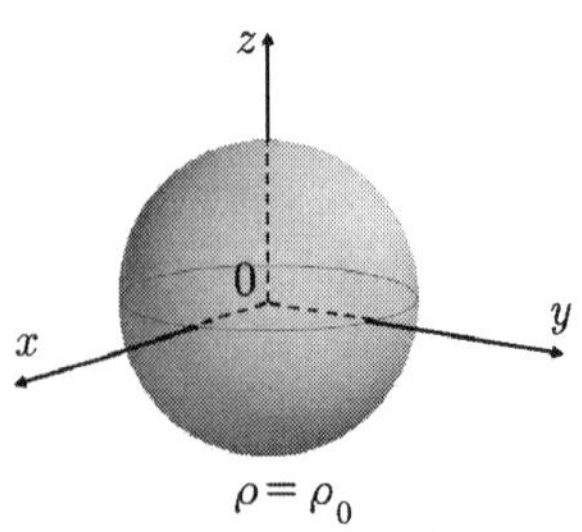

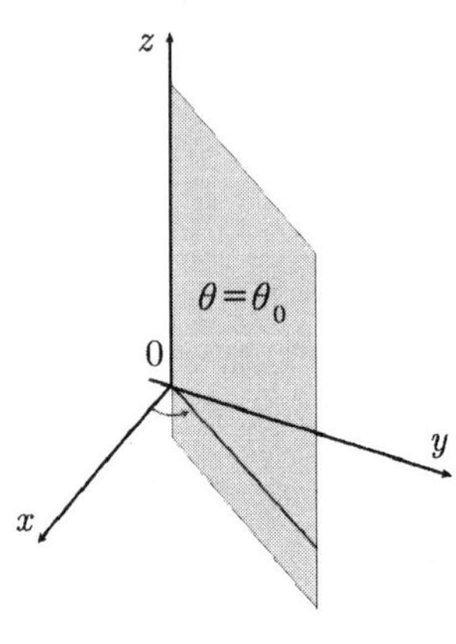

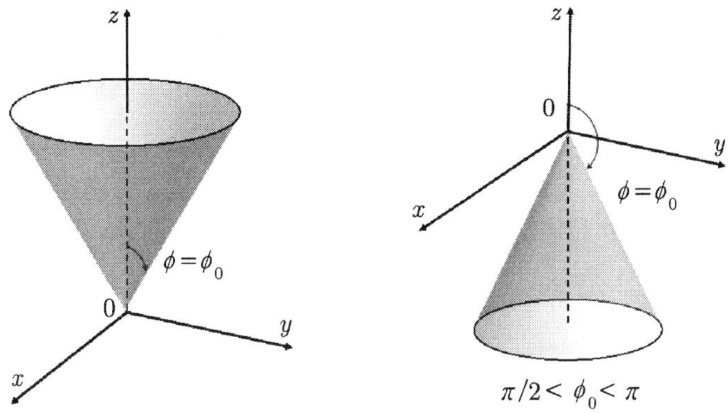

〈그림 2.15〉

예제 2.15 구면좌표가 $\left(2,\ \frac{\pi}{4},\ \frac{\pi}{6}\right)$인 점을 좌표 공간에 표시하고, 이 점의 직교좌표를 구하라.

풀이

구면좌표와 직교좌표의 관계식으로부터 이 점의 직교좌표를 구하자.

$$x = \rho\sin\phi\cos\theta = 2\sin\frac{\pi}{6}\cos\frac{\pi}{4} = 2\left(\frac{1}{2}\right)\left(\frac{1}{\sqrt{2}}\right) = \frac{1}{\sqrt{2}}$$

$$y = \rho\sin\phi\sin\theta = 2\sin\frac{\pi}{6}\sin\frac{\pi}{4} = 2\left(\frac{1}{2}\right)\left(\frac{1}{\sqrt{2}}\right) = \frac{1}{\sqrt{2}}$$

$$z = \rho\cos\phi = 2\cos\frac{\pi}{6} = 2\times\frac{\sqrt{3}}{2} = \sqrt{3}$$

그러므로 점 $(2,\ \frac{\pi}{4},\ \frac{\pi}{6})$의 직교좌표는 $\left(\frac{1}{\sqrt{2}},\ \frac{1}{\sqrt{2}},\ \sqrt{3}\right)$이다. ■

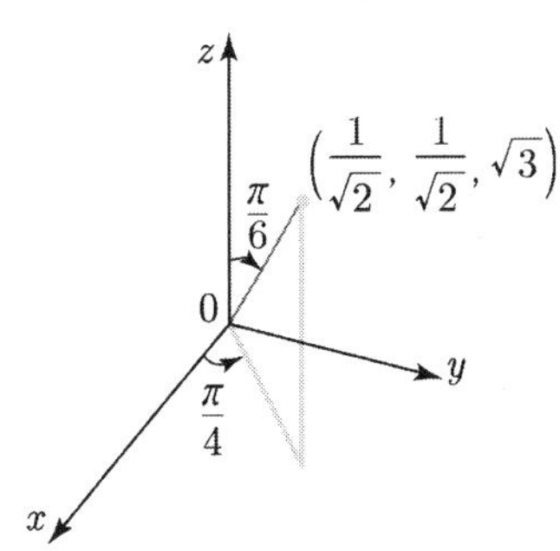

예제 2.16 직교좌표가 $(0,\ 2\sqrt{3},\ 2)$인 점의 구면좌표를 구하라.

풀이

구면좌표와 직교좌표의 관계식으로부터 이 점의 구면좌표를 구하자. 먼저 ρ의 값을 구하면 다음과 같다.

$$\rho = \sqrt{x^2+y^2+z^2} = \sqrt{0+12+4} = 4$$

따라서 다음을 얻는다.

$$\cos\phi = \frac{z}{\rho} = \frac{2}{4} = \frac{1}{2}, \qquad \phi = \frac{\pi}{3}$$
$$\cos\theta = \frac{x}{\rho\sin\phi} = 0, \qquad \theta = \frac{\pi}{2}$$

여기서 $y = 2\sqrt{3} > 0$이므로 $\theta \neq 3\pi/2$이다. 따라서 구하는 점은 $\left(4,\ \frac{\pi}{2},\ \frac{\pi}{3}\right)$이다. ■

구면좌표를 이용하여 입체 영역 E 위에서 삼중적분을 계산하기 위하여 E를 각 변수 구간을 분할하여 n개의 작은 구면 쐐기 조각으로 분할하자. 한 점 $(\rho_k,\ \theta_k,\ \phi_k)$을 포함하는 작은 구면 쐐기 조각 E_k의 세 모서리를 각각 $\triangle\rho_k$, $\triangle\theta_k$, $\triangle\phi_k$라 하자.

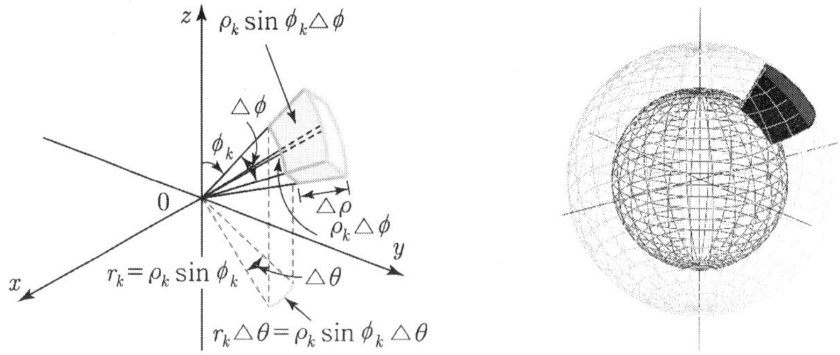

〈그림 2.16〉

(그림 2.16)에서 보듯이 E_k는 대략 인접한 세 모서리가 각각 $\triangle\rho_k$, $\rho_k\triangle\phi_k$(반지름이 ρ_k이고 중심각이 $\triangle\phi_k$인 호의 길이), $\rho_k\sin\phi_k\triangle\theta_k$(반지름이 $\rho_k\sin\phi_k$이고 중심각이 $\triangle\theta_k$인 호의 길이)인 직육면체이다. 따라서 구면 쐐기 조각의 부피 $\triangle V_k$는 다음과 같은 근삿값을 갖는다.

$$\triangle V_k \approx (\triangle\rho_k)(\rho_k\triangle\phi_k)(\rho_k\sin\phi_k\triangle\theta_k) = \rho_k^2\sin\phi_k\triangle\rho_k\triangle\theta_k\triangle\phi_k$$

영역 E 위에서 f에 대응하는 리만 합은 다음과 같다.

$$S_n \approx \sum_{k=1}^{n} f(\rho_k,\ \phi_k,\ \theta_k)\rho_k^2\sin\phi_k\triangle\rho_k\triangle\theta_k\triangle\phi_k$$

따라서 영역 E 위에서 연속인 함수 f의 **구면좌표에서 삼중적분**은 다음과 같다.

$$\lim_{n \to \infty} S_n = \iiint_E f(\rho, \phi, \theta)\, dV = \iiint_E f(\rho, \phi, \theta)\, \rho^2 \sin\phi\, d\rho\, d\theta\, d\phi$$

여기서 $E = \{(\rho, \theta, \phi) \mid \alpha \le \theta \le \beta,\ c \le \phi \le d,\ g_1(\phi, \theta) \le \rho \le g_2(\phi, \theta)\}$이다. 또한 이 경우 다음과 같이 나타낸다.

$$dV = \rho^2 \sin\phi\, d\rho\, d\theta\, d\phi$$

구면좌표를 이용한 삼중적분의 반복적분의 양 끝을 결정하는 방법을 알아보자.

1. 먼저 입체 영역 E가 다음과 같다고 하고 그림을 그려본다.

$$E = \{(\rho, \theta, \phi) \mid \alpha \le \theta \le \beta,\ c \le \phi \le d,\ g_1(\phi, \theta) \le \rho \le g_2(\phi, \theta)\}$$

다음으로 E 안 영역의 고정된 θ와 ϕ를 생각하자. 즉 $\theta = \theta_0$, $\phi = \phi_0$라 하자. 그러면 다음과 같은 그림을 얻는다.

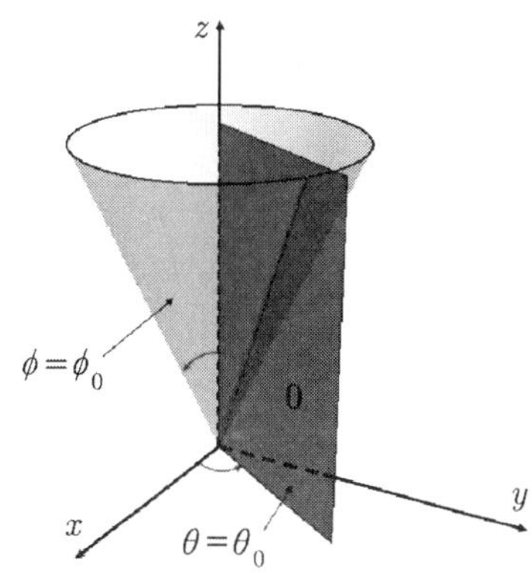

이제 원뿔과 평면이 만나는 반직선이 원점으로부터 멀어질 때, 처음으로 영역 E와 만나는 점의 값 $\rho = g_1(\theta, \phi)$(원점으로부터의 거리가 $g_1(\theta, \phi)$)과 마지막으로 E를 떠나는 점의 값 $\rho = g_2(\theta, \phi)$(원점으로부터의 거리가 $g_2(\theta, \phi)$)을 구한다.

2. 다음으로 1에서 고정된 θ(또는 ϕ)는 그대로 두고 ϕ(또는 θ)를 증가시키면서 처음 영역 E와 만나는 값 $\phi = \phi_{\min}$(또는 $\theta = \theta_{\min}$)과 E를 떠나는 값 $\phi = \phi_{\max}$(또는 $\theta = \theta_{\max}$)을 구한다.

3. 마지막으로 θ(또는 ϕ)를 증가시켜 처음 영역 E와 만나는 값 $\theta = \theta_{\min}$(또는 $\phi = \phi_{\min}$)과 E를 떠나는 값을 $\theta = \theta_{\max}$(또는 $\phi = \phi_{\max}$)을 구한다.

4. 마지막으로 이를 정리하면 삼중적분의 반복적분은 다음과 같이 된다.

$$\iiint_E f(\rho,\ \theta,\ \phi)\,dV = \int_{\phi_{\min}}^{\phi_{\max}} \int_{\theta_{\min}}^{\theta_{\max}} \int_{g_1(\phi,\ \theta)}^{g_2(\phi,\ \theta)} f(\rho,\ \theta,\ \phi)\,\rho^2 \sin\phi \, d\rho\, d\theta\, d\phi$$

위와 같은 방법으로 각 변수의 순서에 따라 반복적분의 양 끝을 결정할 수 있다. 만약 f가 영역 E에서 $f(x,\ y,\ z)$로 주어졌다면, 구면좌표와 직교좌표의 관계식을 이용하여 직교좌표인 $x,\ y,\ z$를 구면좌표인 $\rho,\ \theta,\ \phi$로 바꾸어 계산하면 된다.

예제 2.17 B가 다음의 단위 구일 때 $\iiint_B \sqrt{(x^2+y^2+z^2)^3}\,dV$의 값을 구하라.

$$B = \{(x,\ y,\ z) \mid x^2+y^2+z^2 \le 1\}$$

풀이

B의 경계가 구면이므로, 구면좌표를 이용하여 B를 나타내면 다음과 같다.

$$B = \{(\rho,\ \theta,\ \phi) \mid 0 \le \rho \le 1,\ 0 \le \phi \le \pi,\ 0 \le \theta \le 2\pi\}$$

또한 $x^2+y^2+z^2 = \rho^2$이므로 구면좌표로 계산하는 것이 편리함을 알 수 있다. 위에서 다룬 양 끝을 정하는 방법에 따라 다음을 얻는다.

$$\begin{aligned}\iiint_b \sqrt{(x^2+y^2+z^2)^3}\,dV &= \int_0^{\pi}\int_0^{2\pi}\int_0^1 \rho^3 \rho^2 \sin\phi\, d\rho\, d\theta\, d\phi \\ &= \int_0^{\pi} \sin\phi\, d\phi \int_0^{2\pi} d\theta \int_0^1 \rho^5\, d\rho \\ &= [-\cos\phi]_0^{\pi} \times 2\pi \times \frac{1}{6} = \frac{2}{3}\pi\end{aligned}$$

■

예제 2.18 구면좌표를 이용하여 원뿔 $z = \sqrt{x^2+y^2}$ 위와 구면 $x^2+y^2+z^2 = z$ 아래에 놓인 입체의 부피를 구하라(그림 2.17).

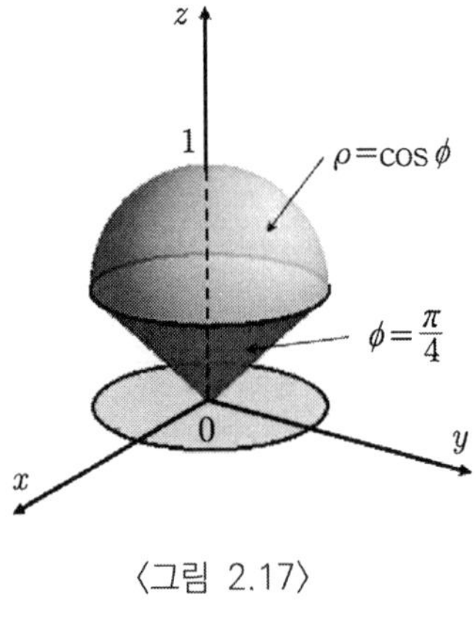

〈그림 2.17〉

풀이

먼저 구면 $x^2+y^2+z^2=z$는 중심이 $\left(0,\ 0,\ \dfrac{1}{2}\right)$이고 반지름이 1/2이다. 이 구면의 방정식은 다음과 같이 구면좌표로 쓸 수 있다.

$$x^2+y^2+z^2=z \ \Rightarrow\ \rho^2=\rho\cos\phi \ \Rightarrow\ \rho=\cos\phi$$

또한 원뿔의 방정식을 구하자.

$$z=\sqrt{x^2+y^2} \Rightarrow \rho\cos\phi=\sqrt{\rho^2\sin^2\phi\cos^2\theta+\rho^2\sin^2\phi\sin^2\theta}=\rho\sin\phi$$

따라서 방정식 $\cos\phi=\sin\phi$을 얻는다. 이로부터 방정식 $\phi=\dfrac{\pi}{4}$가 원뿔의 방정식임을 알 수 있다. 따라서 E는 다음과 같다.

$$E=\{(\rho,\ \theta,\ \phi)\mid 0\le\theta\le 2\pi,\ 0\le\phi\le\pi/4,\ 0\le\rho\le\cos\phi\}$$

적분 순서를 $d\rho\, d\phi\, d\theta$로 하자. 그러면 양 끝을 결정하는 방법에 따라 다음을 얻는다.

$$\begin{aligned}V(E)&=\iiint_E dV=\int_0^{2\pi}\int_0^{\pi/4}\int_0^{\cos\phi}\rho^2\sin\phi\, d\rho\, d\phi\, d\theta\\&=\int_0^{2\pi}d\theta\int_0^{\pi/4}\left(\sin\phi\left[\frac{\rho^3}{3}\right]_{\rho=0}^{\rho=\cos\phi}\right)d\phi\\&=\frac{2\pi}{3}\int_0^{\pi/4}\sin\phi\cos^3\phi\, d\phi=\frac{2\pi}{3}\left[-\frac{\cos^4\phi}{4}\right]_0^{\pi/4}=\frac{\pi}{8}\end{aligned}$$

■

2.3 변수변환에 의한 이중적분과 삼중적분

변수변환

일변수 미분적분학에서 변수를 변환시켜 계산하는 치환적분은 적분의 값을 간단히 구하는 데 매우 중요한 역할을 하고 있다. 치환법칙을 다시 생각하자.

$$\int_a^b f(x)\,dx=\int_c^d f(g(u))g'(u)\,du$$

여기서 $x=g(u)$는 $a=g(c),\ b=g(d)$를 만족하는 미분 가능한 함수이다. 이 식은 다음과 같이 나타낼 수 있다.

$$\int_a^b f(x)\,dx=\int_c^d f(x(u))\frac{dx}{du}\,du$$

여기에서는 치환법칙을 이중적분 또는 삼중적분으로 확장시키려고 한다. 한 예로 이미 이중적분에 대한 변수변환은 극좌표에 의한 이중적분을 다루었을 때 이용되었다. 주어진 변수 x, y에 대하여 다음과 같은 관계식을 갖는 새로운 변수 r, θ를 통하여 이중적분을 계산하였다.

$$x = r\cos\theta, \quad y = r\sin\theta$$

이 변수변환에 의하여 다음 사실을 알았다.

$$\iint_D f(x, y)\,dA = \iint_S f(r\cos\theta, r\sin\theta)\,r\,dr\,d\theta$$

여기서 S는 xy평면의 영역 D에 대응하는 $r\theta$평면의 영역이다.

좀 더 일반적으로 다음과 같이 uv평면으로부터 xy평면으로의 **변환** T로 주어진 변수변환을 생각하자.

$$T(u, v) = (x, y)$$

여기서 x와 y는 다음 관계식으로 대응된다.

$$x = g(u, v), \quad y = h(u, v) \qquad (*)$$

경우에 따라 이는 $x = x(u, v)$, $y = y(u, v)$로 나타낸다. 일반적으로 변환 T는 C^1**변환**(transformation)으로 가정한다. 여기서 C^1**변환**이란 함수 g와 h가 연속인 일계 편도함수가 존재한다는 뜻이다.

변환 T는 정의역과 치역이 모두 $\mathbb{R}^2$의 부분 집합인 함수이다. $T(u_1, u_2) = (x_1, y_1)$일 때, 점 (x_1, y_1)을 점 (u_1, v_1)의 상(image)이라 한다. 서로 다른 두 점의 상이 다를 때, T를 **일대일변환**이라 한다. (그림 2.18)은 변환 T에 의하여 uv평면의 영역 S가 xy평면의 새로운 영역 R에 어떻게 대응되는지를 보여준다. 이때 R을 S의 (T에 의한) **상**이라 한다.

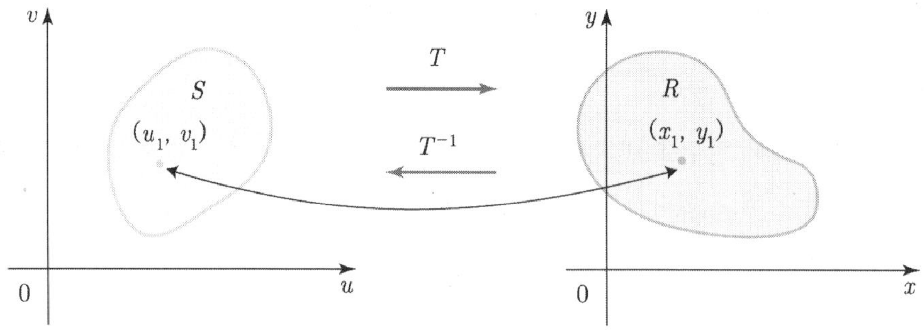

〈그림 2.18〉

T가 일대일 변환이면 xy평면으로부터 uv평면으로의 역변환이 존재한다. 식 (*)를 풀어서 u와 v를 x와 y의 식으로 다음과 같이 나타낼 수 있다.

$$u = G(x,\ y), \quad v = H(x,\ y)$$

예제 2.19 다음 식으로 정의된 변환을 생각하자.

$$x = u^2 - v^2, \quad y = 2uv$$

정사각형 $S = \{(u,\ v) \mid 0 \le u \le 1,\ 0 \le v \le 1\}$의 상을 찾아라.

풀이

주어진 변환에 대한 상은 S의 경계를 중심으로 살펴본다. 다음 S의 그림에서 정사각형의 변 S_1은 식 $v = 0\ (0 \le u \le 1)$으로 주어진다. 주어진 변환에 의하여 $x = u^2,\ y = 0$을 얻으므로 $0 \le u \le 1$에 의하여 $0 \le x \le 1$인을 알 수 있다. 또한 u가 점 $(0,\ 0)$에서 점 $(1,\ 0)$으로 경계 S_1을 따라 움직이면 x도 $(0,\ 0)$에서 $(1,\ 0)$으로 선분 R_1을 따라 대응된다.

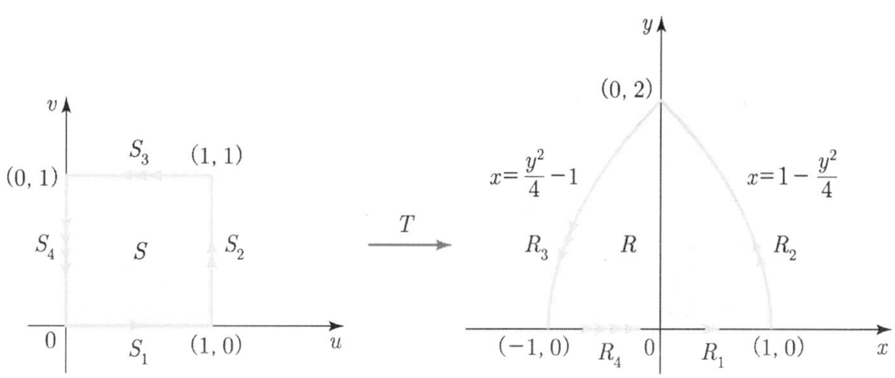

두 번째 변 S_2는 $u = 1\ (0 \le v \le 1)$이고, 주어진 식에 $u = 1$을 대입하면 다음을 얻는다.

$$x = 1 - v^2, \quad y = 2v$$

여기서 v를 소거하면 다음을 얻는다.

$$x = 1 - \frac{y^2}{4} \quad (0 \le x \le 1)$$

이것은 포물선의 일부이다. 같은 방법으로 S_3은 $v = 1\ (0 \le u \le 1)$이고, $v = 1$을 대입하고 u를 소거하면, 다음을 얻는다.

$$x = \frac{y^2}{4} - 1 \quad (-1 \le x \le 0)$$

마지막 변 S_4는 $u = 0\ (0 \le v \le 1)$로 주어지므로, 주어진 변환에 대한 상은 $x = -v^2,\ y = 0$이다. 즉 $-1 \le x \le 0\ (y = 0)$이다. 끝으로 닫힌 영역 S가 시계 반대 방향(S_1에서 S_4의 방향)으로

움직임에 따라 영역 R도 시계 반대 방향(R_1에서 R_4의 방향)으로 움직인다. 따라서 주어진 변환에 따른 S의 상은 R이다. ■

S가 R로 변환될 때, 영역 S에 있는 한 점을 둘러싸고 있는 영역이 얼마나 많이 확대되거나 축소되는지 보여주는 척도를 **야코비 행렬식** 또는 **야코비안**(Jacobian)이라 하며 다음과 같은 특별한 기호로 나타낸다.

정의 2.20 야코비 행렬식

$x = g(u, v)$와 $y = h(u, v)$로 정의된 변환 T의 **야코비 행렬식**(Jacobian determinant)은 다음과 같다.

$$J(u, v) = \frac{\partial(x, y)}{\partial(u, v)} = \begin{vmatrix} \dfrac{\partial x}{\partial u} & \dfrac{\partial x}{\partial v} \\ \dfrac{\partial y}{\partial u} & \dfrac{\partial y}{\partial v} \end{vmatrix} = \frac{\partial x}{\partial u}\frac{\partial y}{\partial v} - \frac{\partial x}{\partial v}\frac{\partial y}{\partial u}$$

이중적분의 정의에서와 같이 다음을 얻는다.

정리 2.21

$x = g(u, v)$와 $y = h(u, v)$로 정의된 변환 T는 C^1 변환으로, 그 야코비 행렬식이 0이 아니고, uv평면의 영역 S를 xy평면의 영역 R로 대응한다고 하자. f는 R에서 연속이고 R과 S는 I형 또는 II형 평면 영역이라고 하자. 또한 T는 기껏해야 S의 경계를 제외하고 일대일이라고 하자. 그러면 다음이 성립한다.

$$\iint_R f(x, y)\,dA = \iint_S f(g(u, v), h(u, v)) \left| \frac{\partial(x, y)}{\partial(u, v)} \right| du\,dv$$

극좌표에서의 적분공식은 정리 2.21의 특별한 경우에 불과하다는 것을 알 수 있다. 실제로 $r\theta$ 평면에서 xy평면으로의 다음과 같은 변환 T를 생각하자.

$$x = g(r, \theta) = r\cos\theta, \quad y = h(r, \theta) = r\sin\theta$$

이 변환의 기하학적인 그림은 (그림 2.19)를 보자.

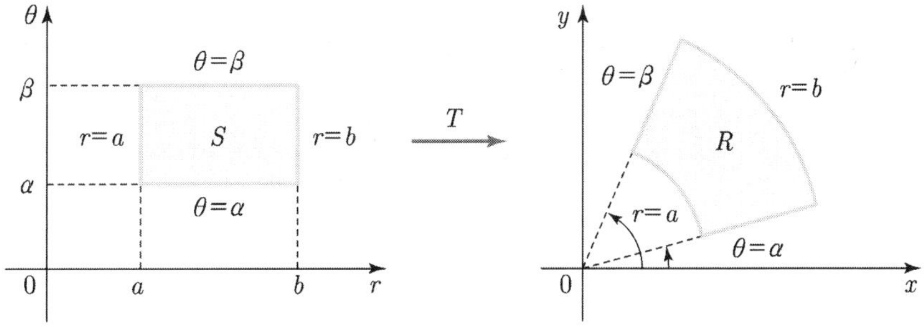

〈그림 2.19〉 극좌표 변환

T의 야코비 행렬식은 다음과 같다.

$$\frac{\partial(x,\ y)}{\partial(r,\ \theta)} = \begin{vmatrix} \dfrac{\partial x}{\partial r} & \dfrac{\partial x}{\partial \theta} \\ \dfrac{\partial y}{\partial r} & \dfrac{\partial y}{\partial \theta} \end{vmatrix} = \begin{vmatrix} \cos\theta & -r\sin\theta \\ \sin\theta & r\cos\theta \end{vmatrix}$$

$$= r\cos^2\theta + r\sin^2\theta = r > 0$$

정리 2.21로부터 다음 식을 얻는다.

$$\iint_R f(x,\ y)\,dx\,dy = \iint_S f(r\cos\theta,\ r\sin\theta)\left|\frac{\partial(x,\ y)}{\partial(r,\ \theta)}\right| dr\,d\theta$$

$$= \int_\alpha^\beta \int_a^b f(r\cos\theta,\ r\sin\theta)\,r\,dr\,d\theta$$

예제 2.22 변수변환 $x = u^2 - v^2,\ \ y = 2uv$를 이용하여 R이 x축 및 $y \geq 0$인 영역에서 두 포물선 $y^2 = 4 - 4x$와 $y^2 = 4 + 4x$로 둘러싸인 영역일 때, 적분 $\iint_R x\,dA$의 값을 구하라.

풀이

이 영역의 그림은 예제 2.19에 있는 그림이며, S가 정사각형 $[0,\ 1] \times [0,\ 1]$일 때, $T(S) = R$임을 알았다. 분명히 R보다는 S가 더 단순한 영역이다. 이제 야코비 행렬식을 구하면 다음과 같다.

$$\frac{\partial(x,\ y)}{\partial(u,\ v)} = \begin{vmatrix} \dfrac{\partial x}{\partial u} & \dfrac{\partial x}{\partial v} \\ \dfrac{\partial y}{\partial u} & \dfrac{\partial y}{\partial v} \end{vmatrix} = \begin{vmatrix} 2u & -2v \\ 2v & 2u \end{vmatrix} = 4u^2 + 4v^2 > 0$$

정리 2.21로부터 다음을 얻는다.

$$\iint_R x\,dA = \iint_S (u^2 - v^2)\left|\frac{\partial(x,y)}{\partial(u,v)}\right| dA = 4\int_0^1 \int_0^1 ((u^2-v^2)(u^2+v^2)dudv)$$

$$= 4\int_0^1 \int_0^1 (u^4 - v^4)dudv = 4\int_0^1 \left[\frac{1}{5}u^5 - v^4 u\right]_0^1 dv$$

$$= 4\int_0^1 \left(\frac{1}{5} - v^4\right)dv = 4\left[\frac{1}{5}v - \frac{1}{5}v^5\right]_0^1 = 0$$

■

정의 2.23 공간 위에서 야코비안

삼중적분에 대한 비슷한 변수변환 공식이 있다. T를 다음과 같은 식에 의해 uvw공간의 영역 S에서 xyz공간 영역 R 위로 사상하는 변환이라고 하자.

$$x = g(u,\ v,\ w),\quad y = h(u,\ v,\ w),\quad z = k(u,\ v,\ w)$$

T의 **야코비 행렬식**은 다음과 같은 3×3 행렬식이다.

$$\frac{\partial(x,\ y,\ z)}{\partial(u,\ v,\ w)} = \begin{vmatrix} \dfrac{\partial x}{\partial u} & \dfrac{\partial x}{\partial v} & \dfrac{\partial x}{\partial w} \\ \dfrac{\partial y}{\partial u} & \dfrac{\partial y}{\partial v} & \dfrac{\partial y}{\partial w} \\ \dfrac{\partial z}{\partial u} & \dfrac{\partial z}{\partial v} & \dfrac{\partial z}{\partial w} \end{vmatrix}$$

정리 2.21과 비슷한 가정에 따라, 삼중적분에 대한 다음과 같은 변환 공식을 얻는다.

정리 2.24 삼중적분의 변환

$$\iiint_R f(x,\ y,\ z)\,dV$$

$$= \iiint_S f(g(u,\ v,\ w),\ h(u,\ v,\ w),\ k(u,\ v,\ w))\left|\frac{\partial(x,\ y,\ z)}{\partial(u,\ v,\ w)}\right| du\,dv\,dw$$

예제 2.25 정리 2.24를 이용하여 구면좌표에서 삼중적분 공식을 유도하라.

풀이

변수변환 T로 다음 식을 이용하자.

$$x=\rho\sin\phi\cos\theta,\quad y=\rho\sin\phi\sin\theta,\quad z=\rho\cos\phi$$

먼저 야코비 행렬식을 구해보면

$$\begin{aligned}
&\frac{\partial(x,\ y,\ z)}{\partial(\rho,\ \theta,\ \phi)}\\
&=\begin{vmatrix}\sin\phi\cos\theta & -\rho\sin\phi\sin\theta & \rho\cos\phi\cos\theta\\ \sin\phi\sin\theta & \rho\sin\phi\cos\theta & \rho\cos\phi\sin\theta\\ \cos\phi & 0 & -\rho\sin\phi\end{vmatrix}\\
&=\cos\phi\begin{vmatrix}-\rho\sin\phi\sin\theta & \rho\cos\phi\cos\theta\\ \rho\sin\phi\cos\theta & \rho\cos1\phi1\sin\theta\end{vmatrix}-\rho\sin\phi\begin{vmatrix}\sin\phi\cos\theta & -\rho\sin\phi\sin\theta\\ \sin\phi\sin\theta & \rho\sin\phi\cos\theta\end{vmatrix}\\
&=\cos\phi\,(-\rho^2\sin\phi\cos\phi\sin^2\theta-\rho^2\sin\phi\cos\phi\cos^2\theta)\\
&\quad-\rho\sin\phi\,(\rho\sin^2\phi\cos^2\theta+\rho\sin^2\phi\sin^2\theta)\\
&=\rho^2\sin\phi\cos^2\phi-\rho^2\sin\phi\sin^2\phi=-\rho^2\sin\phi
\end{aligned}$$

$0\le\phi\le\pi$이므로 $\sin\phi\ge 0$이고, 따라서 다음이 성립한다.

$$\left|\frac{\partial(x,\ y,\ z)}{\partial(u,\ v,\ w)}\right|=\left|-\rho^2\sin\phi\right|=\rho^2\sin\phi$$

정리 2.24의 공식에 따라서 다음을 얻는다.

$$\iiint_R f(x,\ y,\ z)\,dV=\iiint_S f(\rho\sin\phi\cos\theta,\ \rho\sin\phi\sin\theta,\ \rho\cos\phi)\rho^2\sin\phi\,d\rho\,d\theta\,d\phi \qquad ■$$

SECTION 2

연습문제

➡ 연습문제 해답 412쪽

01. $E=\{(x,\ y,\ z)\mid -1\le x\le 1,\ 0\le y\le 2,\ 0\le z\le 1\}$일 때, 다음 삼중적분을 구하라.

$$\iiint_E (xz-y^3)\,dV$$

02. 다음 반복적분을 계산하라.

(1) $\displaystyle\int_0^1\int_x^{2x}\int_0^y 2xy\,dz\,dy\,dx$

(2) $\displaystyle\int_1^2\int_0^{2z}\int_0^{\ln x} xe^{-y}\,dy\,dx\,dz$

(3) $\displaystyle\int_0^1\int_0^1\int_0^{\sqrt{1-z^2}} \frac{z}{y+1}\,dx\,dz\,dy$

(4) $\displaystyle\int_0^{\sqrt{\pi}}\int_0^x\int_0^{xz} x^2\sin y\,dy\,dz\,dx$

03. 다음 삼중적분의 값을 구하라.

(1) $E=\left\{(x,\ y,\ z)\mid 0\le y\le 2,\ 0\le x\le \sqrt{4-y^2},\ 0\le z\le y\right\}$일 때 $\displaystyle\iiint_E 2x\,dV$

(2) $E=\{(x,\ y,\ z)\mid 0\le y\le 1,\ y\le x\le 1,\ 0\le z\le xy\}$일 때 $\displaystyle\iiint_E e^{z/y}\,dV$

(3) $E=\{(x,\ y,\ z)\mid 1\le y\le 4,\ y\le z\le 4,\ 0\le x\le z\}$일 때 $\displaystyle\iiint_E \frac{z}{x^2+z^2}\,dV$

(4) E가 평면 $z=x$ 아래와 세 꼭짓점이 $(0,\ 0,\ 0)$, $(\pi,\ 0,\ 0)$, $(0,\ \pi,\ 0)$인 삼각형 위의 영역이라고 할 때, $\displaystyle\iiint_E \sin y\,dV$

(5) E가 포물기둥 $y=x^2$과 $x=y^2$, 그리고 평면 $z=0$, $z=x+y$으로 갇힌 영역이라고 할 때, $\displaystyle\iiint_E xy\,dV$

(6) T를 네 꼭짓점 (0, 0, 0), (1, 0, 0), (0, 1, 0), (0, 0, 1)을 갖는 사면체라고 할 때,

$$\iiint_E x^2\, dV$$

04. 다음 주어진 입체의 부피를 삼중적분을 이용하여 구하라.

(1) 두 포물면 $y = x^2 + z^2$과 $y = 8 - x^2 - z^2$으로 둘러싸인 입체

(2) 기둥 $x^2 + z^2 = 4$와 평면 $y = -1$, $y + z = 4$로 둘러싸인 입체

05. 다음 반복적분의 순서를 적당히 바꾸어 값을 구하라.

(1) $\displaystyle\int_0^4 \int_0^1 \int_{2y}^2 \frac{4\cos(x^2)}{2\sqrt{z}}\, dx\, dy\, dz$

(2) $\displaystyle\int_0^1 \int_{\sqrt[3]{z}}^1 \int_0^{\ln 3} \frac{\pi e^{2x} \sin \pi y^2}{y^2}\, dx\, dy\, dz$

06. 원기둥좌표가 다음과 같은 점을 좌표 공간에 나타내고, 그 점의 직교좌표를 구하라.

(1) $(2,\ \pi/4,\ 1)$ (2) $(1,\ -3\pi/2,\ 4)$

07. 다음 직교좌표를 원기둥좌표로 변환하라.

(1) $(1,\ -1,\ 4)$ (2) $(2,\ 3,\ 4)$

08. 방정식이 다음과 같은 곡면을 설명하라.

(1) $\theta = \pi/4$ (2) $r = 5$

(3) $z = 4 - r^2$ (4) $2r^2 + z^2 = 1$

09. 부피가 다음 적분으로 나타나는 입체를 그리고, 그 부피를 구하라.

(1) $\int_{-\pi/2}^{\pi/2}\int_0^2\int_0^{r^2} r\,dz\,dr\,d\theta$ (2) $\int_0^2\int_0^{2\pi}\int_0^{r} r\,dz\,dr\,d\theta$

■ 10-14 원기둥좌표를 이용하라.

10. E가 원기둥 $x^2+y^2=16$의 안쪽에서 두 평면 $z=-5$와 $z=4$ 사이에 놓인 영역일 때, $\iiint_E \sqrt{x^2+y^2}\,dV$의 값을 구하라.

11. E가 포물면 $z=x^2+y^2$과 평면 $z=4$로 갇힌 영역일 때, $\iiint_E z\,dV$의 값을 구하라.

12. E가 제1팔분 공간에서 포물면 $z=4-x^2-y^2$ 아래에 놓인 입체일 때,

$\iiint_E (x+y+z)\,dV$의 값을 구하라.

13. E가 원기둥 $x^2+y^2=1$ 안쪽에서 평면 $z=0$ 위쪽과 원뿔 $z^2=4x^2+4y^2$ 아래에 놓인 입체일 때, $\iiint_E x^2\,dV$의 값을 구하라.

14. 원기둥 $x^2+y^2=1$과 구면 $x^2+y^2+z^2=4$ 모두의 안쪽에 놓인 입체의 부피를 구하라.

15. 다음 적분값을 원기둥좌표로 바꾸어 구하라.

(1) $\int_{-2}^{2}\int_{-\sqrt{4-y^2}}^{\sqrt{4-y^2}}\int_{\sqrt{x^2+y^2}}^{2} x\,z\,dz\,dx\,dy$

(2) $\int_{-3}^{3}\int_{0}^{\sqrt{9-x^2}}\int_{0}^{9-x^2-y^2} \sqrt{x^2+y^2}\,dz\,dy\,dx$

16. 구면좌표 $(\rho,\ \theta,\ \phi)$가 다음과 같은 점을 좌표 공간에 나타내고, 그 점의 직교좌표를 구하라.

(1) $(2,\ \pi/3,\ \pi/4)$　　(2) $(4,\ -\pi/4,\ \pi/3)$

17. 다음 직교좌표를 구면좌표 $(\rho,\ \theta,\ \phi)$로 변환하라.

(1) $(0,\ -2,\ 0)$　　(2) $(\sqrt{3},\ -1,\ 2\sqrt{3})$

18. 방정식이 다음과 같은 곡면을 설명하라.

(1) $\phi = \pi/3$　　(2) $\rho = 3$

(3) $\rho = \sin\theta\sin\phi$　　(4) $\rho^2(\sin^2\phi\sin^2\theta + \cos^2\phi) = 9$

19. 다음 방정식을 구면좌표로 써라.

(1) $z^2 = x^2 + y^2$　　(2) $x^2 + z^2 = 9$

(3) $x^2 - 2x + y^2 + z^2 = 0$　　(4) $x + 2y + 3z = 1$

20. 다음 부등식이 나타내는 입체를 그리라.

(1) $2 \le \rho \le 4,\ \ 0 \le \phi \le \pi/3,\ \ 0 \le \theta \le \pi$

(2) $\rho \le 1,\ \ 3\pi/4 \le \phi \le \pi$

21. 원뿔 $z = \sqrt{x^2 + y^2}$ 위와 구면 $x^2 + y^2 + z^2 = z$ 아래에 놓인 입체를 구면좌표와 관련된 부등식으로 나타내라.

22. 다음과 같은 적분이 부피가 되는 입체를 그리고 그 값을 구하라.

(1) $\displaystyle\int_0^{\pi/6}\int_0^{\pi/2}\int_0^3 \rho^2 \sin\phi \, d\rho \, d\theta \, d\phi$

(2) $\displaystyle\int_0^{2\pi}\int_{\pi/2}^{\pi}\int_1^2 \rho^2 \sin\phi \, d\rho \, d\phi \, d\theta$

23. 다음 적분을 구면좌표로 변환하여 구하라.

(1) $\displaystyle\int_0^1\int_0^{\sqrt{1-x^2}}\int_{\sqrt{x^2+y^2}}^{\sqrt{2-x^2-y^2}} xy \, dz \, dy \, dx$

(2) $\displaystyle\int_{-a}^{a}\int_{-\sqrt{a^2-y^2}}^{\sqrt{a^2-y^2}}\int_{-\sqrt{a^2-x^2-y^2}}^{\sqrt{a^{2-}-x^2-y^2}} (x^2z+y^2z+z^3) \, dz \, dx \, dy$

24. 구면좌표로 나타낸 곡면 $\rho = 2\sin\phi$에 의해 갇힌 입체의 부피를 구하라. 입체의 그림은 다음을 보라.

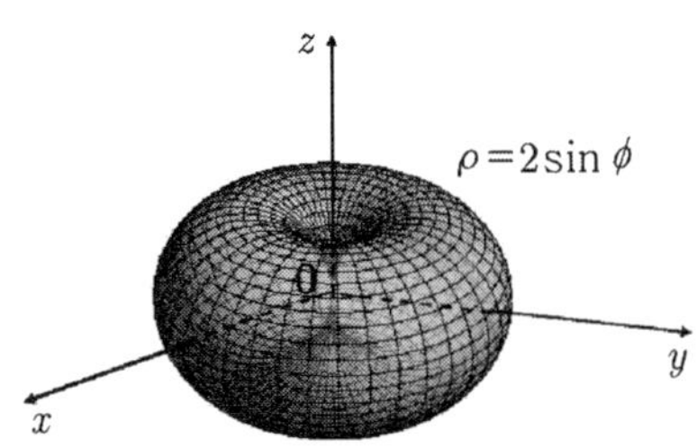

25. 다음 변환의 야코비 행렬식을 구하라.

(1) $x = 5u - v, \quad y = u + 3v$

(2) $x = uv, \quad y = u/v$

(3) $x = e^{-r}\sin\theta, \quad y = e^{r}\cos\theta$

(4) $x = e^{s+t}, \quad y = e^{s-t}$

(5) $x = u/v, \quad y = v/w, \quad z = w/u$

(6) $x = v + w^2, \quad y = w + u^2, \quad z = u + v^2$

26. 다음 변환에 의한 집합 S의 상을 구하라.

(1) $S = \{(u, v) \mid 0 \le u \le 3,\ 0 \le v \le 2\}$: $x = 2u + 3v,\quad y = u - v$

(2) S는 네 직선 $u = 0,\ u = 1,\ v = 0,\ v = 1$로 갇힌 정사각형: $x = v,\quad y = u(1 + v^2)$

(3) S는 세 꼭짓점 $(0, 0),\ (1, 1),\ (0, 1)$을 갖는 삼각형: $x = u^2,\quad y = v$

(4) S는 $u^2 + v^2 \le 1$로 주어진 원판: $x = au,\ y = bv$

27. 다음 변환을 이용하여 적분값을 구하라.

(1) $\iint_R (x - 3y)\, dA$, R은 세 꼭짓점 $(0, 0),\ (2, 1),\ (1, 2)$인 삼각형 영역:

$x = 2u + v,\ y = u + 2v$

(2) $\iint_R (4x + 8y)\, dA$, R은 네 꼭짓점이 $(-1, 3),\ (1, -3),\ (3, -1),\ (1, 5)$인 평행사변형:

$x = (1/4)(u + v),\ y = (1/4)(v - 3u)$

(3) $\iint_R xy\, dA$, R은 제1사분면에서 두 직선 $y = x$와 $y = 3x$, 두 쌍곡선 $xy = 1$과 $xy = 3$으로 갇힌 영역: $x = u/v,\ y = v$

28. 다음 적분을 적절한 변수변환을 통해 계산하라.

(1) $\iint_R \dfrac{x - 2y}{3x - y}\, dA$, R은 네 직선 $x - 2y = 0,\ x - 2y = 4,\ 3x - y = 1,\ 3x - y = 8$로 둘러싸인 평행사변형

(2) $\iint_R \sin(9x^2 + 4y^2)\, dA$, R은 제1사분면에서 타원 $9x^2 + 4y^2 = 1$로 갇힌 영역

(3) $\iint_R e^{x+y}\, dA$, R은 부등식 $|x| + |y| \le 1$로 정의된 영역

ANSWER

연습문제 해답

연습문제의 모든 풀이와 답은
이곳에서 확인하실 수 있습니다.

01. (1)

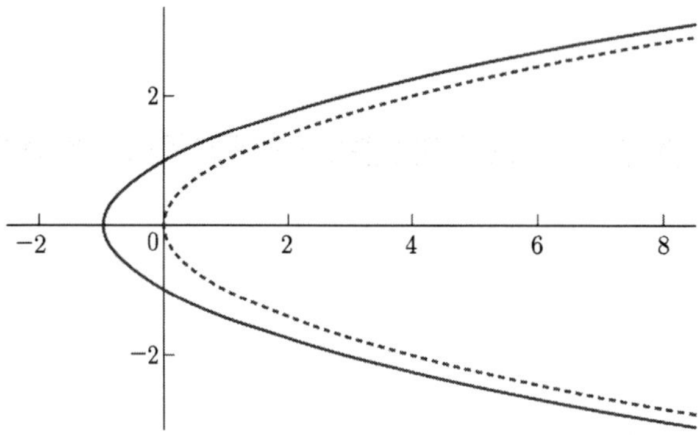

(3)

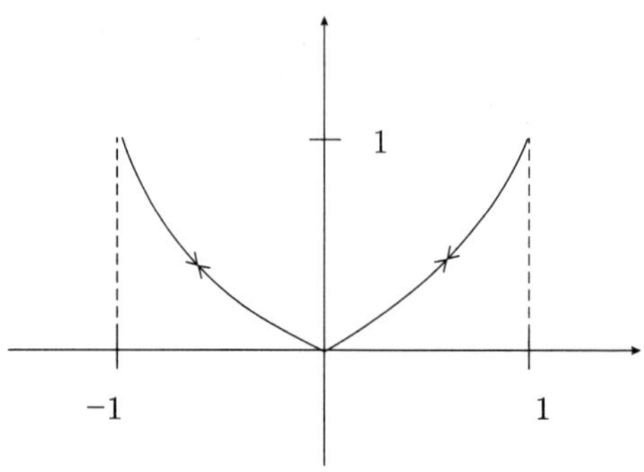

03. (1) $\frac{dx}{dt}=2t+1$이고 $\frac{dy}{dt}=2$이므로 $\frac{dy}{dx}=\frac{\frac{dy}{dt}}{\frac{dx}{dt}}=\frac{2}{2t+1}$이다.

(3) $\frac{dx}{dt}=2+\frac{1}{t}$, $\frac{dy}{dt}=2\ln t\cdot\frac{1}{t}$이므로 $\frac{dy}{dx}=\frac{\frac{dy}{dt}}{\frac{dx}{dt}}\frac{2\ln t\cdot\frac{1}{t}}{2+\frac{1}{t}}=\frac{2\ln t}{2t+1}$이다.

05. (1) $\frac{dy}{dx}==-3\cos t$, $\frac{d^2y}{dx^2}=-\frac{3}{2}$

(3) $\frac{dy}{dx}=-\frac{\sqrt{t^2+2t}}{(t+1)^3}$, $\frac{d^2y}{dx^2}=\frac{2t^2+4t-1}{(t+1)^5}$

07. (1) $\frac{dy}{dx}=\frac{\frac{dy}{dt}}{\frac{dx}{dt}}=\frac{6t}{3t^2-3}=\frac{2t}{(t+1)(t-1)}$ (2) $(0, 0)$

(3) $(2, 3)$, $(-2, 3)$

09. 구하는 접선의 방정식은 $y=\frac{1}{3}x-\frac{2}{3}$이다.

11. $\left(\frac{dx}{d\theta}\right)^2+\left(\frac{dy}{d\theta}\right)^2=a^2(1-e^2\sin^2\theta)$이다.

SECTION 1.2 극방정식과 미분법

01. (1)

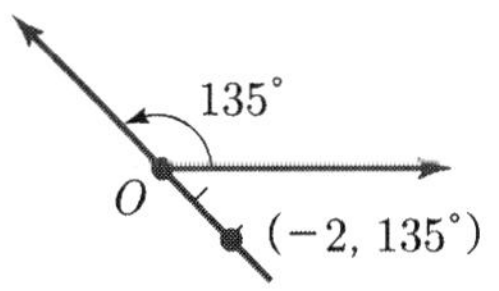

05. $\tan\theta=\frac{y}{x}$이므로 $\sec^2\theta=1+\tan^2\theta=1+\left(\frac{y}{x}\right)^2=\frac{x^2+y^2}{x^2}$이다.

07. (1) 접선의 기울기는 $\frac{1}{2}$

SECTION 2.1 수열

01. (1) $0< x\le 1$

03. (1) 1 (3) 0

05. (1) $\lim_{n\to\infty}\left(1+\frac{1}{n}\right)^n=e$ (3) $\lim_{n\to\infty}\left(1-\frac{1}{2n}\right)^n=e^{-\frac{1}{2}}=\frac{1}{\sqrt{e}}$

SECTION 2.2 급수

01. (1) 발산 (3) 수렴 (5) 발산 (7) 수렴

05. 수렴

SECTION 2.3 멱급수

01. 6

03. $\frac{1}{x(x+1)} = \sum_{n=0}^{\infty}(-1)^n\left(1-\frac{1}{2^{n+1}}\right)(x-1)^n$이다. (단, $|x-1|<1$)

05. 수렴구간은 모든 실수

07. 수렴반경은 1, 수렴구간은 $-1 \le x < 1$

09. 수렴구간은 $(-1, 1)$이다.

SECTION 2.4 테일러급수와 매클로린급수

01. $1-\frac{1}{3}+\frac{1}{18}=\frac{13}{18}$

03. $\frac{1}{\sqrt{6}}\sum_{n=0}^{\infty}\frac{(2n)!}{(-24)^n(n!)^2}(x-2)^n$

05. $a=(6/5)^{1/5}$

07. $\frac{1}{7\cdot 31}\left(\frac{1}{2}\right)^{31}$

09. 주어진 급수는 $\sum_{n=0}^{\infty}\frac{(-1)^n}{(2n+1)3^n}$이다. 급수의 합은 $\frac{\pi\sqrt{3}}{6}$이다.

SECTION 3.1 평면벡터

01. $\overrightarrow{DA}=\overrightarrow{CB}$, $\overrightarrow{DE}=\overrightarrow{EB}$, $\overrightarrow{DC}=\overrightarrow{AB}$, $\overrightarrow{CE}=\overrightarrow{EA}$

03. $\sqrt{61}$

05. 왼쪽 케이블에 미치는 장력: 845.24 lb, 오른쪽 케이블에 미치는 장력: 1000 lb

07. $a=\frac{2}{3}$

3.2 공간벡터

01. $\left(-\frac{2}{3}, \frac{1}{3}, \frac{2}{3}\right)$

03. $\frac{1}{\sqrt{2}}\mathrm{i}-\frac{1}{\sqrt{2}}\mathrm{j}$ 또는 $-\frac{1}{\sqrt{2}}\mathrm{i}+\frac{1}{\sqrt{2}}\mathrm{j}$

05. $\cos\theta=\frac{2}{\sqrt{6}}$, 사잇각은 약 $35°$

07. (1) $2\mathrm{i}+\mathrm{j}$

09. (1) $\overrightarrow{PQ}=(1, 2, 1)$, $\overrightarrow{PR}=(3, 0, -2)$이므로 $-4\mathrm{i}+5\mathrm{j}-6\mathrm{k}$

11. $2J$

13. 4

15. 점 A, B, C, D는 같은 평면 위에 있다.

3.3 직선과 평면의 방정식

01. (i) 직선의 벡터방정식: $\mathrm{r}=\mathrm{r}_0+t\mathrm{v}=(\mathrm{i}-3\mathrm{k})+t(2\mathrm{i}-4\mathrm{j}+5\mathrm{k})$

(ii) 직선의 매개방정식: $x=1+2t$, $y=-4t$, $z=-3+5t$

03. (1) $x=2+t$, $y=4-t$, $z=6+3t$

05. (1) $\mathrm{v}_1=-3(2, -3, 1)$이므로 L_1과 L_2는 평행하다.

07. (1) $x=1+5t$, $y=1+11t$, $z=7t$

4.1 벡터함수

01. $f_1(t)=t$, $f_2(t)=t^2$, $f_3(t)=t^3$

04. $(\cos t^{1/3})\mathrm{i}+(\sin t^{1/3})\mathrm{j}+(\sqrt{t^{1/3}+2})\mathrm{k}$

SECTION

4.2 벡터함수의 미분과 적분

01. (1) x축을 포함한 원기둥 위의 나선 모양

03. $\frac{3}{4}\mathrm{i} + \ln 2\,\mathrm{j} + \left(1 - \frac{1}{e}\right)\mathrm{k}$

05. (1) $4\mathrm{i} - 3\mathrm{j} + 5\mathrm{k}$

(3) $e^t\mathrm{i} + t^2\mathrm{j} + (t\ln t - t)\mathrm{k} + \mathrm{C}$

(5) $(t\sin t + \cos t)\mathrm{i} + (-t\cos t + \sin t)\mathrm{j} + \left(\frac{3}{5}t^5\right)\mathrm{k} + \mathrm{C}$

(7) $(\sinh(1))\mathrm{i} + (\cosh(1) - 1)\mathrm{j} + \mathrm{k}$

07. $\mathrm{F}(t) \times \mathrm{F}''(t) = (\sin t\cos t) - (-\cos t)(-\sin t)\mathrm{k} = 0$

SECTION

4.3 벡터함수의 응용

01. (1) $\mathrm{r}(t) = (-3 + 7t)\mathrm{i} + (2 - 2t)\mathrm{j} + (1 + 4t)\mathrm{k}$

(3) $\mathrm{r}(t) = t\mathrm{i} + \tan t\,\mathrm{j}$

03. (1) $\sqrt{4+t}$

05. $\frac{1}{5}(3\mathrm{j} + 4\mathrm{k}) = \frac{3}{5}\mathrm{j} + \frac{4}{5}\mathrm{k}$

07. $1 - 4t\cos t + 11t^2\sin t + 3t^3\cos t$

09. $t^2\mathrm{i} + t^3\mathrm{j} + \left(\frac{2}{3}t^{\frac{3}{2}} - \frac{2}{3}\right)\mathrm{k}$

11. $\mathrm{T}(1) = \frac{1}{\sqrt{5}}(\mathrm{i} + 2\mathrm{j})$

13. $\mathrm{T}(t) = \left(\frac{1}{e^t + e^{-t}}\right)(\sqrt{2}\,\mathrm{i} + e^t\mathrm{j} - e^{-t}\mathrm{k})$

$\mathrm{N}(t) = \frac{1}{e^{2t} + 1}\{(1 - e^{2t})\mathrm{i} + \sqrt{2}e^t\mathrm{j} + \sqrt{2}e^t\mathrm{k}\}$

$\kappa(t) = \frac{\sqrt{2}e^{2t}}{(e^{2t} + 1)^2}$

15. $\kappa(1) = \frac{1}{7}\sqrt{\frac{19}{14}}$

17. $|x'y'' - y'x''| = |2[f'(\theta)]^2 - f(\theta)f''(\theta) + [f(\theta)]^2|$이고

$(x')^2 + (y')^2 = [f'(\theta)]^2 + [f(\theta)]^2$이다.

19. (1) 거짓 (3) 참

21. (1) $\mathbf{v}(t) = \mathbf{r}'(t) = 2t\mathbf{i} + 3t^2\mathbf{j} + 2t\mathbf{k}$, $\mathbf{a}(t) = \mathbf{v}'(t) = 2\mathbf{i} + 6t\mathbf{j} + 2\mathbf{k}$

$\|\mathbf{v}(t)\| = |t|\sqrt{9t^2 + 8}$

23. (1) $a_{\mathrm{T}} = v'(t) = \pi^2$, $a_{\mathrm{N}} = \pi^3 t$

25. $v_R = \sqrt{1568} \fallingdotseq 39.6\,\mathrm{m/sec}$

27. $ma_{\mathrm{N}} = (360\,\mathrm{kg})\left(\frac{1}{12}\mathrm{m}\right)\left(\frac{60,000\mathrm{m}}{3600\mathrm{s}}\right)^2$

29. (1) $t = \frac{500}{g} \approx 51.0\,\mathrm{s}$

(3) $\mathbf{v}\left(\frac{500}{g}\right) = 250\sqrt{3}\,\mathbf{i} + \left[250 - g\left(\frac{500}{g}\right)\right]\mathbf{j} = 250\sqrt{3}\,\mathbf{i} - 250\mathbf{j}$

속력은 $\left|\mathbf{v}\left(\frac{500}{g}\right)\right| = 250\sqrt{3+1} = 500\,\mathrm{m/s}$

SECTION 5.1 다변수함수

01. $\{(x, y) : x^2 + y^2 < 4\}$

03. (1) $f(25, 70) = 32$이고 이는 실제온도가 25℃이고 상대습도가 70%일 때 겉보기 온도는 32℃임을 보여준다.

(3) $h = 30$인 열을 보면 $f(T, 30) = 47$일 때 $T = 40$임을 알 수 있다.

05. 노동량과 투자 자본금이 각각 두 배가 되면

$$\begin{aligned} P(2L, 2K) &= 1.01(2L)^{0.75}(2K)^{0.25} \\ &= 1.01(2^{0.75})(2^{0.25})L^{075}K^{0.25} \\ &= (2^1)1.01L^{0.75}K^{0.25} \\ &= 2P(L, K) \end{aligned}$$

가 되어 총생산량이 두 배가 된다.

07. (1) $-\frac{1}{6}$ (3) $(-\infty, 0) \cup \left[\frac{1}{4}, \infty\right)$

09. (1) $\{(x,\ y) | y \geq x\}$

(3) $\left\{(x,\ y) \mid \dfrac{x^2}{9} + y^2 < 1\right\}$

(5) $\{(x,\ y) | -1 \leq x \leq 1,\ -1 \leq y \leq 1\}$

(7) $\{(x,\ y) | 2 \leq x^2 + y^2 \leq 4\}$

11. (1) $\mathbb{R}^2$

(3) $\{(x,\ y) | x^2 + y^2 \neq 1\}$

(5) $\{(x,\ y) | y > -x^2 + 4\}$

(7) $\{(x,\ y,\ z) | -x^2 - y^2 - 1 \leq z \leq -x^2 - y^2 + 1\}$

(9) $\{(x,\ y) | (x,\ y) \neq (0,\ 0)\}$

SECTION 5.2 편도함수

01. $f_{xy} = e^y \cos z,\ f_{yz} = -e^y \sin z,\ f_{zx} = -e^y \sin z$

03. $z_x\big|_{(1,\ 2,\ 4)} = -\dfrac{1}{4},\ z_y\big|_{(1,\ 2,\ 4)} = -1$

05. (1) $f_x(x,\ y) = 12x^3y^3 + 16xy,\ f_y(x,\ y) = 9x^4y^2 + 8x^2$

(3) $f_x(x,\ t) = (\ln t)/(\sqrt{x}),\ f_t(x,\ t) = 2\sqrt{x}/t$

(5) $\dfrac{\partial z}{\partial x} = 2xy \sec x^2y \tan x^2y,\ \dfrac{\partial z}{\partial y} = x^2 \sec x^2y \tan x^2y$

(7) $\dfrac{\partial w}{\partial u} = -\dfrac{2ue^v}{(u^2+v)^2},\ \dfrac{\partial w}{\partial v} = \dfrac{e^v(u^2+v-1)}{(u^2+v)^2}$

(9) $F_x(x,\ y) = -\sin(ax+b),\ F_y(x,\ y) = \sin(ay+b)$

(11) $f_x(x,\ y,\ z) = y^2z - 6xy^3z^4,\ f_y(x,\ y,\ z) = 2xyz - 9x^2y^2z^4,$

$f_z(x,\ y,\ z) = xy^2 - 12x^2y^3z^3$

(13) $\dfrac{\partial w}{\partial x} = \dfrac{1}{x+3y+5z},\ \dfrac{\partial w}{\partial y} = \dfrac{3}{x+3y+5z},\ \dfrac{\partial w}{\partial z} = \dfrac{5}{x+3y+5z}$

(15) $\dfrac{\partial u}{\partial x} = y\tan^{-1}(z^2),\ \dfrac{\partial u}{\partial y} = x\tan^{-1}(z^2),\ \dfrac{\partial u}{\partial z} = xy\dfrac{1}{1+(z^2)^2}\cdot(2z) = \dfrac{2xyz}{1+z^4}$

(17) $f_x(x,\ y) = 2xy - y^3,\ f_y(x,\ y) = x^2 - 3xy^2$

08. (1) $\dfrac{\partial z}{\partial x} = f'(x),\ \dfrac{\partial z}{\partial y} = g'(y)$

(3) $\dfrac{\partial z}{\partial x} = f'(x)g(y), \ \dfrac{\partial z}{\partial y} = f(x)g'(y)$

09. (1) $u_x = 3(4x^3)y^3 = 12x^3y^3, \ u_y = 3x^4(3y^2) - 4y^3 = 9x^4y^2 - 4y^3$

$\Rightarrow u_{xy} = 12x^3(3y^2) = 36x^3y^2, \ u_{yx} = 9(4x^3)y^2 = 36x^3y^2$

$\Rightarrow u_{xy} = u_{yx}$

(3) $u_x = \cos(x^2y)\cdot 2xy = 2xy\cos(x^2y), \ u_y = \cos(x^2y)\cdot x^2 = x^2\cos(x^2y)$

$\Rightarrow u_{xy} = 2x\cdot\cos(x^2y) - 2xy\sin(x^2y)\cdot(x^2) = 2x\cos(x^2y) - 2x^3y\sin(x^2y),$

$u_{yx} = 2x\cdot\cos(x^2y) - x^2\sin(x^2y)\cdot(2xy) = 2x\cos(x^2y) - 2x^3y\sin(x^2y)$

$\Rightarrow u_{xy} = u_{yx}$

11. $u_{xx} + u_{yy} + u_{zz} = \dfrac{2x^2 - y^2 - z^2 + 2y^2 - x^2 - z^2 + 2z^2 - x^2 - y^2}{(x^2 + y^2 + z^2)^{5/2}} = 0$

13. $\dfrac{\partial^2 u}{\partial x_1^2} + \dfrac{\partial^2 u}{\partial x_2^2} + \cdots + \dfrac{\partial^2 u}{\partial x_n^2} = e^{a_1x_1 + a_1x_2 + \cdots + a_nx_n} = u$

14. $\dfrac{\partial R^{-1}}{\partial R}\dfrac{\partial R}{\partial R_i} = \dfrac{\partial[(1/R_1) + (1/R_2) + (1/R_3)]}{\partial R_i}$

16. (2) $z = \dfrac{\sqrt{2}}{2}x + \dfrac{\sqrt{2}}{2}y$

(4) $z = x - y$

24. $\dfrac{d\theta}{dt} = \dfrac{1}{50\sqrt{3}}$ rad/s

25. 1

27. 접선의 방정식: $-x + 12y - 15 = 0$, 법선의 방정식: $12x + y + 35 = 0$

28. (1) $D_{\mathrm{u}}f(2, 1) = 24 + 18\sqrt{3}$

30. (1) $-\dfrac{3 + 4\sqrt{3}}{10}$ (3) $\dfrac{6\sqrt{5}}{25}$ (5) $-\dfrac{1}{6}$

32. $\dfrac{52}{\sqrt{30}}$

34. (1) $\dfrac{168}{5\sqrt{3}}$

36. $\dfrac{327}{13}$

SECTION 5.3 최댓값과 최솟값

01. $f(0, 0)=0$는 극솟값

03. 극댓값 0, 극솟값 $-8/27$

05. (1) 최댓값 28, 최솟값 -1 (3) 최솟값 -8, 최댓값 17

(5) 최댓값 $f(0, 1)=2$, 최솟값 $f(0, -1)=-2$

07. $24\sqrt{3}$

09. 최댓값은 존재하지 않고 최솟값은 $f(1, 1, 1)=3$이다.

SECTION 6.1 이중적분

01. (1) 0 (3) 2π (5) $-\dfrac{1}{2}+\ln 2$

03. $\dfrac{35}{2}$

05. (1) 1 (3) $-\dfrac{32}{45}+\dfrac{4}{9}e^{3/2}$ (5) $8\ln 8-16+e$

07. (1) $\dfrac{4}{3}$ (3) 15 (5) $\dfrac{2}{3}r^3$

09. (1) $\dfrac{e^9-1}{6}$ (3) $\frac{1}{12}(1-\cos 1)$

13. (1) $\dfrac{33\pi}{2}$

15. (1) $\dfrac{16\pi}{3}$ (3) $32\sqrt{3}\pi$

(5) $4\pi\left(\dfrac{128}{3}-16\sqrt{3}\right)$

17. (1) $\pi\sin^2\left(\dfrac{9}{2}\right)$ (3) $\dfrac{2}{3}\sqrt{2}$

19. (1) $\displaystyle\lim_{a\to\infty}\iint_{D_a} e^{-(x^2+y^2)}\,dA = \lim_{a\to\infty}\pi(1-e^{-a^2}) = \pi$

(3) $\displaystyle\left(\int_{-\infty}^{\infty} e^{-x^2}dx\right)^2 = \pi \Rightarrow \int_{-\infty}^{\infty} e^{-x^2}dx = \sqrt{\pi}$

SECTION

6.2 삼중적분과 변수변환

01. $-\frac{16}{3}$

03. (1) 4　　(3) $\frac{9\pi}{8}$　　(5) $\frac{3}{28}$

05. (1) $2\sin 4$

07. (1) $\left(\sqrt{2},\ \frac{3\pi}{4},\ 4\right)$

09. (1) 4π

11. $\frac{64\pi}{3}$

13. $\frac{2\pi}{5}$

15. (1) $\int_0^{2\pi}\int_0^2\int_r^2 z r^2\cos\theta\, dz\, dr\, d\theta = 0$

17. (1) $(2,\ 3\pi/2,\ \pi/2)$

19. (1) $\cos^2\phi = \sin^2\phi$　　(3) $\rho = 2\sin\phi\cos\theta$

21. $0 \le \phi \le \pi/4,\ \ 0 \le \rho \le \cos\phi$

23. (1) $\frac{(\sqrt{2})^5}{5}\int_0^{\pi/4}\sin^3\phi\, d\phi\int_0^{\pi/2}\cos\theta\sin\theta\, d\theta = \frac{1}{15}(4\sqrt{2}-5)$

25. (1) 16　　(3) $\sin^2\theta - \cos^2\theta$　　(5) 0

27. (1) $\iint_R (x-3y)\, dA = -3$

(3) $\iint_R xy\, dA = 2\ln 3$

appendix

A 중력상수

중력은 발사체가 발사된 후에 작용하는 유일한 힘이다. 따라서 운동은 지구 표면 위에 한 점으로 그림과 같이 원점과 함께 xy-좌표계로 표현될 수 있는 수직평면에서 발생한다. 질량 m인 발사체에 대해서 중력에 의한 힘은

$$\mathrm{F} = -mg\,\mathrm{j}$$

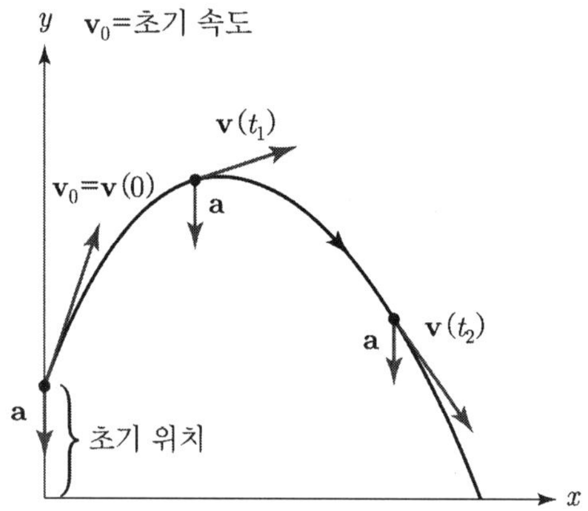

이다. 여기서 g는 중력에 의한 가속도인

$$g = 9.81 \text{ m/sec}^2$$

이다. 뉴턴의 운동 제2법칙에 의하여 이 힘은 가속도 $\mathrm{a}(t)$에 의한 힘

$$\mathrm{F} = m\mathrm{a}(t)$$

와 같게 된다. 따라서 발사체의 가속도 $\mathrm{a}(t)$는 다음 방정식

$$\mathrm{a}(t) = -g\mathrm{j} \tag{A}$$

을 만족한다.

예제 질량 m인 발사체를 초기 위치(초기변위) r_0에서 초기 속도 v_0로 발사하였다. t초 후 발사체의 위치벡터(변위)를 구하라.

풀이

식 (A)으로부터 t초 후 발사체의 가속도는

$$\mathrm{a}(t) = -g\,\mathrm{j}$$

이므로 속도를 구하면

$$\mathrm{v}(t) = \int \mathrm{a}(t)dt = -\int g\,dt\,\mathrm{j} = -gt\mathrm{j} + \mathrm{A}\,,\ \mathrm{A}\text{는 상수벡터}$$

이다. $t=0$일 때 초기속도는 v_0이므로

$$\mathrm{v}_0 = \mathrm{v}(0) = \mathrm{A}$$

이다. 따라서

$$\mathrm{v}(t) = -gt\,\mathrm{j} + \mathrm{v}_0$$

이다. 변위를 구하기 위해서 속도벡터를 적분하면

$$\mathrm{r}(t) = \int \mathrm{v}(t)dt = -\frac{g}{2}t^2\,\mathrm{j} + \mathrm{v}_0 t + \mathrm{C}$$

이다. $t=0$일 때 초기변위는 r_0이므로 $\mathrm{r}(0) = \mathrm{r}_0$을 위 식에 대입하면

$$\mathrm{r}_0 = \mathrm{r}(0) = \mathrm{C}$$

를 얻는다. 따라서 구하는 식은

$$\mathrm{r}(t) = -\frac{g}{2}t^2\,\mathrm{j} + \mathrm{v}_0\,t + \mathrm{r}_0 \tag{B}$$

이다. ■

위 예제에서 초기 위치 r_0와 초기 속도 v_0가 정확하게 주어지지 않는다. 대개는 초기 위치 대신 초기 높이 h가 주어지고, 초기 속도 대신 초기 속력 v_0가 주어지는 경우가 많다. 그러면 이것을 가지고 초기 위치와 초기 속도를 찾아야 한다. 먼저 초기 위치는 $x=0$인 위치에서 발사된다고 보면 $\mathrm{r}_0 = h\,\mathrm{j}$라고 둘 수 있다. 이제 초기 속도는 $\mathrm{v}_0 = x\mathrm{i} + y\mathrm{j}$라 두면

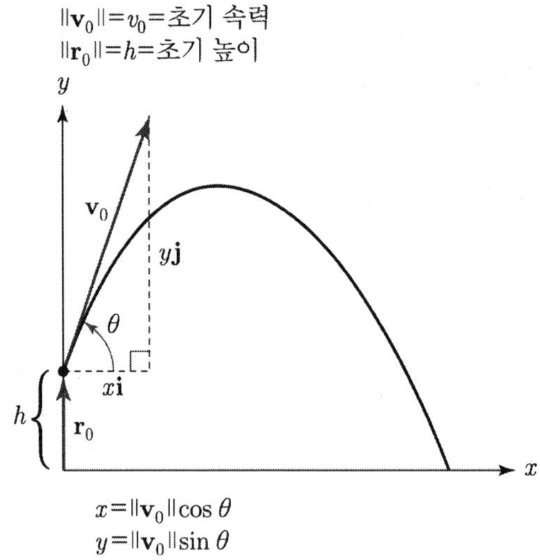

그림과 같이 생각하면 $v_0 = \|\mathbf{v}_0\|$이므로

$$x = v_0 \cos\theta, \quad y = v_0 \sin\theta$$

로 쓸 수 있다. 따라서 초기 속도는

$$\mathbf{v}_0 = v_0 \cos\theta \, \mathbf{i} + v_0 \sin\theta \, \mathbf{j}$$

로 쓰면 앞 페이지 "식 (B)에서"

$$\mathbf{r}(t) = (v_0 \cos\theta) t \mathbf{i} + \left[h + (v_0 \sin\theta) t - \frac{g}{2} t^2 \right] \mathbf{j} \tag{C}$$

이다.

예제 키 180 cm 인 야구선수가 자신의 키의 1/3 높이에서 투수가 던진 공을 때려 시속 120 km 의 속력으로 45도 방향으로 날아갔다고 하자. 여기서 중력상수 $g = 9.8 \text{ m/sec}^2$이다.

(1) 공이 날아간 거리는 얼마인가?

(2) 타자로부터 110 m 떨어진 곳에 높이 3 m 담이 있다고 할 때 타자는 홈런을 쳤다고 할 수 있는가?

풀이

초기 속력 $v_0 = 120 \text{km/시}$, 초기 높이 $h = 180 \times \frac{1}{3} = 60 \text{ cm}$이고 각도는 45°이다. 먼저 단위를 통일하기 위해서 길이 단위를 m, 시간은 초(sec)로 바꾸면

$$v_0 = 33.33 \text{ m/sec}, \; h = 0.6 \text{ m}, \; \theta = 45°, \; g = 9.8 \text{ m/sec}^2$$

이다. 이 값을 공식 (C)에 대입하면

$$\mathbf{r}(t) = (v_0\cos\theta)t\mathbf{i} + \left[h + (v_0\sin\theta)t - \frac{g}{2}t^2\right]\mathbf{j}$$

$$= (33.33\cos 45°)t\mathbf{i} + [0.6 + (33.33\sin 45°)t - 4.9t^2]\mathbf{j}$$

$$= 23.57t\,\mathbf{i} + [0.6 + 23.57t - 4.9t^2]\mathbf{j}$$

이다.

(1) 공이 땅에 떨어지는 시간을 구하려면 $y(t) = 0.6 + 23.57t - 4.9t^2$ 성분이 0이 되어야 하므로 이차방정식

$$0.6 + 23.57t - 4.9t^2 = 0$$

의 근을 구하면 $t \approx -0.00253228$, $t \approx 4.83553$초이므로 양의 값을 취하면 $t \approx 4.83553$초이다. 공이 날아간 거리는 $x(t) = 23.57t$로부터

$$x(4.83553) = 23.57 \times 4.83553 = 113.97\,\mathrm{m}$$

이다.

(2) 타자로부터 110 m까지 공이 도달하는 시간을 구하려면 $x(t) = 110$인 시간을 구하자. $23.57t = 110$으로부터 $t = 4.667$초이다. 따라서 이때 공의 높이를 구하면 된다.

$$y(4.667) = 0.6 + 23.57 \times 4.667 - 4.9(4.667)^2 \approx 3.875\,\mathrm{m} > 3\mathrm{m} = \text{담장}$$

이므로 타자가 친 공은 홈런이 된다. ■

appendix

B 평면상의 행성의 움직임

평면상의 행성의 움직임

질량이 M인 태양과 질량이 m인 행성 사이의 반지름벡터를 $\mathbf{r}$이라 하자. 뉴턴의 만유인력의 법칙에 따르면 행성과 태양 사이의 인력 $\mathbf{F}$는

$$\mathbf{F} = -G\frac{mM}{\|r\|^2}\frac{\mathbf{r}}{\|\mathbf{r}\|} \tag{D}$$

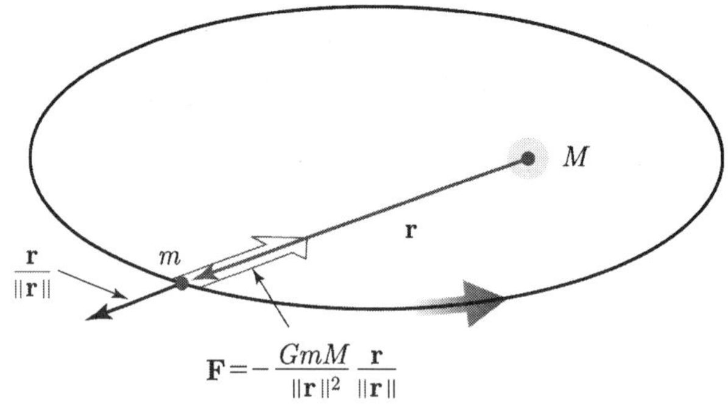

이 성립한다. 여기서 $G = 6.6720 \times 10^{-11}\mathrm{Nm^2/kg^2}$는 만유인력상수이다. 뉴턴의 제2법칙에 따르면 행성이 움직일 때 행성에 작용하는 힘은 $\mathbf{F} = m\mathbf{a} = m\ddot{\mathbf{r}}$이고, 두 힘이 균형을 이루고 있으므로

$$m\ddot{\mathbf{r}} = -G\frac{mM}{\|\mathbf{r}\|^2}\frac{\mathbf{r}}{\|\mathbf{r}\|}$$

이고 m을 소거하면

$$\ddot{\mathbf{r}} = -\frac{GM}{\|\mathbf{r}\|^2}\frac{\mathbf{r}}{\|\mathbf{r}\|}$$

이다. 따라서 행성은 항상 태양을 향하여 가속되고 있다. 더욱이 가속도는 반지름벡터의 스칼라배이므로, 이 두 벡터의 외적은 영벡터이다. 따라서

$$\mathbf{r}\times\ddot{\mathbf{r}}=0$$

이다. 그런데 외적에 관한 미분공식을 사용하면

$$\frac{d}{dt}(\mathbf{r}\times\dot{\mathbf{r}})=\dot{\mathbf{r}}\times\dot{\mathbf{r}}+\mathbf{r}\times\ddot{\mathbf{r}}=0$$

이므로

$$\mathbf{r}\times\dot{\mathbf{r}}\ =\mathrm{C}(\text{상수벡터}) \tag{E}$$

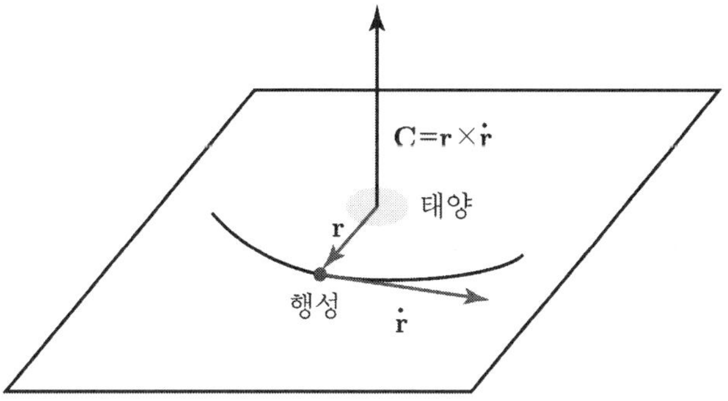

가 된다. 이는 r과 $\dot{\mathbf{r}}$이 이루는 평면에 수직인 벡터는 항상 일정하다는 뜻이다. 따라서 행성은 태양의 중심에서 고정된 평면 위를 돌고 있다.

좌표계와 초기조건들

이제 태양의 중심을 원점으로 잡고 행성이 움직이는 평면을 극좌표로 하고 태양에서 수직인 축을 z좌표로 하는 원기둥형좌표계를 도입하자.

행성의 위치를 $P(r,\theta)$라고 하면 행성의 변위 r은 $r=\|\mathbf{r}\|$이고, 행성이 시계반대방향으로 회전하므로 태양에 가장 가까운 점(근일점, perihelion position)을 시축 $\theta=0$으로 정하고 행성이 움직인 각을 θ로 표현하면, 단위벡터

$$\mathbf{u}_r=\frac{\mathbf{r}}{\|\mathbf{r}\|}=\cos\theta\mathbf{i}+\sin\theta\mathbf{j}$$

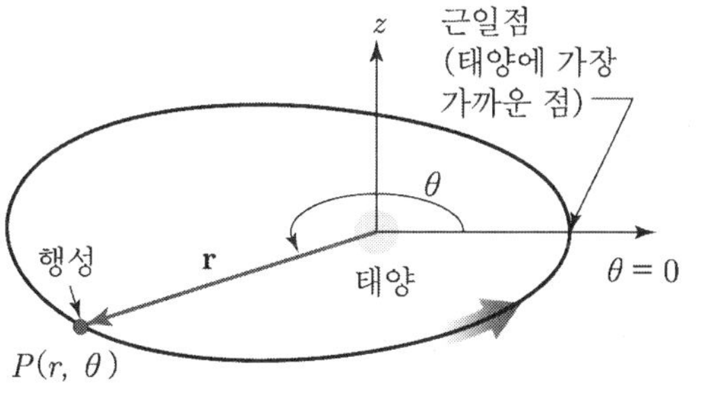

으로 표현할 수 있다. 플레밍의 오른손법칙에 의하여 상수벡터 C의 방향은 z축의 단위벡터 k와 같은 방향이 될 것이다. 행성의 움직이는 방향은 시간이 지날수록 θ가 증가하므로 모든 t에 대해서 $\dot{\theta} > 0$이 된다. 이제 행성이 $t=0$일 때 근일점에서 움직이기 시작했다고 가정하자. 그러면 다음과 같은 초기조건을 얻는다.

(1) $t=0$일 때 $r = r_0$ 　　최소반지름

(2) $t=0$일 때 $\dot{r} = 0$ 　　r이 최솟값을 가지기 때문이다

(3) $t=0$일 때 $\theta = 0$

(4) $t=0$일 때 $\|\mathbf{v}\| = v_0$

(5) $t=0$일 때 $r\dot{\theta} = v_0$

여기서 (5)는 다음과 같은 설명이 필요하다.

$$
\begin{aligned}
v_0 &= \|\mathbf{v}(0)\| = \|\mathbf{v}\|_{t=0} && \text{초기조건 (4)} \\
&= \|\dot{r}\mathbf{u}_r + r\dot{\theta}\mathbf{u}_\theta\|_{t=0} \\
&= \|r\dot{\theta}\mathbf{u}_\theta\|_{t=0} && \text{초기조건 (2)} \\
&= [|r\dot{\theta}|\,\|\mathbf{u}_\theta\|]_{t=0} \\
&= |r\dot{\theta}|_{t=0} = (r\dot{\theta})_{t=0} && \|\mathbf{u}_\theta\| = 1,\ r > 0,\ \dot{\theta} > 0
\end{aligned}
$$

정리 케플러의 제1법칙, 타원법칙

행성의 경로는 태양이 초점 중 하나인 타원이다. 타원의 이심률은

$$e = \frac{r_0 v_0^2}{GM} - 1$$

이고 극방정식은

$$r = \frac{(1+e)r_0}{1 + e\cos\theta}$$

이다.

증명은 케플러의 제2법칙 증명 이후로 미룬다.

정리 **케플러의 제2법칙, 넓이 법칙**

태양으로부터 행성까지의 반지름벡터(즉, r)는 동일한 시간 동안 동일한 넓이를 휩쓸고 지나간다.

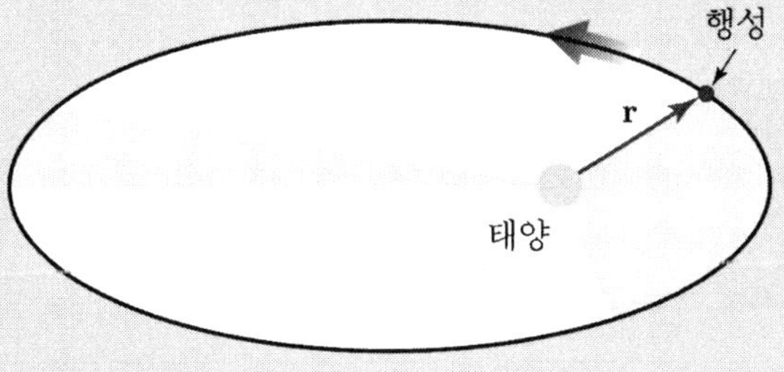

증명

먼저 식 (E)에서 외적 $\mathbf{r}\times\dot{\mathbf{r}}=\mathbf{C}$를 계산한다.

$$\begin{aligned} \mathbf{C} &= \mathbf{r}\times\dot{\mathbf{r}}=\mathbf{r}\times\mathbf{v} \\ &= r\mathbf{u}_r\times(\dot{r}\mathbf{u}_r+r\dot{\theta}\mathbf{u}_\theta) \\ &= r\dot{r}(\mathbf{u}_r\times\mathbf{u}_r)+r^2\dot{\theta}(\mathbf{u}_r\times\mathbf{u}_\theta) \\ &= r(r\dot{\theta})\mathbf{k}, \quad \mathbf{u}_r\times\mathbf{u}_\theta=\mathbf{k} \end{aligned} \tag{F}$$

이다. C는 상수벡터이므로 $t=0$일 때 값과 동일하므로 대입하면 초기조건 (1)과 (5)에 의하여

$$\mathbf{C} = [r(r\dot{\theta})]_{t=0}\mathbf{k} = r_0v_0\mathbf{k}$$

이다. 이것을 식 (F)에 대입하면 등식

$$r_0v_0\mathbf{k} = r^2\dot{\theta}\mathbf{k}, \text{ 즉 } r_0v_0 = r^2\dot{\theta} \tag{G}$$

을 얻는다. 극좌표에서 넓이소는

$$dA = \frac{1}{2}r^2d\theta$$

이므로 식 (G)와 결합하면

$$\frac{dA}{dt} = \frac{1}{2}r^2\dot{\theta} = \frac{1}{2}r_0v_0(\text{일정}) \tag{H}$$

을 얻는다.

케플러 제1법칙의 증명

구하려는 경로가 타원이므로 거리는 일정하지 않다. 따라서 태양에서 행성까지의 거리 r을 각도 θ의 함수로 생각하자. 즉 $r=r(\theta)$라고 가정한다. 만유인력법칙과 행성운동에 관한 식

$$\ddot{\mathrm{r}} = -\frac{GM}{\|\mathrm{r}\|^2}\frac{\mathrm{r}}{\|\mathrm{r}\|} = -\frac{GM}{r^2}\mathrm{u}_r$$

과 가속도에 관한 식

$$\ddot{\mathrm{r}} = [\ddot{r} - r(\dot{\theta})^2]\mathrm{u}_r + [r\ddot{\theta} + 2\dot{r}\dot{\theta}]\mathrm{u}_\theta$$

로부터 u_r의 계수를 비교하면, 방정식

$$\ddot{r} - r(\dot{\theta})^2 = -\frac{GM}{r^2}$$

을 얻는다. 식 (G)로부터 잠시 $\dot{\theta}$ 대신 $\frac{r_0 v_0}{r^2}$을 대입하여 정리하면

$$\ddot{r} = \frac{r_0^2 v_0^2}{r^3} - \frac{GM}{r^2} \tag{I}$$

이다. 이것은 2계미분방정식이다. 이것을 풀기 위해서

$$p = \dot{r} = \frac{dr}{dt}$$

라 두면

$$\ddot{r} = \dot{p} = \frac{dp}{dt} = \frac{dp}{dr}\frac{dr}{dt} = p\frac{dp}{dr}$$

이므로 식 (I)에 대입하면

$$p\frac{dp}{dr} = \frac{r_0^2 v_0^2}{r^3} - \frac{GM}{r^2}$$

을 얻는다. 이 방정식을 풀기 위해서 위 식의 양변에 2를 곱하고 r에 대해서 적분하면

$$\int 2p\frac{dp}{dr}dr = \int\left(\frac{2r_0^2 v_0^2}{r^3} - \frac{2GM}{r^2}\right)dr$$

$$(\dot{r})^2 = p^2 = -\frac{r_0^2 v_0}{r^2} + \frac{2GM}{r} + C \tag{J}$$

를 얻는다. $t=0$을 식 (J)에 대입하면 초기조건 (1), (2)에 의하여

$$C = v_0^2 - \frac{2GM}{r_0}$$

을 얻는다. 이 값을 식 (J)에 대입하면

$$(\dot{r})^2 = v_0^2\left(1-\frac{r_0^2}{r^2}\right)+2GM\left(\frac{1}{r}-\frac{1}{r_0}\right) \tag{K}$$

을 얻는다. 그런데 $r=r(\theta)$이므로 방정식 (K)을 $\dot{r}$을 $\frac{dr}{d\theta}$인 식으로 바꾸어야 한다. 관계식

$$\frac{dr}{d\theta}=\frac{dr}{dt}\frac{dt}{d\theta}=\frac{\dot{r}}{\dot{\theta}} \text{ 즉 } \dot{r}=\dot{\theta}\frac{dr}{d\theta}$$

와 식 (G)를 이용하면, 식 (K)는

$$\frac{1}{r^4}\left(\frac{dr}{d\theta}\right)^2=\frac{1}{r_0^2}-\frac{1}{r^2}+\frac{2GM}{r_0^2v_0^2}\left(\frac{1}{r}-\frac{1}{r_0}\right)=\frac{1}{r_0^2}-\frac{1}{r^2}+\frac{2GM}{r_0^2v_0^2}\left(\frac{1}{r}-\frac{1}{r_0}\right)$$

$$=\frac{1}{r_0^2}-\frac{1}{r^2}+2h\left(\frac{1}{r}-\frac{1}{r_0}\right), \qquad h=\frac{GM}{r_0^2v_0^2} \tag{L}$$

이 된다. 식 (L)을 간단히 하기 위해서

$$u=\frac{1}{r}, \quad u_0=\frac{1}{r_0}$$

이라고 치환하면

$$\frac{du}{d\theta}=-\frac{1}{r^2}\frac{dr}{d\theta}, \qquad \left(\frac{du}{d\theta}\right)^2=\frac{1}{r^4}\left(\frac{dr}{d\theta}\right)^2$$

을 얻는다. 식 (L)에 대입하면

$$\left(\frac{du}{d\theta}\right)^2=u_0^2-u^2+2h(u-u_0)=(u_0-h)^2-(u-h)^2$$

$$\frac{du}{d\theta}=\pm\sqrt{(u_0-h)^2-(u-h)^2} \tag{M}$$

이다. 위 미분방정식에서 부호를 결정하기 위해서 $\dot{\theta}=r_0v_0/r^2>0$이고 $t=0$일 때 최솟값 $r_0>0$이고 시간이 지남에 따라 r이 점점 증가하므로 $\dot{r}\geq 0$이다. 따라서

$$\frac{dr}{d\theta}=\frac{\dot{r}}{\dot{\theta}}\geq 0, \qquad \frac{du}{d\theta}=\frac{-1}{r^2}\frac{dr}{d\theta}\leq 0$$

이다. 그러므로 식 (M)의 올바른 부호는

$$\frac{du}{d\theta}=-\sqrt{(u_0-h)^2-(u-h)^2}$$

이다. 따라서 정리하면

$$\frac{-1}{\sqrt{(u_0-h)^2-(u-h)^2}}\frac{du}{d\theta}=1$$

이다. 적분하면

$$\cos^{-1}\left(\frac{u-h}{u_0-h}\right)=\int\frac{-1}{\sqrt{(u_0-h)^2-(u-h)^2}}\frac{du}{d\theta}d\theta=\int 1d\theta=\theta+C \tag{N}$$

이다. 상수 C의 값을 구하기 위해서, $\theta=0$일 때 $u=u_0$이므로 대입하면

$$0=\cos^{-1}1=C$$

이므로 식 (N)은

$$\frac{u-h}{u_0-h}=\cos\theta$$

이고 따라서

$$\frac{1}{r}=u=h+(u_0-h)\cos\theta$$

이다. 위 식을 r에 관하여 풀어서 정리하면

$$r=\frac{(1+e)r_0}{1+e\cos\theta}$$

을 얻는다. 여기서

$$e=\frac{1}{r_0h}-1=\frac{r_0v_0^2}{GM}-1 \tag{O}$$

이다.

행성이 태양을 일주하는 데 걸리는 시간 T는 행성의 **공전주기**(orbital period)이다.

정리 케플러의 제3법칙, 시간-거리의 법칙

공전주기 T와 궤도의 반장축의 길이 a는 방정식

$$\frac{T^2}{a^3}=\frac{4\pi^2}{GM}(\text{상수})$$

의 관계가 있다. 즉, **공전주기의 제곱은 원일점의 길이의 세제곱에 비례한다.**

증명

행성의 타원궤도로 둘러싸인 넓이에 관한 두 가지 공식을 생각하자.

타원의 넓이 공식: 장축과 단축의 길이가 각각 $2a$, $2b$일 때, 넓이 $A = \pi ab$

행성일주시 넓이: 넓이 $A = \int_0^T dA = \int_0^T \frac{1}{2} r_0 v_0 dt = \frac{1}{2} T r_0 v_0$ [식 (H)에 의함]

위 두 공식과 타원의 성질 $\frac{b}{a} = \sqrt{1-e^2}$ 로부터

$$T = \frac{2\pi ab}{r_0 v_0} = \frac{2\pi a^2}{r_0 v_0}\sqrt{1-e^2} \qquad \text{(P)}$$

을 얻는다. 여기서 a와 e를 r_0, v_0, G 및 M의 항으로 표현해야 한다. 먼저 e는 (O)에 의해 표현 가능하다. 다시 a를 구하려면 $\theta = \pi$일 때

$$r_{\max} = r_0 \frac{1+e}{1-e}$$

을 얻을 수 있으므로

$$2a = r_0 + r_{\max} = \frac{2r_0}{1-e} = \frac{2r_0 GM}{2GM - r_0 v_0^2} \qquad \text{(Q)}$$

이다. 식 (P)를 제곱하여 식 (Q)를 대입하면 케플러의 제3법칙이 증명된다.

예제 Skylab 4의 궤도는 반장축 $a = 6808\text{km}$이다. 케플러의 제3법칙을 이용하여 Skylab 4의 주기를 계산하라.

풀이

케플러의 제3법칙을 이용하되 단위를 km를 m로 바꾸면

$$T^2 = \frac{4\pi^2}{GM} a^3 = \frac{39.47835}{6.6720 \times 10^{-11} \times 5.975 \times 10^{24}} (6808000)^3$$
$$= 3.12481 \times 10^7 \text{ sec}^2$$

이므로 제곱을 풀면

$$T = 5590 \text{ sec} = 93.1667\text{분}$$

이다. ■

예제 r은 평면곡선 C를 따라 움직이는 물체의 변위벡터라고 하고 $\frac{dA}{dt}$는 벡터가 쓸고 지나가는 넓이의 비율이라 하자. 좌표를 도입하지 않고 도함수가 존재한다고 가정할 때

$$\frac{dA}{dt}=\frac{1}{2}\|\mathrm{r}\times\dot{\mathrm{r}}\|$$

임을 보이라.

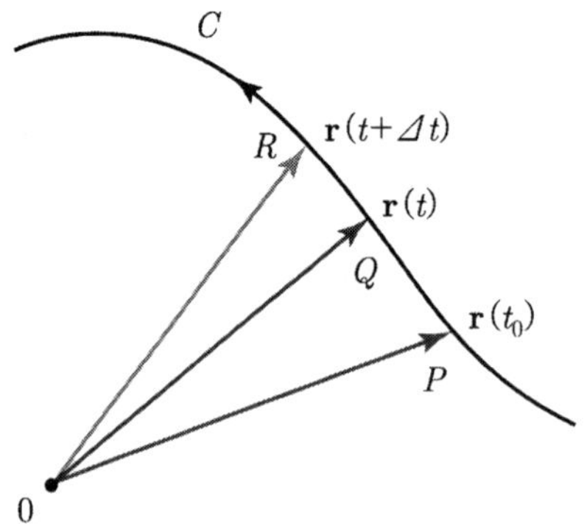

풀이

그림과 같이 변위벡터 r의 기준시간을 t_0라고 하면 시간 t까지 변위벡터가 쓸고 간 넓이는 부채꼴 OPQ의 넓이 $A(t)$가 될 것이다. 다음에 $t+\Delta t$시간 후의 넓이는 부채꼴 OPR의 넓이 $A(t+\Delta t)$가 된다. 따라서 넓이의 평균변화율은

$$\frac{A(t+\Delta t)-A(t)}{\Delta t}$$

이다. 그런데 Δt가 작으면 OQR을 삼각형으로 생각할 수 있다. 따라서 벡터 $\mathrm{r}(t)$와 벡터 $\mathrm{r}(t+\Delta t)$가 이루는 삼각형의 넓이를 구하면

$$\Delta OQR=\frac{1}{2}\|\mathrm{r}(t)\times\mathrm{r}(t+\Delta t)\|$$

가 된다. $\mathrm{r}(t)\times\mathrm{r}(t)=0$이므로

$$\begin{aligned}\frac{A(t+\Delta t)-A(t)}{\Delta t} &\approx \frac{1}{2\Delta t}\|\mathrm{r}(t)\times(\mathrm{r}(t+\Delta)-\mathrm{r}(t))\| \\ &= \frac{1}{2}\left\|\ \mathrm{r}(t)\times\left(\frac{\mathrm{r}(t+\Delta)-\mathrm{r}(t)}{\Delta t}\right)\right\|\end{aligned}$$

이다. 이제 양변에 극한 $\Delta t\to 0$을 취하면

$$\frac{dA}{dt}=\frac{1}{2}\|\mathrm{r}\times\dot{\mathrm{r}}\|$$

을 얻는다. ■

INDEX

찾아보기

(ㅍ)

(ㅎ)

※ 본 연구는 한성대학교 학술연구비 지원과제임

대학수학 제2판

벡터해석과 다변수함수의 미분과 적분

지은이 민경진
펴낸이 조경희
펴낸곳 경문사
펴낸날 2021년 9월 1일 1판 1쇄
2022년 9월 1일 2판 1쇄
등 록 1979년 11월 9일 제1979-000023호
주 소 04057, 서울특별시 마포구 와우산로 174
전 화 (02)332-2004 팩스 (02)336-5193
이메일 kyungmoon@kyungmoon.com

값 28,000원

ISBN 979-11-6073-553-6